吉林大学哲学社会科学银龄著述资助计划

创新能力培养方法学

王跃新 著

中国社会科学出版社

图书在版编目(CIP)数据

创新能力培养方法学 / 王跃新著. -- 北京：中国社会科学出版社, 2024.11. -- ISBN 978-7-5227-4182-6

Ⅰ. B804.4

中国国家版本馆 CIP 数据核字第 2024Z342Z3 号

出 版 人	赵剑英
责任编辑	涂世斌
责任校对	刘　健
责任印制	李寡寡

出　　版	中国社会科学出版社
社　　址	北京鼓楼西大街甲 158 号
邮　　编	100720
网　　址	http://www.csspw.cn
发 行 部	010-84083685
门 市 部	010-84029450
经　　销	新华书店及其他书店
印　　刷	北京君升印刷有限公司
装　　订	廊坊市广阳区广增装订厂
版　　次	2024 年 11 月第 1 版
印　　次	2024 年 11 月第 1 次印刷
开　　本	710×1000　1/16
印　　张	32.5
字　　数	425 千字
定　　价	168.00 元

凡购买中国社会科学出版社图书，如有质量问题请与本社营销中心联系调换
电话：010-84083683
版权所有　侵权必究

前　言

2022年夏，我接受了《创新能力培养方法学》这本书的写作"任务"，准确地说是接受了一份信任和期待。此书是我从事高等教育50年来的、内心深处的、思考感悟韵律的"音符"，是我们创新团队从事创新教育30余年教学实践经验的总结，是我们孕育、积累、探赜创新教育理论，为本科学生、硕士研究生及博士研究生开设"创新能力培养"课程，也是国家社会科学基金项目研究的最终成果，还是目前国内第一部全面系统地研究论述创新能力培养方法的学术专著。

《创新能力培养方法学》是落实中国共产党第二十次全国代表大会胜利召开之作，也是深入贯彻落实党的二十大关于"深入实施科教兴国战略、人才强国战略、创新驱动发展战略，开辟发展新领域新赛道，不断塑造发展新动能新优势"[1]的精神之作。习近平总书记在党的二十大报告中强调，"加强基础学科、新兴学科、交叉学科建设，加快建设中国特色、世界一流的大学和优势学科"。[2]

---

[1] 习近平：《高举中国特色社会主义伟大旗帜　为全面建设社会主义现代化国家而团结奋斗——在中国共产党第二十次全国代表大会上的报告》，人民出版社2022年版，第33页。

[2] 习近平：《高举中国特色社会主义伟大旗帜　为全面建设社会主义现代化国家而团结奋斗——在中国共产党第二十次全国代表大会上的报告》，人民出版社2022年版，第34页。

《创新能力培养方法学》作为创新教育的一门新兴交叉学科和优势学科,是培养造就众多创新人才的理论支撑,是全面建设社会主义现代化国家,"培养造就大批德才兼备的高素质人才,是国家和民族长远发展大计"。① 也是新时代摆在国家和教育工作者,尤其是创新教育工作者面前的艰巨、繁重的任务。

党的十八大以来,"创新"是一个高频出现且充满魅力的词语。其实,人类的历史就是一部不断创新的历史,就是人类不断地改造客观世界,同时也改造主观世界的历史,就是不断地使人类自身获得进步和自由的历史。早在党的十八大报告中习近平总书记就提出"创新驱动发展战略",并在十八届五中全会上明确提出,必须"把创新摆在国家发展全局的核心位置,不断推进理论创新、制度创新、科技创新、文化创新等各方面创新"②,必须把发展基点放在创新上,形成促进创新的体制架构,塑造更多依靠创新驱动、更多发挥先发优势的引领型发展。实施创新驱动,其实质就是创新人才、创新能力的驱动。

关于创新及其创新能力的重要性问题,2013年10月21日,习近平总书记在欧美同学会成立一百周年庆祝大会上讲话时就指出:"惟创新者进,惟创新者强,惟创新者胜。"③ 新时代的人才,不仅需要崭新的、合理的知识结构,更需要较强的创新能力。创新能力的构成要素包括:学习能力、想象能力、判断能力、综合能力、实践能力、组织协调能力、整合能力。创新能力最基本的构成要素是:提出问题,分析问题,解决问题;其最核

---

① 习近平:《高举中国特色社会主义伟大旗帜 为全面建设社会主义现代化国家而团结奋斗——在中国共产党第二十次全国代表大会上的报告》,人民出版社2022年版,第36页。
② 《习近平关于科技创新论述摘编》,中央文献出版社2016年版,第9页。
③ 《习近平谈治国理政》第1卷,外文出版社2018年版,第59页。

心的能力是：创新思维能力，综合思维能力。

在党的十九大报告中习近平总书记又强调："必须清醒看到，我们的工作还存在许多不足，也面临不少困难和挑战。主要是：发展不平衡不充分的一些突出问题尚未解决，发展质量和效益还不高，创新能力不够强。"[1] 可见，党和国家将提升创新能力提高到国家发展战略的核心位置。

党的二十大报告中习近平总书记又进一步明确强调："人才是第一资源、创新是第一动力。"[2] 一个国家、一个民族创新能力的高低，关键在人才，拥有大批能适应未来社会要求的创新型人才，国家和民族的创新能力才能强大。在党的二十大报告中还强调："坚持创新在我国现代化建设全局中的核心地位。"[3] 充分体现了党中央对创新及人才创新能力的重视程度。

培养提升人的创新能力，对推动我国内涵式发展至关重要。全面提高人的才能，尤其是培养提升人的创新能力和水平，将是赋予我国教育界乃至全国的重要任务。我们要以"思想教育引领创新能力培养，以新的教育模式促进创新能力培养，以高水平的科学研究支撑创新能力培养，以高素质的教师队伍建设供给创新能力培养"。努力为我国造就宏大的、高水平的、创新能力较高的创新人才队伍，为创新驱动发展、全面建成小康社会提供强有力的理论支撑和创新人才保障。

---

[1] 习近平：《决胜全面建成小康社会 夺取新时代中国特色社会主义伟大胜利——在中国共产党第十九次全国代表大会上的报告》，人民出版社2017年版，第9页。

[2] 习近平：《高举中国特色社会主义伟大旗帜 为全面建设社会主义现代化国家而团结奋斗——在中国共产党第二十次全国代表大会上的报告》，人民出版社2022年版，第33页。

[3] 习近平：《高举中国特色社会主义伟大旗帜 为全面建设社会主义现代化国家而团结奋斗——在中国共产党第二十次全国代表大会上的报告》，人民出版社2022年版，第35页。

习近平总书记在党的二十大报告中还指出：深入实施人才强国战略，"坚持为党育人、为国育才，全面提高人才自主培养质量，着力造就拔尖创新人才"。① 新时代我国要实现高质量的发展，全面提高国家整体创新能力，需要从创新人才资源规模扩张向质量提升转变，从创新型人才培养向高质量、大规模创新人才培养转变。人才是创新实践中最为活跃、最为积极的因素，全面培养人才的创新能力，加快创新人才发展体制、机制改革，努力营造有利于人才创新能力发展的体制、机制与政策环境，让创新精神竞相迸发，让国家整体创新能力凸显，让世界一流的创新成果竞相涌现。

创新能力的培养不仅需要人们富有良好的主、客体机制，承载机制，基本机制，教育机制，文化机制，还要掌握运用逻辑的、非逻辑的方法及创新技术方法。掌握创新能力培养的主要机制和主要方法，对提升创新能力起着至关重要的作用。创新主体在具有积极的创新欲望、创新意识、创新精神等特质的同时，再正确地掌握运用创新的逻辑和非逻辑的思维方法与创新技法。在人类创新史的长河中，很多创新、创造成功的典型案例表明："方法比勤奋更重要。"黑格尔认为，方法是任何事物所不能抗拒的、最高的、无限的力量。笛卡尔也认为，最有用的知识是关于方法的知识。我国古代流传的谚语"授人以鱼，不如授之以渔"讲的就是这个道理。掌握和运用科学的、正确的方法，创新的速度会比想象的快。当然，我们不否认勤奋、努力、勇敢等品质对于创新的重要性，但在许多时候一个正确的方法能让你事半功倍，在勤奋同等程度的情况下能获得突出的创新成果。爱因斯坦

---

① 习近平：《高举中国特色社会主义伟大旗帜 为全面建设社会主义现代化国家而团结奋斗——在中国共产党第二十次全国代表大会上的报告》，人民出版社2022年版，第33—34页。

曾经提出过一个公式：W = X + Y + Z。W 代表成功，X 代表勤奋，Y 代表方法，Z 代表不浪费时间。从这个公式中，我们就可以看出，正确的方法是成功的三个重要因素之一。如果只有勤奋、刻苦和脚踏实地做事，而没有正确的方法，是不能取得或者说不能很好地取得创新性成果的。成功需要的不仅仅是勤奋，也不单纯是肯花费时间、投入精力，而更主要的是需要正确的方法，创新的过程除了需要勤奋、坚持、勇敢，更需要正确的方法。只有"正确的方法 + 勤奋 + 肯投入精力"，才能提高创造的效率，保证获得更加辉煌的创新成果。

基于此，本书分两部分，上篇：创新能力培养机制，下篇：创新能力培养方法。

上篇：从创新主体的创新特质，即主个体应具有的创新品质、特征入手，结合现代脑科学、现代心理学、现代神经生理学、现代智能科学、思维科学、逻辑学、社会学、教育学和哲学等众多新兴学科的最新研究成果，按照创新能力发生、发展、培养的逻辑规律，全面系统地诠释了脑生理与心理协同——创新能力的"承载机制"；宏量元素与微量元素中"聪明元素"融合的——"基本机制"；家庭教育、学校教育与社会教育统一的——"教育机制"；营建良好的政治氛围、和谐的民主制度、法治状况等——创新能力的"保障机制"。论述了"四大机制"在孕育、培养、提升、保障创新能力等方面的主要功能。为全面推进民族创新能力，"加快实施创新驱动发展战略，深入实施人才强国战略"，提供理论支撑。

下篇：从系统阐述概念、判断、推理、归纳与演绎，分析与综合，抽象与具体，逻辑与历史等培养创新能力的辩证逻辑方法开始，重点诠释了创新能力的主导性方法——辩证思维法；创新能力的先导性方法——想象直觉和灵感思维法；创新能力的核心性方法——创新思维法；创新能力的助力性方法——非逻辑思维范畴法；创新能力的主要技法——列举法、设问法、组合法、信息交换法，对"四大方法"进行全面阐述，为提出问题、分析问题、解决问题，卓有成效地培养、提升创新能力，提供方法论支持。

  本书的内容涉及多学科、多门类、多领域，是一门交叉性极强的新兴学科。虽历经了著者及吉林大学创新团队两代人的探索性教学研究、教学实践和教学印证，但著者认为，对这门新兴学科的研究仍是刚刚起步，用严格标准衡量，还显得有些稚嫩，当然每一门新兴学科的生长都要经历稚嫩的过程，希望创新能力培养方法学这棵稚嫩的幼苗，能尽快展现出蓬勃的生机，成长为参天大树。

王跃新

2023 年 6 月 16 日于吉大中心校区

目 录

绪 论 …………………………………………………… (1)
 第一节 创新能力的实质 ………………………………… (1)
 第二节 创新能力的构成因素 …………………………… (6)
 第三节 创新能力形成的动力 …………………………… (12)
 第四节 创新原理及其理论演变和发展 ………………… (14)

上 篇

第一章 主体的创新特质 ……………………………… (25)
 第一节 主体应富有的创新特质 ………………………… (25)
 第二节 创新个体主体应具备的创新特质 ……………… (35)
 第三节 创新主体与客体的关系 ………………………… (52)
 第四节 主客观因素对创新能力的影响 ………………… (56)

第二章 创新能力培养的承载机制 ………………… (102)
 第一节 创新能力发生的脑生理基础 …………………… (104)
 第二节 创新能力形成的心理基础 ……………………… (119)
 第三节 脑生理与心理协同统一 ………………………… (126)

第三章　创新能力培养的基本机制 ……………………（132）
　第一节　宏量"聪明元素"滋育创新能力……………（134）
　第二节　微量"聪明元素"滋育创新能力……………（137）
　第三节　科学摄取"聪明元素"奠定创新能力的
　　　　　物质基础 …………………………………………（142）

第四章　创新能力培养的教育机制 ……………………（162）
　第一节　加强创新教育是培养创新能力的关键………（162）
　第二节　优化创新教育内容是培养创新能力的
　　　　　有效方法 …………………………………………（171）
　第三节　建立培养创新能力的"生态化"教学
　　　　　模式 ………………………………………………（200）
　第四节　营造培养创新能力的"生态化"教师
　　　　　素质 ………………………………………………（208）

第五章　创新能力培养的保障机制 ……………………（221）
　第一节　良好政治、民主、法治状况是创新能力的
　　　　　制度保障 …………………………………………（221）
　第二节　知识和经验交融是创新能力的文化保障………（235）
　第三节　营造有利于创新能力发挥的家庭和单位
　　　　　环境 ………………………………………………（244）
　第四节　营造有利于创新能力发挥的良好自然环境……（255）

下　篇

第六章　创新能力的前提性方法：概念判断推理法………（261）
　第一节　概念的内涵、形成与物质作用过程……………（261）
　第二节　判断（命题）的含义特性和作用………………（270）

第三节　推理的含义、特点原则和作用 …………………（276）
第四节　自觉意识和非自觉意识推论 ……………………（284）

第七章　创新能力的主导性方法：辩证思维法 …………（288）
第一节　辩证思维方法的主导性 …………………………（289）
第二节　归纳和演绎的统一 ………………………………（297）
第三节　分析与综合的统一 ………………………………（318）
第四节　抽象与具体的统一 ………………………………（339）
第五节　逻辑与历史的统一 ………………………………（346）

第八章　创新能力的先导性方法：想象、直觉和灵感思维法 …………………………………………（354）
第一节　想象思维的含义、特性及前提 …………………（354）
第二节　灵感思维的产生条件及作用 ……………………（373）
第三节　直觉思维的实质及作用 …………………………（382）

第九章　创新能力的核心性方法：创新思维法 …………（390）
第一节　创新思维的实质 …………………………………（390）
第二节　创新思维的本质特征 ……………………………（401）
第三节　创新思维的主要形式 ……………………………（407）

第十章　创新能力的助力性方法：非逻辑思维范畴法 ……（435）
第一节　单向与多向思维法 ………………………………（435）
第二节　横向与纵向思维法 ………………………………（440）
第三节　发散与收敛思维法 ………………………………（448）
第四节　前瞻与后馈思维法 ………………………………（454）
第五节　静态与动态思维法 ………………………………（461）

第六节　换位与换元思维法 …………………………………（469）

第十一章　创新能力提升的实用性方法：创造技法 ………（477）
　　第一节　列举法：最容易寻找创新、创造的方法 ………（478）
　　第二节　设问法：最容易择优确定创新、创造对象的
　　　　　　方法 ……………………………………………（484）
　　第三节　组合法：最容易获得创新、创造成果的
　　　　　　方法 ……………………………………………（490）
　　第四节　信息交换法：最容易获得众多创新、创造
　　　　　　成果的方法 ……………………………………（495）

主要参考文献 ……………………………………………………（499）

后　记 ……………………………………………………………（506）

绪　　论

创新能力是人所富有的极为重要的能力,是创造者提出问题、分析问题、解决问题的高层次能力,也是人认知环境、适应环境、改变环境的一种能力。对于我国而言,创新能力的高低决定我国经济社会发展的程度,是经济发展提升国家竞争力的重要因素。实现中华民族伟大复兴,实现中国梦,必须重视培养提升人的创新能力。

习近平总书记在党的十九大报告中明确指出:我们的工作还存在许多不足,也面临不少困难和挑战,主要是"创新能力不够强"。那么,如何应对"创新能力不够强",采用何种有效措施、战略和对策,解决"创新能力不够强"的问题,怎样培养提升人的创新能力,采取何种方式培养提升人的创新能力,是我国各界,尤其是教育界的重要任务,也是新时代我国乃至全球各国所肩负的重要责任和历史使命。

第一节　创新能力的实质

创新能力作为人所特有的高级能力,可以从不同的视域、角度加以划分,从宏观上可分为:国家创新能力,区域创新能力,企业创新能力,全员创新能力;从哲学上可分为:个体(个人)

创新能力，主体（群体）创新能力。习近平总书记说："坚持创新发展，必须把创新摆在国家发展全局的核心位置，不断推进理论创新、制度创新、科技创新、文化创新等各方面创新。"① 那么，推进创新就要探究创新的核心内容——创新能力。我国致力于建设国家创新体系，需要卓越的创新能力。增强全社会人民的创新意识，并在创新实践中体现出创新能力的优势和综合性能力，通过创新能力推进理论创新、技术创新、体制创新、实践创新，创新能力是我国实现中国式现代化发展的首要的、核心能力。

一　创新能力的含义

创新能力，亦称创造能力或创新才能。创新能力是指创新个体或主体，在前人发现或发明的基础上，通过自身的努力创造性地提出新的发现、新的发明和新的创造的能力。可以说，创新能力就是创新个体或者主体，通过创新劳动、创新行为而获得创新成果的能力，是一个人在创新活动中所具有的提出问题能力、分析问题能力和解决问题能力三种能力的总和。也可以说，是以一定的知识信息为基础，达到最高实践活动水平的综合能力。② 综合起来概括：创新能力是人们在各种实践活动中，不断地提出具有经济价值、社会价值、生态价值的新思想、新理论、新方法、新发明和新创造的能力。关于创新能力的界定可以从不同的视域、角度加以概括，在不同领域其定义不同。

有的学者认为，创新能力是人的能力中最宝贵、最重要、层次最高的一种能力。创新能力最初的动因是创新意识，创新能力

---

① 《中国共产党第十八届中央委员会第五次全体会议公报》，人民出版社2015年版，第7页。

② 周宏、高长梅主编：《创造教育全书》，经济日报出版社1999年版，第4页。

是建立在创新意识和创新思维的长期运用和长期实践基础之上的特殊能力；创新能力是人对自身能力的一种超越，创新能力是一种独创力、扩张力和智慧力；创新能力是人产生新思维、创造新事物的能力。也可以换一个角度来说，创新能力是指人创造性地发现、提出和解决问题的能力；创新能力是人的认识能力和实践能力的结合，它涉及和包含了人的多种能力，是人的一种综合能力。创新能力包括创新思维能力和创新实践能力，是创新思维和创新实践相结合的能力，在这个过程中，人们首先要对客观事物有个认识的过程，在以往经验中和创新思维的非逻辑思维中，具备了认识的能力，对已有的问题或客观事物进行革新和改造，对不足之处和不满足现状的问题加以修饰，这就是将创新思维上升为创新能力的过程。

创新能力的核心是创新思维能力。创新能力的展现是创新实践能力。古谚语说："戏法人人会变，各有巧妙不同。"人的思考活动也会这样：问题人人会想，各有巧妙不同。人头脑中的创新思维是人的一切创新活动的"精髓""基石"。创新能力的形成是由精确的知识作为基础，确保最终的理论或发现是有价值的。人们早已从实践经验中总结出了这样的认识：只有想得到，才能做得到；只有想得好，才能做得好。没有思维中的创新，就没有实践中的创新。

创新能力是创新思维的凸显形式，是以高品质创新思维为核心、为主导的能力。关于创新能力的定义说法各异，但主要的观点认为，创新能力是创造性地提出新的发现、新的发明和新的改进革新方案的能力。

二　创新能力的特征

创新能力就是一种综合性的能力，创新能力的本质特征必然表现为：综合性、核心性。

创新能力的综合性是指它是由多种能力构成的能力，是综合性最强的能力。从创新能力的构成要素来看，学习能力、分析能力、判断能力、解决问题能力、想象能力、实践能力、组织协调能力、整合能力等构成要素中，它是层次最高的、综合性最强的能力。从创新能力产生的机制来看，创新能力的承载机制是脑生理与心理的协同；创新能力的基本机制是宏量元素中与微量元素中"聪明元素"的融合；创新能力的教育机制是家庭教育、学校教育与社会教育的互联；创新能力发展过程机制是提出问题、分析问题、解决问题的一致；创新能力的核心机制——创新思维能力是与辩证思维能力、综合思维能力等各种思维能力的统一。创新能力是综合机制、能力的体现，表现为综合性。

创新能力的核心性是指它是多种能力，即学习能力、提出问题能力、解决问题能力、分析能力、综合能力、想象能力、批判能力、创新思维能力、创新实践能力、组织协调能力、整合能力等的核心。创新能力的核心是创新思维，富有核心性、深刻性。以创新思维为核心的创新能力，本质上必然居于核心的地位。第一，创新能力是核心能力中的一种特殊性能力。国际上对人才综合素质评价的八种核心能力测评的标准中，创新能力具有极为特殊的地位。主要由于以下两方面的因素：一是创新能力在人们终身发展能力的三个层次中居于核心地位；二是创新能力是八大核心能力，即学习能力、分析能力、判断能力、解决问题能力、想象能力、实践能力、组织协调能力、整合能力的核心，与其他七种能力都具有紧密结合的特性。第二，创新能力在创新实践中起着内核作用。人是各种生产力要素中最为活跃的因素，在生产过程中居于决定性的主体地位。因此，创新能力是核心能力。人的发展，其核心是人的创新能力的发展，没有创新能力的激发和发展，人的发展就与动物的发展没有本质区别了。创新能力没有激发出来，或没有被培养出来，改造人的主观世界和客观世界就是一句空话，创新能力没有提升起来，创新实践就无法继续深入下去。培养提升发展人的创新能力，让人的创新能力普遍化、民族化，这是时代的要求，是社会发展、国家发展、民族振兴的需要。

三　创新能力培养的原则性

创新能力的培养，要依据个体差异进行，要因人、因时、因地制宜，采取多样化手段、多样性措施，因材施教。

"因材施教"是一个古老的话题，从孔子论及，一直说到现在。我们把因材施教运用于培养创新能力，是因为培养创新能力更加需要因材施教。在当前应试教育向创新教育转变的情况下，尤其需要强调：学生是学习的主体，尊重学生的个体差异，要因材施教，达成预期的创新教育目标，获得预期的创新教育成果。因材施教要取得实际的效果，关键在于落实。因材施教，作为创新教育的教学理念、教学方式和教学方法，始终受到我国教育界的肯定和认同。因材施教，在当下不是一个理论认识问题，而是一个实践问题，即如何落实培养创新能力的问题。

培养创新能力要遵循的原则主要有以下六点。第一，主体参与性原则。教师要把学生作为真正的教育主体，以学生生动、活泼、主动的发展为出发点和归宿。一切教育措施和条件都要为学生创新能力的培养而选择和设计。学生在教育过程中，要与教师一起选择、设计和完成各项教育活动，做到全员参与、主动参与及全程参与。第二，整体发展性原则。教师要把学生的成长发展看成一个生命整体的成长发展，而人的非整体性的发展，较直接的不良后果就是削弱创新能力。第三，协同创新性原则。在教学活动中，要将教师的创新与学生的创新有机地协同起来，将学科创新与活动创新有机地统一起来，将校内、外的创新有机地统一起来，将创新精神的培育与创新能力的培养有机地统一起来。第四，尊重个性原则。教师要注重学生的兴趣、爱好，以平等、博爱、宽容、友善的心态引领学生，使学生的身心得到自由的表现和舒展。第五，实践探究性原则。教师要尽可能多地给学生提供动手和实践的机会，交给学生一些富有探索性的实践任务，为学生提供探索性活动的广阔时空，让学生实现发明者的愿望，提高学生的实践创新能力。第六，激励进取性原则。教师要激励学生对他们自己创新能力的自信和获得创新的乐趣，积极投身到创新、创造的实践活动中去。鼓励学生主动选择新手段、新方法去解决问题。教师要善于使用夸奖的言辞，友善的微笑和热忱的激情去激发学生勇于创新的动机，培养学生经常处于追求创新状态的好习惯。

第二节 创新能力的构成因素

在人类的若干能力中，创新能力占据着非常重要的地位，人类的创新能力推动社会的文明发展和科技的进步，如果人类没有创新能力，人类文明不可能脱胎而成，人类将无法走进现代社会。卓越的创新能力不是一种单一的能力，而是多种能力的综合，如学习能力、分析能力、综合能力、想象能力、批判能力、创新思维能力、解决问题能力、创新实践能力、组织协调能力、整合能力等。它也是各种能力中最高级别的能力。创新能力最基本的、主要的构成因素有三点：提出问题、分析问题、解决问题，并通过创新实践的过程和创新实践的活动等体现出来。第一，提出问题，亦指形成问题，是创新者在已有知识、信息和经验的基础上，对客观存在问题的情境、状态、性质等重新发现和认识，而提出问题的类型又包括三种，即发现型问题、研究型问题和创新型问题。第二，分析问题，是指创新者对于提出的问题，经过相关资料的寻找搜集、分析处理、尝试解决直至弄清问题的整个过程。第三，解决问题，是指创新者面对提出的问题和分析的结果，在尚无现成办法可用时，将问题从初始状态向目标状态转化直至完成目标的全过程。创新能力遵循着"提出问题—分析问题—尝试性解决问题—解决问题—发现新的问题和要求"的过程。可见，创新能力就是经由提出问题阶段、分析问题阶段（包括尝试性解决问题）和解决问题阶段这三步动态的过程，结果就是看问题是否得到正确合理的解决，也就是说，最终只能根据创新的方法和创新的成果等形式表现出来。

创新能力是学习能力、想象能力、批判能力、创新思维能力、提出问题能力、分析问题能力、解决问题能力、综合问题能力、创新实践能力、组织协调能力、整合问题能力等多种能力的综合。培养提升人的创新能力，首要的是提升以下三种主要的能力。

一 学习能力

学习使人进步，终身学习，才是最值得提倡的学习理念。在科技、经济迅速发展的新时代，在云计算、大数据、区块链等新一代信息技术塑造的智能时代，不读书学习，不增长文化，不掌握知识，故步自封、墨守成规，就会成为落伍者。当代，不进就意味着退，很快就会被别人甩下。互联网时代，新事物层出不穷，给人们提出了很多新的问题，不学习，往往在没反应或反应迟钝时，就可能被别人甩在后面。

那么，有学习理念、学习观念的人，如何提高学习能力呢？马克思有一个很重要的观点，就是强调要掌握学习方法，不掌握方法，学习的效果就会事倍功半。学习要有学习的方法，做工要有做工的方法，科学研究要有科学研究的方法。怎样读书学习？概括起来可以有以下九种适用方法。

通读。即从头到尾通读一遍，意在读懂、读通，了解全部内容，欲求一个完整的印象，了解全貌。

泛读。即广泛阅读，指读书的面要宽，要广泛涉猎知识，不仅要读自然科学方面的书籍，要读社会科学方面的书籍，还要读思维科学方面的书籍。古今中外各种不同风格的优秀书籍都广泛地阅读，以博采众家之长，拓宽知识领域。

速读。即快速读书，对所读的读物迅速浏览一遍，仅了解文章的大意即可。扩大浏览阅读的数量。

精读。要细读思考，反复分析，反复研究，反复琢磨，务求明白透彻，了然于心，取其精华，去其糟粕。只有精心研究，仔细咀嚼，才能越研越精。

略读。抓住关键性词语或语句，略观大意，了解主要观点，了解主要事实。主要看看标题、内容提要、结语，大致了解读物的内容。

跳读。即把书中无关紧要的内容放到一边，抓住书的筋骨脉络去阅读，重点掌握各个段落的观点。

选读。读书时要有所选择。根据所需，有针对性地去选择需读的书目进行阅读。

再读。即重复地学习，反复地去读，温故而知新，有利于对知识加深理解，加强记忆。

写读。边读边摘录，边读边记，手脑并用，不仅能积累大量的材料，而且能有效地提高理解能力和记忆能力。

纵观那些学有所成的人士，都是善于读书之人，都是掌握了正确的学习方法之人。对于年轻人，尤其是钻研知识学问之人，需多读书，多读几卷，多读几遍，好的书籍内容是十分丰富的，读书人不可能一下子全部吸收，因此，要集中注意力反复读，把所要掌握的内容牢牢地记住，以学成待用。超强的学习能力是一个人创新能力的重要法宝，掌握了正确的学习方法，能够在创新实践过程中，时时、处处、事事都超越别人。总之，凡善于学习者，凡学习能力强的人，必能成大事。

二 分析能力

分析能力较强的人，往往学术有专攻，技能有专长，在自己擅长的领域里，能够透过现象认清事物的本质，形成属于自己的思维方式，提出独到见解，最终取得一定的成就。分析能力的高低是一个人智力水平的体现，分析能力虽然是先天的，但在很大程度上取决于后天的训练。在工作和生活中，我们经常会遇到一些难题，分析能力较差的人，通常思来想去却不得其解，以致束手无策，而分析能力强的人，则能够自如地应对一切难题。

分析能力是人在思维中把对象整体分解为若干部分、层次、因素而分别进行认识与研究的本领。客观事物是由不同要素、不同层次以不同规定性组成的统一整体，对这一整体的各内在组成部分进行分析是正确把握该事物的基本前提。为了深刻认识客观事物，可以把它的每个要素、层次、特性、规定性在思维中暂时分割开来进行考察和研究，对事物的各个方面和不同特征进行系统的比较，搞清楚每个局部的性质、局部之间的相互关系以及局部与整体的联系。借助分析能力，可以实现对对象由表到里、由浅入深、由难到易、由繁到简的认识，从而把握对象的本质。概括来说，分析有以下四种方法。

定性分析。即从质的方面认识事物，由事物的规定性出发，通过逻辑推理，运用经验知识，在面对杂乱模糊的现象时，对事物的发展变化规律进行预测和判断，做出抽象而有条理的结论，以比较性的思考为主，分类、归纳、演绎等方法为辅，侧重于"从具体到抽象"方面，较为简便、灵活，能在较短时间里获得结果。

定量分析。即把对象所涉及的因素、因素之间、因素与系统之间的关系，用量去描述和表征，运用大脑思考，掌握基本的数量关系，通过数字间的关系推导出事物的发展规律性，以此建立指标系统，设计方案、目标和方法，分析数据之间的关系，优化、分配、调整计算内容，建立数学模型，进而提出方案意见，进行预测和决策，具有可靠、具体、精确、可操作性强的特点。

因果分析。为了确定引起某一现象变化的因果关系，解决"为什么"的问题。由原因分析结果，即在对象的先行情况下，把产生它的原因所出现的现象，与其他的现象区别开来，进行分析；由结果分析原因，即在对象的后行情况下，把对象产生的结果所出现的现象，与其他现象区别开来，进行分析；还有原因与结果的互相推导，分析一个事件中各个部分的多重因果关系。

功能分析。相互联系的各个部分、方面、因素之间总是相互作用的，由此产生的内部影响，以及对外部的影响和作用，就是该事物的功能。将事物的影响一一列举出来，考察各组成要素间在形式上的排列与比例，识别其组成要素间的相互作用，明确事物对外部的作用，进而做出结论。

分析过程的实质是从整体走向部分，从复杂走向简单，从现象走向本质，从而达到对对象普遍属性的个别揭示。在创新实践中，一般情况下，一个看似复杂的问题，经过理性思维的梳理后，会变得简单化、规律化，从而轻松、顺畅地被解答出来，这就是分析能力的魅力。

三　解决问题能力

在日常的学习、工作、生活中，总会出现各种各样想得到的、想不到的问题，出现了问题，就要及时解决问题，解决问题的能力是人们日常生活中必不可少的能力。解决问题能力是指人们运用一定的观念、规则、程序、方法等对客观问题进行分析并提出解决方案的能力。

当出现了待解答的题目、待研究的课题、待实现的目标、待完成的任务等问题时，人的思维会快速将其进行归类，以便求解。按问题的难易程度，一般分为易题、平题、难题；按社会价值和社会影响，可分为重大题和一般题；按解答的目标，分为认知题和实解题；等等。每一个问题都是由条件和目标组成的，条件是人们解决问题的出发点，同时也是依据、基础，目标是有待寻求的答案，问题不同，其条件和目标的明确程度也会有差异。一个善于解决问题的人，会根据自身已掌握的知识，立足于目标的需要，对问题加以分类，促使思维进入积极活跃的状态，从而进一步分解问题。

在分解问题的过程中，解决问题能力强的人可以化整为零、消融难点，使问题明朗化、具体化，使求解过程条理化。问题分解包括过程分解、条件分解、目标分解和情况分解四种主要类型。过程分解是把问题的求解过程区分为若干个顺序衔接的阶段，每个阶段都有各自特定的小目标，以对应一个子问题的求解。条件分解适用于包含多个条件的问题，善于解决问题的人可以把条件分为若干组，从而把问题分解开来，并加以思考。目标分解是从问题的目标出发，按照目标的性质分解问题、考察问题。情况分解着眼于问题所涉及的不同情况，人们能够按照不同的情况，将整个问题划分为多个具体的子问题，"具体情况具体分析"，以寻求问题的解决。

人一旦将问题分解开来，就能形成一定的探索方向，有目标地进行观察、安排实验、搜集资料、展开回忆、联想、分析等活动，不断靠近问题的核心，敏锐地觉察到有用的线索，捕捉到问题得以解决的机遇。

但是，由于人的思维方式、知识储备、个人性格品质、所处环境等情况的不同，其解决问题的能力水平也会有所差异。初级的解决问题能力，表现在可以发现一般的显性问题，能够初步判断，可以简单处理；解决问题能力较强者，在自己熟悉的领域或范围内，能较为容易地发现隐藏的问题，掌握一些发现问题的技巧，具备一定的分析能力，能够根据现象探求解决问题的途径，并找到答案，较好地解决问题；更高层次的解决问题能力，实际上是更早地发现问题，感知外界对自己或工作生活的不利情况，可以准确预测事情发展过程中的各种问题，并将其消灭在萌芽状态，同时能归纳总结问题发生的规律，可以指导提高自身发现问题的能力。

细心观察就会发现，那些解决问题能力强的人，其创新能力也必强。创新活动，实际上就是不断发现问题、解决问题的活动，只有具备了超强的解决问题的能力，才能攻坚克难，有所突破。

第三节　创新能力形成的动力

人的各种活动，从饥则食、渴则饮到从事各种物质资料的生产活动，从文学艺术创作到科学技术的发现、发明、创造等，毫无疑义都是在个人、群体、社会需要的推动下进行的。

一 需要是创新能力形成的外在动力

1943年美国心理学家马斯洛提出的需求层次理论认为，需要的满足是人的全部奋进的目标。人的一切行为都是由需要引起的，而需要是有层次的。马斯洛提出，人的需要由下列五个层次构成。

一是生理需要。这是人的所有需要中最基本的需要，也是最强烈的需要。二是安全需要。表现为人们要求稳定、安全、受到保护、有秩序、能免除恐惧和焦虑等。三是归属和爱的需要。希望从属于一定的群体，关系和睦，得到他人的同情和爱。四是尊重的需要。包括自尊和受到他人尊重，自尊得到满足会使人相信自己的力量和价值，从而有利于发挥自己的能力。五是自我实现的需要。表现为个人充分发挥自己的能力，不断充实自己，不断完善自己，尽量使自己达到完美无缺的境地。

马斯洛认为，这五种需要是人们最基本的需要，它们能成为激励和指引个体行为的力量。而且，这五种需要有低级、高级之分，从一至五的排列，就是由低级到高级的排列。只有低级的需要得到满足，才能产生高级的需要。在人的一生中，低级需要出现较早，高级需要出现较晚，而且，需要越高级，出现就越晚。在婴儿期，出现生理需要，然后，逐步产生安全需要、归属和爱的需要；到了少年期，才产生自尊和尊重他人的需要；到了青年期，由于性的成熟，知识经验的增加和进入社会，便逐渐产生自我实现的需要。

培养提升创新能力，从个体的角度来说，就是为了自我实现的需要；而从主体的角度来说，就是为了提升民族创新，实现人民幸福、民族兴旺、国家富强的需要，是新时代更好地进行中国式现代化伟大创新实践的需要。为了更好地创新实践，人们需要有较强的创新能力。

二 良好个性是创新能力形成的内在动力

个性，即个体的整个精神世界，其核心内容是主体性与创造性。发展人的个性的一个重要方面是发展人的主体性，使他们成为具有独立性、自主性、能动性、超越性的个体。创新能力与个性有着非常密切的关系。从系统学理论来分析，个性系统的各个子系统，各子系统的各要素，都具有两重性。既可以向有利于创新能力发展的方向发展，又可以向不利于创新能力发展的方向发展。个性的某子系统、某要素向有利于创新能力发展的方向发展，就会形成良好的个性要素，被称为"创新个性"，亦称为"创造人格"。创造人格是创新活动的内在动力，是创造活动成功的关键，集中体现为强烈的创造动机，坚强的创新意志和健康的创造情感，它反映出创新主体良好的思想面貌和精神状态。这就较好地概括了创新能力的发展与个性发展之间的关系。如果个性的某子系统、某要素向不利于创新能力发展的方向发展，就会形成不好的个性要素。如果让这样的个性发展起来，就会严重地束缚个体创新能力的发展。

第四节 创新原理及其理论演变和发展

创新及创新实践活动有其基本原理、性质和规律。学习、了解、掌握创新的原理及性质，对进一步培养人的创新能力及其内容有很大的帮助。

一 创新的基本原理

创新的基本原理是人类在创新活动中带有普遍性的、基本性的、规律性的具有普遍性意义的道理。主要包括普遍性基本原理和可开发性基本原理。

第一，创新的普遍性基本原理。创新的普遍性基本原理是指创新能力是人人都可具有的一种能力。具体包括以下三层意思。其一，人人是创新之人。一般来说，创新人人皆可为，创新能力并非只是少数人才具有的一种能力，而是人人都具有的，可以经过启发、教育、培训得到提升的一种潜在能力。其二，天天是创新之时。创新每时每刻尽可为，在人的一生中，创新和创新能力是伴随着生命的存在而存在的，只不过不同的人其表现不同，有的能少年早慧，在很小的时候就由于留心观察、勤于思考而有所作为，也有的人却大器晚成，到年长时才有所感悟、有所创新。其三，处处是创新之地。创新处处都可为。创新在各个领域各个行业乃至所有的地方无一例外地可以进行，它涵盖当今社会各行各业的所有工作和职业。关于创新的普遍性基本原理，人民教育家陶行知的《创造宣言》（1943年）就提出了"处处是创造之地，天天是创造之时，人人是创造之人"的理论。

第二，创新的可开发性基本原理。创新的可开发性原理是指创新能力是可以通过教育、培训、开发、激励和实践等培养出来的，并能得到不断提升的一种能力。在一个正常、有秩序的社会里，人世间的一切成功、业绩、财富乃至惊人的成就都是依靠人的创新能力取得的；而人与人之间之所以在成功、业绩、财富乃至成就上存在着很大的差异，完全是由于他们面对同样机遇时，所表现出来的创新能力的不同所致，因此，导致的创新成果也不同。新时代努力培养创新能力，人人有责，也是我国教育的当务之急，研究人的创新能力的培养机制、培养方法及其培养原则是我们教育理论工作者责无旁贷的任务。

二 创新理论在我国的演变和发展概述

创新理论萌芽于我国古代，在我国古代很多书籍就有记载，早在商朝，"盘铭"上就刻着"苟日新，日日新，又日新"的字句，提出求新是一个持续不断的过程；《诗经·大雅·文王》有"文王在上，於昭于天。周虽旧邦，其命维新"的记载；从天人合一的角度出发；《易传·系辞上》的"一阴一阳之谓道"体现了交换转变的原理。这些记载表明了中华民族在远古时期就产生了朴素的创新、创造观念。

创新、创造及培养创新能力的思想，国外大致可以追溯到古希腊时期，这一时期只有较少数人对创造有所思考，其演化和发展较为缓慢。对创造的研究和探索多从哲学、心理学的角度出发，还没有形成关于创新创造的整体概念。创新之花是熠熠生辉的智慧之花，创新之果也是永远甘甜的智慧之果。中华民族是勤劳智慧的民族，也是富有创新精神的民族，变革求新则是中华民族不懈的追求。但对培养创新能力的理论进行系统的学术研究则始于20世纪六七十年代，我国学者陈树勋的《创造力发展方法论》[1]对智力的机能、创造的障碍和创造的技巧进行了系统的阐述，郭有遹编著的《创造心理学》[2]也对创造的智慧、创造的动机和创造的人格进行了阐述。

20世纪80年代，我国进入系统、全面研究创新理论及创新能力培养的迅速发展时期，人民科学家钱学森主编的《关于思维科学》一书，提出要"开展思维科学研究、倡导思维科学教育，推动思维科学事业发展"。[3]提出了要发扬创新思维在创新、创造

---

[1] 陈树勋：《创造力发展方法论》，中华企业管理发展中心1969年版。
[2] 郭有遹编著：《创造心理学》，台湾：正中书局1973年版。
[3] 钱学森：《关于思维科学》，上海人民出版社1986年版，第16、28页。

及对提高创新能力中的核心作用。许立言等编的《创造学研究》一书，系我国第一本公开出版的国际创造学研究论文集，其主要观点是：国际竞争将是国家、民族间的创造力竞争，在激烈的国际竞争中，在社会主义现代化建设中，为不断开创新局面，需培养富有创造力的大批的创造性人才。①

20世纪90年代，具有代表性的著作有：韩德田主编的《创造学概论》②、杨德等编著的《创造力开发实用教程》③、游国经等主编的《创造性思维与方法》④，阐述了培养创新能力的创新技法及提升创新能力的理论观点。

进入21世纪，由本书作者牵头组织北京大学、中山大学、郑州大学、山西理工大学等国内二十几所院校的专家教授编著的《创造性思维训练与培养》⑤在提出创新思维的内涵、实质和特征的基础上，系统阐述了培养创新思维及培养提升创新能力应具备的个体品质和个性特征等理论，被纳入全国高等学校大学生创新能力培养的教科书。李锡炎的《提升开拓创新的能力》⑥提出了领导干部"提高开拓创新能力首先要有多角创新思维，明确了开拓创新、统筹协调是整合资源促进开拓创新的重要方法"的理论。本书作者的《创新思维学》⑦在全面阐述了创新思维的特性，即思维形式的反常性、思维过程的辩证性、思维空间的开放性、思维成果的独创性及思维主体能动性的同时，又系统阐述了培养创新思维，提升创新能力的基本理论，即如何提升学习能

---

① 许立言等编：《创造学研究》，上海科学普及出版社1978年版。
② 韩德田主编：《创造学概论》，吉林人民出版社1990年版。
③ 杨德等编著：《创造力开发实用教程》，宇航出版社1992年版。
④ 游国经等主编：《创造性思维与方法》，人民日报出版社1996年版。
⑤ 王跃新等编著：《创造性思维训练与培养》，吉林人民出版社2000年版。
⑥ 李锡炎：《提升开拓创新的能力》，中共中央党校出版社2009年版。
⑦ 王跃新：《创新思维学》，吉林人民出版社2010年版。

力、理解能力、想象能力、思辨能力、分析能力、综合能力、批判和质疑能力等理论问题。刘奎琳的《灵感思维学》[①]揭示了灵感发生的机制,对弗洛伊德的"无意识"理论进行了修正,提出了揭示灵感发生的"显意识与潜意识相互作用"的假说,力图揭示"灵感发生之谜"。蓝红星主编的《创新能力开发与训练》[②]对大学生创新能力的开发、创新意识的培养、创新思维的训练、创新方法的探索与训练等进行了全面的阐述。这些作者的理论观点都为创新、创造奠定了理论基础。

三 创新理论在国外的演变和发展概述

公元前3世纪古希腊哲学家亚里士多德(Aristotle)在著作《心灵论》中曾论述过"想象"的思维形式,提出了联想思维,并进一步区分了相似联想、接近联想和对比联想。古希腊数学家帕普斯(Pappus)在其所著的《数学汇编》中首次提到了"创造学"这一术语。1565年,法国学者龙沙(Pierre de Ronsard)在发表的《法国诗学要略》中曾论述了创造的意义,认为"创造是一切东西的本源"。1620年英国哲学家培根(Francis Bacon)出版的《新工具》,对创造的实验方法和归纳方法做了总结。1637年法国数学家、哲学家笛卡尔出版的《方法学》,对科学实验的方法进行概括。德国哲学家康德(Immanuel Kant)提出了当时最完善的创造理论,他分析了创造过程的构成,认为创造性想象力是多样的,是感性印象与统一的知性概念之间的联系环节,同时具有印象的明显性和理解的综合性,想象是知觉和活动的统一,是两者共同的根源。18世纪末到19世纪中叶,哲学家、心理学

[①] 刘奎琳:《灵感思维学》,吉林人民出版社2010年版。
[②] 蓝红星主编:《创新能力开发与训练》,西南财经大学出版社2014年版。

家、创造学家主要对"创造力"进行了理论研究。第一个系统地阐述了唯心辩证法，进一步探讨了人类的创造活动的是德国哲学家黑格尔（Georg Wilhelm Friedrich Hegel），他把创造分为科学的创造和艺术的创造两种形式。

1848年，马克思主义唯物辩证法的诞生，对创造学的发展起到了巨大的推动作用。这一时期有关创造方面的心理学研究成果也大量涌现，1868年英国心理学家高尔顿（Francis Galton）的《遗传的天才》，是最早关于创造力研究的系统科学文献；1898年美国哈佛大学笛尔本（Dearborn）教授的《创造性想象测验》提出采用测量的方式来探究创新思维的本质。

20世纪初至70年代末，对创造力理论的研究由哲学、心理学扩展到经济学、教育学等领域。在前期研究创造动机和创造人才的创造过程的前提下，主要寻找影响创造能力的相关因素及创造能力本质的研究，大体沿着两个方向：一是对创造过程的研究；二是对创造人格特征和动机因素的研究。主要代表是美国统计学家卡特尔（J. M. Cattell），他在1903—1932年对3637位杰出的人物进行了统计研究。后来，人们对创造的方法、创造的教育、创造的作用等问题开始有所探索，为创造学作为一门独立学科的诞生奠定了坚实的基础。相关研究的代表著作有：1906年普林德尔（E. J. Prindle）的《发明的艺术》一书，最早提出对工程师进行创造力训练的建议，并以实例阐述了一些逐步改进发明的技巧和方法；在经济学领域，1912年熊彼特（Joseph Alois Schumpeter）的《经济发展理论》一书，提出了"创新"及其在经济发展中的作用；在心理学领域，多局限于现象学描述，1916年切塞尔（Chassell）的《首创性测验》一书，从心理学的角度对人类创造活动中的情绪和规律进行探索，研究了人在创造活动中的心理现象及其规律；在教育学领域，1932年日本学者稻毛诅风的《创造教育论》一书，提出并倡导以创新、创造原理为基础的教育观，1941年奥斯本（Alex Faickney Osborn）的《思考的方法》一书，首次提出了创新发明技法——"智力激励法"。

此外，国际社会对培养创新能力重要性的认识是一致的，对研发的投入力度不断加大，推行了积极有效的创新政策，把培养创新精神及创新能力作为教育革命的突破口。20世纪八九十年代，基于知识经济的发展，心理学和脑科学的一系列新成就给创新能力的研究注入了新的活力，开辟了新的领域，在创新能力形成与社会心理因素关系上的研究有了新的拓展。80年代美国科学家斯佩里（Roger Wolcott Sperry）的"脑割裂理论""麦克连脑部三分模型"理论和赫曼（Ned Herrmann）的全脑模型理论都为创新能力研究提供了科学依据。1984年，美国心理学家华莱士（Graham Wallas）的《思考的艺术》一书，首次对创新思维所涉及的心理活动过程进行了较深入的研究，提出了创新思维发生的"四阶段说"，即"准备、酝酿、明朗和验证"四个阶段。1986年吉尔福特（Joy Paul Guilford）的《论创造力》一书，提出创造能力由集中思维和发散思维构成，其核心是发散思维，智商只是创新才能的一个必要条件。美国心理学家斯腾伯格（Robert J. Sternberg）在《超越IQ：智力的三元理论》一书中，提出创新能力是智力、知识、思维风格、人格、动机和环境6种因素相互作用的结果，并认为创新能力由"知识基础、元认知技能和人格因素构成"，即有一个广泛的流畅知识基础和精通特定领域的技能，有一套加工信息的元认知技能，有一系列的态度、秉性、动机等人格因素。进入21世纪，随着时代发展、科技进步，对创新及创新能力提出了更高、更新的要求，在理论上对创新能力的研究范围更加广泛。

关于创新、创新能力及创新人才，不论是我国还是世界上其他国家都将其视为生存发展战略的重要组成部分。美国采用优厚的待遇政策吸纳创新人才，营造创新的科研环境，放宽了对具有高技术水平的外国人力资源（H-1B非移民）短期工作签证发放的限制。

英国政府发表《卓越与机遇——21世纪的科学和创新政策》白皮书，强调国家科研机构、大学与企业的密切合作，发挥创新人才在知识积累和技术创新中的重要作用，建立适合科技创新的环境和体制，形成良好的科研环境。

印度已经成为世界上高速增长的经济体之一。其技术进步是印度经济强劲增长的引擎之一。其科技投入政策的特点是政府主导投入研发，但私人投入增长迅速；国际科技合作增长迅速。同时，印度对外直接投资的规模逐步扩大，且绝大部分流向了发达国家制造领域的技术型风险项目。印度重视海外技术型并购，研发投入重点明确，高科技领域富有竞争力。

韩国重视科技创新人才的环境建设，注重研发经费的投入，在科技投入总量持续增长的同时，更加重视研发资源的合理分配和研发成果的有效推广，更加注重建设科研基地，创建科技园区，吸引创新人才，并实行以创新人才集聚为目的的国际合作项目。

综上，在创新环境建设方面，主要呈现出的特点是国家高度重视创新发展，不仅在经济方面加大投入力度，而且重视营造良好的科研环境，以优越的科研条件、生活待遇、人文自然环境等吸引优秀创新人才，使个人价值得到充分的承认和尊重，使科研人员专心于自己热爱的研究事业，使他们有心情舒畅的、气氛宽松的、管理灵活的科研条件。从科技创新模式的特征看，发达国家在科技创新研发领域上的经费投入比重较大，基础研究、应用研究与实验研究发展经费比例为2∶3∶5，科研人员人均费用为

15万美元。可见，国外发达国家为培养创新能力提供了良好的软环境。

　　整体来看，国内外关于培养创新能力的理论研究比较零散，尤其是受近代理性主义哲学、主体形而上学"对自然本性的遗忘"、夸大主观自觉性的影响，忽视自然本性、遮蔽自然具有活力的弊端。侧重于对"外在因素"的研究，即重视理性培养、理论诱导、功利诱惑、问题意识等因素对培养创新能力作用的研究，而轻视"内在因素"，即对人体所必需的内在的、基本的物质能量——"聪明元素（智慧元素）"的研究，对创新思维的物质承担者"脑生理与心理协同"这一承载机制缺乏系统的研究。在对"外在因素"的研究中，虽重视创新教育，但对我国传统文化中的优秀教育理论和实践重视的力度还不够；虽重视知识和经验等文化因素的研究，但仅停留在单方面的知识或经验的研究；虽重视政治环境和生活环境在培养提升创新能力方面的作用，但对政治环境和生活环境的协调关系的认识还缺乏全面性、整体性。因此，需要对"外在因素"进行全面的、系统的、哲学层面的研究。

上 篇

图二

第一章　主体的创新特质

主体创新特质，亦称创新主体的品质和特征。在创新实践活动中，主体要富有创新能力，就要不断地培养自身的创新品质和特征。创新主体只有具备创新的品质特征，才能具有内涵式创新及创新能力。本章主要探究主体的创新品质和特征，它是直接以潜能的形式存在的，需要通过自觉开发培养才能发挥良好的作用，开发培养及提升创新能力的自觉程度、广泛程度、深入程度与人的创新能力的发挥程度成正比例关系。

第一节　主体应富有的创新特质

创新主体主要指的是各种规模的群体主体和个体主体。它是创新实践活动、创新能力的主要担当者，是一个复杂的、庞大的整体系统。对其既可以从宏观上作层次性分析，也可以从微观上作结构性探索。深入研究探讨创新主体的内涵和特质，才能更好地培养提升主体的创新能力。作为创新实践活动的主体，它需要有科学的世界观和方法论作指导。

一　创新主体的含义

所谓创新主体，主要是指从事创新实践活动的主要担当者，是创新实践活动方式、方法及其规律的载体。思维的方式、方法及其规律是在创新主体与客体的相互作用中逐渐形成的，正是在这种相互作用的过程中，主体控制和调整创新实践活动的进程，发挥着创新实践活动担当者的作用。

创新主体要想增强工作的自觉性、预见性、创造性和实效性，就必须用马克思主义哲学，尤其是唯物辩证法作指导，马克思主义哲学作为时代精神的精华、真理和智慧，它提供的不是现成的教条，而是提出问题、分析问题、解决问题的科学方法，马克思主义哲学的唯物辩证法有利于创新主体产生创造性。因此，创新实践活动必须坚持马克思主义哲学唯物辩证法的基本原则。

第一，坚持唯物论原则。就是要使主体树立唯物主义的自然观和历史观。唯物主义的历史观是马克思主义哲学区别于旧唯物主义哲学的最重要的标志之一，是创造性人才必备的素质。只有确立了科学的社会历史观，人们才能认清历史发展的总趋势，从而产生强烈的使命感、历史责任心和克服困难的意志。同样，创新主体还必须树立科学的自然观，没有科学的自然观，人类就不可能正确地认识自然、有效地改造自然，甚至会违反自然规律，遭到大自然的惩罚。例如，法国著名物理学家彭加勒（Jules Henri Poincaré）在研究用交换光信号确定异地同时性的实验中，对同时性的定义与爱因斯坦（Albert Einstein）的观点已相当接近，但由于相信"以太"，特别是在自然观和方法论上受唯心主义影响较深，故未能对牛顿（Isaac Newton）的绝对时空观产生怀疑，从而与相对论失之交臂。奥地利物理学家、唯心主义哲学家马赫（Ernst Mach）也先于爱因斯坦反对牛顿力学的绝对时空观，但由于他的唯心主义立场，而惊呼"原子非物质化了""物质消失了"，以至于未能在物理学革命中做出贡献。而爱因斯坦最终能在科学上做出划时代的贡献，很大程度上要归功于他的哲学素养，他始终相信有一个离开知觉主体而独立存在的外在世界是一切自然科学的基础。而爱因斯坦鲜明的唯物论思想是他获得成功的重要保障。

第二，坚持辩证性原则。创新主体必须树立辩证的发展观，即掌握马克思主义的唯物辩证法。创新思维其实质就是辩证思维在人们思维活动中的不同侧面、不同层次、不同状态下的体现。只有从辩证思维出发来看待创新思维，才能理解其实质，才能更好地把握和运用创新思维。而辩证思维正是在唯物辩证法基础上形成的，离开了马克思主义哲学这个科学的世界观，就不可能有辩证思维。马克思主义哲学作为科学的世界观正是通过辩证思维的作用，影响和制约着人的思维的形成和发展。马克思指出："辩证法在对现存事物的肯定的理解中同时包含对现存事物的否定的理解，即对现存事物的必然灭亡的理解；辩证法对每一种既成的形式都是从不断的运动中，因而也是从它的暂时性方面去理解；辩证法不崇拜任何东西，按其本质来说，它是批判的和革命的。"[①] 只有用辩证的思维去指导实践，在事物的发展和联系中洞察事物发展的新规律，将哲学的批判贯穿于认识和实践过程中，不断实现对现有事物的批判、超越和创新，才能产生创造性思维。

第三，坚持实践性原则。创新主体的创造性是通过探索性的实践来实现的，具有创新思维能力的人，首先必须具有实践的观点。实践的观点，是辩证唯物主义认识论的最根本的观点。由于"社会生活在本质上是实践的"，所以，创新主体必须立足于实践。只有立足于实践，一切从实际出发，实事求是，才能取得符合客观事物本质规律而并非主观臆想的新发现；只有立足于实践

---

① 《马克思恩格斯选集》第 2 卷，人民出版社 1995 年版，第 112 页。

去看待已有的理论、观念，才能真正做到解放思想、勇于创新，取得突破传统理论的新观念；也只有立足于实践去看待这些新观念、新发现，才能使这些创造性成果既来自实践，又能通过实践得到检验和进一步的完善与发展。创新主体并不是为了创造而创造，而是为了实践，为了提高人们改造世界、征服世界的能力和水平。认识世界固然重要，"而问题在于改变世界"。没有实践，人生的理想和价值追求就难以转化成现实的存在，在不断提高主体实践能力的过程中，使主体的本质力量在实践中得到充分的展示。离开了实践，创新思维就失去了现实意义。

第四，坚持主体性原则。是指人在对象性活动中运用自身的本质力量，能动地作用于对象的一种特性。主体要从观念上把握对象，必定要在主体的思维观念和一定的价值目标等的指导下进行，创新实践活动作为主体的一种更高级更复杂的思维活动，其主体性则无疑更为突出。在创新主体的培养过程中突出主体性原则，彰显创造者的主体性地位，促进主体潜在的创造力向现实性的转化，增强主体创造力的发挥力度，人的创造潜能也就相应得到了比较充分的发挥。同时，也正是在主体性的作用下，人们才不满足于现状，渴望对现有事物的超越，在改造客观世界的同时，也提升了主体自身的素质和能力，促进了自身的全面发展。

二 创新主体的特征

创新主体具有主体存在的整体性、相关性，主体活动目标的一致性、协调性，主体实践成果的集体性特征。其一，具有主体存在的整体性和相关性。认识解决某些共同问题的思维活动，这种思维活动是大家共同参与的，集中众人的智慧，形成整体的思维能力，取得单个人所不能达到的思维效果。所以它是人作为集体来进行的思维，即人作为集体对客观现实的反映。科学共同体的创新实践活动作为集体思维活动，它的创新主体不是分散的个体，在这个主体系统中，每个成员之间及成员与共同体之间都存在着相互依存的整体联系，这一特点在科学技术高度发展的新时代表现得尤为突出。其二，具有主体活动目标的一致性和协调性。作为科学共同体思维的目标客体（内容）是带有群体目的性的课题，因此，它具有主体活动的目标一致性。科学共同体的创新客体不是那种与他人毫不相关的私人小事，而是对群体成员有共同利害关系的课题，是对群体整体有用的课题。这些课题一般说来较为复杂、重要，是个人不容易认识、解决的，需要群体（众）多人在思维上的合作，形成整体思维能力，众多人联合起来，为认识和解决共同的课题而进行一体的思维活动，这样的思维活动有相对统一的目标和规范，并通过交换信息、切磋研讨、集会、演说、学文件、听报告、参观访问等不同形式进行沟通交流，使众多成员可以互为补充、扬长避短、相互渗透和相互促进。在这种互动过程中个体主体活动彼此得以协调和调控，使复杂的课题得以解决。对于当代的复杂性问题，如生命科学问题、脑科学问题、大型工程问题等，是个人不能认识和解决的，需要群体中多人参与，为着一个共同的目标，形成整体思维能力，达到认识和解决问题的目的。其三，具有主体实践成果的集体性。群体思维成果来源于个体思维成果，包含着个体思维成果的成分，但不是个体思维成果的简单移植或相加，而是对个体思维成果的共同的、本质的东西的概括。

群体思维离不开个体思维，它在个体思维中存在，并通过个体思维表现出来。但群体思维一旦形成，又具有相对独立性，对个体思维起着重要作用，个体思维也不能离开群体思维而存在。许多伟大的科学发现本质上都是群体主体思维的结果。它即便是以个体主体形式出现，但也是在群体主体思维交流综合过程中形成的。牛顿在总结自己个人成就时就曾说过，自己是"站在巨人的肩上"才获得成功的。

群体思维成果超越了个体思维的局限，而整合成高层次、新质型、整体性功能活动优化状态。因为它是众多个体思维通过相互交流、相互比较、相互切磋、相互争论等，最后将众人的意见、认识集中综合（整合）后的思维成果，一般说来，要比个人的认识全面、深刻，更接近事物的本质，更具有普遍性。群体思维成果是众人个体思维成果的整合，这是从原初的意义上说的，实际上一个群体的思维，尤其是规模较大的复合式群体思维，所整合的不仅有个体思维，还往往有群体思维，即本群体所包含较小群体和本群体之外的其他群体的群体思维。群体主体在创新思维过程中，因群体的规模不同，整合范围的大小也就不同，有层次高低之分。科学共同体是由复杂的群体网络组成的，群体有大小、层次高低的差异。群体的这种层次性决定了群体思维的层次性。在小群体进行的思维，整合的范围小，仅表现为很少人思维的共性，它的层次就低；在大群体进行的思维，整合的范围大，表现为很多人思维的共性，它的层次就高。

三　创新主体的基本属性和层次性

创新主体作为处于一定社会关系中从事科学发现、技术发明活动的个人和群体，有其基本属性。主要为以下三点。

其一，社会性。创新主体的社会性是指人和人群的创新实践活动不是孤立的，而是受前人、他人乃至整个社会环境、历史传统的制约。马克思曾明确指出，人是一切社会关系的总和。创新主体是由社会化的个人和集体组成的，是认识世界和改造世界的特殊化了的社会人和人群。创新主体只有在一定创造关系中才能存在和发展，是受社会关系所制约的。任何一个主体的创新思维世界中都包含着他人的思维成果；任何一个主体的创新实践活动都同时借助着他人的思维成果；任何一个主体创新实践活动及其成果都融汇到人类总的思维运动及作为共同思维成果的总的主观信息流之中。

其二，历史性。创新主体的发生和发展，一开始就是由社会生产所决定的，并且又是在历史发展的进程中演变的。社会实践的不断发展使创新主体在不同的历史阶段有着不同的能力水平和组织结构。从思维方式来看，古代原始综合的方式经历了近代以分析为主的阶段发展到现代辩证综合的水平，是随着社会的前进而不断从低级走向高级的。作为主体认识能力标志之一的工具也在不断更新换代。创新主体的组织结构也由分散的个体及近代早期的学会式结构发展到近代后期的各种专业研究机构，现代便出现了科学研究中心这样的中心式劳动结构。这些都是创新主体历史性的具体表现。

其三，实践性。创新主体，为了实现某一创新目标，就必须同广大群众一起从事改造自然、改造社会、创造物质财富和精神财富的伟大实践活动，以最大限度地满足人民群众日益增长的物质和文化生活的需要。人民群众的实践需要创新，而创新实践也造就了千百万创造者。创新实践活动的成果同样要接受实践的检验。社会性和历史性分别从空间和时间两个方面说明，创新主体本身随着社会实践的历史发展而不断变化，在创造实践中实现社会性和历史性的统一。

创新主体既包括个体主体，又包括各种规模的群体主体。

个体主体，指以单个人为存在状态的创新主体，是创新实践活动的基本单元。创新实践活动的特殊性决定创新主体所具有的特定素质。一般创新主体和创新主体思维的目的和实践活动的范围及特点不同。首先，创新主体的目的是发现、发明前人和同时代人所不曾创立的理论、知识、技术、方法、实物、模型等。其次，创新实践活动意味着开拓，标志着主体要向人类尚未认识和征服的领域进军，要在错综复杂的矛盾中选择新的方向、新的领域，其能动性在创新实践活动中将得到特殊的发挥。因此这一过程具有很强的探索性和风险性。

自古以来，科学家就一直是创新实践活动的主体，但在人类社会早期，科学家主要是以个体主体形式进行艰辛的创造活动，如我国的数学家祖冲之、医学家李时珍等。这是由当时的社会历史条件所决定的。随着社会历史的发展，商品经济取代了自然经济，人们的社会交往日益扩大，科学家所从事的创新实践活动的社会联系程度也得以大大提高，尤其是近代资本主义经济迅速发展，冲破了社会封闭状态，使得科学家们形成了社会联系程度更为密切的群体主体结构。现代创新实践活动在很大程度上呈现出群体化、集团化主体状态。

群体主体，是指以众多人为存在状态的创新主体。群体主体作为系统状态而存在具有整体性或集体性。这种整体的创新实践活动并不是指单个人所进行的思维活动，而是指相互联结在一起的众多的人所进行的思维活动。从社会角色理论上讲，群体主体是由各种不同社会角色成员所组成的特定的社会角色共同体。群体主体的形成反映了各种社会角色在特定的时空范围内所结成的相对稳定的、相互依存的社会制约关系，它是以某种社会利益为目标而聚结为一体的社会成员的组织形式。从创新实践活动的意义上讲，也就是以特定的思维问题（即课题）为纽带而集结在一起从事特定的创造活动的人才群体主体结构。创新主体一般情况下是指群体主体。科学发展史越来越表明，群体主体在创新实践活动中占有重要的地位。尤其是现代社会正处于科学高度综合、迅猛发展的"信息爆炸"时代，创新实践活动的形成和发展，更需要群体主体在创新实践中发挥作用。

群体主体的类别按照自觉与否、稳定与否的标准，可划分为正式群体主体和非正式群体主体。正式群体主体，是指以特定明确的思维课题和目标为纽带而自觉地组合在一起从事创新活动的人才共同体。一般来讲，它具有较严密的组织形式，严谨的结构层次，分工有序，有自觉的领导核心等调控机制；具有较高程度的稳定性和持久性；群体成员之间相互制约程度较高，内部激励机制性较强；其活动有序性程度较高。一般来讲，其思维活动过程周期快、效率高，但其自由、宽松、无序程度较受限制。

非正式群体主体，从其形成的角度来看，非正式群体主体一般是受其成员的兴趣、环境氛围等因素影响，不自觉地形成起来的群体，如"科学午餐""学术沙龙"成员等。它是一种临时性的群体，没有严密的组织层次和领导核心等调控机制，具有一定程度的非稳定性和非持久性；其群体人员之间相互约束性小，个体自由性大；氛围宽松、自由；其活动的民主性、自由性和无序性相对来讲程度较高。

按照素质、层次高低的标准，又可划分为一般（普通）群体主体和科学家群体主体。

一般群体主体，一般是指从事创新实践活动的人员群体。它不是由高层次的专业人才组成，而是由相对低层次的非专业人员构成的群体。其创新实践活动一般属于日常生活领域中的具体问题，属于创造性经验思维活动层面。如工艺发明小组、技术革新活动小组等。

科学家群体主体，一般是指由知识素质较高的各种专业人才所组成的高级的人才群体。其创新活动一般存在于科学领域包括尖端性的科学技术领域，其研究的课题一般带有宏观性、战略性、深刻性和理论性，其活动的创造性程度较高，成果的价值具有普遍性。科学家群体主体是创新实践活动中极为重要的主体结构形式。上述几种群体主体的不同形式在创新实践活动过程中，往往又相互交织在一起。就科学家群体主体来讲，既有非正式群体主体形式，也有正式群体主体形式等。

以研究领域、探索目标为标准，又可划分为不同的科学家团体，即科学共同体。

科学共同体，一般是指遵守同一科学规范的科学家通过相对稳定的联系结成的社会群体。其成员掌握大体相同的理论，有着共同的探索目标。它是创新实践活动的重要的主体结构形式。美国科学哲学家库恩认为，科学共同体是由一些学有专长的实际工作者组成的，所受教育和训练中的共同因素将他们结合在一起。他们有着共同的探索目标，注意类似的问题。在科学共同体内部，学术交流比较充分，专业方面的看法也比较一致。甚至在很大程度上，大家利用共同的文献，引出类似的结论。科学共同体可以分为不同层次。全体科学家可称为一个共同体。低一级的是各个主要的学科专业集团，如物理学家、化学家、天文学家等共同体。类似地，各学科专业集团，按照研究课题及所读期刊，还可以分为若干子集团，以至再下一层次的子集团。在常规科学时期，科学共同体遵从同一个范式的指导。在库恩（Thomas S. Kuhn）的《必要的张力》一书中，又被称为"专业母体"，包括符号概括、模型和范例，他使共同体具有内部交流充分、专业见解一致的特点，是科学在常规科学时期得以迅速发展的保证。在科学革命阶段，科学共同体成员提出各种不同的理论、假说，以便形成新的范式。选择新范式的裁决权在整个科学共同体。这充分表现出科学共同体成员在专业标准和价值方面的高度一致。因此库恩认为，科学尽管是由个人进行的，但科学知识本质上都是集团的产物。学派、协会、科技学会、学院、科技研究中心、科学城等也可以看作科学共同体。科学共同体的功能主要表现在：能形成持续的科研能力，对科学成果进行同行评议，为科学家提供更多的学术交流机会等。不难理解，以科学家的身份所组成的创新实践活动的群体主体，显然是属于高层次素质的人才群体系统结构。这种主体结构所进行的创新实践活动自然成为一种活动效率高、价值意义大的重要的创新活动形式。

在创造活动过程中，科学共同体比科学家个人更具有明显的优越性。一方面，共同的信念和努力方向将科学家们牢固地联合在一起。科学家们共同探讨问题、传递信息、互相启发，大大增强其在创造活动中的信心和勇气。这种集团心理对冲破传统观念的束缚，战胜重重压力发挥重要作用。另一方面，科学共同体内部民主自由的学术空气，能为思维的严密性提供组织保障。共同体形成以后，其内部有一个核心作为坚强领导，坚持不懈、前赴后继地维护某一创见，这一创见就表现出顽强的生命力，较容易在竞争中取胜。

第二节 创新个体主体应具备的创新特质

人的创新实践活动离不开人脑这个世界上最高级、最复杂、令人惊奇和力量巨大的物质。创新能力本质上主要是人脑的机能，人脑是创新实践活动赖以存在和发展的生理基础。但人的创新实践活动的形成，同时也伴随和渗透着人的心理活动的复杂过程。无数事例证明创新能力的生成与创造者的基本条件、个体品质和特征有着密切关系。

创新个体应具备的基本条件有三点。其一，良好的脑生理条件。主要是指人的身体素质——健康大脑的生理机能。人的智能确实存在先天的差异，但科学创造并不完全取决于智能的高低，生理素质、大脑的生理机能并非任何时候都是促成科学创造的主要条件。其二，良好的心理条件。主要是指对实现主体活动目的起积极作用的情感和意志，即有利于创新实践活动的心理状态和心理环境。科学创造活动具有强烈的情绪、意志、爱好的倾向。一个智能卓越、思维敏捷的人，可能由于缺乏科学创造的冲动而不一定能做出创造性成果来；一个智力平凡的人，如果有强烈的好奇心，敢于并善于质疑，勇于探索，也可能做出创造性成果来。因此，有效地发挥人格的力量，从性格、情感上去培养对待科学创造的积极性，是完全必要的。所谓人格，就是意志、性格、道德、智慧、力量的综合表现。创新思维个体既应注意思维流畅、思维灵活、注意力高度集中，又应适时转移、富有想象力和幽默感、具有浪漫精神和超现实感等品格的培养。因为一个人的科学创造，不仅受他的思维、智能、技能等的制约，而且还要受他的人格因素制约。不良人格结构会扼杀一个人的创造力。创造个体的社会条件，指社会经济结构以及由它决定了的政治关系、道德规范、教育状况、民族文化传统等。这些条件，对所处其中的创造个体主体有重大的影响。具有同样创造智能的人，在不同社会条件下，会显现出不同的发展。没有良好的社会土壤是不会长出富有创造性的禾苗的，即使出现了，也可能遭到冷遇，以致被埋没、压制。促成一个适于创新思维个体成长和进行创造性研究的优良条件，对于个体主体和群体主体，都是极其重要的。其三，良好的知识条件。主要是指主体所掌握，并进入活动领域的知识、经验、技能、方法等，既要有一定的数量，又要有合理的结构，这是进行创新实践活动的基本条件。创新个体除了应有的以上三点基本条件以外，还应具备创新的品质。

一 创新个体应具备的品质

创新个体的品质其实质就是其思维个性特征。个体品质体现了每个个体思维的水平，个体的创造性与个体品质紧密相关。创新个体应具有高度的灵活性、深刻性、独创性、敏捷性、跳跃性、怀疑性和批判性的品质，没有创新的这种品质就不可能在处理问题和解决问题的过程中有适应紧迫情况的积极思维，有正确迅速做出结论的能力。

（一）具备灵活性和深刻性

思维的灵活性是指思维活动的智力灵活程度。它包括以下几点。一是思维起点灵活。从不同角度、方向、方面，能用多种方法来解决问题。二是思维过程灵活。从分析到综合，从综合到分析，全面而灵活地进行"综合地分析"。三是概括能力强，运用规律的自觉性高。能举一反三，触类旁通。四是善于组合分析，伸缩性大。五是思维的结果往往是多种合理而灵活的结论。

这里所说的思维的灵活性与美国心理学家吉尔福特提出的发散思维法（divergent thinking）的含义具有相似之处。吉尔福特认为，发散思维法是从给定的信息中产生信息，其着重点是从同一的来源中产生各种各样的为数众多的输出，很可能会发生转换作用。其特点：一是"多端"，对一个问题，可以多角度进行观察、多途径寻求启发、多方向发挥想象，以获得各种各样的结论。二是"灵活"，即根据不同的对象和条件，具体情况具体对待，灵活运用，反对一成不变的教条和模式。三是"精细"，要全面细致地考虑问题。不仅考虑问题的整体，而且要考虑问题的细节；不仅考虑问题的本身，而且考虑与问题有关的环境和条件。四是新颖，答案可以有个体差异，各不相同，新颖不俗。因此，吉尔福特将发散思维法看作创新能力的基础。

思维的深刻性又叫作抽象逻辑性。思维是人脑对客观现实的一般特性和规律概括的、间接的反映。概括性和间接性是人的思维过程的重要特征。人类的思维是语言思维，是抽象理性的认识。在感性材料的基础上，经过思维过程，去粗取精，去伪存真，由此及彼，由表及里，于是在大脑里生成了一个认识过程的突变，产生了概括。由于概括，人们抓住了事物的本质、事物的全体、事物的内在联系，认识了事物的规律性。个体在这个过程中，表现出深刻性的差异。思维的深刻性就是指思维过程中对事物本质和规律性的认识程度，善于从表面现象中，或事物的萌芽状态中发现新问题，预见事物发展的过程。

（二）具备敏捷性和跳跃性

思维的敏捷性是指思维的速度或迅速程度。有了思维的敏捷性，在处理和解决问题的过程中，就能够适应迫切的情况来积极地思维，周密地考虑，正确地判断和迅速地做出结论。但思维的敏捷性并不意味着思维的草率。

思维的跳跃性是指在发现问题和解决问题的过程中，头脑闪现突如其来的新想法、新观念的能力。这种创新能力过程中迸发的稍纵即逝的火花，也被称为直觉、灵感或顿悟，无论有没有受到外界环境的启发，逻辑的跳跃性和过程的瞬时性都是它们的特点。有人说科学家在探索自然的时候，有时就像一个功课不太好的学生解题一样，实在做不出来了，就偷偷看看后面的答案。但这种"来如闪电去如风"的思想火花并不是随便产生的，而是人们在从事创造性的活动中，经过长期深入、细致、艰苦的思考和探索后才会出现的。即所谓长期思考的前提下偶然得之，有意追求的过程中无意得之，寻常思考的基础上反常得之。许多发明创造都是由此而产生的。珍妮纺纱机的发明过程就是如此。1764年的一天，英国木工哈格里沃斯（James Hargreaves）正在为了发明纺纱机的事情大伤脑筋，想休息一下，干点家务，可不小心将妻子的纺车绊倒了。这时，一个现象使他看呆了，纺锤从水平变成竖立，纺车正常运转。他由此想到了并排垂直装上若干个纺锤，就可以一次纺出若干根纱来。于是发明了"珍妮纺纱机"。法国数学家彭加勒回忆，他曾长期思考一个数学问题，但一直未能解决。

> 有一次，我离开当时居住的城市——卡恩，参加了一次校方组织的地质学的游览活动，这使我暂时忘却了正在进行的数学研究。到达左斯坦后，我们乘上了一辆公共马车，准备到别的什么地方去。正当我的脚踏上马车的时候，脑海中突然冒出了一个想法：我用来定义富克斯函数的变换式是恒等的。这个想法来得如此突然，看来在此之前没有得到任何东西的启发和诱导。但我完全相信自己的想法是正确的。在回卡恩的路上，为了使自己心里更踏实些，我利用空闲的机会证实了自己的想法。

直觉、灵感、顿悟等思想火花是十分宝贵的，它们的产生往往具有偶然性、突发性、随机性的特点。因此，当遇到这种天赐良机时，千万不要怠慢它，而要主动、热情、及时捕捉它，迅速准确地记录它，然后进行思维加工与实践检验，就有可能取得有价值的收获。

(三) 具备怀疑性和批判性

思维的怀疑性就是指思维对事物的一种不确定、不稳定的状态，是一种迷惘、寻觅状态，然而这正是对旧的束缚的解脱，对新路径的探索，是人的成功之路上的最重要的十字路口。怀疑，固然是一种否定，但它同时又是一种创生。没有怀疑，人在任何领域中都不可能摆脱窠臼，创造新事物；在科研领域中就更不可能突破旧传统，开辟新路径。思维的怀疑性，是否定旧事物，迎接新事物的一个环节，是生长、创造、发展的环节。"不破不立，不止不行"，没有对旧事物的怀疑，就不会有对新事物的开辟，就不会有科学机体的代谢和更替。科学的本性是自由的，对一切传统的、既成的东西都循规蹈矩、虔诚笃信的人，对一切权威、信条都顶礼膜拜、诚惶诚恐的人，是不可能有所开拓、有所创造的，是与科学的本性不相容的，因而也就不会提出那些富有挑战性的问题，得到那种突破性的成功。苏联生理学家巴甫洛夫（Ivan Petrovich Pavlov）说过，怀疑，是发现的设想，是探索的动力，是创新的前提。的确，要想有所发明创造就要敢于和善于提出问题。正如古人所说，学贵有疑，小疑则小进，大疑则大进。疑者，觉悟之机也。一番觉悟，一番长进。美国科学家布朗尼科夫斯基（Bronikowski）曾要求人们，从多问为什么开始，成为一个好奇和多怀疑的人。大胆的怀疑精神已成为科学家的一种最宝贵的品质。怀疑精神其实就是一种科学精神，当代著名的匈牙利科学哲学家伊姆雷·拉卡托斯（Imre Lakatos）说，科学行为的标志是对最珍爱的理论都持某种怀疑，盲目信奉某种理论不是智力上的美德，而是智力上的罪过。

思维的批判性就是指思维活动中善于严格地估计思维材料和精细地检查思维过程的智力品质。在心理学界，有一种与思维批判性品质相应的概念，叫作批判性思维。所谓批判性思维，是指严密的、全面的、有自我反省的思维。有了这种思维，在解决问题时，就能考虑到一切可以利用的条件，就能不断验证所拟定的假设，就能获得独特的解决问题的答案。因此，批判性思维应作为解决问题和创新能力的一个组成部分。思维的批判性品质是思维过程中自我意识作用的结果。自我意识是人的意识的最高形式，自我意识的成熟是人的意识的本质特征。自我意识以主体自身为意识的对象，是思维结构的监控系统。人通过自我意识系统的监控，可以实现大脑对信息的输入、加工、贮存、输出的自动控制系统的控制。这样，人就能通过控制自己的意识而相应地调节自己的思维和行为。所谓思维活动的自我调节，就是表现在主体根据活动的要求，及时地调节思维过程，修改思维的课题和解决课题的手段。这里，实际上存在着一个主体主动地进行自我反馈的过程，因而，思维活动的效率就得到提高，思维活动的分析性就得到发展，思维过程更带有主动性，减少那些盲目性和触发性。思维结果也更具正确性，并能减少那些狭隘性和不准确性。

（四）具备宽容性和幽默性

人是社会的人，是群居性高级动物，没有与别人的交往就无法生存。与人交往是一个人社会化的必由之路。一个人只有在与人交往中才能学到各种知识、技能和社会规范，使自己的行为、举止、思想、语言与社会相吻合。人对自我的认识也是通过与别人的交往，通过别人对自己的看法和反应而形成的。培根（Francis Bacon）在《论友谊》中曾具体、深刻地描述了良好人际关系对人的作用，他写道：如果一个人有心事却无法向朋友诉说，那么他必然成为损伤自己身心的人。实际上，友谊的一个奇特作用是：如果你将快乐告诉一个朋友，你将得到两个快乐；而如果你将忧愁向一个朋友倾吐，你将被分掉一半忧愁。而恶劣的人际关系将导致恶劣的情绪反应，使人产生焦虑、烦躁、愤怒、恐惧等情绪。而不良的情绪又会破坏人正常的生理活动，从而造成一些心身疾病。由于每个人成长的环境各不相同，个性也千差万别，个人与个人之间、个人与群体之间或群体与群体之间难免会发生各种各样的摩擦和碰撞。这些摩擦和碰撞往往只是由于双方具有不同的观察视角，不同的价值观念，不同的行为准则而已，并非有什么是非曲直、真假善恶、正义与非正义之分。如果摩擦与碰撞不是由什么原则问题、事关重大的问题所引起，大可不必针尖对麦芒争得你死我活。现代的创新活动往往不能仅靠一个人单枪匹马来完成，要有宽容的人际关系。营造良好的人际关系，营造一个相互协作、相互尊重、相互信任、充满活力的创新环境是十分必要的。人际宽容，要善于幽默，有幽默感。

幽默常常是有知识、有智慧、有修养的表现，是一种高雅的风度。它需要人们在日常生活和经验中积累。具有幽默感的人，善于从学习中发现乐趣，从生活中感受喜悦。如果你不去发现生活的积极面，而只看到消极面，那么这一生是没有意义的。如果你能不断地努力学习，经受实际锻炼，就会使自己富有才智和机敏，轻松诙谐地应对生活中的各种事情。我们要热爱生活，保持乐观的情绪。幽默本身是一种热爱生活的表现，一个厌倦生活的人是不会有幽默感的。幽默是指有趣或可笑而达到意味深长的程度，幽默的东西之所以使人发笑，是由于它总是使人们出乎意料，又合情合理。情理之中，意料之外，避开平庸也是创造力追求的目标。幽默是一种优美、健康的品质。要与人友好相处，幽默更是一种极好的润滑剂。在人际关系紧张而复杂的情况下，幽默能缓和冲突、缓解矛盾。据记载，苏格拉底（Socrates）的妻子是一位性情非常急躁的人，经常当众让这位著名哲学家难堪。有一次，苏格拉底在同几个学生讨论某个学术问题，而忘记了吃饭的时间，他的夫人叫了几次，他都点头示意很快结束，结果又过了很长时间还没有结束。这时苏格拉底夫人气急败坏地叫骂起来，苏格拉底仍没有停下讨论会，继而他的妻子提起一桶凉水冲着苏格拉底泼了过去，使他全身湿透。当学生们感到十分尴尬而又不知所措的时候，只见苏格拉底诙谐地笑了笑，并且幽默地说："我早就知道雷声之后一定跟着要下雨的。"这一理智的幽默虽话语不多，却促使妻子的怒气发生了"阴转多云"，进而"多云转晴"的良性变化。学生们听了都欣然大笑起来，更加敬佩这位智者的高超文化修养和坦荡胸怀。可见，富于理智感的幽默，会使人怒气消失，而且令人开怀大笑，让紧张的气氛变得轻松起来。"笑一笑，十年少，愁一愁，白了头"，这句谚语说明笑对身心健康的好处。法拉第（Michael Faraday）晚年时经常头痛，虽四处求医寻找良方，仍是无济于事。后遇一位医生，详细询问病史后，发现他整天忙于研究、阅读，几乎没有空闲，精神极度紧张，遂开了一张处方，上面写着："一个丑角进城，胜过一打医生。"聪明的法拉第从这句谚语中得到启发，于是经常去剧院看喜剧，丑角的精彩表演和幽默的独白，使法拉第笑得前俯后仰。笑过之后，精神为之一振，全身极为轻松，不久，他的头痛竟不治而愈了。

幽默是一种思维品格，一种对习惯和规则蔑视的品格，又是一种思维方式，使事物在思维中变形的方式。幽默在创新能力中表现为接受能够想到的、非逻辑的、任何可能的结果的弹性态度。例如，大画家毕加索（Pablo Picasso）在对一架旧自行车凝视了几分钟之后，将车把反插到车座上变成了一幅抽象派的雕塑作品——牛头。这种创造需要的是具有思维的弹性，不顾及它的原来用途，将它的形态移动、变形的能力。幽默能激发创造。在美国，大概有一万多人是靠讲笑话生活的。心理学家曾用听一段幽默故事，然后进行创造力测验与不听幽默故事进行创造力测验进行对比的方法，证实了听幽默故事可以提高创造力测验的成绩。幽默与创新能力之间存在着密切的关系，一个人为了激发幽默，必然要摆脱思考和固有结论的束缚，而这正是创新能力的必要条件。

培养幽默的品格是一个长期的任务。培养的途径是从欣赏幽默到学会幽默。从考虑事情的多种结果,接受多种可能性,增加思维的灵活性,克服思维刻板、僵化,放松情绪,树立乐观的态度入手培养幽默的品格,一定会提高你的创造力。

(五) 具备乐观心境

快乐——是人在需求得到满足时的情绪体验。它使人对事物持肯定的态度,从而更加积极地行动;它使人感到轻松,最终促进身心健康。

所谓乐观,就是精神快乐,对事物的发展充满信心。乐观的人,热爱生活,心胸开阔,常向光明处看,不往黑暗处钻,遇到烦恼能自行解脱,乐于接受生活的馈赠,但不陷于自满和自得,希望通过自己的努力使明天更美好,有较强的心理承受能力。生活的挫折和苦难都会被其笑声驱散。他们视挫折和失败为人生的宝贵财富,认为这使人意志经受磨炼,认识得以提高,道路趋于清晰,前途变得光明,能够迅速调整行动策略,另辟蹊径,继续前进。

人人都希望自己快乐,但世界上的快乐并没有平均分给每个人。有人说,生活境遇的不同决定了一个人快乐与否。但事情并非如此简单。有的人生活清贫,仍乐呵呵,有的人家境富裕,但怨这怨那;有的人常年劳作,却并不认为苦,有的人清闲舒适,却倍感寂寞烦恼;有的人身处逆境,还能微笑以对,有的人一帆风顺,却仍忧心忡忡。其实,决定快乐与否的最主要因素是处世态度,性格乐观者能得到更多的快乐。一个人要获得快乐,很重要的一点就是要用积极的态度来评价自己,能欣赏自己的优点和长处。只有自己看得起自己,悦纳自己,自信、自尊、自爱的人,别人才会看得起你、尊敬你。一个自暴自弃,对自己都没有信心的人,要别人来尊重你是不可能的。自信心的培养和维护,在很大程度上依赖于对自己正确的认识和评价,自信程度低的人,往往会陷于种种消极的思维模式中。心理学家对即将毕业要去求职的大学生做了一次有关自信心的调查，研究结果发现，当求职被拒绝之后，自信程度低的学生80%都认为自己之所以被拒绝，是因为自己"太差了""自我形象不好"等，也就是把被拒绝的原因全归咎于自身。这样的自我评价是不符合事实的，因为被拒绝还可能有其他许多原因，比如所学专业不对口、用人单位指标有限等。我们不应该凡遇到不顺利的事，就归罪于自身不足，而应该用一种积极的态度对待自己，进行客观的评价。用积极态度对待自己，自信心坚定的人，才能最大限度地发挥聪明才智，产生战胜困难的勇气和力量。人人都应该学会做自己的伯乐，多看到自己的进步、长处和潜能，千万不要自缚手脚，处处以别人为参照物来贬低自己，这样才能自信地迎接机遇和挑战，给自己创造更多的成功和欢乐。生活是充满乐趣的，对于人的心灵来说不是缺少乐趣，而是缺少感悟和体验。要善于自得其乐，寻找乐趣。创造本身就是一件令人快乐的事，许多科学家就是以探索大自然的奥秘作为人生最大的乐趣的。在工作、生活中我们应该勇于创造、善于创造，在创造的过程和成果中享受自我实现的快乐。

二　创新个体应具有的特征

长期以来，国内外心理学家一直关注着个性特征对个体创造活动的影响，并提出各种理论和见解，如苏联马利诺夫斯基（Rodion Yakovlevich Malinovsky）提出仁慈的个性特征有助于创造业绩的观点。一般来说，科学家最重要的是应具有下列个性特征：坚决果断地不停止前进的步伐；勇敢自信地构思新思想；坚韧不拔地反潮流，向多数人已经偶像化了的东西做出挑战等。现代心理学研究表明：人的创新能力的形成与情感、意志、动机、兴趣、个性等非智力心理特征有着极为密切的关系。

要具有创新精神，创新精神实质上指的就是强烈的进取精神和勇于开拓的思维意识。只有在创新精神和创新意识的主导下，才能逐渐培养创新习惯，养成创新习惯。

(一) 自觉培养创新习惯

习惯是增强创新能力的、内在的、本质的关键要素。创新需要有智慧，智慧其实就是一种分析判断、发明创造的创新能力。怎样才能培养提升创新能力，这就要求人们必须在生活实践中养成创新的习惯。只要积极地开动脑筋，有意识地、自觉地培养创新，创新能力才会迎面而来。要想培养创新习惯，必须注重首创精神、强烈的进取精神、勇于探索精神和顽强拼搏精神的培养。只有在这种精神和意识的支配下，人们才能逐渐养成创新的习惯。其一，注重培养首创精神。首创性是创新的重要本质特征。首创就是做事情要敢为天下先。有了首创性就有了创新的灵魂，就有了培养创新习惯的基础，否则再好的方法也无济于事。其二，培养强烈进取精神。强烈的、永无休止的进取精神就是勇于接受挑战。一个人成功的最大动力是要有"野心"，反映了他对准目标采取进攻的态势和不达目的誓不罢休的心态，包括强烈的革新意识、强烈的成就意识、强烈的开拓意识、强烈的竞争意识等四种意识。其三，培养勇于探索精神。人们的探索欲望，常常表现为强烈的好奇心和对真理执着的追求。为此，也会产生强烈的求知欲。而强烈的求知欲，需要靠顽强的毅力和拼搏的精神才能得以实现。事实上，真知灼见正是通过不断探索而获得的。其四，培养顽强拼搏精神。要有百折不挠的毅力，要有不怕困难、不怕失败、不畏惧风险的勇气，要有抵抗超强压力的精神和意识，要敢闯、敢干、敢于冒险。

邓小平同志指出，改革开放胆子要大一些，敢于试验。看准了的，就大胆地试，大胆地闯，又指出，不冒风险，办什么事情都有百分之百的把握，万无一失，谁敢说这样的话？一开始就自以为是，认为百分之百正确，没那回事，我就从来没有那么认为。① 改革开放要取得成就没有敢闯、敢干、敢于冒险的精神是不可能的。要进行创新实践活动也同样如此。创造发明作为一种探索性、创新性很强的活动，难免有各种风险和失误，不入虎穴，焉得虎子，要想探索事物的奥秘，进入科学的殿堂，有所作为，就非有冒险精神不可，不承担这样的风险，也就谈不上探索和创新。前怕狼后怕虎，只求相安无事，平平庸庸地过日子，往往会磨灭想象力和独创精神。要创新，必须敢想别人没有想过的问题，敢提前人没有提过的观点和思想，在一定意义上，"无险无难"，也就"无新无奇"。正如诗人但丁（Dante Alighieri）说的：在科学的入口处，正像在地狱的入口处一样，这里必须杜绝一切犹豫，这里任何怯懦都无济于事。只有胆略宏大，甘愿冒风险和有献身精神的人，才能进入创造者的行列。冒险对于立志成才者来讲，是必不可少的一种素质。对于创造活动来讲是一种强劲的必不可少的动力。古往今来，几乎所有的成才者都有可贵的冒险精神。科学的进步在很大程度上取决于科学工作者的冒险精神。譬如，"解剖学之父"比利时名医维萨里（Andreas Vesalius），曾冒着被警方逮捕、杀头的危险，多次偷尸体解剖，仔细研究人体的各部分构造，终于成为世界上第一个正确描写人体结构的专家。又譬如，将"雷电和上帝分家"的美国科学家富兰克林（Benjamin Franklin），不畏宗教势力的淫威，不怕触电身亡，于1752年2月的一天，在雷电交加的情况下利用风筝做了一次震惊世界的接引"天电"的实验，从而揭开了被涂抹上迷信色彩、神

---

① 冷溶、高屹主编：《学习邓小平同志南巡重要讲话》，人民出版社1992年版，第6—7页。

化了的雷电之谜。可见，冒险能促使人们形成强烈的事业心，并为自己事业的成功不惜牺牲现有的东西乃至生命。有的人为了追求事业的成功，抛弃良好的工作、生活条件，这自然是对未来承担一定风险的人生选择；有的人则勇于把别人不敢涉及、无力涉及的科学领域作为自己主攻的堡垒；有的人则不满足于现有的知识界限，大胆地实践，进行科学探索；等等。这些选择和做法都离不开冒险这样一种推动力。

在创造发明上，坚持真理，勇于开拓的冒险精神极为可贵。冒险是创新的孪生兄弟，没有它就难以成功。当然，"冒险"绝非"蛮干"，更不是胸无点墨的异想天开。人们不赞同逞能式的冒险，不赞同把生命作为儿戏，为一些小小的无价值的行为做出牺牲，人们提倡的是一种积极意义的冒险行为。

（二）具有兴趣和执着的追求精神

兴趣作为心理活动范畴，是指人对某一特定客体所产生的心理动力倾向性的积极态度。它表现为好奇心、爱好等复杂心理活动形式。只有一个人对自己的事业产生了浓厚的兴趣，才会不遗余力地去追求它、探寻它，采摘其中的珍宝，他的创造力才能开发出来。正如孔子所说，"知之者不如好之者，好之者不如乐之者"（《论语·雍也》）。一个把探索大自然的奥秘作为人生最大乐趣的科学家，在别人认为十分艰苦的研究工作中，他不但不觉得苦，反而会觉得乐趣无穷。著名科学家杨振宁在谈到科学研究活动的兴趣时说，"自己不愿做，又因为外界压力非做不可，这才叫苦。做物理学的研究没有苦的概念，物理学是非常引人入胜的。它对人的吸引力是不可抗拒的"。有人问科学家丁肇中搞研究苦不苦。他说，"一点也不苦，正相反，觉得很快活，因为我有兴趣，我急于要探索物质世界的奥妙"。不断开发创新能力，使自己真正成为一个创造者，不仅要对事业、对创造有浓厚兴趣，更需要在行动上进行不懈地追求，只有将兴趣与创造性行动结合起来，并不断地捕捉新的目标，才能使事业达到高水平的境界。许多创造者的经历都有着惊人的相似之处，那就是对自己感兴趣的事情非常执着，一旦认定了，就什么也改变不了，只是专心致志地去追求，并且全身心地投入其中，在枯燥中不感觉乏味，在困厄中不动摇，在局外人觉得无法忍受的地方体验到快乐和满足。

其一，要关爱、尊重好奇心。好奇心是指导人们走向未知领域的一个重要因素和力量，因为好奇心可以激发人们创新的兴趣和欲望，并驱动创新活动。通常的情况是，当你对某领域了解得越多越深入，你就越会发现其中奥妙无穷，未知之谜无穷，你就越容易被好奇心所吸引，并深入地研究探索下去。好奇心也可能引导你走进某一陌生的领域，从而以你独特的眼光，发现其中事物的新的玄机。尽管好奇心看起来有点茫然，但是却常常是创新的起点和萌芽。我们应该对好奇心给予充分的信任、关爱和尊重，并努力向前探索。其实，很多著名科学家的伟大成就都发源于好奇心。科学史上，好奇心就曾驱使伽利略（Galileo Galilei）去观察和研究教堂里悬挂的油灯如何摆动，促使其发现了摆的等时性原理。富兰克林出于对雷电的好奇，而从一个年轻的印刷工人最终成为举世闻名的电学家。爱迪生（Thomas Alva Edison）小时候的好奇心异乎寻常，他除了不断地问"为什么"以外，还常常亲自动手去试验，他听说母鸡把鸡蛋置于身下可孵出小鸡，便也偷偷将鸡蛋藏在身上希望同样有小鸡孵出来。他看到气球能飞上天空，便想要是在人的肚子里充些气，不也可以腾云驾雾了吗？正是这种顽强的好奇心，促使爱迪生成为无与伦比的发明大王，一生中大大小小的发明有三千多项。

其二，要留心生活中的小事。要学会留心生活中的小事，因为"大"与"小"，本身是相对的。小有时会起大作用；同时，所谓"大"，也是多个"小"积累起来的，没有"小"的积累也就没有"大"。反之亦然。著名石油大王洛克菲勒（John Davison Rockefeller）就是一个由小事做起而逐步发展到大，直到成功的例子。据说早年洛克菲勒只是石油罐盖自动焊接的一名检查工。有一个现象是：罐盖每焊接一圈，焊油自动滴下39滴，天天如此，谁也没有认为这有什么不对的，但洛克菲勒却想到了这样一个问题，那就是能否少滴1—2滴焊油呢？经研究改进，他设计成了只滴38滴焊油的自动焊接生产线。而仅仅是一滴之差就每年给公司带来了百万美元的效益。洛克菲勒就是这样从眼前的、身边的小事做起，以一滴焊接油的精神改变了自己的人生，成了全美石油的顶尖大王。

其三，要盯住显而易见的部分。自行车在19世纪60年代和70年代有一段奇怪的发展史。一开始，自行车的前轮和后轮一般大小，但此后前轮越来越大，后轮越来越小。原因是那时的自行车脚蹬直接和前轮连在一起，当时还没有人想到过链条传动，因此，让自行车增加速度的办法就是将前轮加大。这一趋势的发展使自行车前轮的直径曾经达到1.5米，可以想象样子会多么怪异和不安全。有一天，一个叫日丁·劳东的人发现了一个明显的联系，他问道："为什么不用链条带动后轮呢？"自此以后，才有了沿用至今的现代自行车。

（三）具有坚定不移的成功信念

著名美国激励大师拿破仑·希尔（Napoleon Hill）认为，自信乃成功之祖。只有自信才能使你的才智增强，精神倍加，才能实现你的人生目标。自信，就是相信自己的能力、价值和智慧而得出的正面、积极的描述。一个有自信心的人会对自己的能力以及自己所从事的事业的正确性坚信不疑，确信自己的事业一定能够成功。信心是创造的保证，"有志者，事竟成"，所有的创造者、发明家、有成就者，一般都是自信心较强的人。因为，他们觉得自己只有进取的责任而无退却的权利和借口。曾任日本发明学会会长的丰泽氏说，"搞出发明创造的首要秘诀，就是认为创造发明并不难"。一个人如果在心理上和精神上输了，就不能在行动上取胜。相反，行动上虽然失败了，跌倒了，但精神上仍不垮，就能站起来，重新前进。要取得创造发明，就必须首先具有强烈的自信心。

有的人认为创造发明是科学家的事，是天才所为，自己是普普通通的一个人，不可能有什么创造发明，这种想法是十分错误的。国家专利局曾经做过一次调查，结果表明：各类人员拥有的专利总数与学历和职称的高低成反比。即学历与职称低的专利多，反之则少。普通的劳动群众处于生产活动的第一线，拥有较多的直接经验，在发明创造的领域，不是处于劣势，而是处于优势。如果我国能够对国民，尤其是青年国民进行创造教育，让大家都拥有创新意识，勇于创新，身体力行，那么，实现创新型国家将为期不远。人民教育家陶行知先生早已在其《创造宣言》中强调说："处处是创造之地，天天是创造之时，人人是创造之人。"[①] 创造发明绝不是科学家和天才人物的专利。

人们无论在任何领域要做出非凡的贡献，都不可能一帆风顺，都会面临很多困难、挫折和失败。有的是课题本身的难度所造成的，有的是由于解决课题需要摆脱传统的偏见和人们的非议，有的则是由于长期致力于这一课题所造成的生活困苦与疾病折磨等。这些情况决定了人们要取得事业上的成功，除了自信心

---

① 陶行知：《创造宣言》，江苏凤凰文艺出版社2018年版，第5页。

和良好的心态外还必须具有为实现既定目标而不怕挫折的顽强的意志力，这也是发挥创造力的最宝贵的品格。在河南南阳地区科委工作的王永民要完成发明快捷方便的汉字输入方法，工作困难不知有多大，多少人投来怀疑的目光，可是他自己却充满自信、热情和坚定不移的成功信念，坚不可摧的意志力，他拜师求教，翻查多种字典、词典，将每一字都拿来解析登录，仅此一项工作，抄写的卡片就有12万张。为了摸索规律，他含辛茹苦，经过四年奋战，以拥有多种学科知识的综合优势，对汉字的字源和构字的规律做了浩繁而透彻的分析研究，终于有了惊人的发现：现代汉语常用的12000多字，原来只用600多个字根便可组成，之后，他和助手一起又用1年时间，将600多个字根精简并组合摆放在180键、140键、120键、90键、……36键、26键，最后是25键之内，形成一个只有100多字根，排列井然有序，编码方法构思巧妙，输入效率空前之高的电脑汉字输入法，使千百年来庞杂无羁的汉字，第一次被纳入科学的轨道，就范于现代文明。1983年8月，在上百家同行的竞争中，这个输入速度首次突破每分钟百字大关，被称为五笔字型的技术宣告了汉字输入电脑不能与洋文相比的时代一去不复返了。王永民重铸了汉字的辉煌！

第三节　创新主体与客体的关系

创新主体与创新客体的关系问题是哲学中主客体关系的具体化。概括地说，创新主体与创新客体的关系是反映与被反映、认识与被认识、改造与被改造的对立统一关系。

创新主体与创新客体间的反映与被反映、改造与被改造关系说到底是思维与存在的问题。恩格斯曾指出："全部哲学，特别是近代哲学的重大的基本问题，是思维和存在的关系问题。"① 思维与存在的关系，也是创新主体认识和改造创新客体的根本问题。

作为创新主体，就是要在正确反映创新客体的前提下，形成正确的意识和科学的思维，并以决策的方式实施科学的创新。按照马克思主义反映论观点来说："我们的意识和思维，不论它看起来是多么超感觉的，总是物质的、肉体的器官即人脑的产物。"② 这就说明意识、思维都是客观世界的主观映象。创造者的一切意识、意图、谋略、决策等，都是存在于创新主体头脑中的主观观念的东西，它的形式是主观的。但它的内容是客观的，即来源于客体的，是对创新客体世界的反映。

创新主体与创新客体的反映与被反映、改造与被改造的关系，还表现在创造者的意识和思维的能动作用方面，这种意识和思维的能动作用，是创造者的意识和思维所特有的、能动地反映世界和改造世界的能力。它一方面是能动的，这种反映不像照镜子那样原封不动地、僵化式地消极地反映事物的表面现象，而是对所反映出来的材料进行抽象的、形象的概括，形成概念性结论，从而达到对创新客体的本质把握；另一方面又以形成的概念性结论去指导人们通过实践并能动地从事改造客观世界的运动，这是一种循环往复的运动。

一　创新主、客体的认识与被认识关系

认识是创新主体对创新客体能动反映的升华。因此，创新主体与客体间的这种认识与被认识关系，是其反映与被反映、改造

---

① 《马克思恩格斯选集》第4卷，人民出版社1995年版，第223页。
② 《马克思恩格斯选集》第4卷，人民出版社1995年版，第227页。

与被改造关系的进一步深化。唯物主义认识论，从物质第一性、意识第二性的前提出发，坚持从物质到精神和思想的认识路线，认为认识是创新主体对创新客体的反映的深入。

创新主体和创新客体的相互作用，构成认识和实践的相互依赖、相互转化的辩证关系。其中实践是第一位的，实践决定认识。同时，认识对实践又有反作用。创新主体的认识是通过实践来实现的，所以，实践是创新主体认识创新客体的基础。实践活动是十分广泛的，它是一个多层次、多形式、多内容、复杂的实践系统。由于创新客体分为社会客体、物质客体、精神客体，因此，实践的方式便可分为公共关系实践、生产实践和科学实践。实践活动的主要特点：一是客观性。创新主体的实践活动，不单纯是思维和思想活动，也不仅是创新客体的自身运动，而是创新主体认识和改造创新客体的活动。二是能动性。创新主体认识和改造创新客体的活动中，总是有意识、有目的、有计划、有运筹的。而在改造创新客体的实践中，创新主体自身也得到重新改造。三是社会性。创新主体的实践活动总是在一定的社会关系中进行的，实践是社会活动，在实践中由于受历史、自然、科学等条件的限制，任何创造者作为人类主体的组成部分，总是不完备的。所以，它又是一个长期的历史的实践活动。

创新主体的实践与认识之间是以实践为基础的。实践既是认识的来源，又是认识发展的动力，也是检验认识正确与否的标准。毛泽东曾指出："实践、认识、再实践、再认识，这种形式，循环往复以至无穷，而实践和认识之每一循环的内容，都比较地进到了高一级的程度。"[1] 这一概括从实践和认识的关系上揭示了认识是一个辩证的发展过程。创新主体在实践和认识的辩证发展

---

[1] 《毛泽东选集》第1卷，人民出版社1991年版，第296—297页。

中，将逐步实现对创新客体比较全面、比较深刻的认识，从而为制定正确的路线、方针和政策奠定基础。

二 创新主客体的改造与被改造关系

中华人民共和国的伟大缔造者毛泽东指出："无产阶级和革命人民改造世界的斗争，包括实现下述的任务：改造客观世界，也改造自己的主观世界——改造自己的认识能力，改造主观世界同客观世界的关系。"[1]

创新主体反映和认识创新客体的目的，在于改造创新客体，顺利地完成设计决策的任务。创新主体改造创新客体的一切活动，都是有意识、有目的的，都是在一定思想认识指导下进行的。这些思想认识是否符合客观实际，这些目标和决策是否具有实现的可行性，往往都取决于创新主体对创新客体认识和改造的程度，而这种程度的接近，又来源于在改造创新客体的同时改造创新主体自身的程度。

改造客观世界和改造主观世界是相互联系、相互促进的。为改造创新客体，创新主体就必须同时对自身主体进行改造，又必须在改造创新客体的实践中进行。改造创新客体的实践活动的不断发展，推动着创新主体认识的不断深化和世界观的不断改造。特别是在改革开放和建立和谐社会及创新型国家的今天，创新客体产生了巨大变化，为适应这种变化，创新主体尤其要重视自身的改造。这种改造要求创新主体，既要学习马列主义、毛泽东思想、邓小平理论、"三个代表"、科学发展观、习近平新时代中国特色社会主义思想，又要学习好的经验、好的作风和好的方法，深入实际、深入群众，贯彻实事求是的原则，坚持理论联系实际

---

[1] 《毛泽东选集》第1卷，人民出版社1991年版，第296页。

的作风，还要加强作风修养，发扬党密切联系群众、批评与自我批评的优良作风。

总之，人类的历史，就是不断地改造客观世界，同时又不断地改造主观世界的历史。创造者在改造创新客体的同时，必须努力实现创新主体的彻底改造。

第四节　主客观因素对创新能力的影响

束缚创新能力的第一个敌人，就是畏惧。害怕失败，必然束缚着想象力和主动精神。第二个敌人，就是过度的自我批评精神。吹毛求疵地自我批评，会使创新、创造濒于绝境。第三个敌人，是懒惰。当一个人想要做某种事情的时候，必须着手去做。道理非常简单，开始做——继续做——结束和完成这三个阶段需要的是不同的意志力。人们常说：万事开头难，不要被开头难吓倒而懒惰。

主客观因素与创新能力有着密切的关系，这里讲的主观因素主要指自身因素，包括自身条件、自我心理、认知等方面。客观因素主要指传统教育、思维定式等。

一　自身障碍束缚创新能力

自身障碍是束缚创新能力的内在因素之一，人自身的智力性和非智力性品质个性两个方面决定着创新能力的生成和发展。制约创新能力的主要因素有智力性、非智力性自身因素。

1. 智力性因素。有认知性障碍、知觉性判断性障碍和技巧性障碍等。一般常以固定的和孤立的某些因素来做分析。

不善于多角度、多层次地看问题，从而忽视了事物间的有机联系和相互作用；喜欢罗列现象，不善于以动态的变化看问题；

喜欢将问题简单化或复杂化，缩小或扩大问题的范围与难度，主观地给自己加上限制，将一些题意中没有的东西，自作聪明地认为是应当遵守的规则；只重视每条信息而不考虑其可靠性和重要程度，不能明确问题症结所在，想当然地误解问题等，属于认识性障碍类。

各种墨守成规、教条、自以为是，动辄批评他人的行为，属于认识性、推理性障碍。不客观地看待事物，只看到自己想看到的东西，对每一事物想当然地加以简单化，形成固定的观念，态度僵化，认为自己完全清楚，不需认真听取他人意见，认为自己若搞不出来，别人也不会创造出来，不相信年轻人、外行、子女会有高明的看法，以权威自居，属于知觉性、判断性障碍。

做事喜欢制订严密计划，一丝不苟地执行；喜欢引用经典句，以书本、古人、外国人、权威的说法追求正确答案；对事物喜欢做出是与非、对与错，一是一，二是二，不喜欢模棱两可等，这些表现易产生推理性障碍。忽视必要的知识、技能和训练，缺乏科学态度和利用潜意识与直觉的技巧；对现有科学规范未能掌握或僵化理解，对现有的高科技的设备与工具、信息未及时应用，缺乏在各种科技场合下的估计、判断、说服与交流；使好的设想与创造成果，得不到发展、赏识和采用等，属于技巧性障碍范畴。

2. 非智力性因素。有动机性障碍、感情性障碍、心理性障碍和志趣障碍等。

怕字当头，不想开拓进取，以各种借口推托。如认为自己没有创新能力，水平低，没受过专业训练是外行；又笨又忙，不具备创造条件，不是那块料等，属于动机性障碍。

有的怕风险，怕出差错失败丢脸，会让人笑话，死要面子，抱着多一事不如少一事，少找麻烦，稳妥点好等，这类属于感情性障碍。

有的怕困难，觉得创造要费劲，要去突破旧框框，建立新事物，不如干熟悉的事省心，对创造活动缺乏兴趣和兴致，认为不过如此，划不来等，这些属于心理性障碍。

过于热衷，痴迷不舍。以为自己从事创造很了不起，老想标新立异，一鸣惊人，欠思考，急于干，不踏实，急于成功，好在众人面前炫耀；自以为是，只对自己身边的琐碎事感兴趣，高谈阔论，只想自己的主意，认为自己高明，不关心他人的愿望，听不进他人的正确意见，只顾实现自己的愿望，缺少协作，一意孤行。这些人若遇到挫折，便会暴跳如雷或灰心丧气，认为"从此全完了"，一蹶不振；在顺利时，会夸夸其谈，藐视天下，目中无人，或者会扔掉旧课题去追赶时髦的新课题，见异思迁及无休止地去想象成功后的景象，这些大都属于志趣障碍。

个体条件障碍。它往往与其他方面的条件一起形成创造障碍，因此是种类繁多的。呆子型，认为工作是严肃的、紧张的、正规的，不可以轻松、幽默甚至开玩笑，应当依靠理性、服从规则，而不能听从感情、冲动、直觉；认为苦干大干胜于巧干，只要不闲着，反复做实验，精诚所至，金石为开，总会解决问题，而等待机会、适时放松、想象与沉思则是浪费时间。这种人不会松弛，一味追求高效率，常会适得其反，形成创造障碍。拘于习俗，满足于赢得人们的一般赞许。这种人注意习惯、传统、规则，过于相信书报、刊物、专家学者与古人，喜欢随大流、追时髦，遇到别人的批评、指责，不管其是否正确，都会惊慌失措，甚至犹豫、改变自己的观点和计划，对事物很少提出怀疑，对问题很少究其对错，看领导、看大家的眼色办事，只求赢得人们的一般赞许，这种做法导致了创造障碍。喜欢空想、任命。追悔过去，对不可挽回的事情嗟叹惋惜，吃后悔药和马后炮，喜欢将自己的失败、别人的成功看成客观条件、运气、天才和命运，而不能认真分析原因吸取经验和教训，忧虑未来，喜欢白日做梦，迷恋幻想成功后的景象，而不多去努力争取成功，将宝贵的现实岁月蹉跎，无力创造。无自知之明，不能正视自己。对于个人的素质、条件和智力方面都认识不足，又无自知之明的人，常眼高手低、志大才疏、好高骛远，在信息过于不足，且没有一定准备情况下就匆忙接过不胜任的课题，在工作过程中，不能依照科学合理的观点、程序进行，也不能采用多种思路去发现问题，思维不够灵活，误信错误信息，思维导入歧途，即使失去控制也不知中止，一味钻牛角尖，直至失败而告终。

二 自身负面品质束缚创新能力

自身品质因素与人的年龄、动机和个性等有关。主要包括认识方面、感情方面、文化方面三个因素。一是认识方面因素。受自己所定的信条约束。不能以超脱现实的眼光来观察现有问题。不能从不同事物中找出共同点。目标与实际，本质与现象分不清，本末倒置，因果不分。感觉器官错觉，仅认识事物的外表，摆脱不掉现有知识的限制，缺乏发掘、发现问题的能力。二是感情方面因素。操之过急，仓促完事，怕犯错误被人讥笑，对与自己持不同见解的人的意见不愿听，先入为主，以偏概全，仅被个别因素左右，缺乏接受批评的雅量，有恐惧感，怕说错话被人轻视，有自卑感，总以为别人比自己聪明，怕负责任，持有"多做多错，少做少错"的思想，患有慢性拒绝症，遇到问题总是左顾右盼，下不了决心。三是文化方面因素。迷信理论，理论万能主义，认为积极的思考是一种浪费，习惯于不思考先行动，喜欢妄下结论，过早断言，知识面过窄，统计数字迷惑，过分妥协随和他人，盲信权威，按陈旧、俗套路办事，过分迷信传统，对传统世俗习惯造成的"固有观念"认为不可抗拒，当自己学历、职位较高时，不愿向别人问问题，不愿听别人的意见，不愿改革现状等。在这些因素影响下形成的束缚创新能力的自身品质主要有以下几点。

(一) 死板地去符合逻辑、遵守规则

符合逻辑就是符合科学规律（广义逻辑含义是指事物存在和发展的规律）。它便成为人们认识世界、改造世界必须遵循的原则。一般说来，凡是符合逻辑的就是正确的，凡是不符合逻辑的就是错误的，其实并非如此，人们所掌握的科学规律都是一致的科学规律，而创造所发现、所创立的规律都是前人所不知道的规律，也就是说新的发现、发明和创造都不在人们已知的规律之中，自然也就不符合已知的科学规律了，也就不符合逻辑了。可见，在创造活动中，符合逻辑往往成为创新思维、认识世界、改造世界的羁绊。

在科学活动中，过度强调符合逻辑，随便地批评别人不符合逻辑，阻碍创造的实例是很多的，如美国科学家罗歇·吉耶曼（Roger Charles Louis Guillemin，1977年诺贝尔生理学或医学奖获得者）有关"内啡肽"的理论曾被《科学》杂志否定，被认为是"病态幻想的产物"，没有道理，"不符合逻辑"。后来他却因此而获得诺贝尔生理学或医学奖。

在现实生活中，如果请你用两根火柴组合出8个三角形，你能办到吗？如果你认为三角形有三条边，这里只有两根火柴，那么，一个三角形也组不成，要组成8个三角形，除非将每一根火柴纵横切割成更细、更短的形状，否则是根本无法办到的。也就是说，你认为用两根火柴组成8个三角形是不可能的，是"不符合逻辑"的，其实按照逻辑这是完全正确的。按照逻辑将横截面为正方形的两根火柴的尾端面对接上，使两根火柴处在同一条直线上，然后，将两根火柴沿轴向转动45°，8个三角形也就出现了，如图1-1所示。

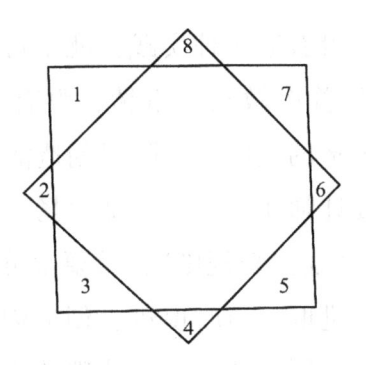

图 1-1　8个三角形示意图

　　图1-1所示的是两根火柴组成的8个三角形。其实，演绎逻辑是必然推理，而归纳推理和类比推理都是或然推理。即使是演绎推理，其推理的正确性也是建立在前提条件正确之上的，如果前提条件是错误的，那么推理的结果绝不会是正确的。在创造活动中常见的所谓不符合逻辑，其实并不是不符合逻辑，而是在使用形式逻辑推理时，没有保证前提条件一定是正确的，因此其推理结果也就错了，使得本来正确的东西倒当成错误的了。前提条件正是创造要揭示的新规律。因此，当我们从事发明创造时，千万不要用符合不符合逻辑来断定发明创造能否成功。

　　遵守规则就是按照已有的规则、规矩办事。所谓规则就是为实现某种目标而制定的限制、标准、法令、法律、规章、制度、守则、规范、公约、细则等。干事情、做工作往往必须按照一定的规矩办事。常言道："没有规矩不成方圆。"规矩便是规则，遵守规矩就是遵守规则，只有遵守规则才能把事情办好。但事物是在不断发展的，形势是在不断变化的，新问题层出不穷。事物形式的变化，问题的出现，规则也应随之改变，以便能解决面临的新问题。"刻舟求剑"式的解决问题的思维方法，是注定要失败的。如果要孕育新创意，规则就可能成为一种枷锁。规则都是从实践中总结出来的，没有某一种实践，就不可能有关于某一实践的规则。创造活动是首次做某一事情，没有适合这种实践的规则，遵守不适用于创造的规则，是阻碍创造活动的。

改革开放的总设计师邓小平同志是"扬弃"已有规则，建立实施新规则的典范。"建立新规则"，就要部分地或全部地修改原来的旧规则，即开拓进取，与时俱进，创造创新。邓小平同志历来特别注重制度建设，制度就是一种特殊的规则。他在分析问题时，总是把制度因素摆在极其重要的位置。例如，他在1980年8月18日的中共中央政治局扩大会议上，分析我党所犯的历史性错误时明确指出："我们过去发生的各种错误，固然与某些领导人的思想、作风有关，但是组织制度、工作制度方面的问题更重要。"① 遇到创造、创新性的问题，旧的规则往往会成为解决问题的绊脚石，这时就要建立新的规则。诸如邓小平同志关于改革开放的新规则。

其一，"改革开放"基本国策的确立。在封建帝王时代，我国的经济、文化、科学、技术大都处于世界的顶尖和中心地位，世界诸国年年都来朝拜、进贡，由此，便逐渐养成了"唯我独尊、闭关锁国"的思维模式和经济文化形态。中华人民共和国成立后的一个时期，由于种种原因，又完全按照苏联的一套模式建国，与资本主义国家几乎完全断绝了往来，"教条主义、闭关自守"的状况基本没有改变，使得中国的经济、科学技术与发达国家的差距越拉越大。邓小平同志全面分析了国内形势，汲取正反两方面的经验教训，严正指出："我们过去有一段时间，向先进国家学习先进的科学技术被叫作'崇洋媚外'。……这是一种蠢话。""关

---

① 《邓小平文选》第2卷，人民出版社1994年版，第333页。

起门来，故步自封，夜郎自大，是发达不起来的。"[1] 他以无产阶级大无畏的英雄气概，冲破"闭关自守"的藩篱，制定了"改革开放"的基本国策。并一再谆谆告诫全党："革命是解放生产力，改革也是解放生产力"，"不坚持社会主义，不改革开放，不发展经济，不改善人民生活，只能是死路一条。"[2]

其二，"不搞争论"命题的提出。邓小平在南方谈话中提到两个"发明"：一是"马克思说过，阶级斗争学说不是他的发明，真正的发明是关于无产阶级专政的理论"。[3] 另一个是"不搞争论，是我的一个发明"[4]。可见，邓小平同志把"不搞争论"看作一项非常重要的科学理论。我们国家在相当长的一个时期里，思想界、理论界根深蒂固地存在着极"左"思潮。一些"理论家、政治家，拿大帽子吓唬人""把改革开放说成是引进和发展资本主义"[5]。邓小平应用"存在决定意识""实践检验真理"这一辩证唯物认识论的基本理论，创立"不搞争论"的新规则和新方法。并指出"不争论，是为了争取时间干"[6]。多干些有利于改革开放、有利于中国经济发展的大事。不然，"一争论就复杂了，把时间都争掉了，什么也干不成"，他提倡"不搞争论"，要求"看准了的，就大胆地试，大胆地闯"[7]。因为"没有一点闯的精神，没有一点'冒'的精神，没有一股气呀、劲呀，就走不出一条好路，走不出一条新路，就干不出新的事业"。认识的过程本来就是一个螺旋循环式的深化和上升过程，永远不会停留在一个水平上。新事物不

---

[1]《邓小平文选》第2卷，人民出版社1994年版，第132页。
[2]《邓小平文选》第3卷，人民出版社1993年版，第370页。
[3]《邓小平文选》第3卷，人民出版社1993年版，第379页。
[4]《邓小平文选》第3卷，人民出版社1993年版，第374页。
[5]《邓小平文选》第3卷，人民出版社1993年版，第375页。
[6]《邓小平文选》第3卷，人民出版社1993年版，第374页。
[7]《邓小平文选》第3卷，人民出版社1993年版，第372页。

断涌现，无论怎么争辩，用旧的科学理论是无法解决新问题的，人们必须创立新的科学理论。判断对错的标准不是从书本到书本、从概念到概念的争论，而是社会实践。"不搞争论"是马克思主义认识论的新发展，是更高层次的辩证唯物主义认识论。

其三，"三个有利于"科学标准的制定。20世纪90年代初，尽管改革开放都已经进行十多年，但是依然有些人心有余悸，思想不够解放，行动迈不开步子，不敢试验，不敢闯。说来说去就是害怕走错方向，怕给自己扣上"走资本主义道路"的帽子。邓小平敏锐地觉察到，解决这个问题的关键是如何判断姓"资"、姓"社"的问题。

邓小平同志利用马克思主义的基本原理，深刻分析了这个问题。他认为：判断我们的方针、政策、理论、实践是否正确，是姓"资"还是姓"社"，不能靠书本，也不能靠某个人的讲话和态度，其"判断的标准，应该主要是看是否有利于发展社会主义生产力，是否有利于增强社会主义的综合国力，是否有利于提高人民的生活水平"。在"三个有利于"上判断姓"社"还是姓"资"。进一步解放思想，提高马克思主义认识水平，为扩大开放、深化改革指明了方向。

（二）满足现状、不求进取、缺乏信心和毅力

满足现状就会不求进取，缺乏开拓精神，也就很难有创新之举。"知足常乐""安贫乐道""小富则满，小进则安"，这些观念，曾渗透了全社会，造成了中国人重视守成、乐于守成的保守心理。这对创新是十分有害的。如果一个人只是安于现状，不愿学习，不求进取，他的工作和生活很快就会失去活力，显得倦怠疲惫，很难有更高的境界。不知道天外有天，人外有人，最容易走进自己重复自己的怪圈。年纪轻轻心理则已经衰老，将充分享受现在的生活作为人生第一要旨，那是不会努力奋斗，冒险创新

的。反之，不满足于现状，积极进取才是个体不断进步的动力。诸葛亮写兵书于南阳，范仲淹以策划而攻读兵法；诺贝尔不满足于炸药爆炸不受控制的现状，反复测验，大大改善了炸药的可控性；詹天佑不满足于只有外国人在中国建铁路的现状，设计建造了中国第二条铁路。一个个成功者的足迹告诉我们，不满足于自然、社会、人类或自我的现状，才能放弃走老路，毅然走上创新之路。因为一切事物都是发展、变化的，自然界和人类社会也是一样。所以人们对于自然和社会的认识总是不断地总结经验，有所发现，有所发明，有所前进，停止的观点、悲观的观点、无所作为的观点都是不利于创造的。

一个人的一生是给社会留下些有益的东西，做推动人类社会进步和发展的人；还是胸无大志、稀里糊涂、不求进取、混日子，逆着社会和人类发展的洪流而动，做一个阻碍社会发展和人类进步的人。只要是一个思维、意识正常，多少有些自尊、自爱的人都会选择争做第一种人，避免、反对做第二种人。正像我国谚语所说的，"雁过留声，人过留名"，提倡人们活在世上一定要留下一个好名声，不要留下臭名、骂名、罪名。不求进取的第二种人，这种人往往不求有功，但求无过，不求前茅，甘居中游、下游，碌碌无为。不求进取是由人生观决定的，这种人的人生观的生成，主要受社会文化的影响甚大，即受儒教文化的"中庸之道"思想及"人怕出名猪怕壮""树大招风"的社会固有观念的影响。而做第一种人是要付出极大代价的，要经过长期、艰辛的劳动，要有不怕困难、不怕挫折、不怕牺牲的忘我精神等；一般人都有追求清闲的心理，稍不留神就会滑到懒惰和倦怠中去。进取是无止境的，而且进取如"逆水行舟，不进则退"，这是需要坚强的意志和毅力的。

实质上创新是对现实不满足的一种积极向往和追求，发展也是对现实不满的一种内在要求，不满于现状是人类不断进步的动力。汽车被发明，是因为人们不满足于马车的速度；飞机被发明，是因为人们不满足于陆路运输工具的速度。电视机、电话、电冰箱、电脑、火箭、原子能等新发明的诞生，都是人类不满足于现状的结果。当今正处于一个"知识爆炸"的时代，知识的本质就是其经常发生迅速的更新。若是整天满足现状、不思进取，不但与创造无缘，而且迟早会面临被淘汰的命运。缺乏信心就是自己认为自己没有创造能力或创造能力低下，自己不敢进行创造性工作，或在创造性工作中畏首畏尾、怕这怕那，消沉气馁。创造最危险的敌人就是缺乏信心，缺乏信心会严重地磨灭想象力和独创精神。很多人因为缺乏信心而丧失了多次创造机会，也埋没了自己的创造才能。

德国物理学家普朗克（Max Planck），绞尽脑汁克服了"维恩公式"只适合于短波、温度较低的黑体辐射和"瑞利金斯公式"只适合于长波、温度较高的黑体辐射的不足，于1900年导出了一个黑体辐射的经验公式。这个公式与短波、低温和长波、高温黑体辐射的试验都符合。不过，为了从理论上导出这个公式，必须假设物质辐射的能量是不连续的，只能是一个最小能量单位的整数倍。普朗克将这个最小能量单位称作能量量子，并提出了"量子假说"。但是他不太相信自己，他在给另外一位物理学家的信中曾这样写道："一言以蔽之，我所做的事情（指'量子假说'）可以简单地叫作孤注一掷的行动。我生性喜欢和平，不愿意进行任何吉凶未卜的冒险。……这纯粹是一个形式上的假设，我实际上没有对它想得太多……"[1]

可见，他对自己的发现持怀疑态度，缺乏信心，因此在以后

---

[1] 周昌忠：《创造心理学》，中国青年出版社1983年版，第135页。

的很长时间里，他并没有沿着这个崭新的观念和思路深入发展下去，而是致力于调和"量子假说"同古典物理学家的矛盾。作为一个如此伟大、卓越的科学家，普朗克不会想不到这个假说的伟大意义。他曾对他的儿子说过，他的这个新观念（量子假说）"要么是做出了一个头等重要的发现，可以同牛顿的发现相媲美；要么可能会证明它大错而特错"①。可惜的是，由于普朗克缺乏信心，后一种想法在他的头脑中占了上风，严重影响他对"量子学说"做出更多的贡献。

有些人缺乏信心实际是怕艰苦、怕困难。创造、创新工作，艰苦、困难是常有的事，这是创造的本质决定的。马克思说得好："在科学上没有平坦的大道，只有不畏劳苦沿着陡峭山路攀登的人，才有希望达到光辉的顶点。"② 做创造、创新工作就不能害怕困难。有些人缺乏信心是害怕创新遭到失败。其实任何伟人、名人都有过失败，开拓性、创新性工作更是如此，而且，失败比成功的概率要大得多。再说，害怕只能阻碍创新成功，有信心，不怕失败，才能最大限度地发挥创新才能，促使创新的成功。越怕失败越容易失败，越不怕失败才越容易成功。还有些人缺乏信心是害怕别人批评和嘲弄。其实发明家的不少奇思妙想，初看起来确实非常可笑甚至非常"荒谬"，如果因此而停止创新，世界就不能发展，人类就不能进步。创造发明的历史过程就是"奇思妙想（创意）—遭到反对和嘲弄—实践获得成功—得到公众的承认……循环往复的历史过程"。因此，不要害怕创新最初被视为荒谬、荒唐，要做个对自己的创新能力满怀信心的人。

例如，美国一家大型石油公司对该公司研发部门欠缺创造能

---

① 周昌忠：《创造心理学》，中国青年出版社1983年版，第136页。
② 《马克思恩格斯全集》第23卷，人民出版社1972年版，第26页。

力感到非常困惑。为了弄清和解决这个问题，公司的高级主管请来了一批心理学专家，帮助寻找研发部门中有创新能力的人与缺乏创新能力的人之间的差别，并希望能找到激励后者的有效办法。这批心理学专家调查询问了研究人员各式各样的问题，包括教育背景、成长过程，甚至他们所喜爱的颜色等。研究了三个月之后，这批心理学专家发现，创造能力较强与创造能力较低的人没有什么其他的显著差别，他们之间的显著差别仅在于：有创新能力的人总是认为自己具有创新能力，而缺乏创新能力的人总是认为自己欠缺创新能力。[1] 只有在创意萌芽阶段敢于、善于运用自己的智慧，创新能力才能越来越强。相反自认为"没有创新能力"的人，总以为创新能力是属于牛顿、爱因斯坦、莎士比亚等著名人物的专利品，不敢思考创造，更不敢从事创造，因此，创新能力就越来越弱。

科技史上的科技巨人，他们的伟大创意和发现，绝对不是一下子就得到的，而是在他们平时的一些普通的创意、发现的基础上逐步凝聚而成的。具有创新能力的人能够抓住所经历的每一项小创意，尽管他们不知道某一项小创意能否聚合成大创意，但是他们信心十足，确信每一项小创意都有可能导致重大突破。古人有句谚语，"艺高人胆大，胆大艺更高"说的正是这个道理。缺乏毅力主要是因为没有远大理想，缺乏对困难、挫折和失败的准备，当遇到困难、挫折和失败时，就打退堂鼓，结果是半途而废。毅力是创造能力的重要组成部分。实践证明，在大多数情况下，毅力比其他有些组成因素更重要，毅力越大创新能力越强。有了毅力，在创造性工作中，才能不怕挫折、失败，不怕冷嘲热讽，冲

---

[1] [美]罗杰·冯·伊区：《当头棒喝——如何激发创造力》，黄宏义译，中国友谊出版公司1985年版，第156页。

破压力和阻力，战胜千难万险，瞄准既定目标，直达胜利的目的地。其实困难和挫折并不可怕，可怕的是没有认识到困难和挫折所蕴含的宝贵契机。人们最出色的工作往往是在逆境下做出的，思想的压力甚至肉体上的痛苦，都可能成为精神上的兴奋剂。美国曾抽查了1000位财富在1000万美元以上的富翁，调查了他们的生活，结果发现大都出生在普通家庭中，甚至有一部分人的少年时代是在贫民窟里度过的。固然成功给人们带来喜悦，失败给人们带来痛苦。但是，失败也是一种财富。它会让人们得到更有价值的东西，这就是坚强和韧性。人们根本就不应该害怕失败，因为人们从失败中学到的东西，远比从成功中学到的多。无论什么样的失败，只要你跌倒后又爬起来，跌倒的教训就会成为有益的经验，帮助你去实现未来的成功。所谓"失败是成功之母"就是这个道理。具有毅力，就要树立正确的人生观，要有远大的理想和抱负，不怕挫折，不怕困难，不怕失败，要有不达目的决不罢休的精神。

(三) 刻板僵化、害怕失败、有自卑感

刻板僵化是一种用固定的眼光看待事物，缺乏思维应有的弹性，不能考虑多种可能性的思维方式和态度。思维刻板僵化的人喜欢墨守成规、教条，不喜欢创新和变化。他们对长期使用的工艺、操作方法、管理规章制度在其头脑中形成一种"历来如此""自然合理"的概念，谁要是改变、突破，往往就被认为犯规、没事找事，受到其冷嘲热讽。刻板僵化的人喜欢引经据典，对书本、古人、外国人、权威的说法深信不疑，不敢越雷池一步；刻板僵化的人常以固定的和孤立的方式来分析问题，不善于多角度、多层次地看问题，从而忽视了事物间的有机联系和相互作用，常常过早地下结论；刻板的人往往难以接受含糊的、模糊的事情，认为对就是对，错就是错，这种态度使其不能容忍创造性设想从幼稚的、不完善的状态逐步完善,看不到尚无定论的事物的广阔前途。刻板僵化的思维定式则是创造的大敌,它会使人一叶障目、不见泰山。

害怕失败,害怕犯错误是一种潜意识的消极观念,对创新能力和创造活动是极其有害的。害怕失败是产生懒惰和消极情绪的重要原因之一,创新能力是一个艰苦的过程,同时也是一个需要大胆探索的过程。害怕失败必然导致在创造过程中畏首畏尾、顾虑重重、动力源枯竭,久而久之,消极之情、懒惰之心便随之滋生,使创新能力活力丧失殆尽。一般说来,失败和犯错误不是好事,在日常的工作、学习和生活中,"失败"和"犯错误"是不光彩的事,是贬义词。所以谁也不愿意失败和犯错误。这种观点和心态,是人类在与大自然、社会的抗争中,长期沉积形成的道德观、伦理观、荣辱观、成败观的集中表现。一个人在工作中取得了成绩,找出正确解决问题的答案,工作进行得顺利,就会得到社会的肯定、奖励、表彰或升迁;相反,如果出错、失败,就会受到批评、惩罚或责难。历史的文化沉积形成了"失败、犯错误"是坏事的观念和思维模式。当然,这种观念是有其道理的。在日常生活中谁也不会搬起石头砸自己的脚,也不会躺在经常跑火车的铁轨上睡觉,这是人人都懂得并承认的道理。但失败和犯错误是不可避免的。尤其当人们在从事创造发明活动时,成功是偶然的,犯错误和失败却是不可避免的,在创意的萌芽阶段,错误、失败是难免的。过于强调"犯错误和失败是坏事",不但影响人们大胆地探索和创造,而且必然造成创造能力低下的后果。如果遇见一些不确定的因素就退却,有一点风险就不干了,那么必然错失良机,发现、发明、创造的成果也就难以获得。

从某种意义上说,错误和失败是"成功的量度",错误和失败的次数越多,战胜失败后,其创造性成绩就越大。可见,错误和失败对创造者来说，是偏离正确轨道的警告，是产生新创意的风向标，是提示人们及时改变思路、变换方法的良药。错误和失败是"成功之母"。错了就很好地总结经验教训，将错误当成获得新创意的起点，从错误和失败中汲取教训，就很可能取得成功。如美国"9·11"事件，引起全世界反对恐怖主义的大合作。1979年三英里岛核反应堆发生意外后，其他许多核反应堆都吸取三英里岛的教训，采取有针对性的安全措施，防止其他核反应堆发生类似的事故，保证了它们的运行安全。2003年2月1日，美国"哥伦比亚"号航天飞机在返回地球进入大气层后发生爆炸，其失败的原因已查明，美国航天局已采取了改正措施。

在发明创造的过程中出现失误和失败是在所难免的。

首先，创新是一种探索，是对未知事物的认识，是一种认识的探险，未知世界充满着认识的陷阱，创新总要这样尝试、那样试验，这条路走走、那条路探探，难免走岔路、走错路。正如德国物理学家普朗克在诺贝尔奖颁奖大会上的答谢词中指出的，人们若要有所追求，就不能不犯错误。

其次，创新活动都是以一定时代的认识成果作为研究的出发点，不可避免地带着时代的局限。尤其是科学创造活动，不能超越时代的要求、超越时代限定的条件。牛顿的认识局限于低速宏观的物体，道尔顿认为原子是不可分的，这些都表现了时代的局限性。做一件事情失败了，这意味着什么呢？无非有三种可能：一是此路不通，需要另辟蹊径；二是某种故障作怪，应该想办法解决；三是还差一两步，需要作更多的探索。这三种可能都没有什么可怕的。失败是成功之母，是成功的先导。爱迪生发明电灯曾经历过无数的失败，但他仍埋头于这项发明。一位年轻记者问他："爱迪生先生，你目前的发明曾失败过一千次，你对此有何感想？"爱迪生回答说："年轻人，因为你人生的旅程才起步，所以我告诉你一个对你未来很有帮助的启示。我并没有失败过一千次，只是发现了一千种行不通的方法。"爱迪生估计他发明电灯时，共做了1400次以上的实验，他成功地发现许多方法行不通，但还是继续做下去，到发现一种可行的方法为止。他证实了大射手与小射手之间的唯一差别，大射手只是一位继续射击的小射手。科学探索中的失误和失败，是人类思维的一份宝贵财富。爱因斯坦对于科学史上仅写那些成功者的结论，不写探索者失败的做法有很大的意见。他认为，成功者的幸运常常是建立在探索者失败的教训基础上的。应该科学地认识失败者的教训，失败者的教训有着三方面重大的科学价值和认识价值：一是有开辟新道路的价值；二是有启发思路的价值；三是有积累资料的价值。每一次失败都是通往成功的一小步，每一次发现错误的所在，便引导人们走近真理一步。害怕失败就会彻底失败，害怕风险就不会有所作为。作为现代人，应时刻有迎接失败的心理准备。世界充满了成功的机遇，也充满了失败的可能。所以要不断提高自我应对挫折与失败的能力，调整自己，增强社会适应力。失败而不失望，坚信成功在失败之中。"吃一堑，长一智"，若每次失败之后都能有所"领悟"，将每一次失败当作成功的前奏，那么，就能化消极为积极，变自卑为自信，变失败为成功。

有自卑感。自卑在心理学中属于性格上的弱点，是一种低劣的心理素质和消极的心态，是一个人的心理"软骨病"。心理的"软骨病"是让人爬行、让人落后及自我愚昧的病。一个人得了这种病，就永无出头之日，一个民族或一个国家得了这种病，则永远落后于别人或别的国家。有自卑感的人常常把注意力高度集中于自己的不足方面，不喜欢自己，不接纳自己，看不起自己，往往遇事总认为"我不行""这事我干不了""这个工作超过了我的能力范围"，没有尝试就给自己判了"死刑"。自卑者认为别人都比自己强，自己处处不如人，这种病态心理，对创造是十分有害的。危害之一，往往错失良机，面对创造的机遇出现在眼前，不敢伸手一抓，不敢奋力一搏。未谋心怯，白白贻误创造的良机。危害之二，本来可以克服的困难，变成了无法跨越的障碍，使得创新工作功败垂成。危害之三，造成创造者人格和心理卑怯，不敢面对挑战，不敢以火热的激情拥抱生活，不能发挥自己巨大的潜能，而是卑怯地自怨自艾。哀莫大于心死，穷莫过于自卑。天下无人不自卑。这是"个人心理学"的创始者奥地利心理学家阿德勒的发现。或多或少，或大或小，人人都有自卑感，如何对待自卑是成功者与不成功者的区别。一定要根据自己的条件，横扫身上的一切自卑情结。

如何才能克服自卑心理呢？心理学家认为，做你所害怕的事情，在行动中克服自卑。你可以尝试以下几种克服自卑的方法。一是挑前面的位子坐。教室或会议室往往后排先被坐满，是因为大多数人是怕受瞩目的，原因是缺乏自信，而坐在前面能建立自信。二是练习正视别人。正视别人等于告诉他，你很诚实，而且光明正大，这不但能给你信心，也能为你赢得别人的信任。三是把你走路的速度加快25%。抬头挺胸快点走，你就会感到自信心在增长。四是练习当众发言。不论参加什么性质的会议都要尽量发言，这会增加信心，下一次也更容易发言。五是开怀大笑。笑能给自己很实际的推动力，它是医治信心不足的良药。

（四）消极心态、消极心理

一个人能否成功，关键在于他的心态。成功者总是持有积极心态，亦称积极心理、利导思维；而失败者总是持有消极心态，亦称消极心理、弊导思维。用积极的心理去面对世界，面对一切可能出现的困难、险阻的人，始终持有利导思维、乐观的精神、充实的灵魂和潇洒的心态，他会不断地克服困难从而不断地走向成功；而失败者则精神空虚，受过去曾经历过的种种失败和疑虑的引导与支配，以畏缩的心理，卑怯的灵魂，失望悲观、消极颓废的心态，弊导思维对待人生，其后果只能是从失败走向新的失败。拿破仑·希尔说，我们的心态在很大程度上决定了我们的人生成败。犹如持有不同心态的两种人从牢房的窗口同时向外望去：一个人看到的是暗夜和天空中的乌云，另一个人看到的却是暗夜里朦胧的月色和云缝里点点的星光。消极的心态会摧毁人们的信心，使希望泯灭，它就像一剂慢性毒药，吃了它的人会慢慢地变得意志消沉，失去前进的动力，也就失去了未来的希望。消极的心态不但想到了外部世界最坏的一面，而且想到自己最坏的一面，他们不敢祈求，往往收获甚少。更可怕的是它极大地限制了人的创造潜能的发挥。

当然，限制创新活动功能发挥的消极心态是复杂多样的。前面讨论的习惯定式、满足现状、刻板僵化以及害怕失败等，都属于消极心态。此外还有胆怯心理（这种心理因素容易抑制冒险心理的产生，丧失创造的信心与热情，消磨人的创造意志，从而阻碍人的创新活动效应的发挥）、嫉妒心理（这是一种不良的社会心理，这种心理如果持续过长，容易损害心理健康，可使人的植物神经系统功能失调，情绪不安定，使人分散注意力，挖空心思编造谣言；它破坏创新群体的心理协调，造成人际关系紧张，群体的创造性效率降低；它会给他人造成心理压力甚至心理创伤，影响他人创新能力的发挥）等消极心理因素。因此，要克服消极心理，培养积极心理，以便让人的创造潜能大放光芒。

人生就是如此，有其顺境和逆境，你可曾有过对别人的发问侃侃而谈、胸有成竹的体验？可曾有过一帆风顺、春风得意的时光？或是在商业交涉中，你不动声色，但却胸有成竹。但在某一段时间里，你也可能处处碰壁，甚至连走路都会栽跟头。那种痛苦和无奈可能使你苦不堪言，欲哭无泪。人生为什么会出现这种尴尬？为什么有时候会事事顺心，有时候屋漏偏逢连夜雨？其实，这一切，都是由人的心态决定的。当你处于积极进取的良好心态时，你会显得自信、坚强、快乐、兴奋，这时你的思想活跃，思维敏锐，浑身有使不完的劲儿。但是，当你处于消极颓丧的心态时，你表现出来的恐惧、忧虑、心浮气躁、多疑、悲伤、焦虑等，会使你精神萎靡，毫无斗志。现实生活中，每个人都会在这两种好坏不同的心态中更迭转换，似乎是在进行一系列的角色大会演。研究表明，人的行为来源于人的心态，人只有对自我内心状态全面而准确地驾驭之后，才能顺利地改变自我，并走向卓越。人生就是这样，当你春风得意、事事顺心时，往往是驾轻就熟，左右逢源，没有干不好的事情。但是一旦你情绪低落、意志消沉时，做出来的事情往往是阴差阳错、纰漏百出，使你感到万分恼火和懊悔。人们都或多或少地体验过这种心态，但是很少有人想到要刻意去控制它、驾驭它。追求人生目标的结果只有一个，不成功便失败。哲人说过，"什么样的心态导致什么样的结果"。

现代的智者，其心态大多富于积极的、乐观的、向上的情绪态势，拥有创造性的、前倾式的、友善的、宽容的人生态度，二者的结合使他们能够动态地、准确地意识到自身所处的时空位置的特点及生存方式的优劣，洞察生命历程的曲线，"对整个人类有一种很深的归属感"，因此，他们的生命运动方式，少有大起大落的突变，少有飘忽不定的游移。积极、乐观、向上的心态，足以优化人生的道路，因为它标志着一个人有着不失主体的人生地位。世界万物皆在运行，新生事物层出不穷，从无序到有序，又从有序到无序，常使心态浮躁的人们误以为乾坤颠倒，难以适应；而心态稳定、积极求索的人们却能把握时机完成生命的再造、智慧的更新和创新能力的升华。稳定有序、质地洁丽的人生，靠不断以优化生存地位的心态之争来维持。智者的心态貌似平静如镜，实则波涛汹涌。正是这承受惯了汹涌波涛的心态，有力量、有魄力，以不可思议的缓冲消解力，使来自生活各方面的强大冲击波丧失其破坏心灵风景的消极作用，甚至还能将其转化为推进创新实践活动的动力。智者的心态，首先乃是苛求自律的表现，对自身渴望达到的生活高度持奋争的姿态，对自身渴望达到的人生智慧持力争的姿态，对自身的生存潜能持有竞争的姿态。这种富于生存热望的积极姿态，使他们对人生充满炽热的爱，对未来满怀幸福的憧憬。这种心态是要争得一个富于创造性的人生，富于更新趣味的人生，富于智慧的人生。智者心态的另一个优美特色，是将主客观的矛盾善于消化在心态之中，使人生主体胸有成竹地观览世界，协调环境，和谐人伦，从而保持着一种明达晓畅的交往风貌，呈现着一种对人、事、物的和美姿态。在追求渴望达到的生活高度时，多喜欢检索自身素质的差距，而少有埋怨；在力求增值自身的人生智慧时，多喜欢从人生价值综合度量，而少有急功近利的贪欲；在试图展示自身的生存潜能时，多喜欢借助集体的优势，而少有唯我独尊的浅薄和专横跋扈的兽颜。

　　心态如若陷于消极的或绝望的境地，也可以引出狰狞，造出拥有智力而无情感的"兽性"，这时，它将有比野兽多十倍的毁灭力，因为它将无情地耗损生命（有时不仅毁掉自己，还会毁掉无辜的他人），而毫无悲壮可言，这乃是智慧最难以忍受的痛苦。心态是人的特权。分为积极心态与消极心态两方面，心态或轻松，或艰难，或极乐，或悲壮，都可能通过心绪酿造，派生出不事招摇而呈现着真、善、美的人生姿态。成功人士始终用积极心态、乐观的精神和辉煌的经验支配与控制自己的人生；失败人士有消极心态，不断地受过去的种种失败与疑虑的引导和支配，他空虚、猥琐、悲观失望、消极颓废，最终走向失败。运用积极心态支配自己人生的人，拥有积极奋发、进取、乐观的心态，他能乐观向上地正确处理人生的各种困难、矛盾和问题；运用消极心态支配自己的人，心态悲观、消极、颓废，不敢也不去积极解决人生所面对的各种问题、矛盾和困难。在现实社会中，每个人的身上都时时刻刻伴随和携带着看不见的两种心态，即积极心态和消极心态。在面对自己人生的时候，成功者与失败者所持的心态不同，所取得的成果也不一样。

　　束缚创新能力的主要是消极心理因素。消极心理是一个涉及面广，而又极为复杂的问题。主要消极心理因素：一是胆怯心理。害怕失败，不敢冒险，遇到困难挫折就退缩，缺乏自信心。这种心理品质是创新活动的大敌，它容易抑制冒险心理的产生，失去创造的信心与热情，削弱人的创造意志，从而阻碍人的创造性心理效应的发挥。二是从众心理。自我感知不敏锐，崇拜权威，人云亦云，缺乏独立见解。这种心理品质容易使人丧失创造动机，缺少创造兴趣和挑战心理，没有独创意识，只是盲目服从或束缚于权威及传统势力，造成心理盲从、呆板、迟钝，从而阻碍自身创造心理活动功能的发挥。三是嫉妒心理。这是一种怯懦，害怕竞争，不敢竞争，从而不择手段地压制和打击他人的阴暗心理。如果这种不良的心理品质长时期地存在，一方面它容易损害自身的心理健康，导致人的植物神经系统功能失调，情绪不安，轻者使人注意力分散，无法进行创新活动，重者会出现心理或精神疾病；另一方面如若对嫉妒心理处理不当，可能给他人造成心理压力或心理创伤，影响他人创新能力的发挥，甚至能破坏创造群体的心理协调，造成人际关系紧张，进而降低群体的创造效率和创造效果。无论是就自身，还是就他人来讲，嫉妒心理无疑是创造活动中极为不利的消极心理因素，它能阻碍甚至终止创新活动的进行。四是自满心理。自信心过高或虚假自信心的人所表现出的自命不凡、骄傲自大、不轻易认错、不能对自己的错误承担责任，不虚心、不服指教，只相信自己是"天才"而不再努力。这种心理品质容易使人产生懒惰心理，减弱创造兴趣和好奇心，缺乏创造动机，抑制创造热情，最终陷入孤立和封闭自身的境地，从而阻碍创新活动的进行。

克服消极心理的途径是，将克服消极心理与培养树立积极心理二者统一起来，其方法主要有：其一，培养科学世界观。世界观是人的个性特征、行为和活动的最高调节器。正确的世界观可以帮助人们在创造活动中，正确地认识问题、分析问题和解决问题。其二，培养创新意识与热情。具有创新意识和创造热情的人，就能主动地确定创造目标，并能为此进行顽强的工作，克服创造活动中的艰难险阻，百折不挠，经得起失败的考验。其三，发展直觉思维。借助于丰富而熟练的知识技能体系，在直觉事物的过程中直接认识事物的性质和关系。迅速地对问题的解决做出合理的选择、猜测和判断。其四，磨炼创新意志。音乐家贝多芬的经验是："卓越的人的一大优点是在不利与艰难的遭遇里百折不挠。"其五，培养健康情感。拥有健康的情感，就会有良好的心境、强烈的激情和热情，以提高创造的敏感性、联想的活跃性。其六，展开想象的翅膀。想象是形象思维重要的组成部分。在创新活动中起着重新组合表象，形成新的形象的作用。丰富的想象，可进行创造发明，预见行为的前景，让想象展翅飞翔。

（五）兴趣狭窄、知识结构不匹配

中国谚语讲："三百六十行，行行出状元。"其实，世间哪止"三百六十行"，三万六千行也不止。"行行出状元"倒是真的，只要精通一行，便可成为某一行的专家。一个人想要对所有行业都感兴趣，在所有行业中都有所建树是根本不可能的。就创造而言，过度的专业化倒是一种危险的倾向，因为高度专业化会导致知识和能力的闭锁，致使"这不是我的专业、那不是我的本行"成其无所作为的辩解词。这种状态的延续和发展，便促使自己禁锢在狭窄的专业领域内，对于其他领域的知识视而不见，充耳不闻，断然排斥。尽管每一行都有自己处理问题的方法和要领，值得其他行业借鉴。然而，多数创意却来自其他学科的启示，是向其他领域寻求所得创意的。艺术的、科学的、技术的等各领域的突破性进展，往往是由于不同学科的相互诱导和融汇而促成的。交叉学科、边缘学科如雨后春笋般地高速发展，正是这种渗透诱导和融汇的结果。任何学科如果一直画地为牢，就会陷于故步自封、步履不前的境地。

有一位太阳能实验室的技术员遇到了一个难题，当她使用超高速薄片电锯切割镓砷化合物时，镓砷化合物就会爆裂。她试着更换切割的位置和方向，爆裂也没能消除。她感到极度的沮丧。一个周末下午，她下班回到家中，信步走到她丈夫的工作间观看丈夫制作橱柜。她注意到，当她丈夫要准确地切割某种形状的木料时，一定是减缓锯子的速度。由此她获得启发，回到办公室以后便照此操作，果然奏效。这个实例充分说明了在创造活动中，将某一领域的知识和方法转移到另一领域，其功效往往是十分显著的。一位地球科学家在谈到自己设计和建造后庭瀑布的嗜好时说："我不知道自己为何会产生这种嗜好，但是，设计瀑布的经验，使我领会到如何在工作上成为更优秀的经理，使我更贴切地了解诸如'水流''动态''振动'等难以用文字形容的字眼，但这些观念在人际沟通上却非常重要。"不动产投资专家弗兰克·莫罗（Franco Mello），是在斯坦福大学攻读企管硕士时，才开始接受不很正统的创业教育的。他说："我以优异的成绩修完所有的必修学科，诸如，行销、财务、会计等等，但我是在艺家内森·奥利维拉（Nathan Olivera）所教授的素描课程中，领悟到许多企业经营技巧的。"奥利维拉曾教导说："所有的绘画艺术都是从第一笔线条出现后，才陆续诞生的。所以绘画最困难的一件事，就是如何下第一笔，但你仍然必须大胆地下笔。其实，经营也是如此，你必须采取行动，行动才是成就大业的起点。许多商业学科只专注于重复分析公司业务的盈亏，而从不论及如何采取行动，或许许多学派的企管教授，倒应该先去选修素描课程。"①

以上实例可以看出，作为一个创造者应该博学多才，才能胜任创造的伟大使命。其实，这也是创造工作的性质和规律所决定的。因为凡是需要创造性解决的问题都是疑难问题，都是本学科专业人员不能只利用本学科的知识和方法就能轻易解决的问题。一个人自身的专业并不包罗全部答案，也不拥有全部真理，解决这样的问题往往需要借用其他学科知识和方法。实践证明，最好的、最有创造性的答案很可能来自一个表面无关的领域，所以搞创造性工作的人员必须博学多才，必须了解有关学科的知识。

如何做到博学多才？是否一个学科、一个学科地学呢？不是的。那样，一辈子也达不到博学多才。关键在于对新创意采取开放式的态度，兴趣广泛，观察细密，感觉敏锐，好奇心强。这里特别强调的是根据需要采取积极、猛烈的搜索活动和仿效猎人狩猎的精神，要向自己专业领域以外的原野搜寻创意。假若一个人想看到每一件货品的最终面目，前往废料场一游是一种较好的办法；欣赏音乐，往往可以使人浮想联翩，心灵得到真正解放；去信托商店走一趟，便能看到人们对物品的真正评价；与一些价值

---

① [美]罗杰·冯·伊区：《当头棒喝——如何激发创造力》，黄宏义译，中国友谊出版公司1985年版，第133页。

观体系完全不同的人聊天，能够了解到他们所重视的问题，从而重新调整自己的价值观；对魔术手法的研究，可以了解到某种符号与另一种符号结合之后，能够产生强大的影响力；如果多阅读20世纪初期的畅销科学杂志，总能折射若干灵感；读一点科普类图书，有时远胜过大学的教科书或专著，因为这类书籍中往往有更多的脚踏实地的操作准则。

当然，为了增加对人类社会的贡献，必须集中于自己的专长，精通自己的专业，专业化是现实生活的需要。然而，在孕育新创意时，如果仅以专业化的态度来收集资料，反而会局限人的创新能力，不仅使人们在狭窄的天地里苦无解决问题的上策，而且大大减少人们向外界寻求新创意的机会。为了消除专业化的负面影响，应该牢记爱迪生对其同行说的一段话："应当习惯性地密切注意其他人获得成功所采用的新奇而有趣的创意。只有在解决本身问题时，你才需要有独树一帜的创意。"[1]

知识结构不合理、不匹配制约创新思维。知识结构不合理、不匹配，指较高创造能力的人才没有具备"T"字形知识结构，往往是知识面过窄，通识知识不够。谚语讲"作诗的工夫在诗外""画画的工夫在画外"。这就是说，只有专业知识是不能做好学问的，必须有其他学科知识的辅助才行。要有合理知识结构，即有五大方面的合理知识群：一定的逻辑思维（主要指创新能力）知识群；一定的管理科学知识群；一定的专业知识群；一定的社会科学知识群（主要指历史、法律知识等）；一定的外语和计算机知识群。只有知识结构趋于合理、匹配，才能使人的创新能力普遍提高；若知识结构不合理、不匹配，必然制约创新思维的发挥。

---

[1] ［美］罗杰·冯·伊区：《当头棒喝——如何激发创造力》，黄宏义译，中国友谊出版公司1985年版，第137页。

基本能力结构不匹配。创造能力的基本能力包括觉察能力、记忆能力、直觉能力、联想能力、想象能力、分断能力（分解能力）、综合能力（组合能力）、产生新思想的能力、移植能力、审美能力、评价能力、表达能力、完成能力等。除创造的基本（或基础）能力外，现代人才必须还要具备"八大"核心能力。美国哈佛大学 MBA 陈宇华女士对中美两国百强富豪进行比较，发现了中美两国企业家群体所具有的"蓝色基因"。哈佛中国教育研究中心创立伊始，即发起以"蓝色基因"为主题的素质教育公益工程。"蓝色基因"理论认为，现代人才必须具备八大能力，即提升创新能力、自律能力、学习能力、合作开放能力、自信乐观能力、强责任感能力、执着追求能力、理性务实能力。

提高创新能力对于企业来说，是决定企业的制高点。按照百强富豪榜上排名第 98 的重庆力帆集团老总尹明善的说法是：创新，让我们一开始就站在了较高的起点上。初尝创新甜头时，我自创了座右铭：只有过时的思路、过时的技术，没有过时的市场。我认为创新不是为了被动适应市场，而是开创一个新的市场。只要企业走在需求的前面，就没有饱和的购买力，创办企业才会成功。

在以上八大能力中，学习能力是现代人的第一特质。远大空调总裁张跃（以 2.05 亿美元资产在中国百强富豪榜排名第 26），1989 年创业时只有 25 岁，他的座右铭是：要孜孜不倦地追求知识，当然这里不是指那种很刻板的知识，而是指包括生产方式的认知、品位和感受等非智力的知识。在市场经济社会，知识好比本钱，方法好比本事，有本钱，无本事不行，因此，我们要学本事，有本事，本钱才有用武之地。

（六）先入为主、过早地批评和判断

所谓先入为主就是将以前进入大脑的信息，在大脑中形成一种思维定式（即思维图式），促使人们根据以前进入大脑的信息沿着逻辑的方向进行思考。"先入为主"是创造思维的一种阻碍形式。认知心理学的研究表明，人们对客观世界的认识（思维）方式是受认识主体内在的知识图式（即知识结构）影响的。人们内在的知识图式是在人们认识客观世界中逐渐形成的，同时又随着认识的更新而不断变化和更新。因此，"先入为主"的认识现象是普遍存在的。"先入为主"虽能帮助人们认识与以前所见到的事物相类似的事物，能解决与以前所解决过的问题相类似的问题，但在遇到与以前所见到的事物和问题完全不同时，"先入为主"就会成为解决问题的障碍。

过早地批评、判断。创造的成果（结论）是否正确需要进行判断。正确的成果是不怕批评和判断的。但是，批评和判断只适用于创造方案的优选和验证阶段，而决不适用于创意的萌发和构思阶段。在创新思维过程中，过早地批判和判断等于把大量的创意拒之门外。在一般情况下，新萌发的好创意、构思不是完美无缺的，相反，它的生命力是很脆弱的，如同新生的幼苗一样，需要的是呵护，而不是暴风骤雨的洗礼，它需要时间来成长和磨炼。如果我们为了得到纯金而炮击金矿石，那肯定是得不到金子的。另外，一个新的想法，无论它本身是否能成长为好的创意，它总可以激发另外的想法，而另外的想法往往就是很有创意的。所以，无论从哪个角度看，对于新的创意做出过早的批评和判断都是不可取的，它会把好的创意扼杀在摇篮中。

可是人们都特别习惯于（甚至是乐于）对新创意和新想法给予尽早的判断和批判。在一些人看来，"与其产生新创意，不如善于作判断"，形成这种风气的原因有：创造过程中判断是不可缺少的；判断的风险一般来得小一些；越是处在高级领导岗位，越具有判断性；人们从读小学、中学到大学直至读博士，从中磨炼和学到了大量用于判断的知识和能力；做判断性的工作，大都使用已有的知识，一般都较为省力、省时等。因此，社会上便形成一种偏见：多做判断性和批评性工作是成熟、老练的表现，是有水平、有风度、有教养的表现等，从而助长了乐于判断和批判的风气。

实际上，做创造性工作的，必须暂缓判断和批判，给创造者以充分的创造空间。即使做判断和批判也必须是温和的、和风细雨式的、探讨式的。以创造创新为己任的人们深切懂得，提出一个创意是件很不容易的事情，所以，即使新创意有些不足，甚至有较大的缺陷，也要重视它、爱护它、千方百计地扶持它，而绝不能轻易地否定它、抛弃它。至于那些"擅长"批评他人的批评家们以批评他人为己任，从而产生批评他人的习惯和嗜好，这些人不仅在摧残别人的创新能力，同时也葬送自己潜在的创新能力。

诸如物理学家保罗·埃伦费斯特（Paul Ehrenfest）具有非凡的评价和批判的能力，包括爱因斯坦在内的一些伟大的科学家都乐于征求他的意见。他经常被邀请出席各种国际科学会议。他把这种严格的判断能力过早地使用在自己的创意上，完全扼杀了这位才华横溢的科学家的创造才能。他的创意还没有问世，就被他自己过分挑剔的判断精神扼住喉咙，结果使得他一生也没有自己的发现、发明，最后竟厌世自杀。

（七）固有观念、作茧自缚

固有观念，亦指老观念、过时的观念，不正确的观念或建立在不正确基础上的观念。可见，固有观念是一个贬义词，它没有帮助人们认识问题、解决问题的积极作用，固有观念是阻碍创新能力的因素。如"中庸之道""天不变，道亦不变""枪打出头鸟""人怕出名猪怕壮"等固有观念，都是阻碍创造、创新的因素。

在科技领域，固有观念阻碍了伟大的发现。如18世纪70年代，舍勒（Carl Wilhelm Scheele）和普里斯特利（Joseph Priestley）分别制得氧气，但是由于他们都深受"燃素说"思想的束缚，视而不见这种本来可以推翻全部"燃素说"的重大发现，竟让有历史重大意义的发现悄悄从身边溜走了。又如"地心说"阻碍"日心说"的生成。"地心说"亦称"地静说"，其中心思想是认为地球处于宇宙中心，最初由亚里士多德于公元前4世纪提出，直到公元3世纪由托勒密以正式学说创立。"日心说"亦称"地动说"，其中心思想是认为太阳处于宇宙中心，是公元前3世纪由古希腊天文学家阿里斯塔恰斯首先提出的，后来被托勒密的"地心说"所代替。因为"地心说"的思想符合当时教会"上帝创造一切"的思想，符合教会统治阶级的根本利益，所以很容易就被教会采纳利用，之后竟然统治天文学长达千年。1503年以后，哥白尼（Nicolaus Copernicus）先后发表著述，关于天体运行的《浅说》《论天体运行的假设》等，阐述其"日心说"的科学思想，曾遭到教会的激烈反对。直到1543年时，年事已高的他才下决心出版《天体运行论》。在他去世前夕，《天体运行论》一书，才摆到他的床头。虽"日心说"有大量的观测事实所支持，但是，直到哥白尼去世150年以后，他的观点才完全为世人所接受。

改变阻碍创造思维的固有观念和习惯性思维。以前当人们谈到集体利益和个人利益的时候，为了阐明集体利益高于个人利益，常用"大河有水小河满，大河无水小河干"的比喻，阐明"小河的水是从大河的水流过去的"，久而久之便形成了一种思考这类问题的思维习惯和思维定式。于是"集体的事再小也是大事，个人的事再大也是小事"的说法也就被引申出来了。毋庸置疑，这一看法、说法有一定道理，在一定的条件下也是正确的。

但是，这并不是永恒的、无条件的、正确的。人们用大河里的水灌溉田地时便会发现，先有小河的水，后有大河的水，大河里的水是小河的水流入的，小小溪流汇成大江、大河，浩浩荡荡流入大海；不是"大河有水小河满，大河无水小河干"，而是"小河有水大河满，小河无水大河干"。这种思维模式的改变，使我们找到了"民富国强"的建国方针。其实，民富与国强是对立的统一。民富是国富的基础，先有民富，后有国强，民富是为了国强，国强是为了民富。单独地强调哪一个方面都是片面的。习近平总书记在党的二十大报告中指出，"坚持一切为了人民、一切依靠人民，从群众中来、到群众中去"[①]，正是这种思维模式的体现。

作茧自缚。很多人的创新思维能力被束缚，是由于在创造过程中自己给自己设立了一些不必要的条条框框，即作茧自缚。作茧自缚必然导致自以为是，缩小解决问题的范围，缩小问题的范围，使其在解决问题时，无意识地、自作多情地将问题局限在自以为是的一个范围内，从而大大限制了自己思考问题的空间，束缚了创造性解决问题的思路。

在现实中，特别是在当今变化莫测、竞争十分残酷、激烈的时代，作茧自缚或只用一种解决问题的方法是很危险的。一个主意就如同一个音符，一个音符是不能构成一首乐曲的，只有许多个音符有规律地排列在一起，才能构成悦耳动听的乐章。一个主意只有与其他主意相比较，才能全面了解该主意的实际意义。如果我们只有一个主意，就无所谓比较，也无从知道该主意的优劣。法国哲学家查提尔（Emile Chartier）有一句名言："当你只

---

① 习近平：《高举中国特色社会主义伟大旗帜　为全面建设社会主义现代化国家而团结奋斗——在中国共产党第二十次全国代表大会上的报告》，人民出版社2022年版，第70页。

有一个主意时,这个主意再危险不过了。"①

因此,在创造性地解决问题时,必须寻找多个正确方案。解决问题的方案越多,就越能找到最巧妙解决问题的方法。大量的统计资料证明,第一个正确解决问题的方案,一般都不是解决问题的最佳方案。

三 传统教育是束缚创新能力的主要客观因素

传统教育制度、教学目标是给学生以某种知识的总和,客观上往往束缚创新能力。到大学毕业的时候,知识已经过时。忽视了教学的主要目的是必须教会学习,让学生掌握概括问题的能力。

古希腊哲学家德谟克利特(Democritus)写到,需要努力追求的不是完备的知识,而是充分的理解力。德国物理学家马克斯·冯·劳厄(Max von Laue)则更加断定地表示,所获得的知识,不如思维能力的发展那样重要。当所学会的东西都遗忘了的时候,保留下来的就是教育。这种说法虽然有些过激,但其核心是正确的。因为仅仅背书或某些范围的资料已经不够了,应当从熟背牢记转向理解发挥和独立性。

(一)传统教育的价值取向,限制创新能力

传统教育的价值取向是以考试成绩为指挥棒,教师为考而教,学生为考而学,限制创新能力。教师和学生很少顾及与考试无关的能力训练。为了应付考试,学生们从小学到高中,十几年的努力都是为了迎接高考。为了考上大学,社会、学校和家长共同努力,学生的日常生活轨迹都服务于或服从于考试。为此,学

---

① [美]罗杰·冯·伊区:《当头棒喝——如何激发创造力》,黄宏义译,中国友谊出版公司1985年版,第23页。

生牺牲了太多的自由空间，这对他们创新能力的限制是比较明显的。高考作为重要的选拔考试，只能考查学生学习到的知识及运用这些知识解决各种试题的能力，评价的广度相对狭窄，评价的深度也和学生发展水平相脱离。近年来，我国提出了"3＋X"模式，增加了对考生能力的考查，但对人的交往能力、情绪智能、创造智能等的考查，仍存在明显不足。尽管如此，由于高考特有的价值限定，它仍成为社会追逐的热点，我们把"高考"戏称为"过独木桥"，为了能过独木桥，能早过独木桥，我们的做法往往是借助"题海战术"，而这种简单的重复知识、再现知识的教学方式是与现代教育"以人为本"的主体教学观背道而驰的。在应试教育的限定下，我们明显的误区是把成绩等同于智力，等同于能力，尤其是高考成绩。我们的同行为此曾呼吁了多少年，但治标不治本的改革是很难杜绝"高分低能"这一现象的。由于应试教育特有的只注重知识再现的趋向，使教师在授课时几乎是"一言堂"，很少有学生主动提问，课后的自习也是回忆、重复课堂所讲授的内容，鲜有学生的主动思考。创新能力所要求的自学能力在大学以前的教育中是很难想象的。进入大学以后，由于课程的繁重，学生们也多以死记硬背应对老师的讲义。观察、动手能力方面，现在小学阶段比较重视，一旦在将"过独木桥"时，很快就会变成死水一潭。与创新能力培育有关的文学艺术类等课程，也因其与应试教育命题关系不大，在高中阶段已渐渐远离学生。过早地学科分离，使学"文"的不懂"理"、学"理"的不懂"文"，在给大学生授课时，我们会经常发现这些问题。种种原因，造成现代大学生创新能力的"先天不足"。大学阶段的教育也因应试教育的限制存在诸多问题。由于大多数教师缺乏心理学和生理学知识，他们在传授知识的过程中往往以教为中心，很少顾及学生的信息反馈。而大学生们由于以前的思维定式，也乐于接受"课堂""教师""书本"为中心的"三中心"教学方式。由此造成学生上课围绕教师转，下课围绕书本转的依赖性，"上课记笔记、考试背笔记、考后忘笔记"是其典型的表述。"唯书""唯师"的心理作用限制了学生学习的主动性和创造性。

创新能力的培养需要发现一种新方式，用以处理某种事物或事情的思维过程。创新能力具有积极的求异性、敏锐的观察力、创造性的想象、独特的知识结构及活跃的灵感等特征，与此相关教育培养也必须注意创新情感和创新人格的培养。由于传统教育严重滞后的价值取向，教育手段的过于陈旧及功利主义的教育目的，应试教育体制等，在很大程度上，严重地限制了学生的创新能力。当然，我国的教育已进入了改革时期，即由应试教育向素质教育转变的过渡期，但在很多方面并没有从根本上消除应试教育的弊端。希望通过探讨能够唤起人们对转型期教育的忧患意识，改变传统的教育模式，为创新能力的培养提供一个健康、良好的教育环境。创新能力由于其涵盖内容的广泛性和复杂性，决定了应试教育体制下绝不可能培养出大批的具有创新意识的人才。创造型人才的培养，不仅要注重知识的存量，更要注重知识的增长和流量，注重知识创新、传播及使用。形象地说，就是要求教师不仅要向学生提供"黄金"，更要授予学生"点金术"。

（二）单一线性教学模式，束缚创新能力

教学模式指的是在教育实践中所形成的教学环节的程序化、固定化。应试教育的价值趋向，使得我国的教育模式渐趋单一化。其主要环节为：学生在教室里听课、吸取知识—通过阅读文献获得知识—在实验中验证知识—在生产实践中试验这些知识—在工作岗位上释放知识。这一单向、线性流通模式严重束缚了学生个性的发展和提升创新能力的发挥。限制创新能力的因素。首先，教学观念落后，限制了学生学习能动性的发挥。我国的教育存在着一个矛盾，即教学观念与教育目标明显脱节。众所周知，我国教育的最终目标是培养"四有"人才，但由于目前我国高等教育欠发达及成才检测的主要手段欠妥当，使得我们的教学观念顺从了社会对人才的价值评判，用时髦的话说，我们的教学观念绝对服从于"万般皆下品，唯有大学高"这一价值趋向。在这一观念的影响下，教师很难从传统为师观"传道、授业、解惑"中摆脱出来，他们每天辛苦耕耘于课堂，传授、解答与考试命题相关的学习内容。学生也疲于应付，在家中养成的"霸气"在老师面前荡然无存，潜移默化中养成的"权威定式"对他们的主动性、创造性的限制是明显的。

单一的教学模式，局限了学生的个体发展和拔尖人才的脱颖而出。思维的个体差异要求我们的教育必须因人施教，这一点，孔子在两千多年前已有明示，但单一的教学模式对此视而不见。教材选择上的整齐划一、教学方法的过于死板、教学手段的强制注入性，使得学生过早地磨掉了个性棱角，在这样的教学机制下培养的人才只能是一般的实践人才，很难造就出具有创新意识的人才。美国的教学不仅允许而且鼓励学生自由观察和无限想象，下面的例子很能说明这一问题。美国一份有影响的报纸曾刊登了一篇有关想象的文章，其大致内容为：有几个男孩到郊外去玩，在芦苇中发现一个蛋，有的说是蛇蛋，有的说是鸟蛋，争议没有结果，他们决定把蛋带回去，放到烘箱中去孵……蛋壳快破了，大家紧张地盯着看，噢！蛋孵出的是里根总统。这篇作文由于结尾奇特，首先得到任课老师的青睐，被推荐到报社发表后也受到社会的广泛好评。类似的"奇谈怪事"，可以为我们的教学建设提供启发。

(三) 过窄的专业教育，扼制创新能力

要说明这一问题，必须首先明确两个概念，即课程设置与课程教育。课程设置指课程编排，而课程教育则指课程的落实。我国的基础教育，课程设置不能算不全，但在我们的印象中，包括现在孩子的心目中，他们有明显的主次之分。在一般家长的心里，只要主课过硬，副课弱点无关紧要。在课程设置上，主课占据了绝对的位置，而副课则大多被安排在倦意蒙眬的下午，教学效果可想而知。主课无非是数学、物理、化学、语文和外语，而与创新能力密切相关的生理卫生、自然、常识、政治等科目因考试限定，虽然有编排，但也仅仅是应付。由此，我们不难看出，创新能力已明显地受到人为的限制。进入大学阶段，虽增加了一定的专业课程，但由于专业的设置过窄，与专业相关的基础课，由于学业的压力及认识的偏差，学生们的一般心态是勉强应付。在理工科学校人文社会科学知识及艺术知识的教育，由于在常人看来与专业培养"风马牛不相及"，根本不受重视。表面上看，大学阶段课程设置没有太大的缺陷，但由于在课程编排上的误导（人文社科类、艺术类课程大多安排在下午和晚上）、学生的心理作用及教师素质构成的限制，这些"次要"课程大多形同虚设。这一状况的延续对于学生的影响是比较明显的。长时间知识结构的失衡不利于学生知识的增长和能力的提高，尤其是遏制了学生创新能力的发挥。有鉴于此，我们不仅要强调课程的编排，更应着重于课程的落实。

(四) "惯常思维定式"，约束创新能力

所谓思维定式是心理学中的一个概念，原指人们在应对客观形势发展变化时的一种心理倾向性准备状态。定式和习惯是等价的，定式形成习惯，习惯形成定式，定式就是习惯，习惯就是定式。同理，思维定式就是思维习惯，思维习惯就是思维定式。思维定式有双重性。当人们处理普通型、日常型问题的时候，思维定式有助于人们处理问题；但是，当人们处理新奇型、偶然型问题的时候，思维定式往往会阻碍人们迅速、正确地处理问题。创造性解题时，一定是面临新奇型、偶然型的问题。从思维学的角度看，思维定式是指一种固定的思维模式，因此思维定式亦可称思维模式。一个团体有一个团体的思维模式，一个国家有一个国家的思维模式，这些模式都有可能形成思维定式。在此主要讨论束缚创新能力、因循守旧的思维模式和思维定式：服从多数迷信权威、推崇经验、相信书本等定式。

其一，服从多数、从众心理、扼制创新能力。服从多数是组织原则。一个组织要能够生存和发展，必须形成一致的力量，必须有统一的意志、统一的行动，因此，凡是组织和群体就必须有自己的章程和纪律。少数服从多数是群体组织最基本的组织原则和组织纪律。只有这样才能成为有力量、有作为、有影响的群体。所以少数服从多数，就成为组织生活中、政治生活中、行政管理中的基本原则。没有这个原则，群体就是一盘散沙，组织就要衰败，社会就得混乱，国家必将灭亡……但是，服从多数的原则在创造活动中是不能适用的。"少数服从多数"绝对不能作为创造活动的原则，创造永远是少数，任何创造都必然是处于少数的。在创造活动中遵循服从多数的组织原则就会阻碍甚至扼制创新能力，扼制人的创新思维和创新能力的发挥。

从众定式，亦称从众心理，是个人在社会群体影响下，放弃自己的意见，转变原有的态度，采取与大多数人一致的心理状态，或称不坚持自己的意见而盲目服从多数人观点的一种心理状态。从众心理就是不带头、不冒尖，一切都随大溜的心理状态。有这种心理的人，有的是为了跟大家保持一致而不被指责为"标新立异""哗众取宠"；有的是思想上的懒汉，认为跟着大家走错不了。实际生活中大多数人都可能因从众心理而陷入盲目性，明明经过稍加独立思考就能够正确决策的事，偏偏要跟着大家走弯路。从众定式不利于个人独立思考和创新意识。如果一味地从众，个人就不愿开动脑筋，也就不可能获得创新了。只有打破从众定式才能产生新观念，想出新主意。

从众心理是常见的，是一种固有观念和思维模式，它在日常生活中是非常普遍的现象，人们当中普遍地存在着从众心理。古希腊思想家苏格拉底曾做过这样一个实验：他拿出一个苹果慢慢地从学生面前走过，一边走一边说："请大家认真嗅空气中的气味。"然后他走向讲台，举起苹果晃了晃问道："哪个同学嗅出了苹果的味道？"有一位同学举手回答说："我闻到了，是香味儿。"苏格拉底再次走下讲台，举着苹果再一次地、慢慢地从每个学生旁边走过，一边走一边叮嘱道："同学们务必注意了，仔细嗅空气中的味道。"当他第二次走向讲台问同样问题的时候，已有一半的同学举起了手。苏格拉底第三次走下讲台重复了同样的动作。这一次，除了一位学生外，其他学生都举起了手。那位没有举手的同学看了看周围其他人，也犹豫地举起手来。故事讲到这里，出乎大家意料的是，那是一颗没有气味的假苹果。这个实验充分说明了从众心理在人们当中普遍地存在着。"随波逐流""人云亦云"就是从众心理、从众行为、从众定式。所谓定式，社会心理学家认为，就是一种心理准备状态，主要是指在过去经验的影响下，一个人对某种刺激情境总是易于以某种惯用的方式去反应，或者说在解决问题时具有一定的倾向性，这种倾向就叫定式，也叫心向。在长期的思维实践中，每个人都形成了自己所惯用的、格式化的思考模式，当面临外部世界或现实问题的时候，能够不假思索地将它们纳入特定的思维框架中，并沿着特定的思维路径对它们进行思考和处理，这就是思维惯常定式。用惯常定式处理日常事务和一般性问题的时候，能够驾轻就熟、得心应手，使问题得到较快的解决。

从众行为是由于在群体一致性的压力下，个体寻求的一种试图解除自身与群体之间冲突、增强安全感的手段。如有人来到一个新的工作单位，他感到那里的规矩与自己的信念有点格格不入，想去改变吧，又觉得自己未免有点自不量力，于是便采取了随大溜的态度，跟其他人一样了。实际存在的或头脑中想象到的压力会促使个人产生符合社会或团体要求的行为与态度，个体不仅在行动上表现出来，而且在信念上也改变原来的观点，放弃原有的意见，从而产生从众行为。个体在解决某个问题时，一方面可能按自己的意图、愿望而采取行动；另一方面也可能根据群体规范、领导意见或群体中大多数人的意向制定行动策略。而随大溜、人云亦云总是安全的、无风险的，所以在现实生活中不少人喜欢采取从众行为，以求得心理平衡，减少内心冲突。从众行为在怎样的心理状态下容易出现呢？

心理学从个体的角度，提出从众行为产生的四种需求或愿望：一是与大家保持一致以实现团体目标；二是为取得团体中其他成员的好感；三是维持良好人际关系的现状；四是不愿意感受到与众不同的压力。社会心理学家谢里夫（M. Sherif）最早利用"游动错觉"研究个人反应如何受其他多数人反应的影响。所谓"游动错觉"，是指在黑暗的环境中，当人们观察一个固定不动的光点时，由于视错觉的作用，这个固定不动的光点，看起来好像前后左右地移动。谢里夫研究的基本假设是：一方面，每个人都可能产生"游动"的视错觉；另一方面，观察者要精确地估计光点游动的距离是相当困难的。谢里夫在实验室内模拟游动效果，让被试者坐在暗室里，在被试者前面的一段距离处，呈现一个固定不动的光点，被试者会产生光点在运动的错觉。实验者请被试者估计光点移动的距离。谢里夫发现：当被试者分别在暗室里单独估计光点移动的距离时，各人判断的差异量极大，如有的被试者估计光点移动了一两英寸，而有的被试者估计光点移动了二三十英寸，这是由于被试者在缺乏可供参照的背景条件下，分别建立了自己独立的参照系统。而当许多被试者在暗室里一起估计时，差异量变得很小。显然，被试者以别人估计的距离作为自己判断的参考依据，建立了共同的参照系统和准则规范，从而表现出从众行为。

从众行为、从众心理、从众定式，是"服从多数"原则的滥用。当碰到新情况新问题而需要开拓创新能力的时候，从众定式就可能成为阻碍新观念、新点子产生的思维枷锁。

弱化从众倾向，就要时刻提醒，并记住"真理往往掌握在少数人手中"。无论生活在哪种社会、哪个时代，最早提出新观念、发现新事物的，总是极少数人。而对这极少数人的新观念和新发现，当时的绝大多数人都是不赞同甚至激烈反对的。因为每一个社会中的大多数人都生活在相对固定化的模式里，他们很难摆脱早已习惯的思维定式。对于新事物、新观念，总有一种天生的抗拒心理。哥白尼反对传统的"地心说"，而提出"日心说"，主张地球绕着太阳转。这种学说首先就遭到了普通民众的反对。因"地心说"给人们稳定、安全的感觉，而"日心说"却使普通民众感到惶恐不安，错误地认为，人生活的大地不停地转动，地球要转到哪里去呢？地球上的人岂不要被甩出去了吗？

其二，迷信权威，削弱创新能力。迷信权威是指在思维过程中盲目地以权威的是非为是非，对权威的言论不加思考地盲信盲从的思维定式。权威是任何时代、任何社会都实际存在的现象。权威，因为成就非凡而博得了人们的信任和尊崇，这是正常的。有人权的地方总会有权威，它是任何社会、任何时代都实际存在的现象。人们对权威普遍会有尊崇之情，这种尊崇往往演变为神话和迷信。

在现实生活中，人们常常习惯于引证权威的观点，不假思索地以权威的是非为是非；一旦发现与权威相违背的观点或理论，便想当然地认为必错无疑，戴着思维枷锁的人往往是没有创意和创新的。人们要创新，权威定式显然是要不得的。要推陈出新就要突破旧的权威的束缚。伽利略不相信亚里士多德的权威。把流传1000多年的"自由下落的物体重量越大，下落的速度越快，重量越轻下落速度越慢"的亚里士多德的观点推翻了。要创新就要保持创新的活力，要时刻警惕权威定式，尊重权威，但不把权威的结论在我们头脑中形成固定的模式。《战国策·齐策》中载有这样一个故事：有个人在马市上卖马，站了三天也无人问津。马的确是好马，只是人们看不出。没办法，他便去找伯乐，对伯乐说："我有匹骏马，想卖掉，等了三天也没人来问价，希望您能到市上围绕着它看一遍，离开时再回顾一下。"伯乐前去一看，果然是匹好马，便按照卖马人说的做了。这样马的卖价一下涨了10倍。人们不识好马，知道伯乐是相马的权威就很信任他，这是合乎情理的。心理学家斯坦利·米尔格拉姆（Stanley Milgram）认为，对权威的服从是社会生活的必要要求。他可能通过进化成为人类的本能。一个社会的劳动分工要求个体能够将自己独立的活动归属于大团体的一部分，或者因为与他人的合作，以便为大社会组织的目标服务。父母、学校及其他社会组织通过服从教导，有经验的人的指导进一步培养个体的服从能力。

权威不可能绝对正确、永远正确。如果一切都以权威为是，而不再进行思考，这就是"迷信"了。迷信权威往往会使人们丧失独立思考的勇气。有一次，英国哲学家罗素到中国来讲学，他向数百名听众提出了一个问题："2+2=?"听众都是学者，此时竟面面相觑，无人作答。罗素只好自答："等于4。"满堂先是愕然，继而是哗然。人们都在这样想"罗素是世界一大权威，所提问题一定十分深奥"，这是被权威吓蒙了。惧怕权威是迷信权威的一种表现。欧洲中世纪的经院哲学家们对权威的迷信也曾达到了十分荒谬、十分惊人、十分可笑的程度。意大利物理学家伽利略在《关于托勒密和哥白尼的两大世界体系的对话》中讲过这样一件事：一个学生发现了太阳上有黑点，便去请教他的老师。这位老师是个经院哲学家。他翻遍了《圣经》和亚里士多德的著作，没有发现与此相同的说法，于是，他回答那个学生说："《圣经》和亚里士多德的著作中，从没说过太阳上有黑点，所以就不可能有。"学生坚持说："我确确实实看到了太阳上就是有黑点。"老师说："如果你确实看见了有黑点，那黑点肯定没在太阳上，而是在你的眼睛里。"

在许多人身上或多或少地存在尊奉传统、迷信权威的人格特征。他们往往用呆板守旧的眼光看待新事物，视传统的思想、观念、理论和方法为禁区，过分地、不加批判地信奉权威人物的观点，并依照权威人物的暗示改变自己的态度，对传统与权威信如神灵，不敢有丝毫的冒犯与触动，这种禁锢创新能力的惰性心理是要不得的。

目前，来自教育的权威，主要体现在传统的听话教育方面，即在家听父母的话，在学校听老师的话，在单位听领导的话等，它束缚了人的创新能力。为了保持创新能力的活力，必须时刻警惕权威定式，要做到尊重权威，而决不把权威的结论变为头脑中的思维定式，要像古希腊哲学家说的那样，"我爱吾师，但我更爱真理"。在权威面前，树立"那是以前的权威""那是别的领域的权威""那是借助外部力量的权威"等思想。实际上，从时间上看，任何权威都是一时的权威，不可能是永久的权威。随着时间的流逝，旧权威必然让位于新权威，昨日的权威让位于今日的权威，而明日的权威又将取代今日的权威。从空间上看，权威是具体领域的权威，任何一个权威都不可能样样精通、全知全能，即使它能波及一切重要领域，那也不可能在每个分支、每个方面，甚至每个环节和每个问题上不发生疏漏和错误。权威都是在某一领域、某一方面给社会和人类做过重大贡献的人物，所以这些人应该受到世人的爱戴和尊敬。但是，社会是在不断发展变化的，原来权威的主张、观点、看法一定会随着时间的推移而逐渐失去原来的威力和魅力；再者，权威也是人，"人无完人"权威也不是完人，他们也有缺点和错误，所以对待权威，一定要以现实的实践为准绳，实践是检验真理的唯一标准，实践证明是正确的部分就要坚持，实践证明是错误的部分就要扬弃。

其三，唯经验，阻碍创新能力。唯经验是指从自己或他人的经验出发，不顾变化着的客观情况，不探求事物发展的内在规律，用已有经验作为参照系的一种思考方法。

经验是由实践得来的知识或技能。在一般情况下，经验是我们处理日常问题的好帮手，只要具有某一方面的经验，那么再应对这一方面的问题就能得心应手。特别是一些技术和管理方面的工作，非要有丰富的经验不可。经验是以往阅历与感性认识的积淀和凝结。经验丰富的老水手，更能在惊涛骇浪中熟练地驾驶航船；经验丰富的老飞行员，更能在天气恶劣的情况下使飞机安全着陆；经验丰富的老医生更能迅速准确地诊断出危重病人的病情。对经验运用得好，可以成为创新活动的重要条件，在某些场合下，经验本身就意味着新创意。据说哥伦布率队横越大西洋的航程中，船上有许多经验丰富的水手。在一天傍晚，一位船员看见一群鹦鹉朝东南方向飞去，便高兴地说，我们快要到陆地了，因为鹦鹉是要飞到陆地上过夜的。于是，哥伦布指挥船队追踪鹦鹉的方向，很快发现了美洲大陆。

然而，经验总是在一定历史条件下取得的，难免带有一定时代的局限性，如果形成经验定式，对我们进行开创性工作以及寻求工作的新思路就会有巨大的阻碍作用。经验定式的突出特征是简单类比、简单模仿、简单照搬。运用这种思维定式，往往在头脑中产生先入为主的偏见，拒绝接受新事物，影响对事物本质和规律的认识，导致思维的狭隘性、局限性、表面性和凝固性，导致决策的主观性、片面性和守旧性。经验告诉我们物体"不推不动"，但惯性定律告诉我们"不推而动"；经验显示出重物比轻物先落地，但落体定律却指出重物和轻物应当同时落地；经验每天都让我们看到太阳东升西落，是太阳围绕地球转，但理性却费尽周折，历尽磨难之后终于证明了相反的结论……一个长期习惯于按经验定式考虑问题，很少进行创造性思考的人，久而久之往往会将很多本来大不相同的问题，因为它们之间的某些相似之处，而看成同一类的问题，用相同的办法解决，这样自然就会碰壁，自然就会白费精力。正如一位心理学家所说："只会使用锤子的人，总是把一切问题都看成钉子。"

实践证明，有了经验容易固守经验，没有经验更容易出新经验。经验的本体是实践，是致力于不断创造的结晶，也是从事新的创造性实践的起点，让经验返回到新的实践中去的过程，就是继续创造的过程。实践是永无止境的，人们对真理的认识也不是一次完成的，世界上没有一种万能的现成经验，倘若将过去的成功经验当作灵丹妙药，结果必然是成功反被成功误。就拿古代"曹冲称象"的故事来说，当时为何许多人对称象之事都无能为力呢？原因在于人们囿于已有的经验，认为称重量，只能用秤，对大象这样的庞然大物，没有那么大的秤，所以称象之事只能作罢。由于曹冲没有囿于已有经验的束缚，敢于把象的重量转换成相同重的碎石，所以他能够顺利地解决这一难题。可见，要创造性地开展工作，就必须破除头脑中的经验定式；确立超常思维，这种思维不同于一般思维的重要之处就在于他能够正确运用经验，不断超越经验，努力创造新的经验。

关于推崇经验的问题，必须辩证地对待。经验来源于实践，是构成创新的重要因素，是创新能力的重要组成部分。但是，对经验不能盲目地推崇，也不能因为其没有达到理论水平的高度而一律排斥，要联系实际进行分析，对于在现实中有用的经验必须认真地参考、借用，对于过时的、不适合现实的经验就必须扬弃，不然就会阻碍创造性思维的活动。

其四，唯书本，制约创新能力。很多人都认为，知识多（如上过大学，读了硕士、博士）的人，必然有很强的创新能力。也有人认为，书本上写了的就都是正确的，遇到难题先查书，如果自己发现的情况与书本上的不一样，那就是自己错了。在这些唯书本认识的指导下，有的人书上没有说的、书上说不让做的不敢做；对书上说的话完全相信，一点也不敢怀疑。这极大地阻碍了纠正前人错误去探索新领域的能力。当然，"书籍是人类进步的阶梯"。书本是人类智慧的结晶，是科学文化的宝库，书本传承人类的文明，每个人都要从书本上学到许多知识。但是书本上的东西并不都是真理，随着人类的发展和科学的进步，知识更新很快，书本的观点往往已成过时、陈旧和错误的了。如果一味信书本，以书本上之所有的为是，以书本上之所无的为非，形成唯书本定式，那对于创造来讲就是一大危害。

公元前2世纪罗马时代伟大的医学家盖伦（Claudius Galenus），一生写了256本书。在长达一千多年的时间里，医学家、生物学家们都一直把他写的书奉为至高无上的经典。盖伦的书上说，人的大腿骨是弯的，大家也就一直都相信人的大腿骨是弯的。后来有人通过实际解剖，发现人的大腿骨并不是弯的，而是直的。按理说，这时就该纠正盖伦书上的错误，还其以本来面目了。可是因为人们太崇拜盖伦了，这时仍然深信他书上说的不会错，但又明知与事实不符，应该如何解释呢？大家终于找到了一种说法：说这是因为在盖伦那个时代，人们都穿长袍，不穿裤子，人的弯曲的腿骨得不到矫正，所以就都是弯的。后来人们开始穿裤子，不再穿长袍，这样长期穿裤子，逐渐使人的大腿骨矫正直了。这是多么可笑的解释，人们竟然会普遍相信。可见，对盖伦的书盲目崇拜和迷信到何种程度。

在天文学史上也有类似的事例，天文工作者勒莫尼亚（Pierre Charles Le Monnier）在1750年到1769年，曾先后12次观察到天王星。而有关天文学著作却一直认定，土星是太阳系最边缘的行星，太阳系的范围到土星为止。这一书本的知识牢牢地影响和束缚了勒莫尼亚，使他始终未能认识到，他所发现的这颗星也是太阳系的行星之一。直到十几年后，才最终由英国天文学家威廉·赫歇尔（Friedrich Wilhelm Herschel）于1781年加以认定。其实，书本与书本之间常常是相互矛盾的，书本与现实之间也是常常有较大出入的，"尽信书不如无书"，一定要跳出唯书本、奉行本本主义的教条框框，否则必然会导致主观与客观相分裂，认识与实践相脱离，受到客观惩罚。正如1979年诺贝尔物理学奖获得者美国物理学家温伯格（Steven Weinberg）说的："不要安于书本上给你的答案，要去尝试下一步，尝试发现有什么与书本上不同的东西。这种素质可能比智力重要，它往往成为最好的学生与次好的学生的分水岭。"

关于相信书本、相信名人、相信权威的问题，原则上是反对唯书本、唯名人、唯权威论，提倡唯实论。书本是对某一方面知识的总结，只要其观点和内容与现实没有矛盾，就相信、就使用；反之，就反对、就扬弃，部分与现实不符合的就部分扬弃，全部与现实不符合的就全部扬弃。

第二章　创新能力培养的承载机制

创新能力的培养机制是一个纷繁复杂的问题，涉及心理学、生理学、脑科学、思维科学、智能科学、社会学、教育学、哲学等诸多学科，是多学科融汇协作才能完成的、庞大的系统工程。人作为万物之灵，蕴含着无限的创造潜能，他所取得的任何一项创新成果都是创新能力在创新实践中的显现。创新能力作为一种特殊的、复杂的、交叉性结构系统，其有机载体主要有两大部分，即创新能力所依赖的"脑生理"和"心理"系统所构成。人的脑生理和心理协同统一是创新能力的承担者或载体，亦称创新能力的承载机制。作为创新能力的物质器官和载体，人脑是创新能力的脑生理基础；作为创新能力赖以发生的前提和基础，人心是创新能力的心理基础。离开了创新能力赖以存在、发生和发展的脑生理基础和心理基础，创新能力就成了无源之水、无本之木。

人脑是由功能不同又不对称的两个半球构成，左脑主要承担着语言、分析和计算等理性思维任务，被称为理性脑或知识脑；右脑主要承担形象思维、直觉思维和具有掌握空间与艺术等的感性思维任务，被称为感性脑或创造脑。创新能力主要是右脑的功能。美国脑科学家托马斯·哈维（Thomas Harvey）医生，在爱因斯坦逝世7小时后，将爱因斯坦的大脑取出（1955年4月18日，爱因斯坦在美国普林斯顿逝世，享年76岁，按照爱因斯坦的遗嘱，爱因斯坦的家属立即请来哈维医生为爱因斯坦的遗体做解剖。哈维对科学泰斗仰慕已久，他一直在考虑爱因斯坦为什么才智超群这个问题，早就打起了这位伟大科学家脑袋的主意。），并做了防腐处理，据为己有。爱因斯坦的家人装殓时发现尸体异常，经仔细检查，发现颅骨已被打开，大脑不翼而飞，于是找到哈维询问。哈维解释说，在该医院里病死的科学家都要进行脑部检查。爱因斯坦的家人信以为真，也就没有进一步追究。

此后数年，托马斯·哈维医生对爱因斯坦大脑的重量、体积、尺寸、外观等进行测量、记录和研究后，与其他研究人员将爱因斯坦的大脑切割成240小片进行仔细分析。虽然哈维医生已经对爱因斯坦大脑的潜在价值有所估量和审视，但这个大脑究竟有什么重要价值，他也不清楚。当一些科学家提出研究要求后，哈维都爽快地提供切片让他们研究，一些别有用心的人愿意出几十万美元购买爱因斯坦的大脑切片，但哈维重申只借不卖，以对方心术不正或其他原因为由一概予以拒绝。据说爱因斯坦的大脑一度备受克格勃间谍密切关注，但哈维实验室的安保措施相当严密，克格勃在几次皆无功而返后最终放弃了窃取爱因斯坦大脑的计划。

哈维保存爱因斯坦大脑数十年，科学界也对该大脑研究了数十年。据不完全统计，研究爱因斯坦大脑的科学家达百余名。有人猜测，其中肯定有惊人的发现，但很多科学家是在政府的授意下进行研究的，其成果属于国家机密，不便发表。1997年，84岁高龄的哈维决定将脑切片送回爱因斯坦生前工作的地方——普林斯顿大学开展深入研究，得出了"右脑的功能是左脑的100万倍"的结论。1999年11月，加拿大安大略省麦克马斯特大学教授、脑科学家桑德拉·威特森（Sandra Witelson）研究小组也证明了右脑这一巨大的功能。

第一节 创新能力发生的脑生理基础

我国传统医学认为,"脑为元神之府",脑是精髓和神经高度汇聚之处。西医认为,"脑是智慧的司令部"。大脑的活动支配全身器官,控制人体一系列的生理变化,大脑无可替代。脑位于颅腔内,由神经细胞组成,数量约为150亿个。脑重约1400克,每天大约有10万个脑细胞要死亡。越不用脑,脑细胞死亡越多。

一个人脑储存信息的容量相当于1万个藏书为1000万册的图书馆,一个最善于用脑的人,一生中也仅使用脑能力的10%。人脑中80%的成分是水,它虽只占人体体重的2%,但耗氧量达全身耗氧量的25%,血流量占心脏输出血量的20%,一天内流经大脑的血液为2000升。一切智慧在这里萌发,一切创新创造在这里孕育和发展。人脑的创新思维是创新能力的核心,人脑是创新能力的主要器官。

人脑作为产生智慧和情感的物质承担者、载体,其复杂的生理结构和活动机制是创新能力产生的关键因素。人脑的生理特点、生长发展规律等,在很大程度上影响创新能力的产生和发展。因此,探索人脑的生理结构及其左、右脑两半球各自特有的功能、特点和整体协同方式,对如何激发创新意识、端正创新动机、树立创新精神、孕育创新志向、培养创新能力具有重大意义。

一 创新能力的生理基础——人脑

人脑是世界上最高级、最复杂的物质器官。随着现代神经生理学、脑科学的日益发展,人们对人脑结构和功能的认识也越来越丰富。总的来说,人脑的生理结构是一个极其复杂的活动系统。就其功能意义上讲，虽然人们对人脑这种在结构上最复杂有序、功能上极为奇妙的高级系统已逐渐有所认识，但在很大程度上它仍然是一个神秘的"灰箱"或"黑箱"。

（一）人脑的生理结构与功能

科学研究表明，人的大脑位于脊髓上端，是由神经细胞（神经元）和发挥胶合作用的胶质细胞所组成，它被包裹在颅腔里，通过枕骨大孔与脊髓连接，并通过各种其他开口与头部各神经联系着。大脑一般依次被划分为后脑、中脑和前脑。后脑包括小脑在内。中脑包括两个被称作上丘和下丘的隆起。前脑更为复杂，在它三个中空的脑室周围和外缘，内侧有杏仁和纹状复合体。纹状复合体包括苍白球和纹状体，纹状体又包括尾状核和豆状核。其下是间脑。间脑的上部是丘脑，下部是下丘脑，下丘脑又同垂体复合体相连。前脑的上部和顶端，是成对的海马、嗅球以及新皮质。大脑由一条纵裂分成了基本对称的左右两半球。左右两半球的重量占人脑全部重量的60%，体积占人脑全部体积的1/3。大脑两半球通过神经纤维组成的胼胝体（白质）连接沟通。人的大脑皮质由于高度发展而形成许多沟和裂，表层突起的脑回就是由这些深浅不同的沟和裂，将每侧半球各分成了大小不同、功能各异的四个主要区域，即额叶、顶叶、枕叶和颞叶。每个区域为人的行为各司一职。额叶是负责身体对称运动动作，称为运动区，这一区域出问题会导致瘫痪或失去行动的抑制能力。除此之外，额叶还与认知功能和精神活动有关。顶叶含初级感觉皮层，是脑的感受部分，它接受来自皮肤、肌肉、肌腱、关节关于身体位置和运动的信息，以及来自视觉和听觉（经由枕叶和颞叶）传来的信息，而后进行综合，这些综合感觉印象及来自记忆储存的传入信息，使人能解释特殊的视觉、声音、气味和触觉的意义。顶叶还与枕叶一起负责空间分析。顶叶损伤的患者对手上或脚上的针刺做出反应，但不知道针是刺到手还是刺到脚。枕叶是视觉分析器的中枢部分，枕叶的损伤将导致视觉信息的分析和综合过程被破坏。颞叶一般称为听觉区，包括听和记忆的机能。它是大脑两半球最引起人们兴趣的部分。由于颞叶与边缘系统的联系，人们不但能够评价事件，也能体验惧怕、愤怒、渴望和嫉妒等情绪。若大面积颞叶损伤将导致听知觉和言语知觉的障碍，同时也导致长期记忆丧失或难以再现。

人的思维与感、知觉不同，没有专门的皮质区，如颞叶或枕叶来承担和执行听觉或视觉的机能。思维与大脑皮质的关系非常复杂。大脑的建构及思维的产生主要是与大脑皮质新区的新生和扩展相联系，在大脑皮质中，新皮质占96%左右。脑解剖学显示：大脑新皮质包含形状和机能各异的六个细胞层，这六层细胞由于在皮质区分布的不同而被分为三级皮质区。第一级皮质区（即感觉投射区），由第Ⅳ、Ⅴ层细胞组成，它直接与外周器官相联系，具有高度的选择性，能接收和加工具有特定特征的信息。在第一级皮质区上，增生了第二级皮质区，它主要由第Ⅱ层比较复杂的神经元组成，属于脑皮质的"联想"和"整合"器官。第三级皮质区，完全由最外层（联络层）细胞所组成，是最高级的脑区，位于下顶区和额区，在脑皮质中执行最复杂的整合功能。当代美国脑科学家P.麦克林（Paul Maclean）提出了"大脑三界"的观念。他对人的大脑不同层次结构进行了专门研究，并将脑解剖的成果同大脑进化的历史结合起来，进而提出大脑及其意识形成的辩证发展过程。他的研究表明：大脑由里向外按照各自不同的结构性质和功能，可分为三个层次，即爬行动物脑、边缘系统和新皮层。最里层的是爬行动物脑，这是人的后脑，它隐藏在意识传递之下，引起我们的原始冲动，相当于人的潜意识部分；后脑之上的是边缘系统，它是由哺乳动物遗传下来的，主导和控制着感情、情绪；最外层的新皮层是高级动物的特有部分，它是尼安德特人到智人阶段进化的产物，其功能主要是管辖计算力、抽象力和智力，相当于人的显意识部分。在麦克林的理论中，介于新皮层与爬行动物之间的边缘系统，处于显意识与潜意识之间，不能做硬性划分。麦克林的理论提供给我们一个有趣而深刻的看法，即人们的许多行为都不乏是爬行动物脑及边缘系统的表现，在靠新皮层指挥的除有显意识之外，人们有不少行为和决策还来自潜意识。由此，不难看出，麦克林的理论进一步证实了潜意识的客观存在，为潜意识的存在找到了脑生理基础和脑进化史的根据。此外，在美国、苏联的脑科学家所做出的人脑对于阈下区的各种不同的潜意识信息的电反应（即诱发电位）的科学测定中，也充分地证实了人的潜意识确实有其存在的生理基础。然而我们也应该认识到，潜意识既然是一种人脑有关部位（阈下区）的特殊机能，是人意识的一种特殊的反应方式，我们应该了解它的生理基础，也应该承认它的产生是来源于显意识活动的不断刺激、加工和沉淀，而不应视为生物脑进化的单纯遗留物。

（二）人脑两半球功能的差异

左右脑的功能是特异的。人脑两半球由许多神经元的轴所联系，其中最大和最重要的是胼胝体。每侧半球在形态结构上大致相同，中枢神经系统实际上也是两套机构，左右各一，分别管理和控制着各半边身体的感觉和运动等功能。

近年来，脑科学的研究证明，两半球的结构也存在着不对称性。一般说来，65%的人左侧颞平面较大，24%的人左右大致相等，只有11%的人右侧颞平面大于左侧。在细胞水平上，人们也发现了左右两半球的不对称性。在功能上，两半球的差别更是明显，表现出高度的特异化，两半球各自负责某些专门的活动，处理某些特定的刺激。左脑半球是处理语言信息，进行抽象逻辑思维、辐合思维、分析思维的中枢，主管语言、阅读、书写、计算、排列、分类、言语回忆和时间感觉，具有连续性、有序性和分析性的特点，被称为理性脑。右脑半球是处理表象信息，进行具体形象思维、发散思维法、直觉思维的中枢，主管视觉、知觉、形象记忆、确定空间关系、识别几何图形、想象、做梦、理解隐喻、模仿、音乐、节奏、舞蹈及态度、情感等，具有不连续性、弥散性、整体性的特点，亦被称为感性脑。简言之，左脑善于分析、抽象计算和求同，而右脑倾向于综合、想象、虚构和求异。

值得说明的是，左右脑虽然在功能上各有专门的分工，但并不是绝对的。研究表明，两半球不仅在功能上有分工，而且也有一定的互补能力。在一些具体功能上它们有主次的区分，但这种区分只是相对而言的，并不是有或无的关系。大脑左右半球既各司其职，又互相交织、密切配合、协调统一，共同完成对信息的加工处理。但长期以来，人们主要用右手及右侧肢体使用各种工具，再加上人们日常的语言、逻辑分析、数据处理、记忆等生活和学习工作的诸多活动，大都是左脑处理和承担，使人的左脑超负荷运转；而右脑则长期闲置，甚至少用。创新实践活动以右脑为主。从左右脑与创新能力的关系而言，右脑发挥着更大的作用。脑科学研究的新成果表明，许多较高级的认知功能都出自右脑半球，右脑在创新能力中占有重要的地位。科学家预言，在智能社会"得右脑者将得天下"。

右脑之所以更具有创新能力，是因为右脑的视觉记忆系统不像语言和逻辑系统那样受语词、语序的限制，它不遵循固定的逻辑规则，常常在突然间、随意中产生灵感、直觉和顿悟，而这些恰恰正是创新能力的源泉。法国数学家雅克·阿达马（Jacques S. Hadamard），在1945年曾以问卷方式调查全美国著名的数学家们在进行创造性工作中使用的是何种类型的思维。科学巨匠爱因斯坦的回答是："在人的思维机制中，作为书面语言或口头语言的语词似乎不起任何作用。好像足以作为思维元素的心理存在，乃是一些符号和具有或多或少明晰程度的表象，而这些表象是能够予以'自由地'再生和组合的……在我的情况中，上述心理元素是视觉型的，有的是动觉型的。惯用的语词或其他符号则只有在第二阶段，即当上述联想活动充分建立起来，并且能够随意再生出来的时候，才有必要把它们费劲地寻找出来。"[1] 可见，爱因斯坦所讲的两个思维阶段，显然就是右脑机制和左脑机制。在第一个阶段，是右脑的作用。右脑的灵活性和把握复杂表象的能力，以及用视觉和动觉形式来表现想象的能力是创新能力的关键方面，在右脑进行了充分调动，找到了解决问题的基本思路以后，左脑参与整理和评判，才费劲地运用语词把结果用概念形式传达出来。潜意识主要是右脑的功能。创新能力离不开灵感、直觉、顿悟等活动，而这些活动都与潜意识密切相关。

人的意识，按个体内省知觉的内涵与状态可分为六种。其一，意识。个人与环境互动所得的经验的总和。其二，焦点意识。全神贯注某事物时所得的意识经验。其三，边界意识。在注意边缘获得模糊意识经验。其四，下意识。在边界意识之下的注意层次所得的意识经验。其五，无意识。对环境中事物无所知无所感的状态。其六，潜意识。指潜伏在意识之下的感情、欲望、恐惧等复杂经验。此外，也有人认为，介于意识与潜意识之间还有一个意识层次，叫前意识。而前意识和潜意识停留在前词语水平。科学研究表明，前意识、潜意识中储藏的巨大信息是产生灵感、直觉的丰富来源。潜意识的释放来自右脑的功能。人在有意

---

[1] 罗玲玲：《创造力理论与科技创造力》，东北大学出版社1998年版，第90页。

识地积极思维时，左脑的逻辑思维起主导作用，思维按照特定的方向、特有的规律进行。而人在意识放松或潜意识状态下，没有严格具体的逻辑规则可遵循，右脑处于积极活动状态，思维活跃，想象丰富，容易产生灵感、直觉和顿悟等创造的非逻辑思维形式，因此与创造灵感、直觉和顿悟有关系的潜意识产生于右脑。

人的大脑是高度统一的整体功能的有机体。大脑虽然分为左右脑两个半球，各自有功能上的分工，但是，左右脑之间并不是互不来往、彼此孤立的。上文已经提到，左右脑两半球由胼胝体连接。胼胝体中有两亿多根神经纤维，每秒钟可以把约40亿次神经冲动从一个脑半球传送到另一个脑半球，使左右两半球息息相通，并在功能上形成相互交织、相互补充、相互配合、相互协调的关系，保证大脑成为具有高度统一功能的整体。在创新实践活动中，尽管右脑功能起到主导的作用，但并不是说左脑功能就无足轻重。从创新能力过程来看，左右脑功能始终是协同互补、共同完成的。

美国心理学家华莱士将创新能力过程分为四个阶段：准备期、酝酿期、豁朗期、验证期。准备期是掌握知识、收集材料、扩展知识广度的时期；酝酿期是对于问题进行思考和分析，并寻求解决方法的阶段；豁朗期是指经过酝酿期的思考和分析后，使创造性的新思想、新观念逐渐产生，有时在灵感的触发下形成解决问题的新假设；验证期是对于许多新思想、新观念、新设想设法加以试验、评估和在实践中验证。在创新能力发挥作用的不同阶段，左右脑两半球起着各自不同的作用。在准备期和验证期，左脑处于积极活动状态并起着主导作用。这时，主要发挥的是左脑言语和逻辑思维功能，运用各种逻辑方法，如分析和比较、抽象和概括、归纳和演绎等，分析材料、寻找问题症结，并检验假设，形成概念等。在酝酿期和豁朗期，右脑起主导作用。这两个阶段是新思想、新观念产生的时期，也是创造过程中最为关键的时期。新思想、新观念的产生往往不遵循常规的逻辑程序，经常是突然地、偶然地出现。这正是右脑功能的特长，右脑的想象、直觉和灵感等非逻辑功能在此时期发挥着重要作用。左右脑在创新活动中的功能作用不同是相对的。任何创新实践活动，都是左右脑密切配合、协同活动的结果。在创新能力过程的四个时期中，准备期和验证期，虽以左脑活动为主，但右脑同时也在积极活动之中。同样，在酝酿期和豁朗期，虽以右脑活动为主，但也离不开左脑的活动。因为右脑虽然具有产生直觉、灵感的创造性，但是右脑本身不能对直觉、灵感进行检验，它也无法将思维的结果用语言、概念的形式传达出来。右脑只能通过左脑对直觉、灵感进行验证，并将思维的结果转换成清晰的逻辑语言、概念传达出来。正是左右脑的这种协同作用的相互关系（包括大脑皮层与边缘的协同），形成人脑的整体机能活动，才是创新能力的生理物质基础。

在科学史上，只运用右脑的人，往往陷入空想和妄想；只运用左脑的人也做不出高水平的创造。只有左右脑并用的人，发挥左右脑各自的优势，让左右脑协调工作，彼此密切协作，才能获得更多的发现、发明和创造。

二 创新能力是脑生理活动最佳状态的凸显

创新能力可以说是体现了脑生理活动最高的能力和智慧，人脑作为世界万物中无与伦比的智慧库，要培养提升创新能力，必须要了解人脑的功能，掌握激发创新意识，端正创新动机，培养创新精神，培养具有创新能力的"创造脑"。

人的认识活动（人的思维活动），特别是创新实践活动，本质上是人脑活动的机能，而不是人脑生理活动本身。因为在人脑生理活动展开的同时，就形成了人脑的思维。创新能力的活动正是人脑生理结构活动处于最佳状态的显现。

（一）神经元与创新能力

在大脑和神经系统里，神经细胞（又称神经元）充当主要角色。神经元是构成人脑生理结构层的最基本单位，具有自身的功能特征。人脑中共有100亿—150亿个神经元，其中70%集中在大脑皮层。神经元主要由胞体、树突、轴突和突触末梢四部分构成。胞体通过延伸至胞体外的树突接收其他神经元的信息，胞体的另一端树突负责将信息传给其他神经元，而突触是轴突末端和树突之间的连接。平均每个神经元与其他神经元可以形成2000种左右的联系。一般来讲，其他的各种细胞只能接受信息，而只有神经元才能储存并传递信息，这是神经元最根本的特征。

神经细胞按照传递信息的不同方向和功能可分为三种：第一种是感觉神经细胞或称传入神经元，它们直接与感受器官相联系，将感官接收到的信息传递至中枢的神经细胞；第二种是运动神经细胞或称传出神经元，它们直接与效应器官相联系，将神经冲动从中枢传到外周的神经细胞，使神经系统可以控制肌肉；第三种是介于上述二者之间的中间神经细胞，又称联合神经元，它们主要的功能是负责中枢神经系统内部各区域神经细胞间的信息传递。

人脑的高级机能主要是通过中间神经细胞的活动而实现的。据估计，在整个人脑极为丰富的神经细胞中，大量的是中间神经细胞。一个神经元的神经冲动通过神经元之间连接的"突触"，可以在一毫秒的时间里使下一级神经元活动起来。

神经冲动的传导过程是一种生物电化学的过程，形成一种特殊的生理机制。细胞生物学家认为，由于在静态细胞膜内外液体中带电荷的粒子（离子）分布不平衡，存在着相对的电位差，而神经元之间的神经冲动或信息传递，就是通过电位波的频率编码来实现的。当一个神经冲动经过轴突的全程而达到终端时，许多化学递质的一种，就从突触前膜的"突触小泡"中被释放出来，递质扩散到突触后膜，开放出化学门控通道，并使另一个神经元的树突发生电位变化。这样，神经元之间就实现了信息的传递。

通过化学递质传递神经冲动是突触传递信息的基本方式。神经冲动可以在极短的时间里通过化学递质向所有方向进行多种多样的传递。人脑中每秒会发生大约10万种不同的化学反应，形成思想、情感及行动。这些主要来自神经元内部的变化，控制突触内递质所产生的变化。德国精神病学家勃格（Hans Berger）研究发现，脑的自发电位受有机体反应活动的影响。我们通过脑电图的记录可以观察到神经元群体脑电活动的情况。当进行思维活动时，引起神经冲动，从而导致脑电波的变化，一般常见的脑电波节律有：α波，频率8—13Hz，振幅20—100μV。它的特点是波形同步且稳定。这时，消化系统恢复其自主性节律活动，免疫系统功能增强，多数脑神经元都处于积极休息状态，少数仍保持清醒。α波兴盛通常是脑健康、聪明的征兆。它不但能振奋精神，还可以调节情绪。β波，频率14—30Hz，振幅5—20μV。其特点是波形不齐。当出现新异的强刺激引起人体兴奋时，常使α波阻断而出现β波，以脑的中前部和额叶区最明显。β波，常在大脑海马区出现，亦称为海马节律，或称皮质慢波，频率4—7Hz，振幅100—150μV，多在困倦时出现。有人认为，人在似睡非睡、似醒非醒的迷梦状态时，也呈现这种脑波，并把在出现β波的梦境中获得解题思路的方法称为"日梦境法"，由此认为β波的呈现可能与灵感的产生有关系。

神经系统是人思维活动的生物学基础，神经元的构造和功能影响创新能力水平的高低。1960年，拉塞尔·布莱恩（L. Brown）提出，有创造性的人与普通人在中枢神经上有一定的差别。有创造性的人的神经元数量并不一定比普通人多，但他们的神经元能组合成丰富的、被称为图式的功能模式。据1983年的一项研究结果表明，有创造性的人与一般人相比，在神经活动中有如下表现：一是表现出快速的突触活动，从而引起更迅速的信息传递过程；二是具有丰富化学成分的神经元可能形成更复杂的思维模式；三是更多地运用前额叶皮层的功能，使计划、顿悟和直觉思维得到加强；四是脑电波活动的α波阶段有更快的信息输入和更持久的保持，因而能从轻松的学习、强化的记忆和半球功能的综合利用方面得到快乐；五是脑节律的一致性和共时性越来越多地强化专心和更加深入思维活动。

（二）创新能力是人脑最佳状态的体现

由大量神经细胞组成的人脑具有极为丰富的功能，创新能力正是人脑神经生理活动结构最佳状态的体现。

人脑神经生理活动是一个加工处理思维信息的复杂机制过程。在静态性的解剖分析中，尽管我们只是从单个神经元及其突触出发来考察脑神经元的生物电和生化机制活动。然而，事实上，每个神经元在活动时，并不是与其他神经元孤立无关，而是彼此间相互作用、相互结合，形成千丝万缕的联系，并且组合成许多的神经回路和多层次的神经系统来共同发挥作用。这些神经回路，实际上就是诸个神经元之间相互联系而结成的神经元网络结构。神经回路极为复杂多样，这不仅是由于神经元和突触的数量大、组合方式复杂和联系范围广泛，还在于突触传递机制的复杂。一般来说，脑的部位越高级，其神经回路也就越复杂。大小不同的神经回路，因其功能及在大脑中位置的不同而形成各种功能区。各功能区能动地联系在一起协同活动,产生各种思维活动。不难看出,人脑作为一个生理活动系统具有明显的区域层次性(即生理结构性)和自组织功能。

人的创新实践活动是一种具有创新意义的独特性思维活动,这种思维活动的独特性绝不是说,它是由脱离人脑生理结构之外独立存在的某种神秘实体所产生的。创新实践活动的特殊性主要来自两个方面:一方面,是根源于人脑结构活动功能的特殊性;另一方面,则在于其自身思维活动的特殊性。就后者而言,健全完善的人脑生理结构仅仅是创新实践活动的生理基础或前提条件,而不是创新实践活动本身,其前提不等于结果。换言之,创新实践活动作为主体性意识思维过程的扩展,除应具有必要的大脑生理基础之外,还必须具备自身功能活动的思维特殊规律。因此,创新能力作为人脑生理活动的功能表现,毋庸置疑,与人脑生理结构活动的特殊状态是紧密相关的。可以说,创新实践活动是人脑生理结构活动处于最佳运动状态的功能表现。

创新实践活动作为最佳的脑功能活动,既然依托于人脑的生理基础,自然要求人脑生理结构处于最佳的活动状态。人脑生理活动最佳状态应具有以下生理机制或生理特点。其一,人脑结构中各部位机能性质上的完善性。人脑生理系统的各要素或各部件性质上属于完善和优良,这是形成创新实践活动的前提和基础。我们难以想象,一个大脑结构发育不良或某些部件受损的痴呆人,能够产生创新能力。法国作曲家莫里斯·拉威尔,57岁时因车祸大脑左半球严重损伤。由于右半球完好无受损,他能欣赏音乐和知觉出不和谐的音调或不规则的音律、节奏。他还能够听音乐,对音乐表示批评或描述他感受音乐的愉快。然而左半球损伤使他再也不能把他听到的歌曲在头脑中加工。他也不能再弹钢琴或按调子唱歌,也不能读乐谱或写乐谱。其二,人脑神经网络功能层次的优良性和最佳协调性。人脑神经网络功能的优良性是指纷繁复杂数量巨大的神经网络，有着极为众多、错综复杂的功能层次，这些层次的功能有的简单、有的复杂，有的低级、有的高级，而每一功能层次都有它赖以存在的、复杂的特定生理基础或部位，它们的功能发挥积极主动，处于生机勃勃的生化电位传递变换等反应状态中，进而形成功能最佳发挥的优良状态。而功能的最佳协调性是指人脑结构作为自组织系统，尽管各自都有着相对独立的区域功能，但它们通过神经回路结成了相互贯通、相互补充、相互促进、相互配合的协调网络功能。当这种协调功能达到最佳发挥时，就容易从中产生一种新的或更高层次上的整体性功能，进而带来思维活动自身的生成性、嬗变性和创新性。其三，左右脑两半球活动功能尚佳的互补性和贯通性。上面已提到，左右脑半球虽具有不同的功能，但它们是相互交织、相互补充、相互协同的，当人脑左右两半球功能处于尚佳的相互贯通、相互促进、相互补充的活动状态时，就容易促成创新能力的最终产生。从本质上讲，创新能力作为一种高层次的人脑整体性机能活动能力，是借助于抽象思维与形象思维、分析综合、发散与收敛等各种思维运动形式的，而这些思维运动形式的发挥，正是左右脑功能协调互补、相互贯通作用的结果。思维是人脑借助于语言，以已有知识为中介，对客观现实中的对象和现象的概括地、间接地反应。思维以"场"的结构和形态存在于人脑之中。它有三种基本形式，即感觉思维、形象思维、抽象思维。

感觉思维是一种随着感觉过程而进行的思维形式。最常见的是视觉思维、听觉思维和触觉思维。形象思维是以具体特殊对象为思想内容的思维形式。形象思维多借助于具体概念。它既具有客观的描述性，又具有直接的感受性。抽象思维，亦称逻辑思维，它是以形象思维为基础，借助抽象概念和逻辑推理来进行的概念运动。思维过程是一种电的和化学的过程，而电的过程又必定伴有电磁场的传播，因而，脑波应该是思维过程中电磁信息外传的重要标志。实验已经证明，思维活动与脑波的快波有关。一个人当其由安静状态转入思维状态（比如解数字题）时，α 波消失，β 波出现。近年来，人们正在大力研究，捕捉思维过程中的脑波特征，从而开辟思维外化（所谓思维外化，即思维离开人的主体，通过手语、语言、文字传入时空之中）的新途径。美国 IBVA 公司试制成功一种游戏软件，可以通过人的思维，直接控制电视机屏幕上卡通人物的行动。两个人坐在计算机前每个人各戴一个布满传感器的头环（接收脑波信息），而头环通过电缆线与计算机相连，共用一个输入端口。两人都不用键盘和鼠标，只需用大脑思考，想象要与对方接吻、握手，传感器就可以将他们的脑波信号传入计算机，使荧屏上的卡通人接吻和握手[①]。这正是人类思维通过空间直接传播的前奏，是思维外化的最直接、最先进的办法。我们可以做进一步的设计，将头环与无线电发射机相连，而计算机又设计有无线电接收机，那么两位游戏者就可以远距离通过空间直接传播思维了。他们同样可以通过想象，让计算机上的卡通人做他们想做的各种动作。利用思维是场物质结构形式这一本质特征，将计算机和人脑进行连接已取得了突破性进展。

德国科学家已经在一个硅芯片上培育成功一种与人类的神经细胞极为相似的老鼠的神经细胞，并将此神经细胞的电子脉冲信号传送到特别的传感器上。实验证明，人类的神经细胞与超微型的硅片连接起来是完全可能的。英国剑桥大学汉弗雷斯特据此说：我希望这种研究用于医学。首先这种科学应该用来代替病人脑那些损坏的细胞，帮助老年人解决脑功能衰退问题，

---

① 《"脑控技术"向你走来》，《科技文摘报》1996 年 12 月 23 日。

扩展人脑的智能。如移植到大脑内的脑芯片用来记忆电话号码等。汉弗雷斯特也担心，如果将"智力捕捉器"之类的芯片植入人脑，从而达到控制别人的目的，将科幻变成现实，那就太令人遗憾了。"智力捕捉器"是英国克里斯·温特博士主持研制的。"智力捕捉器"能将记忆芯片中的信息与人的基因记录相结合，实现一个人的情感和精神（思维）的重新塑造。

英国科学家有一项跨国研究，试图利用大脑起搏器唤醒植物人。初步实验显示，这种起搏器能使某些长期昏迷不醒的患者部分恢复听、说能力。科学家们目前共做了200例实验，在患者大脑中植入电子起搏器，结果约有半数患者病情出现好转迹象。在某些患者身上，新型疗法效果明显，他们不仅能睁眼、微笑，甚至还能和周围的人进行一些最简单的交谈。研究者指出，电子起搏器的医疗原理使其产生的微弱电流脉冲可能部分弥补了大脑"低级"和"高级"之间失去的联系，刺激大脑某些高级功能发挥作用。

哲学家们研究思维用的是思辨的方法。因此哲学家认为思维过程是人脑分析、综合、抽象、概括的过程，或者是它们之间的相互联系过程。这些都没有涉及思维形成的物质学基础问题。概念运动就是电信号密码的调用，如何解码还是一个谜，它正在吸引许多生理学家和物理学家忘我地工作。美国脑学家的研究计划就包含这一重大研究内容。目前，这个千古之谜——部分的已被科学家破解。

既然思维过程是一种电或化学过程，电磁场的传播使得人类通过脑波将思维直接外传到时空之中，已是确凿无疑的客观事实。思维作为一种"场"的结构形态汇入创新能力的系统中，对创新能力起先导作用。

第二节　创新能力形成的心理基础

人的创新实践活动不仅以脑生理活动为基础，还以其特定的心理活动——创造性心理活动为基础。人的思维是一个复杂的系统结构，它包括创新的目的、创新的过程、创新的材料或结果、创新的监控或自我调节、创新的品质、思维中的认知和非认知因素等心理因素。任何人的思维活动都必须以相应的心理活动过程为基础，创新实践活动始终伴随和渗透着人的复杂心理因素，它的产生与发展离不开心理活动的制约和影响。创新实践活动就是以创造性心理活动为基础的复杂的、高级的精神运动，是心理内在活动机制的积极效果。

创新实践活动的心理结构并不是一般的常规心理状态，它是人的一种独特的创造性心理活动功能状态，它要求有独特的心理规定。当然，人的创造性心理结构是一个在运动中不断变化发展的过程，也就是说，它在自身功能不断得到优化、完善的同时，也在克服影响创造性心理活动的消极心理因素。

一　养成提升创新能力的积极心理因素

人的心理现象是由诸多心理因素构成的复杂系统。创新实践活动的心理现象，作为产生和伴随人的创新实践活动的心理活动基础，有其独特的心理构成要素。

（一）目标明确的创造动机

动机是激发和维持人的行动，并使人的行动朝向一定目标努力的内在主观愿望或内部主观原因。动机产生于一定的需要，人类需求的多样性决定了人类动机的复杂性和多样性。人的需要经常以愿望、兴趣、理想等形式表现出来。有倾向性的机体处在有促进作用的环节中就产生动机。作为人心理活动直接动力的动机，其表现出的心理活动特性主要有：其一，发动和导致心理行为活动的始发性。动机作为心理活动的内在动因，是人的行为活动发生的心理根据。有什么样的心理动机就有什么样的行为过程及其结果。其二，目的、目标的指向性。作为活动发生的内在根据或原因，必定是指向某一目标或某一目的的。从某种意义来说，正因为动机具有行为的目的指向性，才能成为人的行为活动发生的直接原因和内在根据。人的行为、活动的产生和维持都离不开动机，动机是各种行为、活动的直接推动力。创新活动更是如此，尤其需要创造动机的激发和维持。由于特定行为的动机产生，总是出于特定的心理需要和对某事物产生浓厚的兴趣，而这种特定的心理需要，结合对事物的浓厚兴趣，才能形成对特定事物进行创新活动的心理动机。创造性心理动机主要出自创造心理需要和创造兴趣，它们是导致创造活动发生的内在动力。作为创造性心理活动系统的基本要素，创造动机必须具有明确的创造目标。心理动机只有与明确的创造目标紧密结合，才可能具有推动创新活动稳定持久进行的动力功能特征。否则，没有明确创造目标的心理动机，创新活动就没有其内在的动力和源泉，也就起不到对创新活动的发动与推动作用。

创新心理活动具有以下主要功能。其一，行动的始动功能。动机是焕发人的积极性的一个重要方面，它是人的行为、活动的直接推动者。恩格斯说过："就个人来说，他的行为的一切动力，都一定要通过他的大脑，一定要转变为他的愿望的动机，才能使他行动起来。"创造动机是推动创造者进行创新活动的原发动力。它主要的功能就是激发、启动创造性心理活动的形成。创新活动需要将所有积极的心理特征发挥出来，如果没有创造动机的发动是难以实现的。其二，行为的指向功能。目标明确的创造动机总是推动着创新活动指向确定的目标或对象，使创新活动不断得到创造目标的激励，进而使创新活动稳定持久地进行，不会因没有明确目标而停止或中断。其三，维持和强化的功能。目标明确的创造动机贯穿创新活动的始终，它不仅起到维持创造性心理活动长时期的集中稳定和持久地进行，并起到推动创新活动最终实现创造目标的作用；而且由于它具有明确目标的指向性，因而这种动机可以起到强化创新活动的效应，成为推动创新活动展开的强大力量。

（二）广泛、集中和稳定的兴趣

兴趣是人们力求认识某种事物或从事某种活动的积极态度的个性倾向。这种个性倾向的特征在于认识的主体总是带有满意的情绪色彩和向往的心情，主动而积极地去认识事物。很多学者认为，对某一事物进行创新实践活动的人，必须是对该事物产生浓厚兴趣的人。兴趣作为一种由特定客体引起的注意心向，一般表现为好奇心、爱好、求知欲等复杂心理活动形式，它主要的心理活动特性是心理动力倾向性。兴趣的产生具有推动诸要素形成趋近目标、探求原因、深入研究的心理活动。心理态度具有积极性和愉悦性。兴趣的形成和发展，会产生和伴随心理过程的轻松、愉快和兴奋。这也正是兴趣之所以表现为强烈的求知欲、好奇心、个性爱好的内在根据。

以"图形艺术家"著称的画家埃斯克尔（Maurits C. Escher）曾评价自己在数学方面无能，但他从小就对顺序和对称十分着迷。后来受这一强烈兴趣的驱使，他去了西班牙的爱尔汗布拉宫研究砖瓦的图案。1954年当他的图形画作在国际数学大会展览时，一些反响强烈的数学家和科学家与他产生了共鸣。他说他工作的一个主要动力就是"一种对我们周围的自然界所包含的几何法则的强烈兴趣"①。正是因为兴趣，他具有心理愉悦性、积极主动性的心理态度倾向，因此，只要对某事物感兴趣，就会减弱心理压力和痛苦。

兴趣在创造性心理活动过程中的主要功能是启动、驱动、调动及激活和创造性心理活动的功能。兴趣能启动心理活动的内部机制促使其形成创造性心理活动，全力趋向和指向目标，使人乐此不疲地不断进行创新活动。兴趣如同兴奋剂一样可以刺激、激发和调动人的创造性心理活动，赋予人极大的创造热情，使人进入兴奋、愉悦的心理自由状态，从而有利于促进创造性心理活动的功能实现。作为创造性心理活动系统的组成要素，兴趣必须是"广泛""集中"，并呈现出"稳定"态势的。所谓兴趣广泛是指兴趣范围的广博，表现为人的兴趣结构与层次的丰富性。它使人眼界开阔，获得多方面的知识和广泛的创造信息，为创造中的联想思维活动提供有利条件，使思维富有广度，想象丰富。所谓兴趣集中是指在广泛的兴趣基础上，对某一方面具有较深的兴趣。表现兴趣的中心性和特定目标的指向性。兴趣集中可以使人在某一方面形成兴趣的中心点、创造的兴奋点，进而进行深入探讨，促使思维深度和想象强度的发展。兴趣稳定指的是人处于兴趣心理状态所持续的时间较长，表现为兴趣的持久性。兴趣保持长期的稳定、专一和持久，有助于推动和促进创造性心理活动稳定持久地进行下去。

二 养成坚韧不拔的创新意志

创新意志是人自觉确立目的，并据此目的支配和调节自己的

---

① Doris Schattschneider, "Escher's Metaphors", *Scientific American*, Vol. 271, No. 5, 1994, pp. 66–71.

行动，克服各种困难，努力实现预定目标的心理过程。创新意志的形成，既来源于人自身的心理需要动机和愿望，也来源于人的自信心。

创新意志作为心理活动的基本因素，它表现出以下主要心理特性。其一，目标明确的目的性。意志总是表现在各种各样的行为之中，但并非所有的行为都是意志的表现，没有目的的盲目行为不是意志行为。目标是意志存在和发展的根据。没有明确目标，就没有意志的存在。一般来说，一个人的行为目的越明确，这种行为的意志水平也就越高。其二，坚毅的持久性和贯彻性。意志行为往往是与克服困难相联系，也就是在为实现目的而采取行动的过程中，不会是一帆风顺的，会遇到各种障碍和困难，意志能够发动和坚持符合实现目标的行为，并使预定目标贯彻下去。其三，良好心理活动的调节性。意志总是根据预定目标的要求，而不断调节自身在实现目标过程中的心理活动。意志作为一种心理过程，是调节和支配行动以实现目的的心理活动。意志行动实际上是意志的外现，这种意志行动稳定的表现方式，就成为人的意志品质。良好的意志品质是做好工作的重要前提。良好的意志品质有许多，主要有自觉性、坚韧性、自制性等。这些品质与创新活动的发挥有着密切的联系。作为创造性心理活动系统的构成要素，必须是一种坚韧不拔的良好的创造意志品质。这种创造意志必须具有的特性：一是自觉性。是指人对自己意志行动的目的和意义有明确而深刻的认识，并能自觉地在创新活动中支配和调控自己的行动，从而实现创造目标。意志自觉性越高，采取行动的积极性程度也越高，越有利于将创造的注意力集中于预定目标上，从而充分调动各方面的因素，发挥创造性，加速实现预定的创造目标。二是坚韧性。是指意志在创新活动过程中，所具备的充沛的精力和坚韧的毅力，能够克服一切心理障碍，完成创造目标的实现。三是自制性。是指人在执行创造意志行为中善于控制自己的不利心理，约束自己的行为。良好的创造意志为创新活动的顺利进行提供了心理保障，它是创新活动发展和水平发挥的重要心理因素。

创造意志在创造心理活动系统结构中所具有的重要功能：一是强化功能。坚韧不拔的创造意志在创新活动中，能够起到充分激发和强化各种积极有利因素的作用，进而产生顽强、持续地向预定的创造目标运动的趋向力，促使人发挥其更大的心理创造潜能。二是调节功能。创造意志在创新活动中，可以起到依据创造目标的预定要求，不断地对自身意志行为进行调节的作用。它既能够持续保持符合于预定目的的创新活动，又能够制止不符合预定目的的行为活动，以此来支配和调节创造性心理活动诸因素的变化，促成创造目标的实现。三是控制功能。坚韧不拔的创造意志就是通过自身意志行为活动来达到抑制、消除、克服消极不利的心理因素，强化积极有利的创造因素，从而促进创造性心理活动整体效应的发挥。

要有积极饱满的创新情感。情感是人极为复杂的一种心理过程，也是人心理活动的重要的基本品质因素。在任何人的心理活动中都有情感的存在。没有情感的心理活动是难以想象的。所谓"无情"，实际上也是一种情感的表现方式。情感与情绪有着密切的关系，它们都是指人对客观事物是否符合自己的需要而产生的态度的体验，也可以说是人对客观事物的一种好、恶倾向。情感、情绪和其他心理过程一样，也是对客观事物的反应，但这种反应是以态度体验的形式表现出来的，一般主要表现为喜、怒、哀、惧等等不同性质的情绪。情感和情绪虽然密切相关，但也有着明显的差别，一般来说，情绪是情感的外在表现，是外在的、显露的；而情感则是情绪的本质内容，是内在的、潜隐的。情感从程度上，可以分为热情和激情两个层次。作为心理活动，情感的流露实际上是情感品质的外在表现，这种情感品质所表现出来的主要心理特性有以下几点。其一，情感的倾向性。人的情感通常是指向某事物及其性质，它是情感品质的核心，也是借以评估情感价值的主要方面。其二，情感的深刻性。在人的心理活动中，情感表现往往是有深度的。情感的深刻性与情感的倾向性及人的认识水平直接相关，人的倾向性越强，对情感对象的本质认识越全面、越深刻，它所赋予的情感也就越深刻。其三，情感的稳定性。深刻的情感是稳定的、巩固的，它不容易受次要的非本质的因素所影响，能够较长时间地保持。其四，情感的效能性。无论情感表现是强烈的还是平静的，是含蓄的还是外显的，它都能对人的行为、活动产生激励作用。有着深刻而坚定情感的人，他的情感发挥，往往具有巨大鼓舞力量，并产生高效能情感作用。

情感在人的行为、活动中起着重要作用。情感与一切心理活动有关，是一切心理活动的背景，它能唤起、维持和引导活动的过程。列宁说："没有人的情感，就从来没有也不可能有人对真理的追求。"在创造性心理活动中，情感的影响作用很大。而作为创造性心理活动结构的基本要素，感情必须是积极饱满的创造情感，它主要表现为具有积极、饱满的创造热情和理智清醒的创造激情。热情是一种强有力的稳定而深刻的心理情感，它具有持续性与行动性的特点。积极、饱满的热情是进行创新活动的心理动力，它能使人迷恋于创造活动，注意力集中于创造目标，充分调动和有效地组织各种创造因素。激情是一种迅速、猛烈、短暂的心理情感。理智、清醒的激情能极大地激发创新意识和敏感性，并在理智的引导下充分调动创造力，提高创造效率。

积极、饱满的创造情感，在创造性心理活动系统结构中具有以下功能。其一，激励功能。积极饱满的情感对于创造性心理活动具有积极的强化作用，继而对创新实践活动产生积极的推动作用。它可以提高创造思维的敏感性，联想活跃、思维敏捷。其二，调控功能。理智、清醒的情感对创造性心理活动及其创新思维活动可以起到调控作用，它能够促进心理活动向积极的创造状态转化，引导和调整人的情感围绕着创造目标进行，并力求创造目标的实现。

第三节　脑生理与心理协同统一

　　脑生理与心理作为一种精神性的存在，二者都是在协同统一中进行的。脑的生物化学反应不但使人可以处于觉醒的状态，而且为创新能力提供了运转的物质基础，也为创新能力提供了互动的空间。反之，心理也反作用于脑生理的发展，随着心理机制的逐步健全也促使脑的结构和功能更加精细，而且也为创新思维提供互动的空间。创新能力不仅是脑生理与心理互动的结晶，而且也是脑生理、心理与环境、文化互动的产物。可见，创新能力是在脑生理与心理相互作用中，在与环境、文化的互动中产生、形成和发展的。

一　脑生理与心理不可分割

　　关于心脑的问题一直是心灵哲学家们所争议的问题。17世纪笛卡尔（R. Descartes）对心脑关系持"二元论"，认为脑和心灵是两种不同且相对立的实体，尽管随后他提出大脑中的"松果体"是实现心脑互动的结构，但其对心脑相互作用的解释过于神秘。18世纪后，脑是心理的器官的观点被人们普遍接受。到19世纪后半叶至20世纪初，否定笛卡尔"二元论"的思想成为中心。自 20 世纪 80 年代开始，神经科学、认知科学和神经心理学等学科的发展对心脑关系展开了哲学探索，特别是一些神经科学家对心脑关系的哲学探索使相关领域的专家进行了深入的对话与辩论，但由于受到自然科学的影响，一些哲学家、神经科学家将心理属性归结为脑或脑的部分，当前争论的焦点主要是心理属性在物理世界的地位差异上。

英国哲学家布罗德（Charlie D. Broad）按照心理属性的不同存在位置将唯物主义总结为三种观点：心理属性的"不存在论"观点、心理属性的"还原论"观点和心理属性的"突现论"观点。心理属性的"不存在论"试图用大脑的物质属性解释心理，让心理在创新能力中失去了本体论的地位，只在神经科学的框架内来解释，这种观点首先是反直觉的，其忽视了创新能力作为心理现象的主观反应。因此，他不能客观地解释创新能力自觉的心理发生机制。而心理属性的"还原论"主要是指将心理属性等同于大脑属性的"身心同一论"，这种"还原论"的唯物主义的基本立场是，心理可以还原为非内在性的或是功能性的物理属性，他确立了心脑的因果相关性，即心理的属性就是脑生理的物理属性。唯物主义的"还原论"肯定了物质的实在性，找到了创新能力自然发生的物质基础，"还原论"承认了心理与物理的差异，但实际上将心理系统转化为了物理系统，把心理状态归为某种脑生理谓词的指称，用较低级的现象去解释较高级的现象。若将创新能力中的"顿悟"或"心流"的体验还原成神经相关物及其运动形式，显然是对主观体验的一种无情抛弃，所以这样的还原是没有意义的。"突现论"亦称"涌现论"，这种"属性二元论"在否定传统"二元论"和"唯心论"的基础上，主张宇宙在以前不存在任何的心理属性，只存在物质属性，但现存的心理属性不能从观念上还原为物理属性，只能依赖于或随附于神经活动，而不能反作用于物理属性。因此，也不能从心理的自觉性来解释创新能力。而"属性二元论"的代表人物美国哲学家戴维森（D. Davidson）不仅维护了心理属性的独特性，也揭示了心脑因果性的观念。他主张任何心理事件都可以成为心理属性和物理属性，即用物理状态描述的事件就是物理事件，而用心理状态描述的事件就是心理事件，但心理事件亦可以通过因果互动原则与物理事件相互作用，即心理是为了解释的需要而设定的"投射产物"，并且将心理事件与物理事件置于语言对话中的情境。心灵哲学解释主义确立的脑生理基础的自然法则和心理基础具有实在性的合理观点，为我们探究创新能力的脑生理与心理机制提供了新的思路。

脑生理与心理是不可分割的，单纯地从脑生理或心理研究创新能力的载体都是不全面的。要在吸取现代脑科学、心理学、思维科学的前沿成果基础上，借鉴心灵哲学解释主义的合理内核，承认创新能力脑生理基础的自然性和心理基础的自觉性。发挥脑生理与心理协同系统的开放性、非线性、突变性的自组织作用和功能，使人的创新能力由低向高、从一般能力跃向创新能力。

二 脑生理和心理协同系统促进创新能力

脑生理与心理协同系统的开放性、非线性、突变性不断地激励和推动创新能力，对创新能力起着重要的作用。

（一）脑生理与心理协同系统的开放性激发创新能力的发生

脑生理与心理协同不是一个封闭的系统，而是一个开放的、动态的复杂系统。当脑生理与心理系统开放时，外界引入的"熵"引起系统"总熵"的降低会导致系统自发组织成有序的新结构，在开放的状态下从外界获得足够的物质、能量和信息以使创新能力得以发生。这种自组织是一种远离平衡，通过外部环境的刺激触发系统内涨落，引起有序系统的偏离，进而重新获得新的平衡，使脑生理与心理不断地处于一个"有序—无序—有序"的状态中，增强了系统的有序化和结构化，最终激发创新能力。

开放性将脑生理与心理的协同扩至自然环境和社会环境中。脑生理在外界变化的环境中维持内环境稳定保持"应变稳态"，而心理和外部环境的反馈回路中不断地处于皮亚杰所说的"同化—顺应"状态，并不断地趋于平衡。心脑协同的交互作用处在不断进行开放的状态中，这种自组织贯穿于人的毕生发展之中。脑生理与心理在人类的漫长进化过程中形成了遗传信息的预设程序，并在与环境的互动中逐渐发展了应变能力、适应能力和创新能力。这些能力是通过脑生理与心理的自组织来实现的。开放性提供了从外部条件塑造创新能力的可能性。只要脑生理与心理的协同处在开放性的自组织中，创新能力就可以不断地被完善。因此充分挖掘人的创新能力在大脑和心理中的运行机制，及其在运行过程中与环境相互作用的潜在规则，可以帮助我们通过创设有利的外部环境，使脑生理与心理不断处于"有序—无序—有序"的活跃状态中，不断地激励和推动创新能力。

（二）脑生理与心理协同系统的非线性是创新能力呈现的运行过程

在脑生理与心理协同这一动态的、复杂的、庞大的系统中，人脑创新意识的产生是非线性运动的结果，而且对于"以非线性为其本质特征的人的心理来讲，线性方法是难以探究人的真实的心理活动规律的"。同样，脑生理与心理协同的系统内各成分之间也是一种复杂有序的非线性作用机制。

脑生理的分子层面、突触层面、细胞层面和网络层面，以及心理过程、心理状态和个性特征都是创新能力的"子整体"，这些"子整体"自身也是多维度、多层次、多形态的。创新能力的形成和发展离不开脑生理与心理各"子整体"的结构和功能，以及脑生理与心理各"子整体"间的相互作用。这些作用在各个方向上都可能呈现协同活动的非线性特征。

在复杂系统中，非平衡是有序之源。思维向创新性形成和发展使大脑与心理趋向一种有序的最佳状态，脑生理与心理处于最佳的状态有助于脑生理与心理活动灵活地应变，一旦受到刺激的激发，整个脑的神经系统活动被同步激发，使大脑中进行非线性的神经元的物理化学运动、神经环路的运动、皮层的联合区域的运动，心理过程运动、心理状态的运动和个性特征的运动以及多个层面的相互作用。因此，脑的内部生化代谢的平衡状态以及心理的稳定状态都有利于创新能力的发生、运行和发展。

(三) 脑生理与心理协同系统的突变性引起创新能力的质变和飞跃

基于自组织理论的脑生理与心理协同的复杂系统同其他系统一样，都是从一种有序状态经过无序状态，向新的有序状态发生跃迁的过程，通过非线性运动触发、随机涨落和突变达到新的有序状态。

脑生理与心理协同系统的涨落可分"微涨落"和"巨涨落"。"微涨落"是指系统自组织状态产生的微小变化，即引起系统的量变，而真正引起系统质变的则是引起自组织状态产生巨大变化的"巨涨落"。"微涨落"主要发生在创新能力的准备阶段、酝酿阶段和验证阶段。表现为脑生理各层次和心理各因素的发展和变化按照预定的方向不断进行非线性的调节、控制和整合。而"巨涨落"主要发生在创新能力的明朗阶段。在脑生理与心理的协同上表现为脑生理上额叶、颞叶、扣带前回以及海马在内的广泛的脑区激活。心理上的突变形式表现为创新能力的"灵感"和"顿悟"形式,就是创新能力的质变,即"巨涨落"。脑生理与心理协同的创新能力发生轨迹是从固有有序状态跃迁到新的有序状态的突变,这种突变就是"微涨落"和"巨涨落"共同作用的结果。

脑生理与心理协同系统的开放性、非线性和突变性的统一是区分一般能力与创新能力的主要标志。脑生理与心理协同是由其构成的子系统有机联系的整体,通过动态系统的开放性、非线性和突变性,使创新能力从自发走向自觉,实现其自然秩序与心灵秩序的统一。

第三章　创新能力培养的基本机制

马克思主义哲学认为，人体是小宇宙，人体中含有的两大类元素：宏量元素中的镁、钾、钙和微量元素中的锌、锰、硒、B群类等，都与人的身心健康、聪明程度、智慧高低、魅力大小等密切相关，是支撑人的身心健康及其创新能力的基本的、主要的因素。宏量元素中的"聪明元素"与微量元素中的"聪明元素"协同统一，是创新能力发生发展的坚实的物质能量基础，亦被称为培养创新能力的基本机制。

科学研究依据元素在机体内含量的多少分为两类元素，即宏量元素和微量元素，含量高于人体体重1/10000的被称为宏量元素，含量低于人体体重1/10000的被称为微量元素。宏量元素中的镁、钾、钙和微量元素中的锌、锰、硒、B群类，可以给予人——创造者的身心健康及大脑以充足的物质能量，有利于大脑感应的调节和控制，增强学习能力、记忆能力，对培养提升人的创新能力起着十分重要的作用。

脑科学研究发现，脑脊髓液中适量的镁元素对维持神经键的可塑性是很重要的，合理地摄取镁元素可以使创新主体（人）心情愉悦、集中力提升，灵感性、创新力尽情发挥。这一科学理论已被美籍华人陈怡魁博士的两组实验所证实。一组是对聪明集群与愚钝集群饮用水中镁元素含量的实验，另一组是对不同集群中人体内血液中镁元素含量的实验，陈怡魁博士所做的两组实验，即"井水化验"和"两个人群对照组的血液化验"，① 充分证明宏量元素镁是聪明元素，亦称智慧元素、魅力元素。

2004年，麻省理工学院也公布了一项研究成果，证明镁是人脑中控制学习和记忆的特定区域所依靠的重要元素，研究人员将镁描述为脑脊髓液体中用来保持学习和记忆区域活性所必不可少的重要因素。清华大学医学院学习与记忆研究中心主任刘国松教授领导的科研小组，还发现了镁对维持人脑正常功能具有重要的基础性作用，而人体内镁元素摄入不足会引起记忆力减退、学习能力弱化，镁元素摄入充足可以改善人脑的认知功能。② 2017年，吉林大学创新团队对两组不同集群的人做了对比性血液化验，也证实镁元素和锰、硒、B群类元素对保障人的身心健康，对培育人的创新思维及创新能力起着极其重要的作用。

镁、锌、锰和B群类，四大"聪明元素"是提升人的创新能力的物质基础和基本能量。合理地、常态化地摄取含有"四大元素"的饮食，才能保障创新脑有充分的物质能量进行创新创造。习近平总书记指出："人民健康是民族昌盛和国家富强的重要标志。"③《"健康中国2030"规划纲要》中也明确提出"全民健康是建设健康中国的根本目的"。④ 可见，提高全民健康水平已成为当前推动国家发展的重要任务。

---

① 张茗阳：《食物改变你的一生》，学林出版社2003年版，第54—58页。
② 科技网：《补充镁离子可增强大脑学习与记忆功能》，《硅谷》2010年第10期。
③ 习近平：《高举中国特色社会主义伟大旗帜　为全面建设社会主义现代化国家而团结奋斗——在中国共产党第二十次全国代表大会上的报告》，人民出版社2022年版，第48页。
④ 《中共中央　国务院印发〈"健康中国2030"规划纲要〉》，《人民日报》2016年10月26日。

第一节 宏量"聪明元素"滋育创新能力

宏量元素主要指含量占生物体总质量0.01%以上的元素，在构成人体的各种元素中占了99.5%，主要由氧、碳、氢、氮、钙、钾、磷、硫、氯、镁、钠11种元素组成，多以矿物盐的形式存在于人体中，如骨骼、牙齿中的钙和磷，蛋白质中的硫、磷和氯等，人体体液中的钾和钠。宏量元素在机体中的主要生理作用是维持细胞内、外液体的渗透压的平衡，调节体液的酸碱度，形成骨骼与支撑组织，维持神经和肌肉细胞膜的生物兴奋性，传递信息使肌肉收缩，使血液凝固以及酶活化等。任何一种元素的缺失或者过量都有可能导致机体发生异常甚至病变。其中，钙、钾、镁是重要的提升人的创新能力的基础宏量元素。离开这些物质元素，人的创新能力形成和发展就成了无源之水、无本之木。

一 钙元素对提升创新能力的作用

"钙是人体不可缺少的元素，人骨骼主要成分是磷酸钙，体内99%存在于骨骼和牙齿中，其余分布在血液中，参与某些主要的酶反应。"① 钙是人体内最丰富的矿物质，参与人体整个生命过程，是人体生命之本，从骨骼形成、肌肉收缩、心脏跳动、神经以及大脑的思维活动，直至人体的生长发育、消除疲劳、健脑益智和延缓衰老等，可以说生命的一切运动都离不开钙。钙元素占人体重量的1.38%—1.5%，其中99%的钙存在于人体的骨骼和牙齿中，是构成骨骼和牙齿的重要成分。在成人的骨骼中，成骨细胞和破骨细胞仍然活跃，钙的沉淀与溶解一直不断进行。成人

---

① 林桓：《环境中的化学元素与人身体的关系》，《黄金》1998年第1期。

每天有700mg的钙在骨骼中进出，随着年龄的增长钙的沉淀逐渐减慢，到了老年，钙的溶出占优势，因而骨质缓慢减少，可能有骨质疏松的现象出现。钙不仅是机体完整性的一个不可缺少的组成部分，而且在机体的生命过程中起着重要作用。它能降低毛细血管和细胞膜的通透性，防止渗出、炎症和水肿；体内的许多酶需要钙激活，钙、钾、镁保持一定比例是促进肌肉收缩、维持神经肌肉应激性所必需的；钙对心肌有特殊的影响。此外，钙元素还参与了血凝过程，可以帮助血液凝固。

小儿缺钙时，常伴随蛋白质和维生素D的缺乏，可引起生长迟缓，新骨结构异常、骨钙化不良、骨骼变形，出现佝偻病、牙齿发软、易龋齿等。成人缺钙时，骨骼逐渐脱钙，可发生骨质软化和骨质疏松等，女性更为常见。老年人缺钙时，常会出现骨质疏松、身高缩短、牙齿松动等缺钙现象。钙对神经系统也有很大的影响，当血液中钙的含量减少时，神经兴奋性增高，会发生肌肉抽搐。

二　钾元素对提升创新能力的作用

人体血清中钾浓度只有3.5—5.5mmol/L，但它却是生命活动所必需的。钾在人体内的主要作用是维持酸碱平衡，参与能量代谢以及维持神经肌肉的正常功能。当体内缺钾元素时，会造成全身无力、疲乏、心跳减弱、头昏眼花，严重缺钾还会导致呼吸肌麻痹死亡。临床医学资料证明，人中暑均有血钾降低现象。此外，钾元素对细胞内的化学反应也很重要，对协助维持稳定的血压及神经活动的传导起着非常重要的作用。缺钾会减少肌肉的兴奋性，使肌肉的收缩和放松无法顺利进行，容易倦怠；低钾会使胃肠蠕动减慢，导致肠麻痹，加重厌食，出现恶心、呕吐、腹胀等症状，引起便秘；还会导致浮肿、半身不遂及心脏病发作。当人体钾摄取不足时，钠会带着许多水进入细胞中，使细胞破裂导致水肿。血液中缺钾会使血糖偏高，导致高血糖症。另外，缺钾对心脏造成的伤害最严重，缺乏钾，可能是人类因心脏疾病致死的最主要原因。

人体缺钾的主要症状是：心跳过速且心律不齐，肌肉无力、麻木、易怒、恶心、呕吐、腹泻、低血压、精神错乱，以及心理冷淡。儿童每日应摄取钾1600mg，成人每天2000mg，婴幼儿对钾的最低日需要量为90mg。含钾的食物包括乳制品、鱼、水果、豆科植物、肉、家禽、未加工的谷物、绿叶蔬菜等，比如杏、香蕉、啤酒酵母、糙米、无花果、蒜、葡萄干、番薯等。镁有助于保持细胞内钾的稳定，而摄入过量的钠、酒精、糖类或服用利尿剂、皮质激素类药物和心理压力过大都会妨碍钾的吸收。

三 镁元素对提升创新能力的作用

镁元素是"宏量元素"，在化学元素周期表中根据原子序数从小至大排序为12，在生物学上，镁元素的作用极为重要，是叶绿素分子的核心原子，具有很强的催化作用。镁元素在人体内含量较多，人体内到处都有以镁元素为催化剂的代谢系统，有100个以上的重要代谢必须靠镁元素来进行，镁元素几乎参与人体所有的新陈代谢过程。在人体细胞内，镁元素是第二重要的阳离子，具有很多特殊的生理功能，它能激活体内的多种酶，抑制神经异常兴奋，维持核酸结构的稳定性，参与体内蛋白质的合成、肌肉收缩及体温调节等。镁元素影响钾钠钙离子细胞内外移动的"信道"，并有维持生物膜电位的作用。镁元素还可以帮助人维持记忆，有助于骨骼构造，蛋白质生成，释放存储在肌肉中的能量以及身体温度的控制。脑脊髓液中适量的镁元素对维持神经键的可塑性很重要，一旦人体内镁含量不足可能引起记忆力减退和学习能力变弱，而充足的镁元素含量可以改善认知功能。镁元素是人体中维持正常生活所必需的物质之一，是很多生化代谢过程中一个必不可少的元素。镁是聪明元素、魅力元素，它对于开发智力，促进激发脑细胞的活跃程度，提升创新主体的创新能力具有不可缺少的重要作用。据研究表明，镁元素的吸收部位主要在远端肠道，即小肠和降结肠，一个成年人每日吸收镁元素的能力甚微，缺少镁元素很难迅速补充。

研究发现，一些常见的疾病与镁有很大关系。脑动脉硬化发病率与饮食中的镁、钙含量有关。科研结果显示，当血管中平滑肌细胞内流入过多的钙时，会引起血管收缩，而镁能调节钙的流出、流入量。脑梗急性病也与人体内镁的含量有关。此外，缺镁还易得糖尿病、引起蛋白质合成系统的停滞、荷尔蒙分泌的减退、消化器官的机能异常及脑神经系统的障碍等。

镁元素是构成人体内多种酶的重要来源，可以帮助人增强记忆能力，有助于骨骼构造、蛋白质生成、释放存储在肌肉中的能量以及身体温度的控制。脑脊髓液中适量的镁元素对维持神经键的可塑性很重要，对于开发智力，促进激发脑细胞的活跃程度，培养提升创新能力具有不可缺少的重要作用。因此，对于身体中的镁元素的缺失绝不可忽视，一定要合理摄取含有镁的食物：坚果类、麸糠类、深生态化蔬菜类等，以保持身体元素的平衡，防止因缺少镁而造成的健康问题。

第二节 微量"聪明元素"滋育创新能力

微量元素主要指占生物体总质量0.01%以下的元素，到目前为止，已被确认与人体健康和生命有关的必需微量元素有18种，即铁、铜、锌、钴、锰、铬、硒、碘、镍、氟、钼、钒、锡、硅、锶、硼、铷、砷等。"大量流行病学调查指出，对必需微量元素的边缘性缺乏，可能使人群对疾病的敏感性增高"[①]，每种微量元素都有其特殊的生理功能。尽管它们在人体内含量极其微小，但它们与人的生存和健康息息相关，对维持人体中的新陈代谢起着十分重要的作用。"人体中的微量元素都有一个安全和适宜的摄入范围，在此范围以外，都会对机体产生不利的影响。"[②] 微量元素的摄入过量、不足、不平衡或缺乏都会不同程度地引起人体生理的异常或发生疾病，甚至危及生命。目前，比较明确的是约30%的疾病直接是微量元素缺乏或不平衡所致。微量元素通常情况下必须直接或间接由土壤供给，但大部分人往往无法通过饮食获得足够的微量元素。提升创新能力的微量元素主要有锌、锰、硒、B群类。科学实验研究表明，合理地摄取这些元素，可以保障创新脑有充分的物质能量。

微量元素不同于宏量元素，微量元素是在人体吸收器官的远端——直肠部位开始吸收，合理地摄取微量元素必须坚持经常性、持久性。缺少微量元素用食物和药物难以补充，因此，必须经常性地摄取微量元素，避免微量元素缺乏的现象发生。宏量元素是在人体吸收器官的近端——胃部开始吸收。因此，缺少宏量元素用食物和药物易于补充。

一 锌元素对提升创新能力的作用

锌元素原子序列排序30，锌元素——在人体内含量较少，"锌元素是机体必须摄入的微量元素，锌元素能促进人体生长发

[①] 李玉兰、官杰：《微量元素硒的生物医学功效及检测方法》，黑龙江人民出版社2008年版，第5页。

[②] 秦俊法：《微量元素与脑功能》，原子能出版社1994年版，第9页。

育、能增强人体免疫功能"①。锌元素是大脑蛋白质和核酸合成必需的物质，当人体缺锌48小时就会立即产生蛋白质合成障碍，干扰细胞分裂，造成智力下降。一提起锌，人们脑海里总是立刻浮现出一个词：生成能力。的确，从生成新皮肤和精子细胞到激发免疫系统的活力，锌时时刻刻都在辛勤地制造人体所需的细胞，维护着人们的健康。锌的每日推荐摄入量为15—20mg。肉食海鲜，如牡蛎、红色肉类、动物肝脏、坚果、酸奶、大豆等是锌元素的最佳食物来源。

二 锰元素对提升创新能力的作用

锰元素原子序列排序25，锰元素——在人体内含量较少，锰是正常机体必需的微量元素之一，它构成体内若干种有重要生理作用的酶。锰是几种酶系统包括锰特异性的糖基转移酶和磷酸烯醇丙锰砂酮酸羧激酶的一个成分并为正常骨结构所必需的。锰的摄入量差别很大，主要取决于是否食入含量丰富的食品，如非精制的谷类食物、绿叶蔬菜和茶，此微量元素的通常摄入量为每天2—5mg，吸收率为5%—10%。缺乏锰元素的人可能会出现短暂性皮炎，低胆固醇血症以及碱性磷酸酶水平增加。日常饮食中，茶叶、坚果、粗粮、干豆、鱼肝、鸡肝等是锰元素的最佳食物来源。但是，锰元素也不能摄入过量，过量易引起锰中毒，长期摄入锰元素也可引起与帕金森综合征类似的神经疾病。

三 硒元素对提升创新能力的作用

硒和维生素E都是抗氧化剂，二者相辅相成，可延缓因氧化

---

① 赵志英等：《0—6岁儿童全血微量元素含量回顾性分析》，《河北医药》2019年第12期，第1905页。

而引起的衰老、组织硬化，如果人体缺少硒元素就会"不再年轻"，导致未老先衰。硒元素也常常被人们称作微量元素中的"抗癌之王"，具有活化免疫系统、预防癌症的功效，人体缺硒易患肝癌、肺癌、胃癌、食管癌、肾癌、前列腺癌、膀胱癌、宫颈癌、白血病等。除此之外，硒元素还能够增强人体免疫力，拮抗有害重金属，能够调节维生素 A、维生素 C、维生素 E 等的吸收与利用，并调节蛋白质合成的功能。缺硒使人体的免疫能力下降，产生蛋白质能量缺乏性营养不良，使骨骼肌萎缩和呈灰白色条纹，发生心肌受损，引发近视、白内障、视网膜病、眼底疾病、老年黄斑变性等疾病，也会引发铅、砷、镉等重金属中毒症状，硒元素的每日推荐摄入量为 0.15mg。由于人体内不存在长期贮藏硒元素的器官，机体所需的硒元素应该不断从饮食中得到，动物肝脏、葱、蒜、谷类、蛋黄、菌类等是硒元素的最佳食物来源。

四　B 族类维生素对提升创新能力的作用

维生素 B 族类包括维生素 B_1、维生素 B_2、维生素 B_6、维生素 B_{12}、烟酸、叶酸等。这些 B 族维生素是推动体内代谢，把糖、脂肪、蛋白质等转化成热量时不可缺少的物质。B 族类——在人体内含量较少，但是缺少维生素 B 族，细胞功能马上就会降低，引起代谢障碍，这时人体会出现怠滞和食欲不振。相反，饮酒过多等导致的肝脏损害，在许多情况下是和维生素 B 缺乏症并行的。

维生素 B_1 能够帮助消化，特别是碳水化合物的消化；改善精神状况，消除疲劳；维持神经组织、肌肉、心脏活动的正常；减轻晕车、晕船；治疗脚气病；可缓解有关牙科手术后的痛苦；有助于对带状疱疹的治疗；改善记忆力。成人建议每日摄取量

1—1.5mg，多余的 B_1 不会贮藏于体内，而会完全排出体外，因此必须每天补充。米糠、全麦、燕麦、花生、猪肉、番茄、茄子、小白菜、牛奶等是维生素 B_1 的最佳食物来源。

维生素 B_2 耐热、耐酸、耐氧化，可以促进发育和细胞的再生；促使皮肤、指甲、毛发的正常生长；帮助消除口腔内、唇、舌的炎症；增进视力，减轻眼睛的疲劳；和其他的物质相互作用来帮助碳水化合物、脂肪、蛋白质的代谢。成人建议每日摄取1.2—1.7mg，维生素 B_2 是水溶性维生素，容易消化和吸收，被排出的量随体内的需要以及可能随蛋白质的流失程度而有所增减；它不会蓄积在体内，所以时常要以食物或营养补品来补充。牛奶、肝、绿叶蔬菜、蛋、鱼类、奶酪等是维生素 B_2 的最佳食物来源。

以人体必需的 B 族维生素之一烟酸为例，它可以促进消化系统的健康，减轻胃肠障碍；使皮肤更健康；预防和缓解严重的偏头痛；降低胆固醇及甘油三酯，促进血液循环，使血压下降；减轻腹泻现象；减轻梅尼埃综合征的不适症状；使人体能充分地利用食物来增加能量；治疗口腔、嘴唇炎症，防止口臭。成人建议每日摄取量13—19mg，烟酸是 B 族维生素中人体需求量最多者，对生活充满压力的现代人来说，烟酸维系神经系统健康和脑机能正常运作的功效是绝对不容忽视的。

维生素 B_5 帮助伤口愈合；制造及更新身体组织；制造抗体，抵抗传染病，在维护头发、皮肤及血液健康方面亦扮演着重要角色。成人建议摄取量是10mg。绿叶蔬菜、未精制的谷物、玉米、豌豆、花生、坚果类、蜜糖、瘦肉、动物内脏等是维生素 B_5 的最佳食物来源。

维生素 B_6 是由几种物质集合在一起组成的，是制造抗体和红细胞的必要物质，能适当地消化、吸收蛋白质和脂肪；帮助必需的氨基酸中的色氨酸转换为烟酸；防止各种神经、皮肤的疾病；缓解呕吐；促进核酸的合成，防止组织器官的老化；降低因服用抗忧郁剂而引起的口干及排尿困难等症；减缓夜间肌肉痉挛、抽筋麻痹等各种手足神经炎的症状；是天然的利尿剂。成人摄取量是每天 1.6—2mg，它是水溶性维生素，消化后 8 小时以内会排出体外，所以需要食物或营养补品来补充。生态化蔬菜、啤酒、小麦麸、麦芽、肝、大豆、甘蓝、糙米、蛋、燕麦、花生、核桃等是维生素 B_6 的最佳食物来源。

第三节 科学摄取"聪明元素"奠定创新能力的物质基础

饮食是维持人类生命的基本物质条件，小康社会、健康中国已经不是满足于吃饱肚子时代，而是使人身心健康愉悦、充满活力和智慧的幸福时代。在物质生活上必须要考虑到科学合理搭配饮食，保证人体摄入的各种营养元素的平衡，并能够被人体充分地吸收和利用，以充分的物质能量保障提高人的创新能力。

一 科学膳食宏量元素与微量元素中的"聪明元素"

人体与自然界所含的化学元素是基本吻合、十分相似的，人体中的宏量元素镁、钾、钙和微量元素中的锌、锰、B 群类等都是支撑人的身心健康及其创新能力的基本的、主要的因素，亦被称为"聪明元素"。

宏量元素镁、钾、钙、钠等这些"聪明元素"，它多以矿物盐的形式存在于人体中，其主要生理作用是维持细胞内、外液的渗透压的平衡，调节体液的酸碱度，形成骨骼支撑组织，维持神经和肌肉细胞膜的生物兴奋性等。这些元素都对身心健康的维护起着重要的基础性作用。

微量元素锌、锰、硒、B群类等这些"聪明元素",是维持机体酸碱平衡和正常渗透压的必要条件,在人体组织的生理活动中发挥着重要的作用。对神经组织及精神状态有良好的、积极的作用。可见,宏量元素镁、钾、钙等和微量元素锌、锰、B群类等都对人的身心健康起着极为重要的作用。但是,我们要知道人体内微量元素是不能内在合成的,只能靠外在的供给,即通过合理膳食,正确地、适量地摄入才能获取。

在日常饮食类中含有"聪明元素"较丰富的食物有:

坚果类——种仁、胡桃仁、花生等;

水果类——苹果、香蕉、橙子等;

杂粮类——燕麦、小米、红豆等;

蔬菜类——海带、木耳、芥蓝、西蓝花等;

肉　类——牛、羊、鱼肉等。

这些食物中都含有丰富的镁、钾、钙、锌、锰、硒和B群类维生素。自觉地、经常地、合理地摄取这些"聪明元素",可以使人脑反应更敏捷,让人更聪明,身心更健康,为创新能力奠定坚实的物质基础。

膳食"聪明元素",要采用科学的方法。《汉书·郦食其传》云:"民以食为天。"养生之道,莫先于食。科学饮食作为保障人体健康的第一因素,不仅是维持人体正常生理活动的基本物质基础,也是提高机体免疫力、抗病能力,维护身心健康的重要物质保障。

(一)饮食有节

节制饮食是身心健康的重要方式。所谓饮食有节,它包含两层意思:一是指进食的量;二是指进食的时间。即指进食要定量、定时。两千多年前管子就曾指出:"饮食节,则身利而寿命益;饮食不节,则形累而寿损。"随着人的年龄增长,尤其当进入到老年阶段，机体的新陈代谢水平和生理功能逐渐减弱，加之运动量的减少，热能物质在体内所需量也随之减少。若在此阶段摄入的高能量食物过多，势必造成体内能量代谢障碍，造成身体发胖，并影响心脏功能，诱发高血压、冠心病、动脉粥样硬化等心血管疾病。正如杨泉在《物理论》中所记载："谷气胜元气，其人肥而不寿；元气胜谷气，其人瘦而寿。常使谷气少，则病不生矣。"

"饮食自倍，肠胃乃伤。"① 因此，在日常每餐中要控制高热能食物、高脂肪的摄入量，遵循少而精、适量的原则，多吃富于营养又易于消化的新鲜水果和蔬菜，才能更好地维持机体内部能量的代谢平衡。

有关于饮食摄入宜定时的观点，早在《尚书》当中就有记载："食哉惟时。"有规律地、按照既定时间进食，脾胃可协调运行，促使食物在体内有节奏地被消化和吸收。如果没有固定的饮食时间进食，肠胃得不到休息，就会打乱正常的胃肠消化规律，使消化能力失调，随之减弱，从而食欲逐渐减退，损害健康。因此，要养成按时进食的良好习惯，健旺消化功能，这样对提高身体健康水平大有裨益。

（二）进食有禁

禁食是身心健康的重要方法。随着自然环境和社会环境的迅速变化，有时人类可能脱离生命共同体的平衡机制。人类与社会、自然适应中已经确立了吃与不吃、食与禁食的基本伦常。② 基本的伦常受到破坏，人类就会受到惩罚，无一例外。这就是自然规约和社会规约的一种历史规律机制。如果人类在自然规约和社会规约中出现了"失范"，那么人类需要承担对于自然和社会造成的后果。

---

① 于立文编：《黄帝内经》第1卷，辽海出版社2010年版，第275页。
② 彭兆荣：《"野食"：饮食安全的红线》，《北方民族大学学报》2020年第3期。

《尚书大传》曰："八政何以先食？传曰：食者，万物之始，人事之本也。"人类对于饮食的生物性和社会性，前者是解决吃饱，而后者是解决吃好。二者之间是有阈限的，但又相互制约，甚至有时是相悖的。"食为美味，食亦砒霜"，是谓也。故其主要原因在于对食物二重性的规约。恩格斯在《自然辩证法》中写道："我们不要过分陶醉于我们对自然界的胜利。对于每一次这样的胜利，自然界都对我们进行报复。"从生态学的视域看"野食"，便是一个重要的参照指数，无论人们对于饮食有怎样的认知，都需要权衡饮食生物性与社会性之间的关系，如果跨越界限毫无顾忌地捕食野生动物，打破自然界的生态平衡，终究会让人类遭致灾祸。因为贪食与罪恶是相关联的。野生动物是人类的伙伴，而绝不是随意获取的食物。只有尊重和敬畏自然，树立正确的"食物观"，才能实现人与自然和谐共生。

人体所需要的营养是丰富多样的，因此，摄入食材种类要多样，食材搭配要合理。《黄帝内经·素问·五常政大论》记载："谷、肉、果、菜、食养尽之。"粮食、肉类、果品、蔬菜是饮食的主要组成部分。其中以谷类为主食品，肉类为副食品，用蔬菜来充实，以水果为辅助。根据身体客观需要，兼而取之地进食。故此，要避免饮食的单一和偏嗜，饮食单一导致的人体必要"健康元素"摄取量不足。"《春秋》他谷不书，至于麦禾不成，则书之。以此见圣人于五谷，最重麦与禾也。"这些食物的主要成分是碳水化合物，能够被人体充分吸收，并快速为大脑供给能量。既丰产，又能满足人体对于营养的需求。所以我们的祖先一直把稻、麦作为主要的粮食。而当今很多人为了减肥都把含有碳水化合物的主食省去了，那么，长期下去就可能会导致精神恍惚、注意力不集中以及记忆力下降等问题。

偏嗜所导致的"营养失衡"。如偏嗜荤腥食物，则会使人体肥胖，从而导致动脉硬化和高脂血症；如食物过于精细（精加工的米、面，在加工的过程中会造成维生素B族、维生素E、膳食纤维等营养元素的流失，缺乏膳食纤维），易发生便秘、胆石症等；因此，应该多吃粗杂粮（糙米、薏米、玉米、红豆等），包括南瓜、山药、薯类等。在现实生活中，要合理调配膳食，有针对性地安排饮食，遵循粗、细粮混食，荤素搭配的原则。对人的身心健康是十分有益的。

二 科学正确地饮用优质矿物质水

优质矿物质水富含多种人体需要元素。人体内含有70%以上的水，水是人体生理活动必需的物质，人体无论器官、体液、皮肤还是骨骼都不可缺水。李时珍在《本草纲目》中记载："药补不如食补，食补不如水补，水是百药之王。"因此，饮用富含多种元素的优质矿物质水，尤其是优质的深泉水，对提升身心健康十分重要。

一般来说，水质决定体质，体质决定健康，健康决定能力。据世界卫生组织报告：全世界80%—90%的疾病和33%的死亡率与饮用水有关。因饮用水水质低劣，每年全球都会有7000万人患各种结石，9000万人患肝炎，3500万人患心血管疾病，3000万人死于癌症，500万名5岁以下儿童丧生。绝大部分的致癌因子一般都广泛地存在于饮用江、河、湖、海以及稍作处理的受污染的劣质水域的生物群种中。目前，我国在饮用水中发现化学污染物已高达2221种。其中已被确认的致肿瘤、致突变的有毒污染物133种，可疑致癌物和致癌物质就有97种。[1]

若饮用水中铅、钙、铬、镉元素超标，会引发多种疾病。身

---

[1] 郭航远：《水与健康》，浙江大学出版社2012年版，第19页。

体多病，身心不健康何谈创新能力。"铅"过量会引起肾病、神经痛、麻风病等；"钙"过量会引起结石症、痛风等；"铬"过量会引起肾脏慢性中毒、肾功能紊乱、癌变等；"镉"过量会引起骨骼变形，腰背痛、中毒、红血球病变等；水源受废料、污物、饲养场等污染，渗入饮用水中的硝酸盐，对人的身心健康损害极大。因此，饮用优质矿物质水，定时定量科学饮水是十分重要的。

随着社会的进步、科技和经济的发展，人们对水的认识也在逐渐提高；但大都对饮水问题重视不够，不知不觉地损害人们的身心健康。据世界卫生组织调查，目前，至少有80%的人存在饮水误区，人类所患疾病的80%与饮水不当有关，如腹泻、痢疾、癌症等疾病，都可能是饮水不当引起的。由于生活习惯改变、工作节奏加快等原因，不少人感到口渴时才喝水，这是不正确的，如果等到口渴时再喝水就太晚了。口渴是人体细胞缺水的反应，经常缺水就会加速机体的衰老或引起疾病。口渴再去喝水是不科学的，有些人饭后饮水或暴饮水，也是不科学的。如果饭后马上饮水，一是此时体内不缺水；二是水可稀释胃液，影响对食物的消化；暴饮更不可取，一下子喝过量的水，不仅易导致饮水过量，降低胃酸的杀菌能力，而且胃的负担过重，会引起胃下垂，还会增加心脏的负担，对心脏不利。

科学的饮水方法是：起床后，喝一杯温开水再去运动，不但对内脏有"清洗"作用，而且可补充夜间体内水分的丢失，促进血液循环；餐前30分钟饮一杯水，水分容易吸收，有利于消化液的分泌，可助消化，并且有减肥作用，上午10点左右，下午4点左右和晚餐后2小时及睡前各饮一杯水，对提高肾脏功能，增强免疫力，稀释血液，降低血液黏度等都有重要作用。但要切忌"老化水、千滚水、蒸锅水、不开的水、重新煮开"的五种水不能饮用，这五种水在某种程度上会形成亚硝酸盐及其他有毒有害物质，对人体健康有一定危害。

三 常态化地摄取营养元素

除了重点摄取"聪明元素"以外，还要常态化地摄取营养元素，常态化摄取营养元素有助于人们的身心健康，有助于民族进步和国家的发展。立国之本在于民，只有强民，才能强国。要养成常态化、合理化、科学化地摄取营养元素的习惯。为创新能力提供健康的体魄。

（一）常态化地摄取营养元素，以提升人体的免疫力，增强创造力

营养元素是生命赖以生存的物质基础，也是改善人的健康状况、提高免疫力的重要条件。免疫力来自营养元素，营养元素是人们在生命过程中所必需的能源，人们若没有营养元素的供应，不仅免疫力失去了能源基础，而且连生命也难以维持。营养元素来源于食物，食物中能供给人体有效成分的被称为营养元素。据科学研究证明，人体可以从食物中获得的营养元素有40余种。营养元素按其化学性质可分为水、蛋白质、脂类、糖类、维生素、膳食纤维、无机盐（即矿物质，包括常量元素和微量元素）等7大类。如果将人体的一个细胞或组织从体内取出，放在试管内进行分析，就会发现它们都是由水、盐类、碳氢化合物等组成的。进一步分析碳氢化合物，就可以发现这些化合物主要是蛋白质、脂类和糖类。人体科学已经证实，人体内含有70%左右的水、蛋白质含有15%左右、脂类含有10%左右、无机盐含有3%左右、糖类含有2%左右。蛋白质、脂类、糖类等都是极复杂的很大的分子，它们的种类也很多，如蛋白质，估计有100亿种，人体内的蛋白质也有10万种。这些大分子，其实都是由几种单元构成的。蛋白质由氨基酸构成，糖类由单糖构成，脂类由甘油和脂肪酸构成。这些小而简单的分子在人体中按一定的规律互相连接，依次形成生物大分子，再组成细胞、组织和器官，最后在神经体液的沟通和联系下形成一个有生命的整体。

营养学研究表明，提高人体免疫力的主要食物有红薯、竹笋、菌类、紫菜、鸡肉、牛肉、海参等。

其一，红薯，又称番薯、白薯、山芋、地瓜等，在植物学上的正式名字称红薯。红薯属旋花科植物，有白皮、红皮两种，红皮者肉黄，有较多的 β-胡萝卜素；白皮者味稍淡。据分析，每100g 鲜红薯含蛋白质 1.8g、脂肪 0.2g、糖类 29.5g、粗纤维 0.5g、钙 18mg、磷 20mg、铁 0.4mg、胡萝卜素 1.31mg、维生素 B_1 0.12mg、维生素 B_2 0.04mg、维生素 C 30mg。红薯营养元素含量比较适当，故被称为"营养元素最平衡的食品"。红薯除含有较多的糖分外，还含有蛋白质、脂肪、多种维生素和钙、磷、铁等多种矿物质。红薯的胡萝卜素和维生素 B_1、维生素 B_2、维生素 C 的含量均比米、面多，有利于减缓动脉硬化，保持血管弹性。红薯还含有人体需要的多种氨基酸，特别是含有促进人体新陈代谢和生长发育的赖氨酸，它可弥补米面中营养的不足。故营养学家建议红薯与米面搭配起来吃更富营养。红薯中含的膳食纤维比较多，在肠内可吸收大量水分，增大排泄物体积，对促进胃肠蠕动和防止便秘非常有益，可用来治疗痔疮和肛裂等，对预防直肠癌和结肠癌也有一定作用；红薯中含有脱氢表雄甾酮，这是红薯所独有的。这种物质既可防癌又可益寿，是一种与哺乳动物体内的肾上腺所分泌的激素相类似的类固醇，国外学者称之为"冒牌激素"。大量实验证实，它能抑制乳腺癌和结肠癌的发生与发展；红薯可供给人体大量胶体和黏液多糖类物质。它是一种多糖蛋白质的混合物，对人体的消化系统、呼吸系统和泌尿系统各器官的黏膜有特殊保护作用，还可抑制胆固醇在动脉壁沉积；保持动脉血管弹性；保持关节腔的润滑作用；防止肝脏和肾脏中结缔组织的萎缩，能防止疾病的发生；红薯还是一种碱性食品，能与肉、蛋、米、面所产生的酸性物质中和，维持人体的酸碱平衡。红薯叶含有丰富的胡萝卜素及钙、磷、铁等，尤其是胡萝卜素含量比胡萝卜多3.8倍。研究表明，红薯叶有补虚益气、健脾强肾、益肺生津等多种保健作用。近年来，红薯叶逐渐被人们所重视，用其做菜很受消费者欢迎；用其作保健饮料，不仅清香爽口，适合一般人口味，而且有利于健康，所以红薯茎叶也成为有待开发的保健蔬菜。营养保健功能祖国医学认为，红薯"补虚乏，益气力，健脾胃，滋肺肾，功同山药，久食益人，为长寿之食"。从古代文献可以看出，红薯不仅有健脾益气作用，而且有解毒、化湿和清热的功效。现代祖国医学研究认为，健脾益气是增强人体免疫功能的重要方法，而解毒、化湿、清热则有扶正固本、治疗肿瘤的含义。红薯具备这两个方面的功能，因此被认为是一种理想的、具有防癌抗癌作用的食品。由此可见，红薯不仅是减肥食物，还是保健长寿食物，更适合中老年人食用。

其二，竹笋，古时称为"竹萌""竹胎"。竹笋种类繁多，概略地分，可分为冬笋、春笋、鞭笋三类。冬笋为毛竹冬季生于地下的嫩茎，色洁白，质细嫩，味清新；春笋为斑竹、百家竹春季生的嫩笋，状如马鞭，色白，质脆，味微苦而鲜。竹笋，自古被视为"菜中珍品"，清代文人李笠翁把竹笋誉为"蔬菜中第一品"。竹笋不仅脆嫩鲜美，而且对人体大有益处。古代人对此早有认识。《本草纲目》概括竹笋诸功能为：消渴、利水道、益气、化热、消痰、爽胃。据分析，每100g冬笋含蛋白质4.1g、脂肪0.1g、糖类5.7g、钙22mg、磷56mg、铁0.1mg，并含有维生素B_1、维生素B_2、维生素C及胡萝卜素等多种维生素。竹笋中所含的蛋白质比较优越，人体所需的赖氨酸、色氨酸、苏氨酸、苯丙氨酸、谷氨酸、胱氨酸等，都有一定含量。另外，竹笋具有低脂肪、低糖、高纤维素等特点，食用竹笋，能促进肠道蠕动，帮助消化，促进排便。

其三，菌藻类可分为菌菇和海藻两类。菌菇类包括香菇、蘑菇、平菇、草菇、猴头菇、黑木耳、白木耳等，这些食物大多属于真菌类，生长在朽木或木屑上，目前有人工培育的产品。海藻类食物目前已知有70多种，但人们较常食用的只有海带和紫菜。菌藻类食物主要具有以下营养特点：菌藻类食物中的某些多糖，可显著提高机体巨噬细胞数量和巨噬细胞的吞噬作用，并可刺激产生抗体，从而提高人体的免疫力。某些多糖可降低机体乳酸脱氢酶的活性，可使肝糖原含量显著增加，从而提高机体的运动能力，并在运动后使机体各项体能指标迅速恢复正常，具有抗疲劳作用。某些多糖可显著降低机体心肌脂褐素和皮肤羟脯氨酸的含量，从而起到延缓机体衰老的作用。同时还具有降血糖、抗肿瘤活性功能，对癌细胞有很强的抑制作用。某些菌藻类食物中含有丰富的矿物质，如每100g发菜中钙的含量高达875mg，每100g黑木耳中铁的含量高达97.4mg，每100g海带中碘的含量高达24mg，每100g红蘑中硒的含量高达91.7μg。这对于相应营养元素缺乏症的防治，具有十分重要的意义。多数菌藻类食物都含有丰富的膳食纤维，是当之无愧的肠道"清洁工""润滑剂"，对于通畅大便、预防肠道的各种病变具有积极作用。菌类食物主要列举以下三种。一是香菇，又称香蕈、香蕈、花菇、冬菇等。为白蘑科香菇属中典型的木腐性伞菌。香菇按外形和质量分为花菇、厚菇、薄菇和菇丁4种；按生长季节可分为秋菇、冬菇、春菇3类。香菇以味香浓、肉厚实、面平滑、大小均匀、菌褶紧密细白、柄短而粗壮、面带白霜者为佳。香菇高蛋白、低脂肪、富含多糖、多种氨基酸和多种维生素。香菇荤吃、素吃均可，是一种高蛋白、低脂肪的食用菌，自古以来被誉为"蘑菇皇后"，是益寿延年的上品，味道鲜美，营养丰富，老幼皆宜，又有药效之功，备受人们青睐。营养学家对香菇进行了研究，发现香菇是有营养保健作用的。每100g香菇中维生素B_2含量高达1.28mg。经分析，香菇中含有维生素D的前身麦甾醇，同时还含有较多的核酸以及可中和分解体内胆固醇的氨基酸等，对增强体质和延缓机体老化具有积极作用。香菇中含有嘌呤、胆碱、酪氨酸、氧化酶以及某些核酸物质，能起到降胆固醇、降血压的作用。香菇中有一种一般蔬菜缺乏的麦甾醇，它经太阳紫外线照射后，会转化为维生素D，可促进人体内钙的吸收，并对增强人体抵抗疾病的能力起着重要作用。香菇含有蘑菇核糖核酸，它能刺激人体产生更多的干扰素，而干扰素能消灭人体内的病毒，故多吃香菇对于预防感冒等疾病确有一定帮助。香菇含有β-葡聚糖，它能加强人体的抗癌作用和抑制肿瘤细胞的生长。因此，癌症患者在治疗期间，多吃香菇有一定的好处，而正常人多吃香菇亦能起到防癌作用。香菇含有丰富的钙、磷、铁、钾等矿物质。因此，血清胆固醇偏高、血脂偏高、肝脏衰弱、食欲欠佳者食用香菇都有较好的保健作用。香菇中所含香蕈太生和丁酸能降低血脂。所含腺嘌呤，有预防肝硬化作用。除此以外，有两种苷有强烈的抗癌作用。经临床试验，癌症病人用这种物质治疗后，能明显地增强人体抗癌能力。香菇在国际上被誉为防治癌症的"核武器"。据有关资料介绍，一个人每天吃新鲜香菇50g，可抑制身上癌细胞的发展，或可避免癌细胞手术后的转移。总之，香菇具有调节人体新陈代谢、帮助消化、降压、减少胆固醇、预防肝硬化、消除胆结石、治疗气虚、痘疹透发不畅及维生素D缺乏病等功效。二是蘑菇，是鬼伞菌科植物，植株分为菌丝体和籽实体两部分。菌丝体是营养器官,在培养过程中吸收养分进行分裂生长;籽实体菌伞色白,肉厚,菌褶丛生,初淡红色,后褐色或黑褐色。蘑菇味道鲜美,营养丰富,鲜品可食用,又可入药,被誉为健康食品。蘑菇味甘,性凉,入肝经、胃经。蘑菇能补脾益气、润肺燥、化痰、理气,适用于脾胃虚弱、食欲缺乏、体倦无力、妇女乳汁减少、咳嗽气逆、传染性肝炎及白细胞过多等症。据《本草纲目》记载,蘑菇能"益肠胃、化痰理气"。《医学入门》记载,蘑菇能"悦神、开胃、止泻、止吐"。鲜蘑菇的营养非常丰富,为高蛋白、低脂肪食品,对身体健康极有好处,有健脾胃、滋营养的功能,对久病体弱、慢性病病人是一种滋补品,可提高抗病能力;蘑菇还含有丰富的粗纤维和半纤维素,在肠内难以消化,能保持水分,吸收胆固醇;鲜蘑菇中也含有维生素 D,可使骨骼强壮,身体健康。药理研究发现,蘑菇的培养液能抑制金黄色葡萄球菌、伤寒杆菌及大肠杆菌;蘑菇的乙醇提取液,有降低血糖的作用。日本人还从蘑菇中提取出一种多糖,有较高活性,具有抗癌作用,可增强人体的免疫力,对乳腺癌、皮肤癌有疗效。因此,蘑菇也是一种抗癌食品。此外,据研究报道,蘑菇以水煎服或做菜食用,可治疗传染性肝炎、白细胞过多症。蘑菇还含有多种酶,如胰蛋白酶,能分解蛋白质及消化脂肪,适用于胰腺功能障碍病人。糖尿病病人消化不良时食用可增加食欲。蘑菇还有降低血液中胆固醇的作用,是高血压和心血管疾病病人的保健食品。三是草菇,是鹅膏菌科大型食用真菌,可分为菌丝体及籽实体两部分。菌丝体生长在培养液中吸收营养,籽实体伞状,菌盖灰黑色,菌柄白色,菌褶初白色,后红褐色。草菇能补脾益气、清暑热。近年来用于降血压及抗肿瘤,适宜脾虚气虚、暑热心烦、高血压及肿瘤病人食用。草菇中含有异种蛋白,经药理实验,它可在体外消灭癌细胞。草菇中所含的氨浸出物和嘌呤异种蛋白可抑制癌细胞的生长，主要用于消化道肿瘤，同时还可增强肝、肾的活力。草菇还含有丰富的膳食纤维。膳食纤维可增加粪便体积，促进肠蠕动，缓解便秘，防止肠癌，并可减缓对糖类的吸收，减少血糖的含量，对糖尿病病人有利。鲜草菇中维生素C的含量也很高。维生素C是活性很高的还原性物质，能参与体内多种重要的生理氧化还原过程，促进细胞间质形成，维持牙齿、骨骼、血管、肌肉的正常功能，促进伤口愈合，促进人体的激素形成，提高白细胞的吞噬作用，增强人体抵抗力和免疫力，并阻止致癌物质亚硝胺的形成，促使肠道中铁的吸收等，故常食草菇，对防治贫血和预防癌症很有效。但必须注意，草菇性凉，脾胃虚寒者不宜多食。

其四，紫菜素有"岩礁骄子"之称，又名紫荬、甘紫菜、索菜、子菜，属红毛菜科海生植物，我国沿海的漫长海域均有生产，每年3月开始生长，四五月是紫菜最嫩的季节。紫菜的品种很多，我国常见的紫菜有圆紫菜、皱紫菜、冬斑、甘紫菜等。紫菜干制后食用，是种名贵的海产品，用紫菜做出的汤菜，鲜美清香，别有风味，不仅有丰富的营养价值，而且有很高的药用价值，紫菜真不愧是蔬菜中的珍品。我国食用紫菜的历史悠久，据记载，在宋朝，紫菜是专供皇帝享用的贡品，如今，紫菜已是普通老百姓的食物了。紫菜，食用的方法很多，《齐民要术》一书中就有"膏煎紫菜法""苦参紫菜菹法""紫菜菹法"等食用方法。紫菜有很好的营养价值和医疗保健作用。据测定，每100g紫菜中含蛋白质24.7—28.2g、脂肪0.9g、糖类31.2g、粗纤维48g、胡萝卜素1.23mg、维生素B_1 0.44mg、维生素B_2 0.07mg、尼克酸5.1mg、钙343—912mg、磷457—721mg、铁33.2—183mg、镁460mg、碘1.8mg，硒的含量也很高。除此之外，紫菜还含有治疗贫血的维生素B_2，治疗胃溃疡的维生素M，增强记忆力的胆碱，以及天门冬氨酸、果酸、甘露醇、叶绿素等。营养学家分析，紫菜的营养全面，蛋白质比鲜蘑菇高9倍，可与黄花鱼媲美，维生素B_2比香菇多9倍，钙也比蘑菇多2倍，镁比冬菇多4倍，碘的含量也不少，其他微量元素更是丰富，有人称紫菜是"微量元素的宝库"。紫菜含有丰富的营养物质，不但是构成人体的重要成分，促进人体的发育，保持人体的正常生理功能，而且还能防治多种疾病，如能治疗贫血、夜盲、甲状腺肿大、淋巴结核，降低胆固醇，有效防止动脉硬化，降低血脂而预防心肌梗死，开胃，祛痰，抗癌和防止衰老。紫菜中异常柔软的粗纤维能清理肠内积留的黏液、积气和腐败物。有人研究，常吃紫菜还可减少妇女更年期综合征及男性阳痿的发生。紫菜，还是一味家庭常用药物，中医认为，紫菜性味甘凉，能利血养心，清烦涤热，化痰软坚，利尿消瘿。《食疗本草》中有紫菜能"下热气，若热气塞咽喉者，紫菜汁饮之"；《本草纲目》中有"病瘿瘤脚气者宜食之"；《随息居饮食谱》中有紫菜"和血养心，清热涤热，治不寐，利咽喉，除脚气瘿瘤，主时行泻痢"的记载。常用于防治各种病症，如甲状腺肿大、淋巴结核、维生素B缺乏病、气管炎咳嗽等。如甲状腺肿大、淋巴结核：每日用紫菜汤佐食，连吃数月；肺脓肿：紫菜研末，每日3次，每次6g用蜜水送服；便秘：紫菜10g，香油2小勺，酱油数滴，味精适量，每晚饭前开水冲泡服；动脉硬化：经常食用紫菜；淋病、脚气、水肿：以紫菜煎汤饮之。作为辅助治疗，都有很好的治疗效果。紫菜性寒，味甘、咸；入肺、脾、膀胱经，具有化痰软坚，利咽、止咳、养心除烦、利水消肿的功效，主治咽喉肿痛、咳嗽、烦躁失眠、脚气、水肿、小便淋漓、泻痢等病症。

其五，鸡肉和牛肉。第一，鸡肉中的主要营养成分为每100g含蛋白质24.4g、脂肪2.8g、钙22mg、磷194mg、铁4.7mg、

维生素 B_1 0.03mg、维生素 B_2 0.17mg、烟酸 3.6mg，并含钾、钠、氯、硫等微量元素。鸡肉味甘，性温，具有温中、益气、补精、添髓的功效。第二，牛肉是我国人民常吃的肉类食品之一。牛有黄牛、水牛、牦牛等种类，平时供给食用的牛肉主要是黄牛肉。牛肉含有丰富的蛋白质，每 100g 中含量达 20.1g，多于猪肉；其氨基酸组成比猪肉更接近人体需要，脂肪含 6% 左右，较猪肉少；牛肉是几种矿物质的良好来源，其中铁、磷、铜和锌含量特别丰富；牛肉又是维生素 A、维生素 B 族和生物素、尼克酸和泛酸等营养物质的良好来源。牛肉中的主要营养成分为每 100g 含蛋白质 20.1g、脂肪 12.7g；并含维生素 B_1、维生素 B_2、钙、磷、铁及多种人体所需氨基酸，故其营养价值非常高。牛肉是婴幼儿生长、发育的主要营养物质，并能增强其抵抗疾病能力。瘦牛肉对病人或实施过手术的人在补充失血、修复组织和伤口愈合是特别适宜的。心血管疾病患者食用也较适宜。祖国医学认为，牛肉性温味甘，有暖中补气、滋养御寒、补肾壮阳、健脾胃、强筋骨等作用。寒冬食牛肉，有暖胃作用，为寒冬补益食疗佳品。中医认为，患皮肤病者不宜食用牛肉，患肝炎、肾炎者也应慎食。

其六，海参。海参的营养价值较高，再生力很强，在受到刺激或处于不良环境下，如水质污浊、氧气缺乏，身体常强力收缩，将内脏排出后能再生新的内脏。少数海参被横切为 2—3 段，各段也能再生为完整个体。海参含有的营养物质比较丰富，每 100g 海参，含蛋白质 76.5g、脂肪 1.1g、无机盐 3.4g、碳水化合物 10.7g。体内含有 50 多种天然珍贵的活性物质、丰富的维生素，以及人体所需的多种矿物质，18 种氨基酸，其中含有 8 种人体自身不能合成的必需氨基酸。因氨基酸是人体免疫功能所必需的物质，所以，食用海参能预防疾病感染、调整机体免疫力，对感冒等传染性疾病有很好的预防功能。除此之外，海参中的烟酸、钙、牛磺酸、赖氨酸等元素对消除大脑疲劳、增强记忆力有很强的促进作用，海参中的钒、锰、钾、铜、尼克酸、牛磺酸等可以影响体内脂肪的代谢过程，具有预防、治疗脂肪肝的作用；海参中的酸性黏多糖具有在机体中降低血糖活性，抑制糖尿病发生的作用，而其所含有的钾对机体中胰岛素的分泌，含有的钒可以促进糖代谢，使糖尿病得到有效防治；海参中的亚油酸以及海参多糖还可以降低血脂，预防血小板凝集，降低患心血管疾病的风险；海参中的大量铁元素，可以促进血红蛋白合成，预防缺铁性贫血。

其七，香蕉古称甘蕉。其肉质软糯，香甜可口。传说，佛教始祖释迦牟尼由于吃了香蕉而获得了智慧，因而被誉为"智慧之果"。香蕉是食用蕉类（香蕉、金蕉、大蕉、粉蕉）的总称，为芭蕉科植物。香蕉果实成串，为浆果，食用其胎座。按其经济价值和形态特征分为三类：香蕉，成熟时皮上带黑麻点，果肉黄白色，味甜，纤维少，细腻嫩滑，香味浓郁。大蕉，又称鼓槌蕉，熟后皮呈深黄色，果肉淡黄色，坚实爽滑，味甜中带酸，无香气，偶有种子。大蕉淀粉含量丰富，生食味不佳，常作为粮食或蔬菜食用。粉蕉，成熟时果皮鲜黄色，薄而微韧，易开裂。果肉乳白色，质地柔滑，味甜，香气一般。香蕉气味清香，甘甜滑腻，是老少皆喜食的果品。香蕉的营养非常丰富，每100g果肉中含蛋白质1.2g、脂肪0.5g、糖类19.5g、粗纤维0.9g、钙9mg、磷31mg、铁0.6mg，还含有胡萝卜素、维生素B_1、烟酸、维生素C、维生素E及丰富的微量元素钾等。科学研究表明，香蕉含钾量在水果中是最高的（每100g含钾472mg），钾被人体吸收后能帮助大脑产生一种化学物质——血清素。常食香蕉而增加钾的吸收后，大脑中的血清素频频向神经末梢发出信号，使人感到欢乐、愉快、平静。分析表明，香蕉含有淀粉、蛋白质、脂肪、糖分、果胶，以及维生素 A、维生素 B、维生素 C、维生素 E 等，并含有 5-羟色胺、去甲肾上腺素、二羟基苯乙胺以及微量元素钾、钙、磷、铁和抗菌物质。上述物质对身体与大脑的新陈代谢和发育都十分有益。美国医学专家研究发现，常吃香蕉可防治高血压，因为香蕉可提供较多的能降低血压的钾离子，有抑制钠离子升压损坏血管的作用。他们还认为，人如缺乏钾元素，就会发生头晕、全身无力和心律失常。又因香蕉中含有多种营养物质，而含钠量低，且不含胆固醇，食后既能供给人体各种营养元素，又不会使人发胖。因此，常食香蕉不仅有益于大脑，预防神经疲劳，还有润肺止咳、防止便秘的作用。

其八，枣。枣被人称作"活维生素 C 丸"，常吃枣有助于补充维生素 C 及其他营养，使人面色红润，容光焕发。枣，又名红枣、大枣、大红枣等，是多年生乔木枣树的果实。枣性寒，味甘酸，原产我国，2000 多年以前已有大面积种植，是古代中国的"王果"之一。现在全国较为知名的有山东乐陵的金丝小枣、浙江义乌的义乌大枣、河北沧县和山东庆云的无核枣、河南新郑的脆红枣、湖北枣阳的蜜枣等，品种繁多，不胜枚举。枣子在人民群众生活中占有重要地位，不仅作为鲜果，也作为干果，还作为膳食的配料和一味重要中药，供人们食用。据检测，每 100g 鲜枣果肉中，含维生素 C 达 300—600mg，仅次于刺梨和沙棘，是柑橘的 10—17 倍、香蕉的 50—100 倍、鸭梨的 75—150 倍、苹果的 50 倍，被誉为"天然的维生素 C 丸"。另外，维生素 P 和维生素 D 含量也很多，维生素 D 的含量是百果之冠，比公认的维生素 P 含量丰富的柠檬有过之而无不及。每 100g 鲜枣中，含蛋白质 1.2—3.7g、脂肪 0.1—1.5g（平均为 0.4g）、糖 20—36g、维生素 B_1 0.06mg、维生素 B_2 0.22mg、钙 71.2mg、磷 35.7mg、铁 2.4mg、钾 761.5mg、钠 17.7mg、烟酸 0.81mg，另有镁、铜、锌、硒等矿物质，热量为607.1kJ。每100g干枣含糖55—80g，约含维生素C 11mg、蛋白质3.9g、脂肪0.59g、膳食纤维6.8g、维生素B_6 0.05mg、维生素B_2 0.15mg、烟酸1.4mg、钙70mg、磷60mg、铁1.9mg、钾380mg、钠7mg，另有镁、铜、锌、硒等矿物质，热量为1159.7kJ。①

（二）养成科学正确的饮食习惯，推进健康强国战略

科学饮食、适量运动、心理平衡作为世界卫生组织提出的保障身心健康的三大基石，其中科学饮食、合理膳食是重要环节，发挥着物质能量的基础作用。当今大部分疾病都是因饮食不科学、不合理、不规律引起的。因此，有必要建立切合实际的、科学合理的膳食结构和饮食方式，让人们掌握更多有关饮食的学问，充分保障身心健康，提升人的创新能力。

习近平总书记曾指出："健康是促进人的全面发展的必然要求，是经济社会发展的基础条件。"② 实现国民健康长寿，是国富民兴的重要标志，同时也是全国各族人民的共同愿望。健康是生命存在的最佳状态，民族身心健康、创新能力增强要以科学合理饮食为物质能量。

倡导科学文明的饮食习惯。正如，日本实施《食育基本法》，将食育作为一项国民运动，以家庭、学校等为单位普及推广，通过法律手段保障食育计划的推行，明确午餐与饮食观念、营养知识、饮食卫生、饮食安全、饮食文化的密切关系。

自古以来，我国已逐渐形成了一套具有中华民族特色的饮食保健理论，在保障人民健康方面发挥了巨大作用。饮食文化也属

---

① 周建军：《常吃66种食物让你健康一辈子》，河北科学技术出版社2007年版，第149页。

② 《中共中央 国务院印发〈"健康中国2030"规划纲要〉》，《人民日报》2016年10月26日。

于中华传统文化的重要部分，饮食文化内容丰富，具备养生哲学思想内涵，为中华传统文化之瑰宝。当下在继承中华传统饮食文化的基础上，不断加强营养知识的学习、增强自我健康意识、改进饮食结构、培养良好的生活方式、加强体育锻炼。建立当代科学合理的"饮食方式"，保持人生命体本身、人与自然的能量平衡。才能全面地促使中华民族加快形成合理营养意识与行为习惯，促进人与社会、自然的和谐发展，有力贯彻《"健康中国2030"规划纲要》的实施。随着各方面制度的成熟和完善，在共同富裕和我国小康社会的发展过程中，必要时可对饮食方式制度化、法律化，将饮食纳入法治轨道。

新时期，全球新冠疫情暴发，人的身心健康发生危机，我国作为人口大国、最大的发展中国家，将健康强国列为国策是非常必要的。在党的第二十次全国代表大会上习近平总书记指出："人民健康是民族昌盛和国家强盛的重要标志。把保障人民健康放在优先发展的战略位置，完善人民健康促进政策。"[1] 因此，养成科学的"饮食方式"，倡导合理膳食，坚持科普也是科学知识、科学方法、科学精神的观点；反对科普主义者认为，科普是非科学的极端主义观点。实际上，科普是指以受众所能理解的语言，通过各种渠道向受众传播科学（知识、方法、思想、态度、精神、理性等）。虽然听起来很简单，但科普也是一种知识，是科学。当前，人民生活水平不断提高，"吃出来的病"日益增多，我国正面临营养不良和营养过剩相关慢性病两个严峻挑战。过度消费食物超过平衡需要，久而久之就会患上营养过剩的相关慢性病，如高血压、高血脂、糖尿病、冠心病、脑中风等。社会过度

---

[1] 习近平：《高举中国特色社会主义伟大旗帜　为全面建设社会主义现代化国家而团结奋斗——在中国共产党第二十次全国代表大会上的报告》，人民出版社2022年版，第48—49页。

消费也会给大自然的负荷能力带来极大的威胁，群体性慢性病增加也会消耗大量医药费等社会资源。在现实生活中，如果能够注意饮食方法及饮食宜忌的规律，并根据自身的需要选择适当的食物进行补养，避免对欲望的过度追求，不仅可以提高人体新陈代谢的能力，而且可以保持身心健康，最终养成积极的生活状态。这既是推进健康强国战略的需要，也是建设健康中国的需要。对推动民族昌盛、国家富强，将具有重要的现实意义和历史意义。

第四章　创新能力培养的教育机制

教育机制是教育各要素之间的相互关系及其运行方式，包括教育的层次机制、教育的形式机制和教育的功能机制三种基本类型。《国家中长期教育改革和发展规划纲要》指出："百年大计，教育为本。教育是民族振兴、社会进步的基石，是提高国民素质、促进人的全面发展的根本途径。"从教育的基本形式，学校教育，即在学校中进行的各级各类教育；家庭教育，即在家庭成员之间的相互教育，通常多指父母或其他年长者对子女们进行的教育；社会教育，即包括广义和狭义两大类社会教育，广义的社会教育是指一切社会生活能影响个人身心发展的教育，狭义的社会教育是指家庭教育、学校教育以外的一切文化教育活动。学校教育、家庭教育、社会教育对创新能力的培养起着至关重要的作用。

第一节　加强创新教育是培养创新能力的关键

21世纪，随着传播媒介的增多、网络信息传递的便捷。人们接受教育不仅仅局限于学校教育一种途径。众多的研究表明，学校教育仍占据主导地位，在人的智力开发及智商培养中的重要性是不言而喻的。培养受教育者的创新能力，应该是教育的本意和灵魂，是我们倡导的创新素质教育的核心内容。培养创新能力应成为当代所有学校、所有老师、所有教育活动的一个最基本的目标和任务。教育要着眼于培养人的创新能力，培养人的创新能力是我国教育的当务之急，也是教育的本意和宗旨。

一　学校创新教育对创新能力的促进作用

学校教育的任务，就是要把经过优选的一部分文化知识向学生个体内化，把这些原来对于学生而言是外在的东西，内化于他的身心，促使他们形成稳定的、基本的、内在的优秀品质、素质，使他们成为身心健康的人，道德、情操高尚的人，善于学习、勇于创新的人，养成良好生活方式、生活态度、生活习惯的人，融入社会，为社会做贡献。

创新能力是人的各种能力的核心能力，也是智力的核心能力，而智力主要包括四大层次：一是感知能力，即观察力；二是记忆力；三是想象力；四是思维能力。创新能力是最高层次的能力。

（一）提升感知能力

感知能力包括感觉能力和知觉能力。感觉是直接作用于感觉器官的客观事物的个别属性在大脑中的反应。它包括三大类：外部感觉（视觉、听觉、嗅觉、味觉、触觉）、本体感觉（运动觉、平衡觉）、内部感觉（机体觉）。它是人们认识世界的开端，是一切心理活动的基础。知觉是直接作用于感觉器官的客观事物的整体在人脑中的反应，在很大程度上依赖于人的主观态度和过去的知识经验。知觉主要包括视知觉、听知觉、嗅知觉、味知觉、肤知觉等。人的态度和需要使知觉具有一定的倾向性，知识和经验的积累使知觉更丰富、更精确和更富有理解性。从以上关于感知内容的简略介绍中可以发现，在正确认知客观世界之前，仅感知的内容可谓包罗万象，它既包含自然科学知识，如光学、化学、数学、物理学等，又与社会科学密切相关。如果不进行专门的教育，仅靠自己的想象和揣摩，其认知道路的艰难可想而知。为了便于说明这一问题，可举个对比错觉的例子。有关视错觉现象是人们在日常生活中经常遇到的心理现象，最典型的莫过于对比错觉，如图4-1所示。对比两个图的中心圆形，由于周围环境迥异而显得不同，可事实上它们是大小相同的圆形。

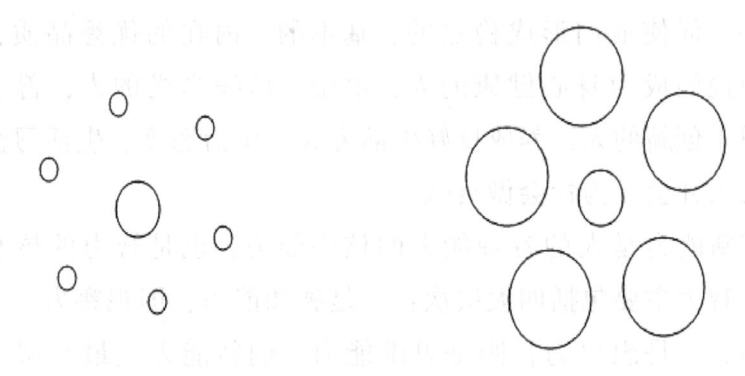

图4-1 错觉图

视错觉产生的原因有主观因素，也有客观因素。主观因素包括经验、情绪、年龄、性别等，而客观因素则有来自物理的、生理的和心理的多种因素。以上现象如果不进行反复的对比，并解释其原因，是很难转变看法的。而这仅仅是感知能力中有关视觉的一个例子，诸如此类的问题在现实生活中还有很多，如果不进行正规的学校教育，客观世界的本来面目是很难被准确感知的。到目前为止，尚未见到有关学校教育与个体感知技能获得之间关系的研究成果，但国外已有一些实验研究和相关的跨文化研究的成果。这些成果几乎无一例外地表明学校教育对感知技能的获得和运用起着积极作用。1979年，伯瑞的研究成果表明，在运用信息能力，包括在平面图形中运用深度知觉线索及区分边线能力、感知抽象的空间组合能力上，学校教学中都能得以提高。苏联发展心理学家阿伯拉姆扬1977年的研究成果表明，年长的孩子善于区分图形边线的原因并非一般的成熟性因素，而是与学校教育在孩子能力发展上的影响有关。

有鉴于此，在现代高等教育中，针对大学生的知觉尚不完善，在观察中，往往容易粗心，急于求成，有时还呈现出以主观想象去推测的特点，教师在教学及指导学生进行科学研究过程中，应多创造实地观察的机会，以科学史的大量观察范例启发他们，帮助他们认识科学观察的艰苦性，从而使他们能够真正树立客观而严谨的观察态度，掌握科学的观察方法。

(二) 增强记忆能力

记忆是人脑对经验的反应。包括识记、保持、再现三个环节。良好的记忆不仅表现在精确地保持和再现某些材料，而且更为重要的是善于积极地组织、提炼和筛选材料，进行智力加工。记忆可分为形象记忆、逻辑记忆、情绪记忆和运动记忆。对一个人记忆力的评价，必须把握记忆力的品质，主要包括记忆的敏捷性、记忆的持久性、记忆的精确性及记忆的准备性。记忆力依存于一个人的知识水平、思维加工能力，也依存于一个人的兴趣、情感、意志和品质。

学校教育是否有助于记忆力的提高，国内的研究成果很少，国外的研究仅基于比纳首创的智力测试。因为每一次重要的智商测试都包含着某些对记忆力能力的测试。Chi和Ceri 1987年的研究成果表明，学校教育以及由此所获得的知识不仅有益于个体所回忆信息的数量，而且有益于支持记忆的潜在加工。在同等被试的对象中，受过传统的西式教育的孩子在自由回忆中的分类数量上明显多于接受非西式教育的孩子和根本没有受过学校教育的孩子，在复述和"组块"测试中，受过西式教育的被试孩子成绩明显提高。在"本质的实验"中，阿尔伯特大学的默里森选取了两组加拿大孩子做被试对象。这两组孩子平均年龄相差41天，他们的生日正好在加拿大孩子入学3月1日前后，一组孩子因年龄不够而未予入学，另一组则因在规定界限之内而升入一年级。在他们6岁生日时，测试的智商和记忆广度都相同。经过两年的追踪研究，默里森发现早入学的孩子在记忆表现及策略运用上都优于晚入学孩子，尤其在记忆的使用方面表现得更为明显。由此他得出结论，生理成熟程度不同并不是造成以上差距的简单原因。为验证学校教育与生理成熟之间是否存在相互作用，默里森又进行了相关测试，测试的结果与人们传统思路大相径庭。因为按照常人的逻辑，两组孩子一年级结束时，年龄较小晚上学的一组孩子应比另一组年龄较大早入学的孩子表现得更为出色，这是因为前者在一年级结束时要比后者一年级结束时大了将近一岁。但研究结果并没有发现生理成熟的影响。最后他得出结论，受过一年的学校教育，所有孩子在记忆广度上大体相当。

以上研究成果表明了学校教育与记忆力之间的关系。高等教育以大学生为客体，充分发掘、提高大学生记忆力是每个教师的职责。大学生记忆力的特点主要表现为：记忆容量大；记忆的准确性强、善于提取并具有敏捷性；理解记忆、结构记忆达到较高水平。但大学生在记忆力上的表现也不尽相同。对于部分记忆力较差的学生，教师要帮助他们分析原因，加强一些有关记忆力知识的指导。例如，培养他们的兴趣，使他们养成做记录的习惯，尽可能使他们的记忆力充分发挥出来。

(三) 增强丰富想象能力

想象力是创新能力的重要组成部分。想象力是人脑对已有的表象进行的思维加工，并重新组合出新形象的过程。想象是对现实的超前反应，是具有预见性的认识活动。我们通常将想象称为特殊形式的思维。有关想象的重要性，著名的科学家爱因斯坦发表了自己的看法："想象力比知识更重要……严格地讲，想象力是科学研究中的实在因素。"想象受一定动机驱使，使人们明确行动目标，对人的心理活动有极大的影响。想象可分为无意想象、有意想象和幻想三种。无意想象是没有预定目的的想象，是想象的初级形式，梦是无意想象的极端状态。有意想象亦称随意想象，它是按照预定目的进行的自觉想象，有时还需要一定的意志力。有意想象还可细分为再造想象和创造想象，再造想象有助于人们理解事物、进行学习、发展智力、文化欣赏、经验交流等。而创造想象则是人们运用自己以往积累的表象，在头脑中独立地创造出新形象的过程。幻想是想象的一种特殊类型，合乎客观规律的幻想我们称之为理想，而与客观规律相违背的幻想我们称之为空想。

当今，我国中小学教育由于受传统的"填鸭式"教学方式的影响，学生每天的学习就是被动地完成老师布置的作业，很少有联想的空间，学生的想象力受到很大的限制。当然，也有少数学生敢于冒犯老师的权威，但这对大局影响不大。下面的例子很能说明这一问题。同事的小孩上小学三年级，在有关"吃"的组词的训练中，他没能按老师的讲解填写，由于他喜欢国际象棋，并了解相关的知识，就填个"吃子"，教师看过答案，不假思索地按错处理。这下可委屈了小孩，但由于年龄尚幼，不敢向教师表明自己的看法，只有将不满撒向父亲。好在父亲也是个有文化的人，且喜欢讨公道，在父亲的劝说下，父子俩到了学校，向老师说明详情，"斗争"最后取得胜利，此小孩的行为也被老师认可。上面的故事看起来简单易行，但操作起来并非那么简单，尤其要面对老师的尊严，稍有不慎，或者方法不对，或者遇上不开明的老师，那对孩子的未来发展会带来负面影响。这绝不是危言耸听，大多数的家长们正是基于这种考虑，以委曲求全为上策，无意中压制了孩子想象力的发挥。鉴于此，中小学教师应该转变观念，尤其处在教育的转型期，在拓宽自己知识面的同时，也给孩子们充分的想象空间，尊重他们的选择，鼓励他们的联想意识，为高等教育的发展打下坚实的基础。

想象力在学生的学习中具有重要作用，它是提高学生应变能力的必要条件。具有丰富而活跃的想象，对可能出现的多种情况有充分的预见性，有助于提高学生解决问题的能力。学生想象力的特点，由于受其专业知识的制约，其目的性、方向性极强，特别是他们的想象内容具有一定的科学性和现实性。尽管如此，学生的想象力仍存在明显的个性差异。一项研究表明，学生中想象力较差者占学生总数的1/4。学校的教师们应结合想象力的特点，采取有效的措施，通过课内、课外的多种途径和办法，提高学生的想象力。只有这样才能培养出联想丰富、具有创新意识的各类人才。

（四）提高思维能力

思维是认识的高级阶段，它间接地、概括地揭示事物的本质。思维能力是智力的核心成分，它是在感知基础上进一步发展的认识的高级阶段。马克思指出："语言是思想的直接现实"[1]，自从人类掌握语言之后，语言就成为思维的武器，人类的抽象思维是以词语为中介对现实的反映。思维就其形态而言可分为三类。一类是动作思维，亦称直观动作思维，它是以实际动作作为支柱的思维，尚未掌握语言的婴儿的思维活动，基本上属于这类思维。二类是具体思维，亦称具体形象思维，它是个体思维发展

---

[1] 《马克思恩格斯全集》第3卷，人民出版社1972年版，第525页。

进程中的必经阶段。3—7岁幼儿思维一般是以具体思维为主导的思维形式。三类是抽象思维，即逻辑思维，它是思维的高级形式。其具体表现为抽象的概念、判断和推理。抽象思维通过分析、综合、抽象、概括和具体化，揭露事物的本质特征和规律性联系。思维就其有无创造性而言，又可分为再造性思维和创新能力。再造性思维经常表现为不加改变地运用以往解决类似问题时所获得的知识、经验和方法。而创新能力则是一种新颖、独特而有意义的思维，它是发散思维法和收敛思维法的有机结合。文艺创作中的灵感、科学上的发明创造及技术上的革新都是这一思维特有的体现。

科学研究表明，青少年从十一二岁开始，抽象逻辑思维已渐渐居主导地位。中小学阶段基础知识的积累及大学阶段专业知识的学习，为大学生抽象逻辑思维发展奠定了坚实的基础。在大学生的个体品质中，独立性、批判性、逻辑性及思维的敏捷性、深广度趋于成熟，他们已能运用抽象的概念和简单的符号进行复合式推理。但我们必须承认，由于我国目前高等教育专业设置过窄、实践环节脱节及课外时间减少等因素，大学生创新能力的发展受到极大的限制。这一点可从诺贝尔奖的授奖情况中体现出来，拥有五千多年文明史的14亿人口的大国，自己直接培养的人才竟无一人得奖，这不能不说是一个国家的悲哀。究其原因，除去其他因素外，与我们的教育制度不无关系，而缺乏创新能力，或者说创新能力的培养处于薄弱环节，是造成以上窘态的重要原因之一。美籍华人诺贝尔奖得主杨振宁教授的话为我们道出了原委，"过去的学习方法是被人指出的路你去走，新的学习方法是要自己去找路"。[①] 而所谓的"自己去找路"，就是培养创新能力的重要途径。

---

① 杨振宁：《谈学习方法》，《光明日报》1984年5月18日。

由于学生个体思维发展的差异性，使得一部分学生在思维发展上处于后进行列。他们依赖性强，不善于独立思考，习惯于接受现成的定论，有的甚至崇尚死记硬背，使得他们在认识上明显表现出主观性、片面性和绝对性，这对他们的发展是很不利的。作为教学主体的教师应鼓励学生大胆设想，共奏创造思维的乐章，只有这样才能提高他们的创新能力。全民创新能力和水平的提高是一个民族真正成熟的标志。

二 开展"第二境域"的创新教育内容是培养创新能力的重要因素

所谓"第二境域"教育是相对"第一境域"家庭教育和父母教育而言的。人们往往将家庭教育称为"第一境域"的教育，父母被称为"第一任老师"，将学校、社会称为"第二境域"，将学校开设的非主干课程，或在本专业外开设的非专业课程，诸如对非艺术类、体育类专业学生开设的音乐、艺术、形体教育和形象绘画教育等课程，称为"第二境域"创新教育的内容。开展"第二境域"的创新教育内容是开发创造潜能、提升创新能力的重要手段。在良好的第一境域教育的基础上，强化第二境域教育的内容是培养创新能力，挖掘创造潜能的极为重要的、基本的方式、方法。

人的自身潜藏着宝贵的创造性资源，即创造潜能。虽然这种创造潜能客观存在着，但人们对其知之甚少（如果说人的创造潜能宛如沉浮在汪洋大海中的一座冰山，那么人们目前看到的只是它露出水面的隐约呈现的极小部分。其中的绝大部分，要么被人们无意识地忽视，要么被主体自卑的"海水"所淹没）。即便有些人意识到自身拥有的创造潜能，由于种种原因也可能丧失其发挥的机会。因此，有必要自觉地正视创造潜能，这样才能对挖掘自身的创造潜能充满信心，才会唤醒蛰伏于人脑中的创造意识，促使人们由普通人格向创造人格转化。不要将创造潜能视为深不可测的天才人物的专利，我们要有足够的勇气、抱负、信心和毅力，认识自身、超越自身，要把创新能力当作一种重要的、惯常的活动能力，当作一种高尚的生活方式。创新能力无非就是人的心理、体质活动发展的最高标志，是最有力量、最有希望、最有价值的能力。人们进行创新能力的操作化过程是劳动，进行创新能力的符号是语言或文化，创新能力的发展既是一个自然而然的过程，又是一个需要精心培育的过程。关于优化"第二境域"创新教育的内容，在下一节将展开论述。

第二节　优化创新教育内容是培养创新能力的有效方法

培养创新能力，从教学机制上，要创新教学主体、教学环境、教学氛围、教学过程、教学语言、教学节奏、教学灵感、教学情韵、教学意境等的教学理论和实践。从教学机制上，要创新教学观念、教学方法、教学内容。培养创新能力的教学内容和方法很多，提升创新能力途径、手段也颇为广泛，培养创新能力的因素（机制）更是复杂多样。

新时代要求我们的教育要从教育体系、教育模式、教育机构、教育方法以及教育内容等方面进行全面的改革和创新，普遍开展音乐艺术教育——拓展创新能力的思维空间；实施形象教育——扩大创新能力的形象感；加强文言文教育——扩充创新能力的记忆空间；普及左侧肢体教育——开发创造脑，加大创新活动、实践技能等历练，切实提高受教育者的创新能力。

一 音乐、艺术教育是激发创新能力的最佳方法

音乐艺术教育有助于创新能力生理机制的发展和改变,即有助于开发右脑——创造脑,它在开发右脑的同时,使大脑两半球得到协调发展,让左右脑的功能得到互补和协同统一。美术教育是培养学生创新精神、创新意识、创新思维的重要方式之一,是学生全面提升创新能力的有效途径之一。开展美术欣赏提高学生素质,欣赏者通过美术作品,激发灵感思维,产生新思维。

普及音乐、艺术教育是开发右脑、挖掘创造潜能的最佳方法。音乐、艺术教育在激活右脑,培养创新能力上起着举足轻重的作用。在创新主体(群体)中,加强音乐艺术教育是十分必要的,左脑——知性脑、理性脑,右脑——艺术脑、创造脑,受到音乐和艺术的刺激可以使右脑潜能活性化,使创新能力倍增。

(一) 音乐教育有助于右脑——创造脑的活化

音乐是一门表情性和造型性很强的艺术,不确定性是其明显的特点,在培养情感、联想、想象力等以右脑为主的形象思维方面有着特殊的作用。多听高雅、美好的音乐,即中、外古典优秀的音乐,而非现在的流行歌曲类。可促使人脑分泌出一种"β内啡肽",发出令人身心愉快,能量大增的"α波"(这种"α波"正是在右脑占优势时出现的)。这种"α波"能引导出人的潜在脑力,使人的记忆力、集中力提升,使人的灵感、创造力尽情发挥,使人的身心健康、心胸开阔,使人的创新能力增强。

其一,通过音乐熏陶培养丰富的情感。情感是形象思维的一个重要特征。从心理学的角度看,情感是人们对客观事物态度的体验,声音是人们表达自己感情的主要途径,人们的情感往往借助于声音来表现。人们的喊叫、欢呼以及引吭高歌都是感情的流露,音乐则是声音中最善于表现感情的艺术形式。柔美、慢速、

稍弱的音乐，同人们平静的心境相吻合；激烈、快速、高强的音乐，同人们激动时的心情相似；而下行的旋律造成压抑的感觉，又同人们悲伤时的心情一样。因此人们常常用音乐来表达自己的感情。在各种音乐感情因素影响下，形象思维会得到有力的拓展。要达到通过音乐培养学生丰富情感的作用，首先，要培养学生对音乐的兴趣，运用各种手段调动学生学习音乐的积极性。其次，要鼓励学生学会运用音乐的不同方式表现自己的情感。演唱和演奏就是表达内心情感抒发的过程，是内心情感更深层的流露，也是感情的一次升华。启发人的情感与演唱、演奏音乐是分不开的，投入了丰富的情感会使歌声和乐声更富有感染力，反过来又会激发学生更为深厚、强烈的情感活动。

其二，通过音乐丰富的表象内容锻炼直觉能力。感觉是人们认识事物的起点，也是形象思维的基础，只有具备丰富的表象积累，才能为形象思维提供深厚的基础。感知的范围很广，包括视觉、听觉、触觉等方面。音乐是侧重于培养听觉的重要手段，较强的听觉能力对提高直觉有很大帮助，对形象思维的发展也起到一定的促进作用。音乐的表象积累大致可以分为两类，一类是对各种音乐因素的表象积累；另一类是对各种音乐作品的表象积累。音乐的各种因素如旋律、节奏、音色、和声等构成独特的音乐语言。在教授一首具体的歌曲时，既要让学生学会唱这首歌，又要让学生通过唱这首歌去感受到旋律的优美、节奏的舒展、力度的变化，以及伴奏中的各种效果等。经过这样长期的训练就可以逐步提高人的创新能力。积累丰富音乐表象的另一种重要方式，是熟悉更多的音乐作品。作曲家之所以会创作出风格各异的作品，与他们丰富的音乐作品表象积累有很重要的关系。他们随时随地注意搜集各种音乐素材，并将它运用到自己的作品之中。如德沃夏克《自新大陆》交响曲的慢板乐章取自一首黑人民歌，柴可夫斯基的《第四交响曲》，第四乐章以俄罗斯民歌《田野里有一棵小白桦》为主题，我国作曲家刘炽的《我的祖国》的旋律则是从几十首中国民歌的旋律中诞生的。大量的音乐作品表象积累丰富了人的形象思维，对发展创造力有很重要的意义。因此在音乐教育中，必须让学生大量掌握音乐作品，加强他们的音乐表象素材的积累，为发展形象思维，开发右脑潜能，打下良好的基础。

其三，通过音乐培养联想力和想象力。创新能力的主要形式是联想和想象。作曲家创作音乐的过程首先是一个创新能力的过程，无论是从生活中提取的题材，还是从文艺作品中提取的题材，无论是触景生情有感而发，还是从某种艺术中萌发灵感而成，都是在他头脑中最先出现的感兴趣的形象，然后运用音乐语言和音乐表现技巧创作而成。当我们欣赏一首音乐作品时，必须沿着作曲家为我们创作的音乐形象去探寻作曲家创作时的形象原型。尽管由于音乐的不确定性，我们往往不能再回到作曲家创作时的形象原型，但对音乐的情感感受却可能是十分强烈而相似的。从同一情感感受出发产生各种各样的想象，正是培养联想力和想象力的好时机。当我们听到一段欢快的音乐时，产生的想象会是多种多样的。通过音乐培养人的联想力和想象力主要从五个方面进行。一要掌握音乐的表现手法，是引起联想和想象的必要条件。如钢琴的快速琶音好像流水，长笛三度音好像鸟鸣，定音鼓的打击好像雷声，快速半音阶下行的旋律好像下雨等。二要积累约定俗成的曲调，可以使人产生对某一特定地区风土人情或特定历史背景的联想。如听到《信天游》就可以联想起黄土高原的景象，听到《茉莉花》就好像见到了秀丽的江南水乡。三要鼓励学生在特定情感基础上的想象。在学生欣赏音乐的过程中积极鼓励他们大胆地根据所听的音乐编故事，在正确感受音乐情感的基础上展开想象的翅膀。这对于发展形象思维有很大好处。四要经常进行选择性想象训练。教师首先提供一个想象的范围，然后让学生选择适合的音乐。比如提出一个田园的景象，学生可以选择《森吉德玛》《田园》《龟兔赛跑》等。五要丰富学生各方面的感受，增加想象的深度和广度。如在欣赏某段音乐作品时，讲清楚作品的背景和特点，加深对音乐深度和广度的理解。

其四，通过音乐训练记忆力，主要是强化右脑的功能训练。记忆是思维的基础，要欣赏和理解音乐就必须依靠记忆去完成。当音乐的实际音响消失之后，在心里仍然要保留这个"音响"，这就是"内心音乐感"。这种能力的形成对提高记忆力有很大的帮助。凡是记忆力强的人，他们的形象记忆能力也很强。如一个高段位的棋手能够不看棋盘与人对弈，实际上在他的头脑里有一个棋盘的形象。一般来说，音乐家的记忆力都很强，莫扎特能够凭记忆把多声部的《赞美歌》记录下来，门德尔松能把遗失的管弦乐总谱凭记忆再写出来。在音乐教育中，加强记忆力的培养可以采用下述几种方法。听记旋律。教师弹奏一段旋律，学生用模唱式演唱出来。对旋律的听、记填空。如 5 6 5 4（3 2）1……教师弹奏括号中的音，由学生填写。记忆主题。大量地记忆各种主题，提高对音乐的记忆力，力求做到博闻强识。默读乐谱。训练内心音乐感以加强记忆，反复欣赏。为了保持记忆，在一个阶段后，重复欣赏学过的作品。

其五，通过音乐培养形象思维能力。培养形象思维人才是现代社会对创新人才素质的必然要求。长期以来我国的应试教育，把学生当作被动的接收器，满足于"教师讲学生听"的单一模式，即使加进一些启发式教学，也很难克服把学生的思维局限在教师所规定范围内的弊端。在音乐教育中，不仅要培养学生会演唱、会演奏，还要培养学生会创作、会创新，并鼓励学生敢于创新。克服那种认为学生会演唱、演奏就行的错误观点,只有敢于创新,勇于发展创新能力,才能成为一个有创造性才能的人。

(二) 艺术教育可以刺激右脑,使右脑更灵活

创新能力是人类心理活动中一种非常复杂的高级思维,它是一切创造的原动因,也是艺术创作的灵魂。艺术是人的右脑功能最有代表性的表现,只有加强艺术教育,才能更好地开发右脑,发展形象思维能力。艺术教育在传授基本艺术知识、技能的同时,又开发了学生的右脑,发展了学生的形象思维,提高了学生的审美能力。

其一,艺术活动是联想和想象参与的活动。联想和想象是人类心理活动的重要形式,特别是在艺术活动中,联想和想象是艺术创造活动的前提,想象力永远和创造力相联系,其本身就是创新能力。联想和想象既有联系又有区别。联想是暂时神经联系的复现,是由当前感知的事物想到其他事物的心理过程,它能把分散的彼此不连贯的思想片段联结成为一个综合体。艺术创作主要是通过联想,把过去贮存在大脑中的记忆、经验与新的刺激、新的信息、当前的感知联系起来,勾起了记忆中多种相关事物的回忆,引起纷纭复杂、多种多样的联想。唐代诗人白居易被贬为江州司马,他在船上听到一位被商贾抛弃的女子弹奏琵琶,联想到自己的遭遇,琵琶曲触动了白居易的情感,写下了不朽名篇《琵琶行》。联想是想象的前提和初级形态,在联想的基础上,艺术创造活动进入想象阶段。想象是一种特殊的心理功能,是将大脑中积累的众多信息、表象进行加工改造,重新组合而创造新形象的过程。艺术想象是具有超越感官、超越时空的自由和巨大的创造力,是一种创造性的思维活动。想象比联想更自由、更有活力、更富创造性,能创造出新颖独特的审美意象,甚至还能创造出现实生活中尚未存在乃至不可能真实存在的新形象。想象不依

据别人对事物的描述,而根据自己的经验、目的,将当前感知对象与记忆里的表象材料加以改造、组合,独立地创造出事物新形象的想象活动。在整个艺术创造过程中,创造性想象始终都起着重大作用。艺术创作离不开创造性想象。艺术家进行的创造性想象就是对头脑里的表象进行加工改造。所谓加工改造,就是对原有的表象进行分析和综合,把原有的表象拆散或者碾碎,再重新结合成一个从来没有过的新形象,如同投入了各种元素的大熔炉,唯有经过创造性想象的冶炼,才能铸成既新颖又奇特、异彩独放的艺术形象。这是形象塑造中的一种规律性现象。只有经过创造性想象,艺术家才能在合乎规律的活动中有目的地塑造非同一般的艺术形象,将现实美转化为艺术美,造就艺术特有的动人魅力。

其二,艺术活动引发直觉,唤醒灵感。一方面,艺术创作引发丰富的直觉。艺术活动中的直觉就是艺术主体直接把握生活中那些有重要意义的现象的能力,艺术直觉过程就是对这种具有重要意义的现象直接领悟的过程,它具有鲜明的直观性和生动性。艺术直觉也是思维的洞察力或透视力,在现象中把握事物的本质,形成关于整个事物意念的一种方式。直觉可以引发情感、展开思维、发挥才能、活跃艺术想象。如著名小说《牛虻》的作者艾·丽·伏尼契年轻时曾在巴黎卢浮宫见到一幅肖像画,一个青年身穿黑衣,头戴黑帽,半倚着围墙,上端是灰暗的天空,身后是几棵幼弱的林木,一双流溢哀思的双眼凝视着远方,但他并不祈求上苍,也不寻求同情,浑身上下充满着坚毅不屈的力量。伏尼契的心被深深地打动了。他想,能在生活中找到这样的英雄吗?多年以后,在他的笔下创造出"牛虻"这样的英雄形象。直觉给人留下的深刻印象,成为典型形象创造的先导因素。直觉所获得的认识和印象是非常珍贵的,艺术形象的最后完成,与直觉所获得的印象相比，其神韵与意味往往极其相似。一个新的艺术形象脱颖而出，直觉起着关键的作用。艺术直觉在艺术创作中的重要作用是显而易见的，他对艺术创造活动有着特殊的意义，是艺术创造的先导。另外，艺术创造唤醒灵感。灵感（是人们在文艺、科学等创造活动中，思想高度集中、情绪高涨时突然出来的创新能力，是偶然突发的多种心理因素的高度综合，是创作情绪异常兴奋、艺术思维处于飞跃状态的心理现象）这种心理现象，一般来说，是奇特、短暂、可遇而不可求、稍纵即逝的。当艺术家的意志和情感受到强烈的冲击和震撼、灵感勃发时，各种心理机能同时活跃起来，交互作用。这时，他的感受灵敏、思路开阔、情感充沛、想象丰富；记忆中的各种表象、意念"恍惚而来，不思而至""来不可遏，去不可止"；未来作品中的人物、情节、意境、佳句豁然开朗、清晰，似乎是自无而有，劈空而起。艺术家的全部精力，都集中在创作对象上，从而使主观与客观、感性与理性、情感与思维都达到高度和谐统一，有时竟达到难以控制，甚至忘我的程度。艺术家在创作中迸发出来的激情、突如其来的灵感、突然的顿悟，都是创新能力的具体体现。灵感是以激活灵感的信息和思索中的事物之间的必然联系为基础的，激起灵感的信息是多种多样的，因人、因事、因时、因地而异。有时是一个艺术形象、一件事情、一个观念，有时只是一个词、一句话、一个动作，甚至几根线条、某种声音、色彩等，都能够引发灵感。沟通与正在思考中的事物之间的联系，将零乱的、模糊的、不成系统的表象材料联系起来，组合成一个整体艺术形象，就可使人豁然开朗，迸发出极为活跃的创造力。

  灵感与直觉相类似，往往难以区分。直觉的发生和灵感有一定的关系，但是，直觉和灵感又是两个概念。直觉是一种方式，而灵感却是解决思维课题时的一种心理准备；直觉产生的时间往往很短促，而灵感则要经过一番长时间的顽强探索，有持续时间长短之分；直觉是在面对出现于眼前的事物或问题时所给予的迅速理解，而灵感的产生常常出现在思考对象不在眼前，或在思考别的对象的时刻；直觉出现在神志清醒的状态，灵感可能产生于主体意识清楚的时候，也可能出现在主体意识模糊的时候；直觉产生的原因是为了迅速解决当前的课题，灵感则往往是在某种偶然因素的启发下的顿悟；直觉的产生并非突然，也并非出乎意料，灵感在出现方式上则有突发性，或出乎意料性；直觉的结果是做出直接判断和抉择，灵感的结果则与解决某一问题，理解某种关系相联系。

二 形象教育是培养创新能力的较好方法

强化形象教育是开发右脑、挖掘创造潜能的有效方法。创新能力的本质特征在于多角度、多侧面、多方向地看待和处理问题。采用实物、模型、画像以及多媒体、医学超声影像等形象教育为主的多种方式、方法，开发右脑功能，激发创新能力。

（一）运用实物、模型及影像，训练激发右脑功能

运用实物、模型及影像这种形象教育的方式强化训练右脑。右脑的功能之一，就在于针对某个事物（对象）能够海阔天空地联想出事物的方方面面，并能够追根求源，达到问题的深刻本质。它可以积极触发右脑潜能，开阔思路，拓宽视野，丰富想象力，调动学习的积极性，养成从多方面、多角度去看待问题，去寻求新答案的方法，并在探索追寻问题的可能性答案时，养成对新问题、新知识的求异心理和质疑态度，逐步养成想象和创新能力的良好习惯。能够有效地扩展创新个体思维的广度，发掘创新个体认识的深度，更有利于创新能力的开发。

(二) 运用实物、模型及影像，扩大想象的广度和范围

利用实物、模型及影像从多维、多项、多层面寻找若干正确答案，训练思维发散，思维发散是不受已经确定的方式、方法规则和范围等的约束，在尽可能大的范围内和非常规的角度去思考问题。利用实物、模型及影像可以启动右脑、开阔思路、丰富想象力，培养、训练发散思维的能力。

从思维的范围方面来说，当我们确定了一个立体、有形的思考对象，并围绕着这个对象来思考，这个对象不会自己孤零零地存在着，它同哪些因素有联系呢？这就要求在思考过程中，增加各种可采用的视角，以便发现思考对象更多的属性。如把"气象"形象化后，使思维范围扩大。当今，有很多企业已经把气象预测纳入企业经营的思考范围，并认识到观风、察雨、识天气，也能赚大钱。海尔集团就是如此（主要经营电冰箱和空调器的厂商），每年都要花费一定的费用，成立研究和测算气象的专门机构；还有许多水果的生产者，也与当地气象台签订了长期合同，以便及时得到短期、中期和长期的气象预报，作为自己生产水果的重要参数，以获得丰硕的成果。只有当利用实物模型，强化右脑变换视角，才可能发现其有许许多多奇妙的地方。又如，创设一个过河的模型，让大家直接感受面对一条很深的河流，直接体验如何达到对岸的种种设想，当大家联想出乘船、搭桥、乘坐飞机、热气球等多种过河方案时，都是右脑在积极地活动。同样的道理，当我们展现出落日余晖中的东、南、西、北方向的情景模型时，人们直接就能感悟到，在欣赏西方落日余晖的时候，人们很少将目光转向东方以及其他方向，然而那里有许多被人忽略的壮丽景观，如流动的彩云、窗户上反射出的日光等。随着在实物、模型及影像的触动下，人们观察范围的逐步扩大，扩展了人们思维想象的广度，积累了源源不断的创意，为思维的发散（创造）提供了条件。

（三）运用实物、模型及影像，训练多感官参与的综合能力

有人认为，观察和思考某一个对象，就应该集中在这个对象身上，不应该扩大观察和思考的范围，以免分散注意力。而实际情况并非如此。科学研究表明，视、听、味、嗅等感觉，对于创新能力能够起到促进作用，这也正是实物模型对于右脑开发的意义所在。人们发现，孩子在回答创意测验题时，喜欢用眼睛扫视四周，试图找到某种实物线索，实物内容丰富的环境能够给被试者以良好的思维刺激，使他获得较高的成绩。科学家进行过这样的测试，首先将一群人关进一所无光、无声的室内，使他们的感官不能充分发挥作用，然后再对他们进行创意思维的测试。结果是这些人的得分比其他人要低很多。

人的不同感官的能力对头脑思维想象的广度具有一定的影响。通过展示实物、模型及影像，寻找不同感觉的感受能力差别，找出感觉的再现能力的强项和弱项，有针对性地训练感受能力。如某个人的笑声；不同人头发的手感；深水中浮力的感觉；苹果的味道；闭上眼睛，用手抚摸一只海胆，或者隔着一层东西触摸不同材质的物体；如一群孩子跑过来，唱着、跳着、嚷着；孩子们唱的歌你听着有些耳熟，你小时候也唱过，想一想它的旋律。充分体验不同的感觉，体验得越真切越好，以此来锻炼感觉的超越性，扩大对外界事物的观察和感受范围。由此可见，实物、模型及影像对人们扩大观察和思考的范围起着不可忽视的作用。

（四）运用实物、模型及影像，增大思维想象的数量和质量

扩展思维想象的广度，也就意味着思维在数量上的增加。从实际的思维结果上看，数量上的"多"能够引出质量上的"好"，因为数量越大，可供挑选的余地也就越大，其中产生好创意的可能性也就越大。因为谁都不能保证，自己所想出的第一个点子，肯定是

最好的点子。从思维对象方面来看，由于它具有无穷多的属性，因而使得我们的思维广度可以无穷地扩展，而永远不能达到"尽头"。据报道，一位日本的创造学家，能够讲出一根曲别针的400多种用途，而一位中国的创造学家，则能够讲出4000多种用途，使那位日本学者甘拜下风。一根曲别针实际上具有无穷多的用途和属性，因为世界上有无穷多的事物，而曲别针和其中的任何一种事物联系起来，都能产生曲别针的一种用途；再深想一层的话，一根曲别针只需和一种具体事物联系在一起，就足以产生无穷多的用途，因为双方都拥有无穷多的属性。在现实生活中，通过扩展一种实物、模型及影像的用途，常常会导致一项新创意的出现。比如，小小的拉链，最早的发明者仅仅用它来代替鞋带，后来有家服装店的老板将拉链用在钱包上和衣服上，从此，拉链的用途逐渐扩大，几乎能将任何两个物体连接起来。

扩展思维想象广度往往与人的实践目的相关，我们通常只关心实现自己目的的东西，而对超出这个范围的东西就不再有兴趣，这就阻碍了思维扩展。我们只有扩大思维的范围和数量，相应地才能减少扩展思维广度的障碍。利用实物、模型及影像深入开发右脑潜能，训练思维收敛，思维发散的最终是收敛，是发现事物的本质和规律，即达到一定的认识深度。通过利用实物、模型及影像，诱发认识者透过现象抓住本质，从事物的现状把握它的发展过程，从具体进入抽象，从原因探索结果，从思维发散—思维收敛—思维发散……循环往复。

（五）运用实物、模型及影像，为全面认识事物奠定基础

任何事物都拥有无限丰富的属性，有的属性与人们的物质生活贴得很近，有的则比较远，只有全面分析事物的各方面属性，才容易在众多属性当中找到事物的本质和规律。借助于实物、模型及影像，对于锻炼右脑和开发智力很有好处。对客观事物要形

象化去认识，诸如，让你的意识进入一堵墙，你能感觉到其中水泥和砖头的坚硬，感觉到其中分子的紧密度，你在墙体内上升下降，穿过来，穿过去，最后你自由地"渗"出来；让你的意识进入一朵你非常喜欢的花，你从花瓣钻到花心，闻到了花的香味，感觉到了花叶中的水分，最后你自由地"渗"出来；让你的意识进入一根金条，你感觉到了其中的冰冷、光滑，你在金条中移动很困难，因为它的分子很细密，空隙小，最后你自由地"渗"出来；让你的意识进入一只你所喜欢的小动物的体内，你感觉到了动物体内的温暖，有节奏的心脏跳动，一起一伏的肺部呼吸，最后你自由地"渗"出来。经过长时间的训练，你的意识能够很自由地进入任何一种物体，察看其内部情况，然后在其中上下左右地游动，最后自由地"渗"出来。这样，当你在思考任何一个具体问题的时候，你都能够自由地"渗"到问题中去，全身心地思考它，察看问题内部的各个细节和各种可能的发展方向，从而抓住问题的要害，找出解决问题的有效方法。

（六）运用实物、模型及影像，多层面、多角度地开发右脑潜能

客观世界的物体，都有各自不同的形状、颜色、气味、声响、温度等属性。如果能够借助于实物、模型及影像，从多层面、多角度去认识实物和模型，就能够更多地刺激右脑发挥创新思维，提升创新能力。为了训练这种能力，我们可以利用实物、模型及影像从三个方面进行。第一方面，从不同的物体中寻找出相同的属性。如对"门"的理解，从门的概念来抽象分析，无论什么样式的、材质的门，都只不过是让人们能够方便地进出房间，保持房间完整性的一种设施（如形状多样性的拉门式、旋转式、卷帘式、气流式等）。如果能够从这种视角出发，那就能突破传统的束缚，抽象出无数种门。在研究消费市场的顾客消费行

为时，同样需要有这种概括能力。从表面上看，顾客购买的是某种具体而实用的东西；但是从更深的抽象层次来看，顾客所购买的只是"自己某种需求的满足"，特定的商品不过是满足这种需求的手段而已。从雪花、淡云、石灰等物体中抽象出"白色"；从雪花、冰棍、空调等物体中抽象出"寒冷"等。

第二方面，可以反过来想，同一种属性被哪些不同的事物所拥有？比如，拥有"红色"属性的事物有旗帜、红墨水、袖章、印泥、消防车、信号灯等。什么东西能够清洁污物？你就会发现肥皂、洗衣粉、液体皂、洗洁精等都有此功效。这样，若你是商店里正在购物的一位消费者，你就不会只迷信一种产品了，你会选择更为方便快捷的去污品；如果你是生产者，你就会为了达到这个功效，而生产或创造出符合要求的各种形式的产品。在人类生产发展史上我们能够看到，那些形象思维水平较差的经商者，总认为自己给消费者提供的是具体的产品或服务，而没有看到更深层次的东西，以致当变革时代到来的时候，他们常常手足无措而日趋落伍。

20世纪40年代的电影业者在没有其他媒体涉足的前提下普遍认为，自己出售的产品是"电影"，消费者购买的也是"电影"——那种映在银幕上的活动图像。于是，到了60年代，当电视机刚刚出现的时候，许多电影业者对它嗤之以鼻、不屑一顾，结果使电影业受到电视这个新媒体的无情冲击。电影业一时陷入危机之中，没有及时把握住转折的有利时机。后来电影业者才从更抽象的层次上看到了消费者所愿意购买的并不是"电影"，而是电影中的"娱乐"成分。铁路业也在汽车和飞机出现时，遇到过类似的情况，使得曾经盛极一时的铁路，在汽车和飞机的竞争面前手足无措。在解决现实问题的时候，我们往往需要高度的形象思维能力，如果能将问题从更高的层次来看，那么也许能够打开思路，想出更多的解决办法。

第三方面，利用实物、模型及影像提高把握因果关系的能力。世界上的事物是相互联系、相互作用的，是一个前后相继、彼此制约的因果链条。任何一个事物都有其产生的原因，也必然会引起其他事物的产生（结果），又是产生其他事物的原因，如此追溯下去，则是前无源头可止，后无终端可循，只能是找出它的原因、原因的原因，它的结果、结果的结果。具体事物的因果链条都是无限的，即向上是无限的，向下也是无限的。由于人类的实践能力的限制，人们日常的思维活动，大多数只是截取无限因果链条中的一小段，对于这一段之外的原因或者结果，就无暇顾及了。但是，如果人们在解决一些棘手的问题时，能够适当延伸创新个体的深度，刻意沿着某一因果链条朝上或朝下穷追不舍，那就会发掘出新的东西。在日常生活中，对于发生的问题，应该采取追问到底的态度，以利于找出深层次的原因或者结果，以便加深对事物的认识。

比如，古代劳动人民从圆的物体容易滚动受到启发，发明了车轮，减轻了劳动强度。车轮是木制的，容易损坏，于是人们在一些需要坚固车轮的炮车上，又以铁制车轮代替木轮，铁制车轮虽然坚固，但震动太大，人们又发明轮胎，利用压缩气体的弹性以及滚珠轴承，实现了车轮转动的高速、平稳。进而人们又想，能不能不用车轮，而使车子沿地面保持高速运动呢？于是，研制出了磁性悬浮列车……

显而易见，探寻事物的因果链条，经常按照因果链条来思考问题，有助于发明创造，推进思维向纵深方向发展。

（七）采用画像、多媒体图像，训练右脑形象思维的速度和精度

由于客观现实的需要，创新能力必须要有效率，而且在很多

情况下，必须在规定的时间里想出解决的方案和制订出相应的计划，超出了限定的时间，就有可能无法满足需要。有些时候，非常好的主意，只有在一定的时间内实施才能取得良好的效果，如果超出了所限定的时间范围，再好的方案也可能毫无价值。因此，提高思维的速度就成为一项必需的要求。然而思维的速度又常常与思维的精度发生矛盾：思维速度过快，就容易发生疏忽和错漏等不精细、不确切的地方；而且精细准确的思维往往需要花费大量的时间，如何减少它们之间的矛盾，协同速度和精度之间的关系，就成为一个重要问题。针对这种情况，采用画像和多媒体手段加以训练，可以人为地提供事物本质特征的清楚的感知形象，减弱感官功能特征的限制，突破时间和空间的局限性，突出事物各方面的本质特征，显现各种因素，扩大感知范围，分不同场合，以速度为主，以精度优先，兼顾速度和精度，具体情况具体对待，从而提高形象思维的效率。

画像和多媒体还可以锻炼形象思维的纵向与横向交叉转换的综合能力。思维的快速推进主要有两种方式，一种是纵向进退；另一种是横向转换。所谓"纵向进退"，就是头脑沿着一条思路前进，中途不转换路线，直到找出合适的答案或对策。所谓"横向转换"，就是不断地从一条思路跳到另一条思路，直到找出合适的答案或者对策。纵向进退与思维的深度关系密切，可沿着一条因果链条推论到底；而"横向转换"则与思维的广度有关，不断增大思维的范围和数量。例如，罐头厂商鲍罗奇，在产品鉴定会上，发现自己生产的罐头里有一条蚂蚱，他的头脑飞快地想出处理的办法，采用"纵向进退"式的思路，"承认蚂蚱……蚂蚱是营养物……东方人喜欢吃……在东方文献中有记载……"沿着这条思路追溯下去。采用"横向转换"式的思路，"掩盖蚂蚱的存在……或者将小蚂蚱搅到罐底……或者将这一罐故意失手泼掉……或者自己抢先将蚂蚱吃掉"等,在此情形下,只有不断变换思考的路径,才能找到解决问题的策略。

在实际思维过程中,人们并不是单一地应用哪一种思维方式,而经常是横向和纵向两种思维方式交替使用,人们思维的一般顺序是先采用横向思考,找出适合的线索,然后再采用纵向思考,进行某一领域的深入思考。比如,在一次选美测试比赛中,一位参赛女选手面对考官提出的这样一个问题,"假如你必须在肖邦和希特勒两个人中选择一个终身伴侣的话,你会选择哪一个呢?"她非常机敏地回答道:"我会选择希特勒。如果我嫁给了希特勒的话,我相信我能够感化他,那么第二次世界大战就不会发生了,世界历史也不会是现在这个样子了。"这个回答非常巧妙,如果回答选择肖邦,则答案显得没有特色和大众化;这位参赛者先从横向选择了出人意料的答案,然后再从纵向追寻出了合理而又充满正义感的答案。

纵向思维法和横向思维法是思维速度的两种表现,为了提高思维速度,应该将两种不同的方法综合起来交叉使用,才能达到有效的结果。在纵向进退的思维过程中,必须抓住事物的中心或核心,这个中心在数量上只是少数,但是在质量或能量上则是举足轻重的因素。在任何一组事物中,占重要地位的事物总是少数,只需集中力量处理好这个"重要的少数",就可不必过多地计较那些"微不足道的多数"。这其实也是重要矛盾和次要矛盾关系的一种写照。在美国新墨西哥州的高原地区,有一位经营苹果园的杨格先生,他种植的"高原苹果"味道好,无污染,在国内市场上很畅销。可是有一年,在苹果成熟的季节,一场冰雹袭来,把满树苹果打得遍体鳞伤,而杨格已经预订出了9000吨"质量上等"的苹果,面对这突如其来的天灾,看来只有降价处理,自己承受其中的经济损失。但是杨格具有出色的应变智能,善于思维转向。他仔细察看了受伤的苹果，立刻想出了对策。他拟定了这样一段广告词，"本果园出产的高原苹果清香爽口，具有妙不可言的独特风味，请注意苹果上被冰雹打出的疤痕，这是高原苹果的特有标记。认清疤痕，谨防假冒！"结果这批受伤的苹果极为畅销，以致后来经销商们专门请他提供带疤痕的苹果。

这些事例体现了思维速度的两种基本方法，即"纵向进退"和"横向转换"相结合的原则。如果单纯使用哪一种方法，都不会达到良好的效果。单纯使用"横向"思维，会转来转去抓不住重点；而单纯使用"纵向"推进思维，则会使思路不开阔，钻牛角尖。提高思维精度的训练。创新能力不仅要求速度快，还要求精度高。这里讲的"精确性"主要指"精确观察"和"精确记忆"。精确的观察能够为头脑提供准确的思维素材，而精确的记忆使头脑在联想时有充分广阔的天地，二者都是创新能力的基础。

观察和记忆的粗疏，往往是对某种事物不感兴趣，不细心地观察造成的。要是头脑对某种学说不感兴趣，不肯花工夫去记是很难提高自己的观察力和记忆力的。经研究证明，学习绘画有助于突破思维定式，拓展思维的空间，训练观察的精确性。因为学习绘画，既画那些你自以为很熟悉的东西，如你的书房、你的圆珠笔、你的自行车、你朋友的面孔，等等，也画那些你自己不熟悉的东西。当你画一段时间之后，你会发现自己观察事物的范围和圈子扩大了，精确程度也提高了。从一个定点、长时间地细致观察周围的事物，选取不同的景物组合，描绘出一幅幅在主题、构图和色调等方面不完全相同的画作。这种"定点取景法"能让绘画者从寻常的景物中，挖掘出不寻常的意义来。

著名的科学家大都有敏锐的观察力。因为他们全身心地投入某项研究，把自己周围的一切全都与头脑中的课题联系起来，因而常常能看到被普通人所忽略的东西。达尔文从小就酷爱观察昆虫，他自我评价说："我并没有突出的理解力和过人的机智，只是在抓住稍纵即逝的事物，并对它们进行精确观察方面，我的能力也许在众人之上。"巴甫洛夫曾经把"观察、观察、再观察"当作自己的座右铭，贴在实验室的墙上时刻提醒自己。观察得越仔细，思维的精度越高，也就越易记住。人的头脑能记住自己感兴趣的东西，就是说，当头脑形成某种视角的时候，所有与这个视角有关联的外来事物和观念，便能够很容易地被记住；而不符合这个视角的，便被不断地淘汰出去。弗洛伊德曾经说过，遗忘是头脑的一种自我保护机制，只有不愿意记住的东西，才会忘记。也许这话说得有点绝对，但是，大家都有这样的体验。一串毫无规律的数字，普通人是很难记住的；假如这串数字是自己家的电话号码，或者是打开某个宝库的密码，或者是与自己性命相关的某种暗号，那么人们很快就能记住，而且长时间不会遗忘。其中的原因就在于，人们的头脑有足够的容量记住周围发生的几乎所有事情，遗忘并非头脑生理上的容量问题。历史上出现过许多记忆奇才，比如，清朝学者戴震，据说能背诵全部的"十三经"；一位比利时的国际象棋大师，曾经蒙着眼睛同时与56个人下棋；爱丁堡大学的一位数学教授，能够记住圆周率小数点之后的1000位数字……精确的记忆是精确思维的一个重要条件。

（八）采用品读、赏析古诗，激发右脑，扩充记忆空间，促进记忆力

文言文——如古诗词是语言的艺术，其所塑造的文学形象具有间接性，并不直接作用于人的视觉、听觉和触觉，因而必须先对诗句进行准确领会，"品词析句，领会诗意，字求其训、句求其义"是赏析古诗的关键，赏析古诗时，要从欣赏诗中的景物美入手，要先借助注释自读古诗，并大体了解诗词的大

意;通过古诗的语言艺术及塑造的文学形象,在脑海中想象出诗歌所描绘的情景,在想象中"看到"和"听到"诗人所描绘的情景,体验诗人所表达的强烈感情,感受诗词中的艺术形象。如李白《早发白帝城》四句古诗。(朝辞白帝彩云间,千里江陵一日还。两岸猿声啼不住,轻舟已过万重山。)这是一首传诵千古的七言绝句。首句写诗人的回想,点出开船的时间是早晨,地点是白帝城。"彩云间"是写白帝城的高崇。次句写诗人的意愿,形容船行之速,千里江陵只要一天即可到达。诗人用夸张的手法,写了长江一泻千里之势,同时也抒发了诗人"归心似箭"的心情。三、四句形象地描绘轻舟快驶的情形。两岸猿猴的叫声还没停止,可那轻快的小船已经驶过了千山万岭。诗人先写猿声,继而写轻舟,用一个"已"字把"啼不住"和"过万重山"联结起来,借猿声回响衬托轻舟的快捷。全诗写景抒情,写的是轻捷明快之景,抒的是轻快愉悦之情,达到了情景交融的地步。这样通过多种形式的品读赏析,感受古诗的语言美及其所蕴含的形象美,体会诗人无穷的意境,使品诗赏析者从色彩、声音、动景、静景中感受美、激发感情、陶冶情感、丰富想象力、增强记忆力。

"古往今来,天苍苍,地茫茫,万物费思量。""日遂古之初,谁传道之?上下未形,何由考之?""女娲有体,孰制匠之?"这是两千多年前的战国时期,屈原在其《天问》中提出的问题,意思是说关于远古的开头,谁能够传授,那时天地未分,能根据什么来考究呢?相传女娲补天、女娲造人,而她自己据传是人头蛇身,这怪异的形体是谁创造的等,屈原一连提出172个问题,他渴望了解无穷的宇宙和千变万化的大自然。白天太阳给人类带来光明,带来温暖,万物生长靠太阳,太阳是什么,为什么会"东升西落"?夜晚,明月当空,繁星闪烁,月亮为什么会悬在空中,星星为什么会这么多？大地上为什么有高山峻岭、江海湖泊？人为什么会有生、老、病、死？等等。这无尽的问题，使一代代人上下求索，人们不断地向宏观、微观世界扩展探索，飞向月球，接近火星，甚至将视线投向无际的太空，人们同时又不断向微观世界进军，不断认识原子、原子核、电子、质子、中子、夸克……

人们面对大自然，进行着种种艺术创作。如画家齐白石画的虾栩栩如生，徐悲鸿画的马令人叫绝，古人用土、石、金属等塑造的各种动物造型，今天成了稀世文物。自然物画像激发人浮想联翩，面对名山大川，历代文人骚客或记、或赋、或诗、或歌，不少佳作成千古绝唱。面对白雪皑皑，毛泽东写出了气势宏伟的《沁园春·雪》，他看到"山舞银蛇，原驰蜡象，欲与天公试比高"，他想到"须晴日，看红装素裹，分外妖娆"，他感叹"江山如此多娇，引无数英雄竞折腰"，他满怀豪情地说道："数风流人物，还看今朝。"当毛泽东站到橘子洲头，面对北去的湘江，欣赏着"万山红遍，层林尽染，漫江碧透，百舸争流。鹰击长空，鱼翔浅底，万类霜天竞自由"的大好河山时，发出了"问苍茫大地，谁主沉浮"的忧国忧民之感叹，抒发了"指点江山，激扬文字，粪土当年万户侯"以及"到中流击水，浪遏飞舟"的情怀。范仲淹站在雄伟的美丽的岳阳楼上凭栏远眺，眼前是烟波浩渺，一望无际的洞庭湖，墨绿如黛的群山缥缈而朦胧，璀璨夺目的阳光从蓝天白云之间泼洒在没有尽头的湖面上，粼粼的波光折射出无数耀眼的缤纷，耳边不绝如缕的涛声在脚下轻轻地拍打着堤岸，似细雨微吟。这使范仲淹思绪万千，他赞美洞庭湖"衔远山，吞长江，浩浩汤汤，横无际涯，朝晖夕阴，气象万千""至若春和景明，波澜不惊，上下天光，一碧万顷，沙鸥翔集，锦鳞游泳，岸芷汀兰，郁郁青青；而或长烟一空，皓月千里，浮光跃金,静影沉璧,渔歌互答,此乐何极!"由此范仲淹又想到仁人之心,应是"不以物喜,不以己悲。居庙堂之高则忧其民,处江湖之远则忧其君""先天下之忧而忧,后天下之乐而乐"。自然美景导致的艺术创造,真是举不胜举。美的自然环境,陶冶人的情操,净化人的心灵。自然界的博大暗示着人应该以宽广的胸襟接纳万物,应遵从自然规律,珍惜生命,自强不息,应和大自然和谐相处,来源于自然的生命才有生命的自然。

三 形体训练教育是提升创新能力的有效方法

经常性地坚持开展形体训练教育,尤其是左侧肢体训练是开发右脑、激发创新潜能的有效方法。人的大脑是由左、右两个大脑半球组成的,人类的智慧是由左半球和右半球共同创造的。脑科学家的研究表明,右半球和左半球有着一定的分工,左半球的主要功能是语言和逻辑方面的,它主管抽象思维、分析思维。如果左半球损坏了,语言常常会受到严重的影响,分析问题的能力就会大大下降,很难进行推理、演绎,甚至不能完成简单的数学运算。右半球的功能主要是形象思维、综合思维和创新意识。如果一个人的右脑半球损坏了,解决新问题的能力就会大大下降,识别方向、空间位置的能力就会非常低下。左右两个脑半球既有分工,又有合作。合作使左右脑的功能得到更加充分的发挥,也更加有利于提高创新能力。左右脑若能合作得好,就能取长补短,发挥更大的能量;若合作、协调得不好,就会束缚大脑功能的发挥。

科学家们对一千多位有重大成就的成功人士进行研究,发现他们有一个共同的特点,那就是他们不只是局限于某个专业的专家。相反,他们有广博的知识、广泛的兴趣。就是说,通才容易取胜。从脑科学角度看,这些人的左脑半球和右脑半球的功能发挥得都比较好，左脑和右脑比较均衡地发展，协调性比较好。比如说，爱因斯坦有一个数学头脑，他的小提琴也拉得很好，有很高的音乐造诣，这说明他的左脑和右脑都很发达，左右脑协同的优势使他做出了伟大的创造。左右脑协调出智慧，协调训练对提高大脑的功能有着重要的意义。

大脑的两个半球分工协作，形成人的智慧，从这个意义上讲，左脑半球与右脑半球是同样重要的。但是，相对于左脑超负荷运作的普遍情况，人的右脑使用得则比较少一些，其作用仅仅发挥了一点点儿，这对大脑两个半球的协调极为不利。根据生物进化论的用尽废退原则，人的器官也是越用越灵，不用就会退化。人们经常使用右手，而右手是由左脑主管的；人们每天要说话，而说话这项功能也是由左脑主管的。人们成长过程中学习和训练的内容，基本上都是由左脑控制管理的，而右脑使用得比较少。有资料表明，95%的人多数情况下优先使用右手，也就是说，左脑使用的机会比右脑多得多，右脑相对地受到冷落，它的能力就不容易得到开发，它主管的创新能力、综合能力等宝贵的功能就不能充分地发挥出来。右脑开发的落后状态，就限制着整个大脑创新潜力的发挥，因此，要加大左侧肢体训练，开发右脑功能，经常性的左侧肢体运动，开发创造脑——右脑功能。让主要承担着创新功能的右脑与左脑紧密协调、协助发生作用，以培养人的创新能力。培养提高人的创新能力，必须开发右脑功能。那么，怎样开发右脑功能呢？

（一）左侧肢体运动促使右脑的直觉力和综合判断力更加活跃

左侧肢体的运动主要是运动动作，要学习这些动作的前提，应当符合动作技能形成的规律性。如要想学习体操，就应该先观察其他人练习体操的过程，在头脑中建立具体的形象，然后在神经系统的支配和调整下，用自身的肌肉和骨骼亲自去实践体操的种种感觉，逐步学会体操。如果只是看一本怎样练习体操的书，或者看一张如何练习体操的视频，虽然学会了一些相关知识，但不亲自体验感觉，仅纸上谈兵是不会取得较好效果的。要在观察、感知动作的形象，了解身体各个部位的动作特征、运动顺序、动作的发力时间、力度和身体各个部位之间的互相配合等的同时，亲身去操练，通过自身的练习，用骨骼肌肉的运动去感觉，用右脑对身体的支配去体会其动作，这是锻炼右脑的有效方法。

任何运动都不只是右手、右脚的运动，它需要全身的配合。左半边的身体与右脑中枢有着直接的联系，所以，左手、左脚、左半边身体的运动，就自然会对右脑产生刺激，使右脑的直觉力和综合判断力更加活跃。

左半边身体的运动可活化右脑。所以，无论从哪个角度来看，运动不仅可以活动运动神经和反射神经，还可以对右脑形成一种良好刺激。体育运动，在双手双脚共同活动的同时，进一步加强了右脑的活性化。

（二）左侧肢体运动可以提高人的时空感受力

任何体育运动都需要大脑准确地判断时间和空间的方位，否则就失去了运动能力。比如右脑损伤的患者，往往不能处理诸如自己穿衣服、判断方向等一些简单的空间关系问题。球员在打篮球接、传球时，必须判断球的路线、速度、预计可以达到的地点，从而决定自己运动的速度、方位和采取的接球方式等，牵涉到紧急计算和紧急决策的过程，这都要求右脑的智慧和平行加工的处理能力，无形中锻炼了人的时间和空间的感受力。

（三）左侧肢体运动有助于加强记忆能力

人的右脑与左脑既有分工又互相联系，运动技能是从感知动作的形象开始，通过视觉表象和动觉表象来观察和领悟动作的要领，记忆运动技能的不同阶段和过程，然后，在观察和记忆的基础上，亲自练习和实践。任何运动技能的形成，无论是简单的还是复杂的，都是观察、记忆的作用在先，然后通过反复观察、记忆和比较练习，从而加深对动作的感觉和把握。

(四) 左侧肢体运动有利于提高直觉能力

无论是下棋还是打球，如果不去注意对方和自己的变换就无法获胜。据说，想要成为职业运动员，一是训练直觉能力；二是训练思考能力。在不断凭直觉运动的过程中，积累运动技能的相关经验，也就自然而然地记住了运动技能的要领。如果这种印象不深刻，就不具备职业运动员的资格。职业运动员遇到某种局面之所以能立刻做出各种判断，也是因为在他们的记忆装置中已经有着深刻的"有利地形"和"不利地形"的模式，这是右脑显现的成果。虽然无法要求一般人达到职业运动员一样的程度，但也可以通过观察记忆运动技能，积累起快速的直觉能力，通过磨炼直觉力形成对右脑的刺激。

人们平时都有这种印象，孩子学习形体运动项目比成年人快得多。其实成人和孩子的反射神经本身并无太大的不同，之所以孩子学溜冰、游泳等都比成人快，可以说完全在于右脑的功效。因为随着年龄的增长，人们就会偏重以左脑的逻辑去思考分析体育运动，而越来越少地依赖右脑的直觉，这就形成了一种抑制，使身体的动作变得迟钝。由此，大人学溜冰时，会害怕跌倒；学游泳时觉得水很可怕，而且会觉得在众人面前出丑，会毁了自己的形象，等等。这些意识完全是由左脑所控制，而孩子却不在意这些，并会充分运动，记住运动的技巧，依赖直觉去学习运动，所以进步也就比成人快。低等动物都具有游泳的本能，只有人类和类人猿没有这种本能，这是因为低等动物只有右脑，没有左脑，他们只靠右脑生存，因此不怕水。如果成人在运动时也积极地使用右脑，在头脑中想一想如何才能使自己做得更好，就会养成多用右脑的习惯，克服对右脑的抑制，这样既可以使自己进步得快，也可以使右脑得到更进一步的锻炼。

当然，在强化左侧肢体运动的同时，也不要轻视多样形式的形体运动，多样形式的形体运动也可以提升协调、敏捷能力。虽然多样形式的形体运动对增加大脑的活性有益，但也不代表随意做些运动就可以达到目的，因为不同的方法对右脑的刺激会带来不同的效果。运动、反射神经都是由右脑掌管的机能，要想成为一个能够充分发挥自己右脑力的人，不妨选择一项可以让自己完全投入的运动项目。锻炼右脑活性化的运动方法有很多，并不一定要跑跑跳跳地大幅度运动。在掌管运动的脑活动领域中，脸部、手和手指所占的比例非常大，这是由于人类在长期的劳动实践过程中，经常不断地活动手和嘴唇等部位而形成的，也就是说，在活动这些部位时，虽然运动量很小，但对包含右脑在内的脑部的刺激却是相当大的。你可以和孩子一起做模型（塑胶积木），或是教孩子如何用刀子削铅笔，如果对手工艺品有兴趣的话，不妨动手尝试看看。在假日，也可以做一做木工、养花的工作，可以通过灵巧的手指活动，达到激活右脑的目的。如果会在键盘上打字的话，不妨打打字，打字不仅可以使手指灵巧地活动，而且打字也是进行左、右脑协调训练的一种有效的方法，同时刺激触觉、听觉等感官，是让右脑得到活化的一种简单的方法。

对一般人来说，右手中的小手指、无名指、中指用得比较少，左手的手指用得更少，相应的大脑皮层缺乏锻炼的机会。打字的时候，这些平时较少使用的手指都得到了活动的机会，这就使左右手相应的大脑区域得到了协调，也使十个手指与相应的大脑区域建立了联系，得到了协调。打字对脑功能的训练和对个体品质的提高都是有好处的。手指准确、迅速的操作有利于提高思维敏捷性和思维准确性。人在打字的时候，要求眼到、手到、心到，这更有利于提高注意力和记忆力。近半个世纪来，科学研究发现，人的左、右脑在功能上是有着巨大区别的。"左半球"与"右半球"各司其职、各具特长，又共同协调指挥着人的一切活动。左脑主要以"条理记忆"为特征，可称为"知性脑"；右脑以"瞬间记忆"为特征，可称为"艺术脑"。左脑主要支配着人的逻辑、抽象思维能力。而右脑则主要控制形象思维、情感思维能力。大脑与人的肢体活动密切相关。右脑与人身体左半身的神经系统相连。科学研究还发现，人们对于脑的开发与利用还远远不够，存在着许多问题。其中，很重要一点就是，只重视左脑的利用，而忽视了对右脑的巨大潜力与能量的挖掘和利用。以我国为例，从小学、中学到大学所接受的教育，大都注重"语言、文字""逻辑、数学"的学习，这一切都是在强化左脑的应用，而却忽略了"艺术思维、形象情感思维"的右脑利用。过去大多数人都认为左脑机能是人类生活与行为的重心，人生下之后学习和经验所得到的信息与知识，全部储存在左脑内，因此，可以说每个人的左脑都会自然而然地受到锻炼，而右脑闲置、少用甚至不用。但是，随着脑科学的发展，人们越来越发现，多用右脑能带来更大的能量与好处。不少被称为天才或获得惊人成就的人，通常都积极开发活化了右脑。

右脑不仅能感受过去的世界，也能感受现在的世界，还可以预测未来可能发生的事情。无论是睡觉时做的梦，还是清醒时的"白日梦"，都是右脑所主导的。其实，人们只要留心观察一个人的言谈举止，就可以知道他（她）是否善用右脑。一个善用右脑的人，他总是充满想象力、富有人情味、聪明、乐观；反之，一个不善于用右脑的人，他总是缺乏想象力、呆板、悲观。因此，勤用左侧肢体，尤其是勤用左手，可活化右脑，开发人的创新思维能力。常言说，"左撇子的人聪明"，其实是不无道理的。手的劳作水平，反映出大脑的机灵水平。人们说："手是身外的脑"，人的左手与右脑神经是紧密相连的，经常使用左手的人自然就起到锻炼右脑的作用。据史料记载，世界上一些知名的人物，如爱因斯坦、卓别林、维多利亚女王、富兰克林、恺撒大帝、查尔斯王子、玛丽莲·梦露等都是左撇子。

一方面，左侧肢体训练可以激活右脑。创新能力是人脑所特有的功能，也是人脑功能的最高表现。人们创新能力的高低与其右脑潜能的开发利用程度密切相关。据现代脑科学研究证明，大脑左右半球的和谐发展与协同活动，是创新实践活动得以正常进行的前提。然而，长期以来，无论是在人们的观念中还是在各层次的教育中，对大脑两半球功能的开发和利用，都存在着严重的重视左脑而忽视右脑的倾向，大多数活动都启用左脑功能，左脑应用的概率多，右脑应用的概率极少。以致人们的大脑两半球功能得不到和谐发展与合理应用，在很大程度上妨碍了智力水平的提高和创造力的发展。科学家们研究发现，如果一个人在使用他大脑的一个半球的方面接受过专门训练，那么，他在使用另一半球时，将相对地表现出无能，不但在一般情况下是如此，而且在那些特别需要用到同一个半球很有关系的支配能力的情况下，也是如此。因此，必须利用各种手段和途径，进行右脑功能的开发，以达到人脑潜能的全方位的开发。只要有意识地使用左手和左脚（左侧肢体的运动会促进右脑的活动），就可以使右脑受到刺激，使右脑得到活性化，提高右脑能力。

另一方面，用左耳听、左视野看可以使右脑活性化。与运动神经一样，左半边身体的感觉机能也是由右脑所控制的，运动领域和感觉领域以十分相似的形式在右脑"毗邻而居"。所以，右手灵活的人其右半边身体触觉也十分敏锐，在摸东西时，也会自然而然地伸出右手。为了达到刺激右脑的效果，就必须有意识地动用左半边身体的感觉。听觉也是右耳左脑、左耳右脑，所以，用左耳听音乐时，就可以刺激右脑中的类似音乐中枢的地方。视觉就比较复杂，用一只眼睛所看到的东西会同时传入右脑和左脑，但是，视野可以有区分，也就是说，左视野的景色会进入右脑，右视野的景色会进入左脑。利用这种机能就可以有效地刺激右脑，首先注视正前方的某个物体，然后保持目不转睛的状态，将意识放在左视中可以朦胧看到的东西上，这就是左视野，用左视野看，加大了激发右脑的概率。左侧肢体训练，应成为日常生活中的自觉行动。

日常生活中，大多数人喜欢并习惯于用右手和右腿等右侧肢体，而看不惯应用左手、左脚和左侧肢体的人，我们经常能够看到家长极力制止、纠正孩子左手用筷子、写字、操作工具等。错误地认为这是一种坏习惯，实际上这恰恰与开发右脑相反。为了开发右脑，脑科学家们主张用左手写字，以达到开发右脑的目的。右脑管左手，因此，左手写字、操作工具是锻炼右脑的一种好方法。左手的灵巧会促进右脑的灵巧。人脑的左半球习惯于解决熟练性的问题。他不善于解决新的问题，新问题一般是由右脑解决的。平时，人们习惯于用右手写字，而现在变为用左手写字，原来熟练性的问题变成了陌生的新问题，这类新问题就由右脑半球来解决。新问题为右脑增加了工作机会，也给右脑一个发展、锻炼的机会。在日常生活中，人们可以抓住一些细节活动，有意识地增加左侧肢体的使用。如在乘坐公共汽车时，用左手抓车把手；在拿皮包时，要自觉地用左手；孩子在小的时候，就要有意识地培养他用左手玩游戏、做运动；当工作疲劳时，适当活动一下左手左脚，立刻感觉神清气爽，以此法促进左侧肢体，刺激右脑。关于右脑的活性化问题，已经有许多实例证明，两手都能够运用自如的人患脑出血的比例较低，一般来说，在脑部障碍患者的康复方面，能够使用两只手者恢复得比较快，这是习惯用右手的人练习左手的实用性的好处。对少数习惯用左手的人来说，对右脑已经有了足够的刺激，相反，应该有意识地使用右手。对多数习惯用右手的人来说，就应该有意识地使用左手，左手书写要右脑花力气，随着左侧肢体动作的日益灵活、准确，右脑的各种能力也就随之增强。左侧肢体利用的机会多了，就能更有效地刺激并活化右脑细胞，使右脑更好地发挥其功能，人也就自然变得灵巧聪明了。

第三节 建立培养创新能力的"生态化"教学模式

生态化教育（green education）是摒弃传统教育弊端，力求减少或杜绝缺失，又面向未来的、积极的一种教育方式。它力求克服传统教育中的单一的教学模式、死板僵化的教学方法、陈旧落后脱离实际的教学内容，或只注重传授知识、不重视培养能力，脱离社会生产、生活的封闭式的办学形式等弊端；吸取了自然教育（education of the nature）、创造教育（education of creation）、未来教育（education for the future）和积极教育（positive education）的合理成分于一身，强调一切有利于受教育者树立创造指向，培养创造精神，强化创造意识，揭示创造发明机制，引发创造发明动机和坚定创造发明信心，训练创新思维，开发创造智力，提高创造发明个性品质，启发创造活动和增长创造才干的教育，它强调受教育者的个性发展和自身的不断完善，重视理性与非理性、智力与非智力、逻辑与直觉、认识与情感意志、科学与艺术等的结合，实施德、智、体、美、劳和知、情、意、行全面、和谐、协调、自由发展的整体性教育。它是适应现在、未来经济、科技、社会急剧变革和发展的一种教育方式。

生态化教育"扬弃"了法国思想家卢梭（1712—1778）自然教育的观点；主张教育者应尊重学生的自然本性，按照自然指引的道路、自然发展的次序来对待学生，倡导先要锻炼其身体，再发展其智力、品质，提倡热爱学生，尊重学生的兴趣爱好，发挥学生的主动性和创造性。反对一切无视学生特点和要求，将学生当作受动者来看待的封建教育思想、观念和方法。

一 创新能力培养需要"生态化"教学模式

培养创新能力，教师要在教学观念上创新，唯有在教学观念上创新，才能达到培养人的创新能力和实现人的全面发展的目的。强化创新意识，是教学创新的基本前提，教师要充分认识到自己肩负培养高素质人才的历史重任，转变陈旧的教学观念，树立教学需要创新、应该创新的理念，增强教学创新的责任感，探究教学规律，改革教学模式和方法。

——从精神层面上，培养科学精神与人文精神，培养追求真理、实事求是的精神，培养自由及自主、独立思考、质疑问题、怀疑批判的理性精神；

——从知识与技能层面上，培养学生掌握必备的、有价值的基础知识和有利于他终身学习、持续的基本能力和技能，形成独立的知识结构和人格品德，达到有本钱和有本事的统一；

——从行为习惯和方法层面上，培养良好的学习习惯和科学的学习方法，养成热爱学习的情感。

教学活动作为一项永恒的社会实践，对受教育者的成长起着巨大的推动作用。可以说，学校教育是人类个体发展的最佳途径。与国外教育水平较高的国家相比，我国的基础教育并不落后，但一进入大学阶段，我们的教学效果明显逊色，这已是不争的事实。我们可以列出种种理由对这一现象加以解释，虽然原因很多，表现极为复杂；但守旧的教学机制、落后的教学手段是造成此问题的主要因素。

（一）创新能力的培养需要新的教学方式、方法和手段

众所周知，一个国家综合国力的稳步提高有赖于本国人才创新能力的培育及应用。创新能力开发与常规教育相结合，是智力开发的需要，也是常规教育改革的方向。在智力训练中，我们应力戒"形式训练"，即只注重智力活动的方式，而忽视了认识活动的材料和内容。由于社会的进步和科学的发展，传统教育机制已显露出它的落后，尤其表现在与培养创新能力所要求的教育机制格格不入。它不仅对我国教育界，而且也对世界各国教育界提出了建立新的教学机制的课题。经过初步的科学研究，结合国外的研究成果，我们将培养创新能力所需要的新的教学方式、方法和手段概括为：其一，实施开发智力、发展能力为主的教学方式。传统教育机制所追求的主要目标是向学生大量灌输书本知识，教学成了考试的准备。学生们在学习过程中只注重分数，而不及其余，"高分低能"是这一教学模式所带来的后果。而创新能力培养要将传授知识作为发展智力的基础和中介。国外的同行曾进行了大量的研究，像布鲁纳的"发现法"教改计划、赞可夫的"教学与发展"理论等，都是这方面的典型代表。他们的研究成果表明，为充分开发学生的创新能力，必须将开发学生智力、发展他们的能力放在教学活动的首要位置。为适应这种变化，在课程设置、课程结构、教学内容、教学方法等方面都应该进行深入的改进。其二，突出强调师生的"双主体"作用的教学方式。

重教不重学是传统教育机制的又一重要表现。在这一机制下，学生成为被动地适应老师教学，接受现成知识而少加思考的"留言板""填鸭式""满堂灌"的教学方式是其典型表现。"双主体"教学观，则强调要辩证地看待教学活动。老师是教的主体，如果老师引导得法，学生是可以通过自己主动探求去独立地获得知识、开启智力的。所以我们认为：教与学是一个统一的整体，其主体的作用是相对的，是可以相互转化的。在教学活动中，既要充分发挥老师教的积极性，也要尽可能调动学生学的积极性，他们相互作用是开发创新能力的前提条件。其三，侧重于学生的学习过程和方法的教学手段。传统教育偏重于学生的学习成绩，本无可厚非，但在多数情况下，它习惯于将问题的答案和学习的成绩作为衡量学生学习的唯一标准。殊不知由于学生个体思维方式和思维过程的差异性，客观上就存在着学习过程和学习方式的优化问题，传统教育对此视而不见，这也是导致传统教育模式被迫进行改革的一个重要原因。其四，实行创新性教学。创新性教学的过程是：一要以问题作为整个教学过程的出发点和归宿；二要在教学过程中重视求异性思维诱导；三要强化学生的自主性、主动性；四要开展教学过程的多维开端；五要在教学中重视培养思维的系统性、整体性。

  培养创新能力呼唤新的教学方式、方法和手段，新的教学方式、方法和手段是更加注重对学生学习过程的分析和研究，重视对学生学习方式、思维方式的指导及学习能力的培养，要将学习成绩看作学习过程的产物，而不是衡量学生发展的唯一标准。只有这样才能使学生得到更全面的发展。

  （二）创新能力的培养要求合理的教学原则

  创新能力的培养是智力培养的终极目的。根据我们多年的实践经验，参考国外的研究成果，我们把创新能力培养有关的教学原则归纳为以下几点。其一，心理依据原则。所谓心理依据原则指的是在教学实践中，老师要遵循学生的心理发展规律，把教学内容的安排同学生的心理发展轨迹有机地结合起来，从而真正实现受教育者个体的充分发展。如若教材的内在体系同受教育者的心理发展规律一致，他们就会对这种"心理化教材"产生浓厚的学习兴趣，积极主动地学习，自觉地掌握教材内容，老师也无须求助于各种策略和手段。反之，就会像美国实用主义教育家杜威所言，老师"不得不求助于外部力量将他推进去，求助于人为的练习将他打进去，以及求助于不自然的手段将他引诱进去"。很可惜，在现代教学中，很多教师在这一点上做得非常不够。现代心理学家表明，人的心理发展轨迹在各个年龄段是不同的，只有当学校教学内容、结构及教师的教学方式符合受教育者心理活动规律时，教学才容易被学生接受，并能有效地促进学生智力的培养和能力的提高。这就要求教师不但要准确了解不同年龄段学生的心理发展规律，还要将教材与学生的心理发展规律结合起来，促使学生在掌握学科基本结构的同时发展其认知能力。其二，智力发展原则。学校教育的目的就是发展学生的智力。作为教学环节中的主体，教师应首先认真考虑教学内容的智力培养价值，然后再结合学生的个体品质，遵循学生的智力发展规律，精心设计教学计划，改革教学方案，以促进学生智力的普遍发展。其三，优化性原则。所谓优化性原则指的是在教学活动中，"投入与产出比"的问题，即如何以尽可能少的投入换取尽可能大的产出。最早提出这一思想的是苏联教育家巴班斯基（1927—1987），其思想主要表述为，要求教师在全面考虑教学原则、方式及学生特点的基础上，选择一整套教育方法，以最小的代价取得最大的效果，提高优化水平。我们的优化性原则与巴班斯基的思想有相似之处，其手段是通过日常的与智力培养紧密结合的教学工作，达到在学习时间不多，甚至学习时间缩短的条件下，发展学生的智力和能力。有关这一点，不仅理论已经建构起来，而且已付诸实践。其四，不平衡原则。不平衡原则主要指受教育者在智力及能力的发展上所表现出的不平衡性，它是不以人的意志为转移的客观现实。不平衡原则，一方面，源于学生个体智力的差异、心理状态的差异及基础的不同，学生们在解决问题时所表现出的能力差异是不可避免的；另一方面，源于学生学习活动的差异，如学科专业的差异、识记方式的差异及动手要求的差异等。由于问题的情境，即问题的性质、数量、种类及难度不同，解决问题的智力和能力要求也不尽相同，不同类型的学生表现出了不同的差异。智力与能力发展不平衡的原则要求我们的智力训练方案必须设计得更完善、更合理、更有针对性。只有这样，才能使我们获得的结果更客观，才能使我们更加不拘一格地培养人才。

(三) 创新能力的培养要求适当的教学进程

教学进程是实现教学任务的基本途径，其规律和特点规定了教学原则的制定、课程的安排、教材的选择、教学方法和手段的运用，它是教学实践的核心组成部分。教学进程的基本因素包括教师、学生、教学内容、教学方法和手段等。如何配置教学进程的诸因素是培养创新能力的关键。国外与此相关的研究成果比较多，这里引用一些比较有代表性的观点，以供大家参考。

郝尔巴特：明了—联想—系统—方法；

威尔曼：认知—理解—实行；

杜威：暗示—理智化—假设—推理—验证；

沙伊普纳：目的—手段—准备—计划—实行—反思；

奥根：秩序—提示—概括—巩固—熟练—实践—检查。

以上有关教学进程的各种理论，由于各自的哲学思想和方法论的差异，在表述方面有很大的不同，但都遵循了认识的一般规律，即从感性认识到理性认识再到实践。从中我们也可借鉴许多有益的东西，为我们所用。其一，突破传统教学观念。传统教学观念将教学进程看作单一的教师教的进程，学生的学，处于从属地位。这种观点限制了学生能动作用的发挥，压抑了学生的创新能力，是应该抛弃的观点。我们必须树立完整的、全新的教学进程观，应将教学过程看作教师的教和学生的学的辩证统一。其二，明确"教与学"双主体在教学进程中的作用。所谓教，就是教师有目的、有计划、有意识地去影响学生，教师决定着整个教学活动，其主体意识和主导作用是不容置疑的。教的进程包括明确目标、了解学生、分析教材、设计课程、进行教学和评估反馈等步骤。作为教这一环节的设计者和操作者——教师，其角色意识直接关系着教的进程的运行。学生学习的进程是学生经验积累的过程，它包括经验的获得、保持及其改变等方面，与创新能力关系密切的是学生内在因素的激发过程，其激发程度决定着学生个体构建新的知识结构和智力结构的能力。学习过程主要包括明确目的、激发动机、感知材料、理解知识、记忆保持、获得经验、迁移运用、评估反馈等环节，它有主观见之于客观的特点。学生能动作用发挥的程度决定和左右着学习的水平，所以说在学的过程中学生是主体和操作者。其三，准确把握"双主体"的角色互换问题。教学进程是这一矛盾统一体，通过教与学的互相联系、互相贯通、互相交替，最终达到教与学的共同目的。教师在教学计划中，要始终重视教与学这双重进程，密切关注师生之间角色的交互作用，不断地转移角色重点，以达到最佳效果。当然，作为整体的教学进程，与其相关的内容还有很多。比如说，教学内容是教学的基础，它是教学进程中教师和学生交流的中介。又比如说，教学方法是使教学达到目的的手段，其选择的适合与否直接影响教学效果等。培养创新能力离不开这些环节，但这些环节又是服务于教师的教和学生的学,从这一点讲,它又是被包含在"双主体"之内的。

二 创新能力的培养需要设置系统的课程群

创新能力是以丰富的知识为基础的。就学生而言,在其他相同的条件下,他们掌握的知识越丰富,所产生重要设想的可能性就越大,反之亦然。当然,我们不否认天才的存在,但对智商一般的大多数学生而言,知识资源的合理配置就显得尤为重要,这也是课程设置对创新能力的反作用。从启蒙到高中阶段,由于其特有的打基础功课,其课程设置所形成的知识体系对大学阶段的教育有显著的影响,但由于篇幅所限,我们重点强调大学教育阶段的课程设置。因为,提高学生的思维素质和能力,从小学、初中到高中,就开设了比较肤浅的训练课程,大学阶段更应开设与此相关的培养创新能力的思维方法课程,使大学生能够科学地开发大脑,并掌握多种创新思维方法及创新技法。

逻辑思维训练有赖于原理的掌握,从初中阶段就开设的几何、物理、化学等课程属于初步训练,大学阶段专业课的学习使得学生们更善于演绎、推理,但缺乏直觉的想象。文化艺术由于个体特征上的纵观、直觉和想象的特点,弥补了这方面的不足,尤其是艺术在培养人的想象力方面的潜力是巨大的。从启蒙阶段就开始的艺术技能的简单训练及名诗佳作的死记硬背到以后的逐步深入了解,在大学阶段必须上升到更高的层次。因此,文学艺术类课程的开设是必需的,也是十分必要的。

非主干课程能提高人的反思、批判及提升创新能力,大学阶段有必要开设相关的课程。比如,思维科学、逻辑学、现象学等课程,以提高学生的思辨能力和提升创新能力。由于创新能力所要求的知识底蕴比较深厚,所以,课程设置还应开设自然科学、社会科学、思维科学及人文科学等与专业相结合的学科；另外，设置边缘学科、交叉学科、前沿学科、横断学科的知识更有利于创新能力的发展；还要设置科学方法论的课程，它对学生创新能力的培养至关重要。学生只有掌握科学的方法，才能去检索、查询、学习、鉴别，才能区分主次，才能节省时间，保持头脑对新鲜事物的敏感性与吸纳能力，才能创新和创造。实用课程的主要功能是便于知识的掌握。为了更有效地培养创新能力，必须开设下列课程，主要包括音乐艺术课程群、数理化、计算机应用课程群、专业英语、通识教育课程群、文献检索、古诗赏析、科技论文写作、应用文创作课程群、方法论课程群等。

培养创新能力所需要开设的主要课程群，在本章第二节，"优化创新教育内容是培养创新能力的有效方法"中已经阐述，在此仅粗略提供部分课程，还有待于进一步系统充实和研究。当然，创新能力的提高仅靠理论课程是不够的，还应开设一些实践课程。因为在实践过程中才能锻炼学生的独立能力、系统思维能力、独立活动及随机应变的能力，从而有助于其独立意识、创新能力的培养。

第四节　营造培养创新能力的"生态化"教师素质

教师素质不仅对教学环节起着决定性作用，而且对人才的培养也起着关键性作用。营造"生态化"教师素质，是对教师素质提出的新的更高的要求。我国教育改革，除了从宏观上逐步改革不适应教育发展的诸因素外，也需要从微观上着手，即提高教师的综合素质，改进他们的教学水平，为创造性人才的培养提供一个良好的教师素质。新时代，对教师素质的实质构成及提高等问题的研究也逐步形成了一些成果,其主要内容包括:教师参与教改的科学研究,促使教师由"经验型"教学向"科研型"教学转化,变"教书匠型"教师为"专家型"教师等。这些工作都是提高教师素质的重要途径和手段。

一 教师素质的含义

教师素质相对"素质"而言,是内涵缩小的概念。"素质"一词,按《现代汉语词典》解释,其原始含义包括"事物的主要成分或质量"及"事物的本来性质"。从生理学和心理学的角度分析,它是指"有机体天生具有的某些解剖和生理特点,主要是神经系统、脑的特性,以及感官和运动器官的特征","其内涵是指人的先天性、遗传性的自然素质,外延则限定于人的个体素质"。近年来,由于"素质"一词被广泛应用,其含义已超越了遗传性的局限,在应用范围上,它已不仅仅指个体,也可以指群体的质量或性质。对"素质"一词的确切定义,至今没有完全统一的看法,但刘明的观点比较有代表性,他认为"人的素质既指先天的一系列自然特点,又指后天的一系列社会的品质,作为个人的本质,既包括先天因素、自然本质,也包括后天因素、社会本质。素质是一个内涵丰富、能完整地体现个体的身心发展质量、水平和个体特点的概念"。

教师素质是特指教育界实施个体行为的教师的素质。这是当前教育界亟待解决的问题,因为不同的教师素质观,直接影响着师资培训工作的目标,决定着师资培训体制的改革。为此,研究者们都提出了各自的观点,相比较而言,张承芬的观点比较有影响,她强调指出:"教师素质是指教师履行职责,完成教育教学任务所必须具备的各种素养的质的要求及将各种素养有机结合在一起的能力。"尽管如此,如若仔细推敲,我们仍能发现此概括存在一些不足。首先是对教师素质内涵的定义不明确，没有真正体现出教师职业的独特性；其次是定义用语模糊抽象，缺乏可操作性，很难用来指导培训教师素质的工作。

如何界定教师素质？要全面正确地界定教师素质，必须注意：其一，反映教师的独特的本质，切实体现教师这一职业的独特性；其二，注重深刻的理论背景，不能由研究者凭空设计；其三，科学界定教师素质，必须着眼于教学活动本身，因为教学活动是教师的中心工作；其四，将教师素质看作一个系统，其内部诸因素相互影响，反对元素主义的教师素质观；其五，以发展的眼光、动态性地看待教师素质。因为教师的素质是结构和过程的统一，由于教师素质的定义是服务于教学实践，并指导教师培训工作，所以其必须具备可操作性。综合以上几点，总结近年来的理论和实践研究的成果，我们认为，所谓的教师素质，就是教师在教育活动中表现出来的、决定其教学成果，对学生身心发展有直接而显著影响的心理品质的总和。

二 "生态化"教师素质内容

教师被称为"人类灵魂的工程师"。新时代的人民教师要富有"生态化"的教师素质。"生态化"教师素质的主要内容包括以下内容。其一，富有高远的教师职业理想，献身教育事业。这是教师干好本职工作的原动力。动机因素是一切行为的发动性因素。教师要干好本职工作，首先要有强烈而持久的教育动机，要有很高的工作热情。一个对教育工作毫无热情，一见到学生就心烦的人，是很难圆满完成教育教学工作的。我国的教育，由于受社会大环境的影响，教师队伍的积极性普遍不高，这对我国教育事业的影响是比较明显的。教育改革的重点就是要增强教师的事业心，强化教师的职业责任感，提高他们的工作积极性。影响教师职业责任感的因素很多，且比较复杂，如社会客观条件等，有些则可以通过努力予以克服，也可以通过改善学校的客观状况、提高教师的教学效能感、设法提高教师对教育工作的成功期待等三个方面来提高教师的工作积极性。这也是我们研究"生态化"教师素质的价值所在。其二，树立正确的教育观念。这是教师做好教育工作的先导。正确的教育观念对他们的教育态度和教育行为有显著的影响。在教师的教育观念中，教师的教学效能感包括两个方面：个人教学效能感，主要指的是教师对自己是否有能力完成教学任务、教好学生的信念；一般教学效能感，则反映了教师对教与学的关系，对教育在学生发展中的作用等问题的一般看法和判断。其三，具有较高的教师文化知识水平和教育工作能力。这是教师干好本职工作的前提和基础。将教学活动看作一种认知活动应该是毫无争议的。在教学活动中作为主体的教师其知识水平和知识结构对教学活动的影响也是显而易见的。我们将教师的知识分为三个层面，即教师的本体性知识、实践性知识和科学性知识。教师的本体性知识，是指教师所具有的特定的学科知识，如语文知识、数学知识等，它是人们所普遍熟知的一种教师知识。我们的实践表明，具有丰富的学科知识并不是个体成为一个好教师的决定条件。我们认为，教师也许只需要知道一部分学科知识，达到某种水平即可，学科知识多了对教师的教学并不一定起作用。教师的实践性知识，指的是教师所具有的课堂情境知识以及与之相关的知识，具体讲，就是教师依据教学经验而积累的知识，它带有明显的情境性和经验性，并且受个人经历的影响。教师的科学性知识，是指教师所具有的教育学和心理学知识。这种知识是广大教师所普遍缺乏的，也是我们需要特别强调的。科学性知识是一个教师教学成功的重要保障。正确地传授某一学科知识的途径是：教师把他们已具备的学科知识与课堂具体情境结合起来，形成一种与行为有关的知识。要做到这一点，必须将学科知识"心理学化"，以便学生理解。其四，练就较高的课堂教学掌控能力。这是教师从事好教学活动的核心因素。教学掌控能力，指的是教师为了保证教学的成功，达到预期的教学目的，而在教学的全过程中，将教学活动本身作为意识的对象，不断地对其进行积极主动地计划、检查、评价、反馈、控制和调节的能力。这种能力主要包括三个方面，一是教师对自己教学活动的事先计划和安排；二是对自己实际活动进行有意识的监督、评价和反馈；三是对自己的教学活动进行调节、校正和有意识的自我控制。教师的教学掌控，因掌控的对象不同，可分为自我指向型和任务指向型。由于其作用范围的相异，教学掌控能力操作又可分为特殊型和一般型两类。教师的教学掌控能力操作起来可概括为以下内容：一是计划与准备；二是课堂的组织与管理；三是教材的呈现；四是言语和非言语的沟通；五是评估学生的进步；六是反省与评价。其五，拥有尽善尽美的教学艺术。这是良好教师素质的外化行为。教师的教学行为与教学各环节密切相关，一个教师教学效果的好坏，直接决定其教学行为的合理与否。因此，合理地调整自己的教学行为，使之有利于教学任务的完成，有利于学生的全面发展，就成为教师教学活动成功的关键。我们将良好的教师教学行为具体概括为以下五个方面：一是教学行为的明确性；二是教学手段的多样性；三是明确的任务取向；四是广泛的参与性；五是客观公正的效果评价。当然，由于教师自身的特点，其教学行为带有明显的情境和个性，我们很难用某种统一的程序去训练教师的具体行为，只能采取最基本的做法普遍提高教师的整体素质。

三 教师创新素质是培养学生创新能力的关键

教师必须具备的创新素质，主要包括教师的创新教育观念、科学文化素养、个性特征、教学艺术等，也包括教师在教育教学中锐意开拓，不受传统思维和传统教学模式束缚，而用新异合理的方式处理问题的能力。教师是创新能力培养的实施者、主导者。教学研究发现，教师的创新性与学生的创新能力之间存在一定的正比关系，教师自身的创新素质的高低，在一定程度上，关系到是否有利于学生的全面成长，关系到创新能力培养的成败。因此，教师创新素质的高低对学生创新能力的培养至关重要。

（一）教师应具有适应创新能力培养的现代教育观

在教育教学的过程中最重要、最迫切的事情，就是教师教育观念的现代化，因为教师的教育行为是受其教育思想观念影响的，教师的教育活动及其效能、质量又会影响到人才培养的质量和规格。因此，实施创造力培养要求教师首先应有正确的教育教学观。中国科学院原院长路甬祥先生指出，"传统的教育思想往往以灌输知识为目标，以教师为主体并力图以统一标准去测度不同的个体。这实际上是违背人的本性和教育目标的"。[①]

在知识爆炸、知识迅速积累和人们获取知识的方式急骤变化的网络时代的情况下，教师仅仅传授书本知识已不能满足教学的需要，更为重要的是通过传授一定的知识和经验，使学生获得新知识的知识基点和方法，获取开拓新知识的能力，养成不断进取的性格倾向。教师的职责主要不在于"教"，而在于指导学生"学"；不要满足于学生"学会"，更重要的是引导学生"会学"。

在教学过程，教师不仅向学生传授知识，而且要激励学生思

---

① 吴也显：《教法与学法关系试探》，《教育研究》1995年第2期。

维,尤其是创新思维,教学要从单纯讲授知识向培养能力转变,从讲解为主向启发诱导转变,教师的主导作用在于充分发挥学生的主体作用,调动学生学习的自主性、能动性、创造性,培养学生独立思考、大胆质疑、勤于动手的能力。教师只有树立与创新能力培养相适应的现代教育观念,并将其内化为自己教育教学活动的指南,才能真正有利于创新人才的创新能力培养。

(二) 教师应具有优异的科学文化素养

具有优异的科学文化素养,既指具有合理的知识结构,又指具有较强的科学观念。教育的内容应反映人类最新的科学成就,反映科学技术和人类经济与社会发展的规律和趋势。教师是科学知识的传递者,其科学文化素养的优劣、智能水平的高低,直接关系到教学质量和教育目标能否实现。教学活动应该是内容丰富、充满创造性的实践活动,教师在教学中的对象是一个个知识来源广泛、求知欲旺盛的学生,要想充分调动学生学习的主动性,就要求教师不仅具备扎实的专业知识,还要具备宽厚广博的相关知识,包括教育学、心理学、组织学等方面的知识。

当今社会科学文化知识更新迅速,教师应不断地、勤奋地、努力地学习,成为学识渊博的"研究型""学者型"的教师。若教师仅仅停留在书本,仅习惯于向学生灌输老面孔的经典知识,没有能力和意识展示新思想、新观点、新方法和新技术,在教学过程中,仅仅注重知识条文,轻视蕴含于知识条文中的科学思想和科学精神,其结果不仅有碍于新科学知识在学生中的广泛普及,也有碍于学生科学思维方式、科学探索精神和知识创新能力的形成和发展。因此,教师必须自觉提高自身的科学文化素养,加强科学观念。培养学生对科学的浓厚兴趣,激发学生的创新热情。

(三) 教师需要具有独特的个性

创新能力是由多种机制协同作用构成的一种多层次的复杂结构，它主要包括知识结构、智能结构和个性结构。知识结构主要指基础文化科学知识及一些初步的创造发明的专门知识，智能结构主要指观察力、记忆力、想象力、创新能力等，个性结构主要指提升创新能力的成分中的非智力因素，主要包括情感、意志、个性心理品质等，其积极成分对智力活动起补偿作用，表现为对智力活动的定向、支持和强化。可以说任何创新和创造性的活动，都受到个性的影响。教师对学生的兴趣、性格、气质、意志力等的形成有着潜移默化的影响。长期以来，应试教育的弊端致使教师和学生的个性在升学的压力下受到严重压抑。无论是教师的"教"，还是学生的"学"，越来越"标准化"，教师也成了应试的机器，于是衡量学生的标准是听话、顺从、认真、仔细、举止规范；而活泼好动、不拘不束、想入非非、爱发问或与老师意见不同则被认为是出格，甚至被严格禁止。教师关注的不是学生的能力，而是学生是否听话、守纪律，是否能得高分。其结果是学生个性的弱化，较为普遍的、典型的表现为"阴盛阳衰"现象。创新教育呼唤对学生个性培养，鼓励学生不拘一格，强调独立自由精神和创造精神。

教师开放的个性和宽容的态度对于学生个性发展和健全人格的培养很重要。具有开放个性的老师在思想上和行为上往往能自觉地排除对创新不利的因素，也不满足于现有水平，少刻板僵化、因循守旧，并表现出敢于怀疑、善于变通、标新立异的个体品质，对新生事物表现出极大的兴趣和热情。因此学生面对这样的老师较少拘束，在这样的老师的影响下，往往会在学生中形成善于发问、喜欢质疑、性格开朗、朝气蓬勃、思维活跃的群体特点，有利于群体生动活泼、自由全面地发展。教师宽容的态度也很重要。没有宽容，就没有学生的自信心；没有宽容，就失去了创造的内驱力；没有宽容，就无法培养学生的批判精神和发散性思维，创造性就失去了技术支持。试想一个教师不能谅解学生的鲁莽、幼稚，不允许学生犯错误、"出格"，不能听取学生与自己相左的意见，更不能容忍学生指出或批评自己的错误，那么学生就可能会不自觉地放弃追问、求异和探索等创新活动，去简单地趋同于老师的赞同、默许，那么呈现在我们面前的可能是一个气氛沉闷、思维压抑、无疑无问、呆滞死板的群体。谋求一致和趋同会使学生消失个性、放弃创新。如果教师能够常常自省，对习以为常的现象提高警觉，找寻突破口，同时能够放弃自我中心意识，以宽容的自省的态度对待学生的异己思想及学生的创造性行为，尊重爱护每一个学生，给学生一个自由自主宽松的环境，从一定程度上可以弥补教师自身不足带来的负面影响。只有开放、自省的教师，才能够孕育创新。

（四）教师要善于运用创新的教学方法

教师的课堂教学是实施创新能力培养的主阵地，在课堂教学过程中所表现出来的教学艺术和组织艺术，特别是教学方法，是培养和造就创新人才的关键环节之一。课堂上将知识讲明讲透是传统教育中教师努力达到的境界。为此，教师有多少就给学生灌输多少，学生没有多少时间或根本没有时间思考和练习。

创新能力培养是一种更科学、更高层次的教育，它要求教师在教学观念更新的前提下改革传统教学，采用全新的有利于学生创新能力培养的方法。常言道："教有法，无定法"，这概括了教学方法的灵活性和创造性。近年来，在推动素质教育的过程中，在教学方法上有很多创新，概括起来大致分为两类：一类是侧重学生非智力因素培养的教学方法，如成功教育、和谐教育、愉快教育等；另一类是侧重学法指导，使学生学会学习、善于学习，如自学辅导法，亦称学导教学法、问题教学法、异步教学法等。开展创新能力培养，不能简单选用一两种方法，而应综合使用各种教学方法。无论采用何种方法，都要求注意以下几点。一是积极实行启发式教学。教师遵循教学的客观规律，以高超精湛的教学艺术适时而巧妙地启迪诱导学生的学习活动，帮助他们学会动脑思考和语言表达，生动活泼轻松愉快地获得发展，真正做到从单纯讲解向能力培养转变。二是问题情境。大量的心理学实验及其成果表明，设置良好的情境，有利于学生产生一种心理上的期待感，形成对问题的探究热情，有利于学生创新实践活动的展开。教师可针对不同学科的不同特点运用提问、操作、演示、实验等多种方法，或可借助多媒体及电教手段创设问题情境，引起和发动积极思维活动。三是注重培养学生发散思维能力。创新能力是创新创造的核心力，而发散思维法则是创新能力的主要形式，其特点是从不同角度看待同一问题，不依常规，不受传统知识的束缚，寻求变异。教师可以根据不同学科特点训练学生的发散思维，如一题多做、一文多写等，还可以开设专门的思维训练课，让学生掌握一些创造发明的思维方法、学习方法，以提高发散思维能力。四是重视培养学生收集处理信息的能力。在传统教育中，教育在相当程度上是让学生记忆各种知识或某种信息。然而今天的学生面临的是信息时代，整个社会信息化进程越来越快，重要的不是让学生记忆大量的"信息"（当然，记忆一些最基本的信息还是有必要的），而是教会学生如何获取信息，以及如何加工处理这些信息。因此，在教学过程中，教师除向学生传授传统技能的精华外，还应重视培养学生的信息获取、信息分析和信息加工的能力。"对人的创新能力来说，有两个东西比死记硬背更重要：一个是他要知道到哪里去寻找所需要的比他能够记忆的多得多的知识；另一个是他综合使用这些知识进行新的创造的能力。"可以说，给学生创造最有利的信息环境，教会学生获取和加工信息的能力，是信息时代、网络时代教师教学工作的主要任务。教师的创新教育观念、科学文化素养、个性特征、教学艺术等关系着学生创新能力的培养，提高教师的"生态化"教师素质是培养学生创新能力的首要环节。

四　完善和提升教师的创新教育素质

创新教育是素质教育的一个重要的组成部分，它既能整合知识教育，又能整合智能教育。创新教育必须以培养非智力因素或个性的发展为出发点，以培养学生的创新精神、创新能力为基本价值取向。[①] 无论是推动教学方式创新、课程体系改革，还是发展广泛意义上的创新教育，很大程度上取决于教师队伍的投入精力与经验水平。通过对我国高等教育教学经验的总结，我们认识到：师资创新素质低是束缚学生创新能力的主要因素。在创造新的伟业的新时代，不仅要求教师自身具有较强的创新意识和创新精神，也要求教师在教学中有强烈的意愿，懂得如何实施创新教育，改善教师创新教育积极性受限的状况。

一要改变教师的绩效评价体系失衡的问题。重科研、轻教学的现象必须改革，改革晋升、岗位竞聘以及奖励政策方面对科研业绩与教学质量形成"厚此薄彼"的严重影响教学积极性的现象。教师对待教学的态度深刻影响着学生对学习、科研的态度。教师的考核评价机制则直接影响教师对待教学的投入程度与水平。当然，重科研本身没有错，关键不能轻视教学，要建立教学与科研并重的机制保障，让高水平的教学与科研统一起来，实现

---

① 周宏、高长梅主编：《创造教育全书》，经济日报出版社1999年版，第5—6页。

高质量的创新能力培养。

二要改善高素质、多元化创新教育教师队伍严重不足状况。缺乏创新教育的教师，尤其是培养创新能力教育的专业教师甚少。在现有教师队伍中能主讲创新能力培养的教师缺乏，致使多所高校根本就没有开设创新教育课程，严重影响了学生创新能力的培养和提高。国际创新教育的经验表明，发达的国家或地区大都拥有一个强大的高等创新教育体系。鉴于我国创新教育的现状，以扩大创新教育教师为突破口，壮大创新教育教师队伍，重点完善教学方式、课程体系、培养模式及配套的创新体系、机制、制度，构建全社会参与到培养学生创新能力的体制机制，创造新一代数字技术与创新教育教学的深度融合，开展教师创新教育能力、方式方法的培训。切实将创新教育纳入创新人才培养的新赛道。

三要改进教师创新教育标准低的现状。教育的重点是强调教师（教育者）要有"传道、授业、解惑"的能力，可很多教师传道、授业、解惑的能力低，严重地限制了学生（受教育者）的创新能力。新时代的教师不仅要有传道、授业、解惑的能力，而且还要有创新教育的本领和本事。传道，要求教师言传身教，传授知识的同时培养学生的人格品质；"道"是世界观、人生观、价值观，是一个人对社会和自然界的总的、全面的看法。道并不是高深莫测的，中国有句古话说，"大道至简"，其实真正的大道理是极其简单的，简单到一句话就能说明白。常言道："真传一句话，假传万卷书。"授业，传授基础知识与基本技能，这是教师对学生的责任；"业"是指具体的知识技能。有了道，还要学一些具体的技术和技能。古人对技能的掌握高度重视。经常说"万贯家财，不如一技在身"，还强调"艺多不压身"，指的是学习的技能，越多越好。有些技能，有时候看着没用，但总有一天会用到。达到"技高一筹"是能力最强的人。解惑，学生通过主动学习提出他们的疑惑疑问，教师要有效地、有的放矢地解决。严格来说，解惑不是传授具体的知识技能，而是为了更好地传授知识和技能的一种方法。人们学习知识技能总会面临各种困难，有些懂，有些不懂。不同的人对此有不同的态度，有的人不畏艰难，遇到不懂的就问；有些人则一知半解，草率了之。其实不懂的地方，恰恰是最应该重视的地方。在学习过程中，唯有掌握重点和难点，才是学习提升能力的关键。一个人能力水平的高低体现在对于难点掌握的程度上。很多人会知难而退，只有少数人不畏艰难，勇于攀登才能达到真理的顶点。解惑要有三颗心：爱心、耐心和责任心。要有能力，有好态度。能力与好态度统一起来，才能让学生的"惑"真正得以解答。

一般来说，学生的创新能力依赖于教师创新能力的水平。如果教师具有很高的创新能力，学生的创新能力就会获得提升，相反，如果教师的水平在创新能力标准以下，那么，就会影响学生创新能力、创造潜能的发挥。

第五章 创新能力培养的保障机制

营造良好社会环境（氛围）是创新能力的社会保障。创新能力产生发展的社会环境是指营造社会中同人们发生联系的社会机制、市场机制、规章制度、文化观念、物质条件等大环境和单位的小环境。社会大、小环境直接影响着人们的心态、观念、习性、语言和创新能力等。良好的社会环境（主要包括政治、民主、法治状况和生活环境），对创新能力的发生、运行、发展起到正向的保障作用。

第一节 良好政治、民主、法治状况是创新能力的制度保障

良好的政治氛围、民主程度、法治状况是创新能力的重要保障机制，也是创新能力发生、发展不可缺少的主要因素，它在创新能力的发生发展过程中起着基础性的保障作用。人类社会文明程度的高低很大程度与其所处的政治、民主、法治状况相关，一个国家的发展状况也与其有着密切的关系。社会主义制度的建立，为人们发扬民主、发挥创新能力、创造性地开展工作开辟了广阔的前景。但要想使创新能力大幅度提升，就必须有一个能够促使、鼓励人们勇于创新、乐于创新的社会制度的保障。

一 政治环境与创新能力

政治环境开放、政治思想先进直接推动着人们的创新能力的发生、运行。在人类历史发展的过程中，创新能力的发生及良性运行均是在政治环境开放时期和思想宽松地区。文艺复兴时期，由于工商业的发展，资产阶级的兴起，欧洲社会逐渐摆脱了罗马教廷的控制，人们开始创造性地寻找"人"的价值，把人的需求和价值看作第一位，而不再是神，该时期人们精神上的解放，使得思维活跃创新活动层出不穷，在文学领域出现了彼得拉克、维加、薄伽丘和莎士比亚等一大批文学家，他们不再是以神为主体进行创作，而是将人作为其作品的核心，主张人的解放，反对神权对人权的压迫，反对罗马教廷的禁欲主义，提倡人要勇于发现自己，肯定人权、反对神权。这种对人与神在认识上的创新，如果没有宽松的政治环境几乎是不可想象的。

在我国古代史上，春秋战国时期，周王朝的衰落，诸侯国割据一方，没有了强大的中央政府，在思想意识的管制方面相对出现松动，以孔子为代表的私学兴起，形成了诸子百家争鸣的局面，各个派别根据自己的思想发表学说，去说服各个诸侯国采用自己的思想，彼此竞争，又相互发展，思想空前地繁荣。影响中国数千年儒家的"仁道"思想、道家的"无为"思想、墨家的"兼爱"思想和法家的"法、术、势"思想均是春秋战国时期产生的。相反，政治环境封闭，政治思想干预过多，创新能力便很难发生和运行。政治干预过多、管制过严导致人们思想停滞。与春秋战国时期的思想大繁荣不同的中国明清时期就出现了严重的思想停滞。明清两代，中央王朝强大，权力高度集中，皇帝专制。明朝开国皇帝朱元璋废丞相，集朝廷大权于一身，清朝皇帝对权力的欲望更甚于明朝，两代对于思想管制甚严，最具有代表性的便是八股文和文字狱。八股文是中国明清两朝科举的一种特殊文体，由破题、承题、起讲、入手、起股、中股、后股、束股八部分组成，八股文只关注文章的格式，却丝毫不关心内容，八股文的每个段落都有严格的规定，人们创作必须遵守，不能逾越，甚至文章的字数都必须是一样的，作者只能按照题目字义敷衍成文，扼杀了作者的创意，思维被禁锢，成了文字游戏。文字狱是中国专制统治者维护专制统治的一种方式，以文字定罪，消除异己。清朝文字狱众多，据统计，顺治到乾隆四个皇帝文字狱竟高达166次。在这种近乎恐怖的文化管制之下，人们不能够自由地表达自己的思想，人们的思想、作品都要符合统治者的需要，在这种条件下，创新能力是根本不可能发生的。

自从汉武帝采纳董仲舒的"废黜百家，独尊儒术"的政治建议以来，直到我国经历的五四新文化运动之前，在中国两千年的学术发展史上，孔孟之道的儒家学说成了当权者一统天下的唯一官方政治意识形态，建立起了高度统一的社会管理制度。在中国封建社会，知识分子的主要任务就是学习儒家经典。而不同于当权者的其他学说都变成了"异端邪说"，面临着被迫害的命运。这种"唯我独尊的一元化"的政治意识形态大大遏制了科技创新所需的多元化的思维方式，无形中阻碍了我国自然科学的发展。另外，封建社会大一统的社会意识形态还要求，所有的经济贸易活动都只能围绕当权者政府的需求而展开，彻底失去了产品需要更新换代的观念和大幅度提高生产效率的迫切要求。在暗无天日的封建社会，中国古代的科学发展和技术的进步失去了最重要的推动力。由此可见政治氛围对创新能力有着不可忽视的影响。落后就要挨打。而到了近代中国，面临着残酷的内忧外患，大量有识之士开始不断地从思想上、文化上寻找落后的根源，高度解放思想。大量近代中国知识分子到西方留学，于是各种思想、文化相继被引入我国。直到1919年，我国爆发了近代史上影响深远的五四运动，是我国新民主主义革命的开端。五四运动中的革命先烈们敏锐地捕捉到了西方世界的两大瑰宝——民主与科学，这正是中国五千年历史中传统文化和本土思想最为薄弱的环节。在整个五四新文化运动中，革命先烈们将民主与科学既定为最核心的内容。由此可见，积极向上，崇尚科学的政治环境对创新能力的提升起着至关重要的作用。

关于创新能力发生、运行在中国古代遇到的问题，2014年6月9日，习近平总书记在两院院士大会上说："我一直在思考，为什么从明末清初开始，我国科技渐渐落伍了。有的学者研究表明，康熙曾经对西方科学技术很有兴趣，请了西方传教士给他讲西学，内容包括天文学、数学、地理学、动物学、解剖学、音乐，甚至包括哲学，光听讲解天文学的书就有100多本。是什么时候呢？学了多长时间呢？早期大概是1670年至1682年，曾经连续两年零5个月不间断学习西学。时间不谓不早，学得不谓不多，但问题是当时虽然有人对西学感兴趣，也学了不少，却并没有让这些知识对我国经济社会发展起什么作用，大多是坐而论道、禁中清谈。1708年，清朝政府组织传教士们绘制中国地图，后用10年时间绘制了科学水平特别空前的《皇舆全览图》，走在了世界前列。但是，这样一个重要成果长期被作为密件收藏内府，社会上根本看不见，没有对经济社会发展起到什么作用。反倒是参加测绘的西方传教士把资料带回了西方整理发表，使西方在相当长一个时期内对我国地理的了解要超过中国人。这说明了一个什么问题呢？就是科学技术必须同社会发展相结合，学得再多，束之高阁，只是一种猎奇，只是一种雅兴，甚至当作奇技淫巧，那就不可能对现实社会产生作用。"[1] 针对这个问题，习近平总书记又继续讲道："要解决这个问题，就必须深化科技体制改革，破除一切制约科技创新的思想障碍和制度藩篱，处理好政府和市场的关系，推动科技和经济社会发展深度融合，打通从科技强到产业强、经济强、国家强的通道，以改革释放创新活力，加快建立健全国家创新体系，让一切创新源泉充分涌流。如果把科技创新比作我国发展的新引擎，那么改革就是点燃这个新引擎必不可少的点火器。我们要采取更加有效的措施完善点火器，把创新驱动的新引擎全速发动起来。"[2] 要把握好科学研究中的探索发现规律，为科学家潜心研究、发明创造、技术突破创造良好条件和宽松环境；把握好技术创新的市场规律，让市场成为优化配置创新资源的主要手段，让企业成为技术创新的主体力量，让知识产权制度成为激励创新的基本保障；大力营造勇于探索、鼓励创新、宽容失败的文化和社会氛围。

关于政治环境封闭、政治干预过多的问题，不仅在东方，而且西方也同样存在专制阻碍创新能力的问题。如出生在德国的科学泰斗爱因斯坦被认为是继伽利略、牛顿之后最伟大的科学家，他奠定了核能开发的理论基础，在科学界的成就令世人瞩目，但是，这样一位著名的伟大科学家却因为是犹太人，而受到纳粹德国的压迫，被迫远走美国。

政治因素主要包括创新能力的个体所处的大的社会环境，如社会中同人们发生联系的复杂的各种机制，包括社会、市场、规章制度、文化、物质等大环境；生活因素除了上文谈到的家庭和

---

[1] 习近平：《在中国科学院第十七次院士大会、中国工程院第十二次院士大会上的讲话》，人民出版社2014年版，第13—14页。

[2] 习近平：《在中国科学院第十七次院士大会、中国工程院第十二次院士大会上的讲话》，人民出版社2014年版，第14—15页。

单位的小环境以外，其实还应当包括自然环境。自然环境为创造性思维提供了广阔的想象空间，不断地使人们产生灵感，进行创造。自然环境为人们进行创造性思维提供了大量素材，恶劣的自然环境则不利于主体创造性思维的拓展。

二 民主化程度与创新能力

创新、创新驱动、创新社会重要性的凸显，民主政治体制的固有价值将持续显示出来，同时"民主转型"依然是政治研究和实践中心课题。一般认为，民主化水平较高的国家更加关注并尊重个人自由，捍卫人身权利，并积极建立促进科技创新、保护知识产权的制度。与此同时，许多民主化评分较低的国家则强调集体行动和强大的国家领导力，以期实现国家创新和技术突破。考虑到这两种不同的管理模式，20世纪著名的哲学家和政治学者卡尔·波普尔指出，民主且自由的社会结构有助于促进国家创新。这一结论也为中国国家创新能力在近年来的快速提升提供了有效的理论支撑，支持了当前中国政府相关政策对创新能力促进的效用性。而与民主相悖的官僚主义已经被证明是不适合创新能力提升的。官僚结构和创新行为之间的关系是通过比较官僚结构内的条件和心理学家发现的最有利于个人创造力的条件来检验的。官僚机构内部的条件被发现是由生产力和控制的驱动力所决定的，而不适合创造性的发挥。加强官僚机构的整改措施。一要简化行政程序。政府部门要大力简化行政审批程序，以减少官僚主义现象发生。二要强化监督机制。建立健全监督机制是解决官僚主义的首要办法。三要推行阳光政务。通过推行阳光政务，政府可以提高行政透明度。这样可以大力提高办事的效率，提升领导干部的创造力。

我国受封建社会形成的封建思想余毒的影响。官本位、权力意识、长官意志、家长制、个人崇拜、等级观念、按资排辈、"一言堂"等不民主的现象依然存在。没有充分民主，创造性的工作得不到起码的尊重和评价，创新精神和创造愿望就必然会被扼杀。没有民主就没有自由，没有民主就没有真正意义的发明、发现和创造。我国社会主义现代化建设的重要目标，是加强社会主义民主政治建设，健全法治。我们的民主，需要人民真正当家作主，社会主义民主不仅要民主化、制度化，更要使民主精神成为人民的民族精神。

三 法治状况与创新能力

半个多世纪以来，全世界人民见证了一场知识产权标准的全球性变革。其理论基础是，更完善的知识产权保护政策会刺激更多的创新动机。Sweet 和 Maggio 通过对 94 个国家 1965 年至 2005 年的经济复杂性指数进行研究，并分析了过去严格的创新知识产权体系对创新能力的研究。结果表明确认更强大的知识产权体系会带来更高水平的经济复杂性。[①] 然而，只有国家有最初的高于平均水平的开发和复杂性才有这种效果。因此强有力的知识产权法对创新能力有积极的影响，能扩大一个国家的生产边界，能激发应用能力的隐性创新和显性创新。然而，这种影响是仅限于发展水平高于平均水平的国家。对于发展中国家，知识产权对经济的影响则不显著。

知识产权法律制度在人类文明和市场经济中担任着重要角色。专利法作为知识产权法中最为重要的组成部分之一，直接关系到一个国家和社会的创新发展、竞争力构建乃至经济转型。通

---

① Sweet C. M., Eterovic Maggio D. S., "Do Stronger Intellectual Property Rights Increase Innovation?" *World Derelopment*, 2015, No. 66.

常情况下，一部法律的诞生必须要基于需要由法律规范调整的社会事实的存在。就专利法而言，其首先产生于在当时历史条件下商品经济较为发达和市场竞争发展比较充分的意大利、英国、美国和法国等国，继而，奥地利、荷兰、日本、法国等国相继颁布了该国的专利法。其中，英国的专利法源于保护产业创新的原动力以及对第一次工业革命和国家经济的巨大驱动作用，成为各国纷纷效仿的标杆。各主要资本主义国家在制定和实施专利法的过程中，根据现代技术的发展和专利制度的实践，不断修改、完善自己的专利法，使本国的专利法从最初的经营特许权脱胎而成为保护发明人利益且促进科技发展的法律制度。[1]

中华人民共和国成立以来，我国专利法律制度的多年实践证明了专利法对于促进我国经济文化的发展和提升国际竞争力起到了至关重要的作用。专利法从设立之初到发展至今，在推动社会进步、发展市场经济以及促进国际技术转让和加强贸易交流等方面发挥了重要作用。特别是在全面深化改革和高质量经济发展的时代背景下，包括专利法在内的知识产权制度有助于加快建设创新型国家，有利于深化经济体制改革，有益于产业创新和结构调整，从而形成全面改革开放的新格局。从改革开放40余年的发展和实践来看，专利制度在规范我国发明创造活动、保护发明创造成果、促进技术创新和推广应用等方面具有重要作用，创新是包括专利法在内的知识产权法的历史过程与时代使命，知识产权法其产生、变革和发展的历史实际上是知识产权创新与法律制度创新相互作用、相互促进的历史。从专利法对创新的激励和保护作用来看，产业发展是知识产权立法的目标追求，知识产权制度

---

[1] 姜南、李济宇：《新中国专利法律制度与产业创新：历程、特征与展望》，《中国发明与专利》2019年第10期。

是创新产业发展的法律保障。没有产业利益的考虑，知识产权制度就不能实现其社会功能。

四 营造有利于创新能力的"软环境"

在世界历史上，新中国社会主义制度的建立，为我们广大人民群众发扬民主，充分发挥大众群体的创造性思维能力，创造性地开展工作开辟了十分广阔的前景。但是，要想提升整个社会的创新能力，使创造性人才大量涌现，就必须提供一个能够促使、鼓励人人勇于创造、乐于创新的社会机制。新中国进行各项社会主义现代化建设的最重要的目标，第一个是为了加强社会主义民主政治的建设以及法治的健全。我们国家所提倡的民主，需要人民真正当家作主，而不是西方社会的假民主，社会主义的民主不仅仅要制度化，更加要使民主精神成为整个社会人民的民主精神。

坚持法治原则，加大知识产权的保护力度。知识产权，亦称智力成果权、知识财产权、知识所有权，是专利权、商品权、著作权等无形财产的专有权的统称。自1967年《成立世界知识产权组织公约》签订以来，逐步引起世界各国的广泛重视。近20年，我国的知识产权事业从无到有，发展迅速，先后颁布实施了商标法、专利法、著作权法、反不正当竞争法等一系列知识产权法律法规，还积极承担保护知识产权的国际义务，并于1980年加入了世界知识产权组织，在一系列国际性的知识产权保护公约上签约，使中国知识产权的保护水平逐步与国际惯例接轨。但也要看到，我国公民的知识产权意识还较淡薄，侵权行为时有发生，甚至连许多创新人才也不懂得保护自己的知识产权，经常发生丧失知识产权保护的权利。如有的创新人才不懂得申请专利的三个必要条件，即新颖性、创造性和实用性，在申请专利前，就将科研成果公开发表在刊物上或进行成果鉴定，甚至开新闻发布会，导致技术公开，丧失知识产权。我们应通过多种途径加强知识产权的法治宣传力度，提高知识产权的法律意识，充分认识到新形势下保护知识产权的重要性，建立专利基金制度和奖励制度，提高创新人才申请专利的积极性，鼓励进行原始创新。

当前社会条件下，为激发人们的创新能力，中国政府必须继续深化经济体制改革，需要真正建立健全和完善社会主义市场经济体制，必须充分发挥市场经济的优势功能。市场经济是一种法治经济。增强人们的法治意识迫在眉睫，首要任务就是提高对知识产权进行保护的法律意识，充分认识到在新的发展形势下对知识产权保护的重要性，有必要建立专利的基金制度和奖励制度，充分调动高素质创新人才申请专利的积极性，积极鼓励广大社会群体进行原始创新。大力提高全民族的科学文化素质，营造文化和科技氛围，普及科学知识，宣传和发展科学思想，广泛运用科学方法，大力弘扬科学精神。营造创新思维的文化、科技环境。

营造有利于创新能力培养提升的政策环境，构建有利于创新能力提高的制度环境。一般来说，先进的、民主的社会制度，有利于创新主体的创新能力的产生，而落后的、专制的社会制度，则不利于创新能力的产生。爱因斯坦在谈到自由与科学时曾指出，科学的进步需要社会为之提供三个方面的自由。一是言论自由。科学进步的先决条件是不受限制地交换一切结果和意见，一个人不会因为他发表了关于知识的一般和特殊问题的意见及主张而遭受危险或者严重损害。言论自由是发展和推广科学知识所不可缺少的，它必须由法律来保障，但这还不够，全体人民还必须有一种宽容的精神。二是外在自由。即每个人除了为获得生活必需品而工作之外，还要有为从事个人创新活动而自由支配的时间和精力。如果没有这种外在自由，言论的自由对它就毫无用处。

三是内心的自由。即思想上不受权威和社会偏见的束缚，不受一般违背哲理的常规和习惯束缚的自由；只有不断地、自觉地争取外在和内心的自由，才能完善精神的发展；只有社会为科学创造提供这种自由，才能促进科学的发展，而这种自由、民主的环境、气氛的形成和维持，总是由先进的社会制度来保障的。

政治形势，特别是国际战争的形式，对创新能力的产生有着重大的影响。在欧洲中世纪的黑暗时期，教会的宗教信条被规定为整个社会全部精神生活的准绳，任何思想不得越雷池一步，它只允许人们迷信和盲从，而决不允许怀疑和探索。如果有人胆敢触犯神学的权威，宗教裁判所中"剑和火"的惩罚就要降临其头上。伟大的波兰天文学家尼古拉·哥白尼经过长期的观察，提出了"日心说"，动摇了"地心说"，与宗教神学的观念相违背，就被视为异端邪说，对这一学说的继承者和追随者都采取了严酷的报复行动。如意大利的布鲁诺由于接受哥白尼学说被开除教籍，不得不于1576年逃出意大利，在国外过了16年的流亡生活。但布鲁诺每到一地都用自己的口舌和书写热情地宣传哥白尼学说，并于1584年出版了《论无限、宇宙及世界》一书，认为在宇宙间不只有我们这一个太阳系，而是有无数个类似的太阳系，太阳只不过是我们这个太阳系的中心，整个宇宙并没有中心，它是无限的，地球仅仅是无限宇宙中的一粒尘埃而已。这一科学创新思想，则使宗教神学者恼羞成怒，1592年，罗马教皇终于设下一个圈套诱捕了布鲁诺，并于1600年2月17日把布鲁诺活活地烧死在罗马百花广场上。由于害怕布鲁诺在刑场上发表演说，宗教法庭还在行刑前割掉了他的舌头。文艺复兴和宗教改革运动，打破了教会的精神独裁，为近代科学的创立和发展创造了必要的政治环境，在反对神学提倡人学、反对神性提倡人性、反对禁欲主义提倡个性解放和世俗化的过程中，使许多具有创新能力的多才多艺的人物涌现出来，使意大利成为近代世界科学活动的第一个中心。

在中国漫长的封建社会里，严酷的专制统治压得人们喘不过气来，顺我者昌，逆我者亡，哪里有民主可言。封闭的王国，压制民主，大搞文字狱，科学更难以发展。今天，随着我国社会主义建设事业的发展及改革开放的深入，我国不仅在经济上日益富强，政治上更加民主，而且在法制上也日益健全。我国人民的主人翁意识、民主意识、法治意识、创新意识等日益增强，特别是在当前我国依法治国、科教兴国、可持续发展等重大国策的实施过程中，在宪法、民法、经济法、行政法、专利法、科技进步法等立法中，对鼓励科技进步、研究制定科研培养制度、技术市场制度、科技成果保护制度、科技奖励制度、技术推广制度、科技成果转化制度、国防科技交流与合作制度及鼓励科技创新制度等的完善，为提高人的创新能力，建立创新型国家，创建更加民主、自由、法治的政治环境。

五　营造有利于创新能力的"硬环境"

营造良好的物质条件，加大培养创新能力的资金投入力度。科技投入特别是其中的研究和培养（R&D）投入，不仅反映一个国家或地区的科技实力，而且体现政府和社会对科技事业的重视程度。目前，我国科技经费增长滞后于国民经济增长，我国 R&D 经费总量低，占 GDP 的比重也低，与发达国家和新兴工业化国家相比差距大。科技经费来源不合理，企业没有成为科技活动的主要投资者。经费配置也不合理，基础研究投入严重不足，使我国的原始性创新少。我国必须把握科学发展趋势，在加强投入力度的同时，还加强政策引导，贯彻有所为有所不为的思想，"稳住一头，放开一片"，使企业成为科研的主体，成为科技资金的主要投入者,并完善我国科技风险投资体系,使经费真正投入到有利于科技创新的富矿区,选准方向,连续资助,大力扶持和鼓励高素质创新人才开展科技创新研究。

目前,国家自然科学基金委员会通过青年科学基金、优秀中青年人才专项基金、国家杰出青年科学基金、留学人员短期回国工作讲学专项基金等途径,资助科技工作者培养研究,这必将使一批优秀的科技工作者脱颖而出。据国家统计局2022年2月28日公布的2021年国民经济和社会发展统计公报显示,全年研究与试验发展(R&D)经费支出27864亿元,比上年增长14.2%,与国内生产总值之比为2.44%,其中基础研究经费1696亿元。也就是说,去年基础研究经费占研发经费比重达到6.09%,比2020年提高0.08个百分点。[1]"硬环境"主要指为创新能力研发和培养所提供的财力、物力等经济支持系统。一般来说,硬环境对人类创造活动的影响是重要的、深刻的、巨大的。一个人、一个群体的创新能力是与他所处的社会生产力发展水平紧密相关的。马克思说:人们不能自由选择自己的生产——这是他们的全部历史的基础,因为任何生产力都是一种既得的力量、以往活动的产物。所以生产力是人们实践能力的结果,但是这种能力本身决定于人们所处的条件,决定于先前已经获得的生产力,决定于他们以前已经存在及创立的社会形式。马克思主义认为,生产力是社会发展的最终决定力量,生产力的发展史就是一部人类的创造发明史,是一部创新能力的发展史。劳动对象的不断拓展,以劳动工具为主的劳动资料的创造和使用等,都推动着人的创新能力的发展,同时又体现着人的创新能力的成果。

---

[1] 国家统计局:《中华人民共和国2021年国民经济和社会发展统计公报》,https://www.gov.cn/xinwen/2022-02/28/content_ 5676015.htm,2022年2月28日。

当前，我国企业对创造、创新的物质支持方面存在重营销投入，轻创造、创新投入的现象。由于任期制度等原因，也造成了企业领导人的"短视"现象，即"短期"行为，不愿将资金注入到科研培养中去，怕造成"前人种树，后人乘凉"的结局。另外，国家对科技的投入不够。据国家统计局、科学技术部和财政部联合发布的《2020年全国科技经费投入统计公报》显示，2020年，我国科技研发投入虽已突破2.4万亿元，占到GDP的2.40%，比上年提高0.16个百分点，提升幅度创近11年来新高。但与2021年经合组织成员国的科技研发投入平均占到GDP的2.68%还有一定差距。①

一个国家对创新实践活动所需的科研经费、实验技术装备和图书情报等方面投入的多少，直接影响创新能力的培养、发展及创造性成果的大小，影响一个企业，甚至一个国家的科技实力和科技竞争力。按照一般规律，研究、培养经费与国内生产总值的比例（即R&D/GDP）不到1%的国家，是缺乏提升创新能力的；1%—2%才会有所作为；大于2%，这个国家，提升创新能力才会比较强。目前世界上提升创新能力较强的国家，这一指标都比较高。

随着党的第二十次全国代表大会提出的"深入实施科教兴国战略、人才强国战略、创新驱动发展战略"的深入实施，全面建设社会主义现代化国家的步伐，中国特色的社会主义经济，即以科学技术为第一生产力的经济，将会迅速得以发展，我国的科技投入还会大幅度增加，创新能力所需的"硬环境"才会得到更好的改善。

---

① 国家统计局、科学技术部、财政部：《2020年全国科技经费投入统计公报》，http://www.mof.gov.cn/zhengwuxinxi/caizhengxinwen/202109/t20210923_3754576.htm，2021年9月22日。

第二节　知识和经验交融是创新能力的文化保障

知识是人们通过实践活动，实现主体见之于客体对象活动的产物，它是认识和经验的总和，是对存在的普遍必然性的本质把握，是创新能力培养的文化机制主要因素之一。在人们接触信息及对所接触信息的分析和整理过程中，知识是最有价值的，人们只有掌握了丰富的知识，才能对事物有清楚而深刻的了解，才能够认识到事物的本质。

一　知识是创新能力的文化基础

人们掌握丰富的知识对于创新能力尤为重要。人们所占有的知识越多，思维所能选择的信息量便越多，思维扩展的空间也越大，信息与信息之间的联系也更为紧密，联想、幻想也更容易发生，创新能力发生的可能性就越大，人们所具备的知识基础越扎实、知识面越广博、知识结构越合理等，对促进创新能力的发生的可能性就越大。17世纪，英国哲学家弗朗西斯·培根说"知识就是力量"，当知识成为当今社会发展的主导力量时，知识对于创新能力的作用巨大。2016年，时任国务院总理李克强在国家科学技术奖励大会上强调说："培养尊重知识、崇尚创造、追求卓越的创新文化，让更多创新者梦想成真。"[①] 可见，没有一定的知识基础，没有合理的知识结构，人们的思维活动及创新能力就无法实现突破与创新。正因为知识是人们思维产生的源泉，思维的产生又来源于人们对客观事物与实际相符合的反映。所以，知

[①] 李克强：《中共中央国务院隆重举行国家科学技术奖励大会》，《人民日报》2016年1月9日。

识作为人们实践活动的产物，不仅充当和确定人的本质力量的角色，而且还对人本质力量进行了批判、修正和补充。"知识本身作为对象存在的观念，无不蕴含着人的情感、意志及理性的痴迷，无不凝聚着人们的智慧。"[1] 人们要充分开发与培养创新能力，就需要具备运用相关知识的能力，自身知识储备量的多少与知识素养的高低是人们形成良好的思维习惯，自觉运用创新能力的影响因素。

"人类活动史是一部文明史，是系统记载人类的一切发现、发明和创造的历史。古往今来，人类物质文明和精神文明的全部成果，无一不是创新能力的结晶，没有创新能力，就没有创造性实践和创造性成果，也就没有发现、发明和发展。"[2] 当然，创新能力也离不开高度分析和高度综合的统一，高度分析和高度综合相统一是创新能力发生不可缺少的思维逻辑；但是人们对客观事物的正确认识，积累的知识成果，把握的知识结构，拓宽的知识深度和广度，构成的知识体系和人类智慧是创新能力发生的重要因素。

二　经验是创新能力的文化根基

经验知识是人们在实践中得来的知识和技能，其更多体现了人通过实践活动获得自身价值和意义的行为，具有灵活性、多变性的特点。探究经验对创新能力发生的作用必须将其放在特定的社会文化背景下去考察。探索工作经验、学习经验、生活经验、行业经验等不同类型的经验与创新能力发生的作用关系，以为人们在已有经验基础上积累新经验、把握新知识、提升创新能力。

---

[1] 范宝舟：《论知识的意义及其实现机制》，《武汉大学学报》（人文科学版）2002年第1期。

[2] 王跃新：《创新思维学教程》，红旗出版社2010年版，第1页。

人们的行为一方面受到自身经验的制约，另一方面也是自身创新能力的表现形式，因此积累广泛经验会使人们表现出更强的创新能力。经验的形式是多样的，有学习经验、工作经验、生活经验、行业经验等，具有行业经验的人们对行业变化和发展洞察敏锐，更能识别和开发有价值的商业机会；由于熟知该行业内的供应商、顾客和其他支持性机构，能够快速识别出关键的资源支持者，从而整合到创业所需的资源；在企业的运营管理中更可能快速准确地解决问题。[①] 可见，行业经验对创新创业能力有重要的影响作用。创新始于问题，作为创新主体需要善于观察、发现身边及生活中的事物，再通过自身已有经验判断出客体的问题所在，找到需要改进之处，产生创新能力，实现创新、创造。

人们创新能力的发生和发展离不开时代精神与时代经验。农业社会时期，农民重视经验的作用，一切都是向经验看。进入工业时代，人为追求短期利益而造成严重的环境污染和生态破坏，工业社会时期人的生产生活的发展、变化，使人们的创新能力向重视眼前利益转化，求得眼前利益最大化。随着人类步入信息时代、知识经济时代，社会整体飞跃式的发展对人类在各个领域的持续创新能力提出了要求。因为只有不断提升创新能力，才能紧跟时代发展步伐，只有重视创新能力、把握创新、利用创新这一关键因素，才能保证民族、国家的可持续发展。

经验是创新能力必不可少的一部分，经验主义者主张，经验是一切知识的唯一来源，这种看法虽然片面地夸大了经验或感性知识的作用；但是人们的经验确实可以产生知识，当然，经验并不完全是知识，因为知识是理性的，而经验并不一定是理性的，

[①] 张玉利、王晓文：《先前经验、学习风格与创业能力的实证研究》，《管理科学》2011年第3期。

有的经验也可以是感性的，伟大的英国物理学家艾萨克·牛顿说过："如果说我比别人看得更远些，那是因为我站在了巨人的肩膀上。"这句至理名言准确地诠释了经验对于创新能力发生的作用。注重对经验的积累、经验的储存，把握好经验与知识之间的关系，在探索经验作用的同时，要全面地分析经验与知识的交融关系，一方面知识是源于实践经验的结果，另一方面经验也是知识运用实践活动的内容和途径，把握二者的相互交融、相互渗透的辩证统一关系对创新能力的发生起着积极的作用。

三 知识和经验因素交融触动创新能力发展

人们能在长期实践活动中不断收获经验，也能在已有知识的基础上逐步形成新的知识。新知识的获得是个体在思维活动中转变思维方式的一种途径，也是提升运用创新能力的一种作用因素。人的观念与认知基本来源于在实际思维过程中惯常运用的某些观点，对问题进行思考与评判，而这些习惯性的"观点"的出现就会与个体知识储备及生活经验积累的程度直接相关。因此长期对惯常"观点"的运用就会使大脑记忆层对该内容形成"下意识"的状态，导致思维定式的发生。

（一）知识和经验作为构成文化机制的主要部分对人的创新能力起着根本作用

科学史上，人们探索宇宙的进程也印证了知识和经验的作用，从哥白尼的"日心说"到伽利略发明望远镜观察太空，再到发现河外星系和宇宙不断膨胀的哈勃，人们对宇宙认知的每一次进步都是建立在前人雄厚的知识和经验基础上的。知识与经验的积累不仅是一个人的事，也是一群人，甚至几代人的事；不仅要靠当下的努力，还要靠众人的拼搏，通过一代又一代人知识经验的积累，待积累达到一定的阈值时，创新能力才能发生，创造性成果才可能实现。因此,要强化尊重知识、重视经验,将知识和经验有机地融会贯通,以促进创新能力的发生发展。人们在拥有丰富知识、宝贵经验积累的同时要善于思考,通过思考质疑、发现新思路、解决新问题。知识和经验二者不能偏向于任何一方,知识和经验只有融合、渗透在一起才能使创新能力得以发生。人们在实践活动中,既要掌握丰富的知识,尤其要注意把握前沿性知识,各个学科的前沿知识是创新能力最容易发生的领域,不了解前沿知识,很难在创新上有大的突破;又要注重科学实践,取得大量的实践经验,实践经验和科学知识是创新能力发生发展的前提和基础,是创新能力发生发展不可缺少的重要因素,知识和经验因素交融的文化机制为创新能力发生发展奠定了文化基础。

(二) 知识和经验因素交融构成文化知识品位

文化知识品位是个人品位及创新能力的根基。所谓文化品位就是一个人的气质、风骨和灵魂。在自我形象管理诸多因素中,文化品位最为重要。一个有较高品位、有魅力、有创新能力的人,必然有着较高的文化品位。一个人、一个群体品位的高低广泛而深刻地影响着人们的精神生活。科学家断言:一个人以文化品位论输赢。高品位的人才喜欢高文化品位的大、小环境,高文化品位的大、小环境也必然吸引高品位的人才。因此,以文化品位提升个人和群体品位,塑造个人和群体形象,展示个人和群体魅力,触动创新能力的进步,个人品位理应成为提升创新能力的重中之重。

所谓文化是一个群体(可以是国家,也可以是民族、企业、家庭)在一定时期内形成的思想、理念、行为、风俗、习惯及由这个群体整体意识所辐射出来的一切活动。传统意义上所说的,一个人有或者没有文化,是指他所受到的教育程度。文化有两种,一种是生产文化;另一种是精神文化。科技文化是生产文化，生活思想文化是精神文化。任何文化都是为生活所用，没有不为生活所用的文化。任何一种文化都包含了一种生活生存的理论和方式、理念和认识。文化是人类群体整个的生活方式和生活过程。文化是人类在社会历史发展过程中所创造的物质财富和精神财富的总和，特指精神财富，如文学、艺术、教育、科学等。文化的高低也取决于人的创新能力，创新能力强的民族在人类社会历史发展过程中所创造的物质财富和精神财富，通称为文化财富；反之亦然。

如何以文化品位提升创新能力？综合国内外的实践和经验，至少应该做好以下几点。文化品位的提升或建设，就要高度重视培养创新能力。忽视文化建设的问题，究其根源，就是创新思维低，就是对文化在经济发展中的重要性缺乏足够认识，是"先经济后文化"的思维定式所使然。经济和文化是社会发展的双翼。创新能力的发展固然需要经济的支撑，但也应该看到创新能力和文化的积极性、能动性。文化兴，则人气旺；人气旺，则经济活。因此，必须不断解放思想，更新观念，也就是要创新思维，创新思维才能适应社会的进步和时代的要求。提升个人和群体的品位与魅力，培养创新思维能力，提高创新能力。以良好的文化环境保障创新能力。文化环境概念有广义和狭义之分。这里谈的社会文化环境是狭义的文化环境。狭义的文化环境主要是指人类精神活动的方面，诸如政治、法律思想、道德、宗教、哲学、艺术、科学、技术、教育以及长期积淀而形成的民族心理素质、生活方式和社会风尚等。谈到世界文化时，人们往往还要将其分为东方文化和西方文化两大系统，且东方文化和西方文化有着很大的差异性。

东方文化极具宗教性、哲学性、政治性、群体性、互动性、多元性、开放性等特点，还有大河文化、内陆文化、山区文化、草原文化、丛林文化、海洋文化之区分，从生产工具和技术形态的变化上又可分为石器文化、铁器文化、蒸汽机文化、电力文化、计算机网络文化等。不同时代、不同区域、不同民族的不同文化传统和文化氛围，都给生活在其中的社会群体的生产方式、生活方式、思维方式打上了不同程度的烙印，对创新能力产生不同程度的影响。如中国传统文化中的天人合一观念，整体恒动观念，哲学、科学与伦理融合观念，思维方式的直观和综合性等特点，都影响着中国人的思维，如我们讲的"和生"（即冲突—融合—万物化生）、"和处"（即和而不同，彼此相处）、"和达"（即己欲达而达人）、"和爱"（即泛爱众）等。因此，中国人在思考问题时往往讲集体主义，讲伦理纲常，讲设身处地，讲抽象类比，讲修身、齐家、治国、平天下，讲"统一""求同""和谐"，讲上知天文、下知地理、中知人事，讲讷于言而敏于行，讲谦虚、仁爱、温良恭俭让等。中国传统文化博大精深，是中华民族延绵数千年而不衰的社会基础，但不可否认，中国传统文化也使中华民族背上了沉重的历史包袱，僵化的思维定式，极大地压抑了人的创造性，磨灭了人的提升创新能力，使相当多的人不论是在政治活动中或是经济活动中，都表现为随大溜的从众性，模仿性强而原创性差，相信"天塌砸大家"，不愿当出头鸟，不敢闯，不敢冒险，不敢大胆地试，不敢去第一个吃番茄，不敢第一个吃螃蟹。一个好的创造性成果出现后，开始往往只是实验品、展览品，大受冷落，被推广后又一窝蜂，推至极端，伪劣假冒齐上，最后大家一起泯灭。

西方文化与东方文化则有明显的差异性。以美国文化为例，由于美国是一个移民国家，生存的需要迫使他们崇尚自由，乐于竞争，突出个性，追求创新，信奉实用主义，主张多元化，因而个人主义、享乐主义、相对主义、虚无主义、非理性主义等到处盛行。美国的文化传统、社会时尚等都对在美国生活的人们的价值观念、生活方式、思维方式等产生着极大的影响。如在科学研究中，其典型特点是追求实用和功利，擅长于细致的分析和区别，在追求清晰性和确定性，对事物作细致区分的同时，丢失事物间有机的联系性和变动性，将事物看成孤立的、僵死的东西，造成诸如客体与主体的对立、部分与整体的对立、要素与系统的对立、结构与功能的对立、个人与社会的对立等。这一文化环境中形成的思维方式，对清晰性和精确性的追求，有利于促进近代科学技术的长足发展，促进现代科学技术的高度分化，是向微观世界进军的重要因素，它所蕴含的将事物看成互相独立的个体的世界观，也是资本主义社会民主和法治的思想基础——私有财产神圣不可侵犯。

当前，"全面建设社会主义现代化国家，必须坚持中国特色社会主义文化发展道路，增强文化自信，围绕举旗帜、聚民心、育新人、兴文化、展形象建设社会主义文化强国，发展面向现代化、面向世界、面向未来的，民族的科学的大众的社会主义文化，激发全民族文化创新创造活力，增强实现中华民族伟大复兴的精神力量。"[①] 我们要坚持马克思主义在意识形态领域指导地位的根本制度，坚持为人民服务、为社会主义服务，坚持百花齐放、百家争鸣，坚持创造性转化、创新性发展，发展社会主义先进文化，弘扬革命文化，传承中华优秀传统文化，满足人民日益增长的精神文化需求，巩固全党全国各族人民团结奋斗的共同思想基础，不断提升国家文化软实力和中华文化影响力。建设社会主义核心价值体系，增强社会主义意识形态的吸引力和凝聚力，

---

① 习近平：《高举中国特色社会主义伟大旗帜　为全面建设社会主义现代化国家而团结奋斗——在中国共产党第二十次全国代表大会上的报告》，人民出版社2022年版，第42—43页。

建设和谐文化，培育文明风尚，弘扬中华文化，建设中华民族共有精神家园，推进文化创新，增强文化发展活力。在时代的高起点上推动文化内容形式、体制机制、传播手段创新，解放和发展文化生产力。中国特色的社会主义文化是与我国社会主义基本经济、政治制度结合在一起的，它深深植根于人民群众的历史创造活动中，继承发扬了民族优秀文化传统，吸收了世界文化成果，具有民族性、民主性、科学性、大众性和创造性等特点。中国特色社会主义文化，是中国特色社会主义的重要组成部分，是凝聚和激励全国各族人民的重要力量，是综合国力的重要标志，为社会主义现代化建设提供了强大的精神动力、智力支持和社会主义的方向保证。随着中国特色社会主义建设的发展，一种认真学习、积极探索、民主讨论、求真务实、开拓创新的风气日益浓厚，必将为创新能力创造出更好的社会文化氛围。

通常说"时势造英雄"，事实确是如此。不同时代、不同领域的人民，正是利用社会历史条件为他们提供的历史舞台，发挥创新能力，提出治国的雄韬伟略、激扬文字、科学创新、技术发明等，揭竿而起，才使历史不断地续写着新的篇章。社会环境的不同，往往使一些人形成一些专长能力，形成一些独特的创新能力。如在中国新民主主义革命的过程中，毛泽东有许多非凡的创新能力，这固然有许多方面的原因，但他经历的社会环境以及在这些环境中求得人民生存、发展的革命实践，是其中的重要原因。毛泽东在中国革命势力比较强的湖南，接受了杨昌济等诸位优秀先生的教育，从中国丰富的传统文化中吸取了积极的营养，接受了马克思列宁主义，并进行了长期深入的社会调查，使他对中国的国情和社会性质有了深刻的认识，科学地总结了"左""右"倾机会主义者给中国革命造成的危害的沉痛教训，集聚了中国共产党人和革命人民的智慧，开辟了一条以农村包围城市武装夺取政权的革命的正确道路。以习近平同志为核心的党中央领导集体，在我国改革开放、实事求是的伟大实践中创造性地发展了马克思主义、毛泽东思想、邓小平理论、"三个代表"重要思想、科学发展观和中国特色社会主义理论体系，即当代中国的马克思主义。富有深远的历史性，鲜明的时代性，强烈的实践性和伟大的创造性，为我国创新事业的发展——实现中国式现代化提供理论指导和文化保障。

第三节 营造有利于创新能力发挥的家庭和单位环境

家庭、单位环境亦称为小环境，营造有利于创新能力的小环境十分重要。前面探讨了营造社会大环境对创新能力的影响，这里注重探讨家庭、单位社会小环境对创新能力的影响。家庭教育、单位教育以至社会的教育都要担负起培养人的创新能力的责任。

一 家庭环境对孩子创新能力的影响

人生下来，影响其能力发生发展的首要的因素就是家庭教育。上学后是教育系统，即小学教育、中学教育和大学教育等起着主要的作用。工作教育培养主要是单位、社会环境因素，尤其是社会体制、制度的影响起重要作用。科学研究发现，处于家长式，家庭环境不容争议权力的家庭，仅能使孩子发育、发展成拘谨思维的人，仅能使孩子在形式逻辑判断的范围获得成果；只有那些平等式，鼓励孩子的独立性和自主性的家庭，才能促使子女想象力、幻想力、自由飞翔能力及其创新能力的形成。

家庭也是一个小社会，是社会的细胞。一个人的一生，消磨时间最多的地方是在家庭，家庭是创造发明者的避风港、加油站，创新能力培养的栖息地。母亲是第一任老师。父亲和母亲尤其是母亲的言语、行为、生活方式、育儿方式等，对孩子的创新能力有较深远的影响。培养孩子提出问题、分析问题、解决问题的能力，并养成良好的习惯，掌握学习的方法，拥有正确的处世哲学等，父母亲是至关重要的。父母对待子女的态度不同：有的过度关怀、溺爱，形容为"捧在手中怕摔了，含在嘴里怕化了"；对孩子过于顺从，放任自流，孩子要什么都想尽办法去满足，不管是否合适，孩子想干什么就干什么；有的家庭实施暴力型或专制型的教育方式，稍不顺从就又打又骂，还振振有词"棍子底下出孝子""三天不打，上房揭瓦"；有的是民主型，即父母与孩子之间既有长幼之分，又是同志和朋友，父母注意倾听孩子的心声，注意启发、调动、保护孩子的自立性、主动性、积极性和创造性。显见，在对待孩子不同态度的这些家庭里往往会使孩子形成不同的个性差异，不同的心理特点，对其以后的创新能力都将产生较大的影响。

（一）家庭环境给孩子提供的信息量缺少，限制了孩子创新能力的发展

家长潜移默化地给孩子信息的性质，对孩子创新能力的发展起着至关重要的作用。早期家庭教育对开发孩子创新潜能具有重大意义。家庭应该重视对孩子的早期教育。许多家庭在孩子出生后就为其制订了系统的家庭教育计划。在孩子生长发育的最初几年里，父母不仅尽可能地为孩子的成长提供一个适宜的环境和各种有利条件，以培养他们的求知欲，而且采取各种方法，因势利导，让孩子开始识字、写字、计算、绘画等学习活动，接受启蒙教育，还注意培养他们良好的学习习惯和行为习惯，以激发其创新能力的发展。家庭实施早教，是给孩子提供充分发展智慧潜能

的机会，不错过智力发展的关键期，开发挖掘其潜能，为他们今后的创新能力打下基础。爱迪生就是最好的例子，在12岁时他就有了自己的企业。比尔·盖茨和弗雷德·史密斯在中学求学时就有了颇成气候的企业。在这些创新奇才的早年生活中，他们都敢于冒险创业、建立业余无线电台、旅行以及像成人一样有决策的自由。孩子具备这种能像成人一样做出决定的自由，这在创新者的家庭中是普遍的。

（二）家庭对孩子的成长要给予正确的引导

一要对规定和限制做出解释，允许孩子参与；二要适时将对孩子的期望表达出来，恰当地运用奖惩手段；三要在家中提供丰富的玩具、材料；四要家长与孩子一起从事开发智慧的活动。要注重让孩子不失偏颇地广泛地经历多方面的活动，而不要把孩子束之于狭小的框框之中；要珍惜孩子的兴趣、好奇心和探索精神，促使其掌握必要的知识和有益的动手能力；培养孩子的思维及其行为——向好的方向发展，让孩子的个性得到充分发展。诸如我国山东临沂郯城县花园镇，亦称刘湖村。全村共有500户，1800余人，却先后走出了16名博士，36名硕士，140多名本科生，几乎家家户户都有大学生。别的村子都在炫房、炫车，这个村子炫的是学霸，更让人惊讶的是这个村考上的大学生不是清华大学、北京大学，就是中国人民大学等名校。

刘湖村还有一个小巷子，仅住着9户人家就走出了9个博士，被称为博士巷，如此成绩震撼了无数的国人，人们纷纷好奇，记者到当地去采访，村支书一句话道破了玄机，他说：我们村子不比谁家有钱，比的是谁家的孩子优秀，考到了哪所大学，家家学习攀比成风，村子的墙壁上面随处可见的都是学习的名人诗句，村里还为考上名校的孩子们专门做了一个英才榜，家家户户都挂着家风、家训的牌匾。刘湖村的事实说明，"人才辈出靠的不是拼学区、拼人脉，而更多靠的是好的家风、好的家庭学习环境"。

（三）良好的家庭教育方式、目标、人际交往等是培养孩子创新能力的基础条件

德国学者戈特弗里德·海纳特指出：培育创新能力最重要的因素就是父母，家庭的轻松、无拘束和活泼的气氛，有助于创新活力的萌发。子女与父母之间有积极的交往，子女就会从小养成想出新主意特质，使自己的行为方式变得独特，尤其表现在他们好问的习惯上。这种好问的习惯、好奇心和兴趣，则对真正的创造力起着引领作用。

世界著名发明家爱迪生，从小就好奇心极强，喜欢问问题，好打破砂锅问到底。爱迪生的妈妈南希，总是不厌其烦地给孩子解答问题，开导孩子。当小爱迪生像老母鸡那样蹲在鸡蛋上面孵小鸡时，他的妈妈并不是嘲笑、生气或像有的父母那样骂孩子"傻蛋"，而是耐心地给孩子讲清道理。当8岁的爱迪生上学念书时，经常问一些连老师也答不上来的问题，且每次考试则全班倒数第一，被老师认为"是不折不扣的糊涂虫"。正是他的妈妈耐心地教育、引导，支持他积极开展科学实验，才使爱迪生真正步入科学殿堂。爱迪生以罕有的热情和精力，一生完成3000多项发明，被人们称为"发明大王"。良好的家庭环境，即家庭和睦、夫妻恩爱，是创新能力产生的肥沃的滋生地。法国著名物理学家、化学家玛丽·居里，1894年与法国科学家皮埃尔·居里结婚后，夫妇二人相敬如宾，互相关心，并共同致力于科学研究工作。1895年德国物理学家伦琴发现了X射线，1896年法国物理学家亨利·贝克勒尔发现含铀物质的自发放射现象，这些发现引起居里夫人的极大兴趣。在前人基础上，居里夫人几乎检查了所有化合物，发现了与铀相似的钍化合物。接着又检查沥青铀矿、

辉铜矿等多种矿物，经过反复检查实验，在沥青铀矿中发现有一种比铀或钍的放射性强得多的元素。为了研究这种新元素，她和丈夫废寝忘食、昼夜不停地工作，终于在1897年7月，分析出一种新的放射性元素钋，其放射性比纯铀要强400倍。经过继续努力，于同年12月又发现一种新的放射性元素镭，其放射性比纯铀要强900倍。居里夫妇克服种种困难，终于在1902年从几吨沥青铀矿中提炼出微量（0.1g）氯化镭，并初步测出了镭的原子量。由于放射线现象这一划时代发现，居里夫妇与亨利·贝克勒尔于1903年同获诺贝尔物理学奖。

家庭环境对人的创新能力和创新实践活动有重大影响。由于家庭经济条件、文化条件、技术条件、社会地位、社会交往等方面的不同。这些不同条件，往往会影响人的创新意识、智力培养及创新能力。家庭经济、文化等条件较好的，就可以对其创新能力进行较长时间的专门培养，相反，经济、文化条件较差的就做不到这一点。一般来说，在某方面能够接受长期培养的人比短期培养的人能力高，根本没有接受过某方面培养的人，在该方面就会有局限性。诸如出身于某种技艺或书香门第，因有得天独厚的条件，从小就受某种技艺和文化的熏陶，他就容易在这方面成为出类拔萃的人。如著名京剧大师梅兰芳就出身于京剧世家，著名艺术家赵丽蓉从小跟随父母兄姐在剧院长大，5岁就开始了艺术生涯，著名相声大师侯宝林则培养出著名的笑星侯耀华、侯耀文，著名科学家杨振宁的父亲是我国著名的数学教授，他们从小就受到了良好的培养和训练。可见，家庭环境对人的智力及创新能力的影响是极大的。中国有句古语："良禽择木而栖，良臣择主而事。"创新能力不仅需要大气候，也需要小环境。一个单位或一个部门如何能够吸引人、留住人，充分发挥人才的创新能力，对那些高素质的创新人才来讲，就有一个如何营造适应他们工作生活的良好的小环境问题，即硬件环境和软件环境的问题。首先，在硬件环境方面，要给予较优越的物质条件。在工资待遇、住房、配偶就业、子女上学等方面解除后顾之忧；设备上要先进，这是科技工作者从事创新能力的最重要的条件，也是知识英雄、技术英雄的用武之地。要为他们提供很好的信息网络系统，造就硅谷式的创新园区。其次，在软环境方面，要营造科技和文化氛围。普及科学知识，宣传和发展科学思想，广泛运用科学方法，大力弘扬科学精神，营造创新能力产生的科技、文化环境，不断提高全民族的创新意识和提升创新能力。随着现代科技的迅猛发展，科学的力量越来越深刻地影响着人类生活，全方位地提高全人类的素质和能力，是认识世界、改造世界、推动历史进步的重要力量。营造创新能力所需的社会文化环境是当务之急。因此要让人们有合理的知识结构，广博的科学文化知识。不掌握科学、文化知识或知识结构不合理就很难有创新能力（创新能力需要运用多种知识）。科学思想是人类智慧的结晶，只有发展科学思想，才能科学地去思想，才能克服封建迷信，战胜愚昧，防止唯心主义和形而上学。广泛运用科学的逻辑思维和非逻辑思维方法，养成思维方式的科学化。大力弘扬科学精神，即追求真理的求真精神、实事求是的务实精神、开拓探索的创新精神、竞争协作的团结精神、执着敬业的献身精神。科学精神的本质是创新精神，弘扬科学精神，就是要解放思想，实事求是，坚持实践标准和"三个有利于"标准，从本国、本地区、本部门的实际出发，真正使创新创造成为中华民族的灵魂，成为中国兴旺发达的不竭动力。

二 单位环境对创新能力的作用

单位是社会大系统中的子系统之一，是社会有机体中的细胞。思维个体（一个人），从学校毕业，开始真正步入社会，根据社会分工的需要，到一定的社会基本单位充当一定的社会角色，为社会和他人服务，实现自己的价值。一个人的大部分时间是在单位里度过的，单位环境是影响创新能力的主要环境因素。

单位环境主要包括单位领导层的重视程度、支持程度、同事之间的相互协调程度、角色分布的优化程度及单位的知名程度，单位内部成员间的年龄结构、知识结构和能力结构，单位的精神风貌等。例如，2000年，广州军区为了进一步改进团队办公、指挥、组训、教学等手段，计划用20万元外聘计算机专家设计并建设计算机园区网络。入伍才几个月的该团机要股新兵张国强得知此事后，主动找团领导，要求担任此重任。此事在该团上下引起了轩然大波。有人说，一个刚入伍的新兵竟然敢揽计算机专家的活，太不知天高地厚了。团党委并没有立即对张国强的请求下结论，而是对他进行深入考察，发现正在考研究生的张国强原是湖南大学本科毕业生，曾开发和制作过软件，对团队园区网络的设计、建设有独到的见解。团党委认为，张国强尽管是一个列兵，但用人用的是才能，而不是身份、地位和"牌子"。不管是专家还是新兵，只要能早日顺利完成这个任务的人，都可以重用。因此，团党委决定让列兵张国强负责园区网络的设计和建设，并为此拨出专项经费，协调机关参谋和技术人员让他指挥。张国强在大量调查研究的基础上，和团技术干部一起攻关三个月，终于建成了一套多媒体训练模拟网、办公自动化园区网络。经专家论证，只花了5000元的该园区网络完全符合技术要求。[①]这则事例说明，在创造者所处的单位环境里，领导行为即领导的认同度和支持度是关键性因素。单位领导是单位的决策者，单位

[①] 《列兵揽了专家的活》，《中国青年报》2000年7月9日。

领导若能善于引导、尊重和保护群众的创造权益，重视创造性人才，注意充分发挥创造性人才的创造性，就能够为创造性人才提供良好的后勤和技术支援，解决创造性人才的后顾之忧，创建优良的创造环境，使更多创新能力成果问世。

单位的学术环境更是激励创新能力的重要因素。在一个单位里有无奋发向上、竞争拼搏、争创一流、学术民主、团结协作的学术环境，直接影响着单位成员的创新能力水平。翻开诺贝尔奖的百年史册，人们会发现第二次世界大战以后，美国加州各大学培养出几十名诺贝尔奖获得者。这不在于加州有适宜进行宇宙探索的自然环境，也不在于有良好的社会环境，主要在于加州有依赖科学技术进行生产并愿意对研究与开发予以支持的单位环境——工业界，有思想活跃、重视人才胜过重视传统、不受界限或障碍约束的学术研究精神，有一种激励人创造的机制，它使科学家们具有那种要证明自己是世界上最出色最优秀科学家的强烈愿望。在这里，科学家们有着较大的自主权，有一种强烈的开放精神。正如获得诺贝尔物理学奖的斯坦福大学物理学家伯顿·里克特说："这里有一种可以无拘无束地与其他学科的人交谈，可以轻松地进入新的研究领域的气氛。"

创新群体中角色分布是否最优化，也是影响创新能力的重要因素。就某一群体的创新活动而言，有"主帅""军师""先锋""联络员""大队人马"等。居于指挥地位的"主帅"是创新活动的灵魂，他们通常是由一些思路敏捷，活动能力强，组织管理能力强的学科带头人或学派领袖人物组成；"军师"往往是创新活动的倡导者，他们经验丰富，具有较高的威信和强烈的事业心，善于出谋划策；"先锋"是创新活动某一方面的开路者，他们好学上进，精力旺盛，锐意进取；"联络员"主要是收集、整理信息，传递情报，上情下达，下情上达；"大队人马"则从事大量的具体操作。这种科学的能力结构，有利于各自在岗位上发挥创新能力。单位同事间的学术争论更有利于创新能力的提高。不同学派、不同学术观点之间的争论，有助于取长补短，不同思想的撞击往往会迸发出新的智慧火花，学术争论中往往会聚集理论的薄弱环节。通过争论，克服片面性，可使之更具全面性，使不完善的更加完善。特别是将不同专业、不同知识的科技人员聚集在一起，针对同一问题各抒己见，往往更能起到知识的互补作用。如机械行业的人惯于用车床、铣床切削金属，在车床上直接切削金属部件的是如硬刀子一样的车刀，它当然比被切削的金属坚硬。"那么要切削坚硬的车刀之类的金属怎么办？"有人会说："需要更坚硬的车刀。"然而比现有车刀更坚硬的刀子还尚未发明。在此议论中，电气行业的人就会从自己的专业上去想，"求求雷神，轰隆一下就能把像钢一样硬的东西切下一块，甚至熔化为钢水"。这句话使机械行业的人从中得到启示，创造了利用电火花切削硬金属的技术。

　　不良的单位环境是阻碍创新的因素，还有单位的旧传统势力和不良的思维习惯。依据认知心理学的理论，一般人理解接受自己已知的事物比较容易，而理解接受未知的事物比较难，所以往往对创新活动有疑虑、不理解。这是人们常有的一种习惯性传统势力和习惯思维。这种传统势力和思维模式的沉积形成创造、创新的阻力，致使创新、创造活动犹如一艘停泊在水中的航船，未航行时水对它是没有阻力的，只要它一启动，水便立即对它产生阻力，且行驶越快，阻力越大。所以创造活动一旦开始，群体中的阻力便随之而来，创造活动的强度越大，阻力也就越大。在创造活动中，我们常常遇到这样一种情况，当有人提出一个新的创意时，开始总会有少数人嘲笑这个创意不可能，随后便会说即使是有些道理也没有实际意义，最后，当创意获得成功时，还会有人说这个创意不新鲜，早就有人想到过了，云云。总之，反对的声音在创造的整个过程中从不间断。这种情形常常使创造者感到困惑，从而阻碍创造活动的开展。

良好的单位人际环境在创新活动中至关重要，人际环境可分为：大人际环境和小人际环境。社会上人与人之间的人际环境是大人际环境；工作单位内部人与人之间的人际环境是小人际环境。大人际环境与创新能力生成和发挥之间的关系，已经在阻碍创造思维的社会环境中讨论过了，现在所讨论的是工作单位中的小人际环境。单位的小人际环境主要分为上下级之间的人际环境和同级之间的人际环境。

（一）上下级之间的人际关系

上下级之间的关系影响着创造主体的创造思维的发挥。当创造主体是上级时，下级对创造主体的影响不是十分敏感和直接的；但是当创造主体是下级时，上级对创造者的影响是直接而严重的。在这种情况下，上级是否支持下级的创造活动，对下级创造思维的发挥影响极大。一般说来，上级领导自身的创造意识、创造精神强，对创造的认识到位、正确，就会对下级创造给予有力的支持。即使上级的创造意识和创造精神稍差一些，只要上级能认识到创造的重要性，也会对下级创造者给予必要的支持。如果上级的创造意识不强，又认识不到创造的重要性，一般说来，对下级创造者的支持就很差了。

在上下级这一对矛盾中，上级是矛盾的主要方面。如果上级的民主作风好，体谅下级，尊重下级，爱护下级，尊重下级的劳动、下级的创造，就必然会形成一种上下级相互支持、相互信任的良好氛围，这是对创造的最好支持。相反，如果单位领导高高在上，自以为是，专横跋扈，独断独行，不尊重下级，听不得半点不同意见，不允许别人有自己的想法，这样的单位一定不会支持创新和创造。上级不支持下级的创造活动的另一种原因是：上级安于现状，不愿意冒险，怕创造失败后产生不良影响，有时是因为创造者的创造活动与本单位已有的行为规范发生矛盾，因为领导者求稳怕乱不支持创造活动。另外，上级头脑里论资排辈的指导思想、缺乏远见、有短期行为以及长官意志等，也会对创造活动抱有不正确的认识而不予以支持。实践证明，能够最大限度地调动和发挥其下级积极性和创造性的领导才是最优秀的领导。

（二）同级之间的人际关系

同级之间的关系集中表现在同事之间的关系上。同事之间的关系如果是团结友爱、相互尊重、相互信任、相互谅解、相互帮助、相互支持、相互学习、取长补短的关系，一定会是一种支持创造活动的工作环境。相反，如果同事之间的关系是相互妒忌、相互讥笑、相互拆台、尔虞我诈、台上握手、台下踢脚的关系，就必然会阻碍创造思维的正常发挥。对于一般人来说，一旦他的创造才能受到别人的压制或嘲笑，不但打击了他的创造热情，而且还会严重损害他的创造信心，这对创新思维将是最为严重的阻碍和打击。另外，因为要将最初的创意变成最后的创造成果，需要经过一个曲折而复杂的过程，在最初的时候，谁都没有把握，这时急需的是满腔热情的支持，如果得到的是旁人的冷嘲热讽，肯定会将许多创意扼杀在摇篮里。

组织机构的设置和激励机制是否合理是一个单位是否重视创造和创新的关键。是否建立了这方面的专门组织机构，如研究所、培养中心等，有这种机构和没有这种机构大不一样。当前，有不少企业相当重视这个问题，例如海尔、新飞、长虹、科龙等企业，这些企业发展得就快；但是，也有不少企业在精简机构、压缩人员的改革中，将原有的研究、培养机构撤销了或压缩了，还有的单位将高级职称的科技人员的工资和奖金待遇与中层行政干部划为同一个等级，甚至还要低一些，这必将影响科技人员的积极性和创造性，也必然影响到这些单位的发展速度、长远利益及创造活动。一个单位的激励机制十分重要。激励机制是导向标，重视什么，提倡什么都在激励机制中表露出来。创造活动是一种艰苦的劳动，创造过程中失败多于成功，所以对创造成果的奖励一定要到位，该重奖定要重奖，不能轻描淡写，不疼不痒，更不能工作多、少一个样，贡献大、小一个样。否则，定会严重挫伤员工的积极性和创造性。

第四节　营造有利于创新能力发挥的良好自然环境

自然环境是指与人们生活相联系的各种自然因素的总和。创新主体是自然界的物质高度发展的产物。它起源于自然，融汇于自然，作为万物之灵——主体，灵就灵在有意识、会思考、可以能动地认识自然环境，改善或改造自然环境。但是，创新主体不能超脱其所处的自然环境，自然环境的好坏、优劣直接影响着人的创新能力。

一　创新能力提升需要良好自然环境

2005年8月，时任浙江省委书记的习近平同志来到安吉余村考察，首次提出"绿水青山就是金山银山"的理念。习近平生态文明思想是习近平新时代中国特色社会主义思想的重要组成部分，是新时代生态文明建设的根本遵循和行动指南。良好的自然生态环境不仅有利于经济社会的发展，而且还有利于培养人的创新能力。

自然环境恶劣不利于创新能力的拓展。生活在山区的人们，

"抬头是石崖，低头是石蛋，只见石头不见人，两山间人们说话听得见，两人握手要走半天，吃水更比吃油难，交通极不便"，这就不利于物质流、信息流的流通，不利于经济、科学、技术、文化等方面的交流，难以产生创新能力。反之，交通方便，四通八达，人们的交往频繁，见多识广，思想敏锐，想象力也就强。但是，自然环境恶劣，也能促使人们恶则思变。如在贫瘠的王屋山，有了愚公移山的故事；在恶劣的太行山，迸发出红旗渠精神，创造了举世闻名的人间天河；在巴山蜀水有行路难，难于上青天之说，人们挖隧道、架桥梁，筑成了宝成路、成昆路等铁路、公路，建起了机场，架起了空中航线；黄河、长江可谓天堑，过去人们发明了船，今天人们架起了座座大桥，"一桥飞架南北，天堑变通途"。

良好的生态环境条件，如温度、湿度、气压、光照适宜，空气流通，安静，这样便于思考和操作，工作起来方便、迅速、高效。但是，不同的人，由于习惯不同，对创造环境的要求也各不相同，如有的人喜欢在阳光充足、通风良好的房间里进行创造，有的人喜欢在光线暗淡的房间里进行思考，有的人喜欢在室温稍高的房间里进行创造，有的人喜欢在室温稍低的房间里进行创造，有的人喜欢听着轻快的音乐思考问题，有的人喜欢在寂静的房间里思考问题，有的人喜欢面窗而坐思考问题，有的人喜欢在室内走动着思考问题，有的人喜欢在书房里静下心来思考问题，有的人喜欢在实验室里思考问题等都是因人而异的。据史料记载，康德在撰写《纯粹理性批判》一书时，一面从窗口眺望着远处的高塔，一面构思、写作。后来随着时间的推移，马路上的树长高了，遮住了他的视线，使得康德看不到远处的塔影，他心情烦躁，寝食不安，根本就无法再写下去。柯尼斯堡当局为了使康德能继续写作，便下令将遮挡视线的树木砍掉，这样他才恢复了正常的写作。由此可见，生态环境对一个人的创新能力有着多么重要的影响。自然环境对创新能力起着双重作用。

二　创新能力发挥需要广阔的想象空间

从自然环境中汲取营养。如人们在实践中、生活中发现薄的石片具有切割东西的作用，便发明了石斧、石刀、石砭。可以说，古人的钻木取火、刀耕火种、缝制衣服、饲养动物、制造各种工具、利用畜力等，都是建立在对自然环境中不同自然物结构或功能的认识的基础上，或模仿其结构，或模仿其功能、利用其功能而创造出来的。近代著名的实验科学的创始人——伽利略是受教堂里吊灯被风吹动摇荡等特性的启发，而发现钟摆的原理的。现代人们研究鸟在空中飞翔的道理，相继发明了滑翔机和种类繁多的飞机；人们模仿人脑的功能制造计算机，模仿人体的结构和功能制造了机器人；模仿鱼的流线形体，改进汽车、火车的外形；模仿响尾蛇对热辐射的感应制造了响尾蛇导弹等。

人们对数和形的研究，创立了算学、代数、几何学等，人们对自然物质的要素、结构、性质、功能、运动规律、分化组合等的研究创立了物理学、化学、化学物理学，对植物、动物、微生物正常的或异常的、形态和功能、静态或动态的研究创立了生物学、生态学、植物学、动物学、微生物学、解剖学、生理学等学科，对大地的观察和研究创立了地质学、地貌学、地矿学、地图学、地质力学等，对不同天体的研究形成了天文学、宇宙物理学、天体力学等，对大气流动变化的研究形成了气象学、气候学等。自然界是无限的，随着人类实践的发展，人们不断地向大自然的深度和广度进军，人们认识的自然现象越来越多，对诸多自然现象的深入研究，形成了许多创造性的新成果，人们还会创立更多的自然科学的具体学科。

下 篇

第六章 创新能力的前提性方法：概念判断推理法

创新能力是一个庞大的能力系统，在对创新能力的培养过程中不仅需要培养机制，同时更需要培养创新能力的思维方法和技术方法。在培养创新能力这一系统的、完整的过程中，自始至终要以概念、判断（命题）、推理这一非实体因素为前提，并遵循着概念、判断、推理的相互作用、相互依存、相互交融的轨迹嬗递。

第一节 概念的内涵、形成与物质作用过程

"概念"一词源于古希腊哲学家德谟克里特（约公元前460—公元前370），中国先秦哲学家称其为"名"。它是反映客观事物本质属性的思维方式，是理性思维的基本形式之一。任何概念都有它的内涵和外延，思维活动最基本的形式就是概念、判断和推理。

一 概念的内涵

"概念是人脑对事物的本质及内部联系的反映。"[1] 概念不是事物的形象，不是事物的各个片面，也不是事物的外部联系，而

---

[1] 张巨青、杜岫石等编著：《辩证逻辑》，吉林人民出版社1981年版，第53页。

是抓住事物的本质、事物的全部、事物的内部联系，反映事物的本质和内在联系。概念在认识论和逻辑中一般被定义为：反映事物本质属性的思维形式，即从反映事物的特有属性到反映事物的本质、事物的全部及其内部规律的一种思维形式。辩证思维把概念既视为思维的起点，又看作人类认识经验的总结与总和。

真实地反映事物本质属性的概念是正确概念，没有反映事物本质属性的概念是错误概念。概念提炼得正确与否，反映人在认识过程中主观与客观是否统一。如果主观正确反映了客观事物，并抓住了它的本质特征，就会得到正确的概念，否则就会得到错误的概念。概念本身就具有二重属性。一方面，概念来源于对客观事物本质属性的概括，因此，它有客观性；但另一方面概念毕竟是通过人的思维形式总结出来的，因而又有其主观性的一面。正确运用概念，把握客观事物的过程，就是努力实现认识与对象，主观与客观相统一的过程。

事物都是运动、变化、发展的，因此，概念有其稳定性的一面，也有其变动性的一面。概念的稳定性表现在概念是确定地反映事物的本质属性；概念的变动性要求在事物的不断发展变化中概念的内涵和外延都要随着事物的变化而变化，使概念的内涵随时都反映事物的本质，并涵盖概念包含的事物。概念的稳定性和变动性带来了处理事情时的确定性和灵活性。没有确定性就会犯随意性的错误，没有灵活性，概念就会变得僵死而无生命，并导致教条主义。

概念作为人脑对客观事物的本质及内部联系的反映，它是经过社会实践，经过感性认识阶段，在人脑中形成概念。概念的产生是人的认识过程的质变，它不像感觉、知觉和表象那样，只是事物的外部现象及表面联系的反映，而是反映事物的本质和内在联系。概念是怎样反映事物的本质呢？事物的本质并不是表现在外部可以一目了然的，它是蕴藏在复杂的现象之中的，甚至还会表现于假象之中。人们的感觉的多次反复，怎么就会产生认识的突变而形成概念呢？这就要发挥人脑的功能，借助一些逻辑方法对感性材料进行加工。否则，人们尽管去实践，感觉的东西再多次地反复，也是不会形成概念的。这些逻辑方法就是比较、分析、综合、抽象和概括等。也就是说，要形成一个概念，必须将有关对象进行比较。只有在比较中才能对事物进行分类。同时还必须将所要研究的对象作为一个整体，对其所表现的各种现象和属性加以分析，确定哪些现象和属性是这个对象或这类对象所特有的，如果这些属性消失了，则这个或这类对象也就随之消失，然后抽象出属于这个对象的规律性的属性，从而可以概括出这一类对象本质的东西，形成关于这类事物的概念。

由于客观现实，总是在对立面的斗争中不断地发展变化着。而人的认识又总是受时代的生产水平和科学水平等制约的，因而所谓概念反映事物的本质也只是相对的，它只能体现一定时代的认识水平。在人类思维发展的初级阶段，有所谓"原始思维"，它通过简单的抽象用有声语言或简单的符号标示出来，形成原始的概念。随着社会的不断发展，人的概括能力的不断提高，思想内容的丰富和发展，才逐渐形成了当代人的较高级的概念。概念反映事物的本质，总要经过从具体到抽象，又从抽象到具体，从不够深刻到比较深刻，从第一级本质到第二级本质的逐步深化的过程。黑格尔认为概念应分为两种：一种是"抽象概念"，亦称"形式概念""知性概念"；另一种是"具体概念"，亦称"理性概念"。黑格尔所指的"抽象概念"就是凭思想的分析作用或抽象作用，丢掉了具体事物所具有的多样性，而只举出一些特性，或抹去这些特性的不同之处，而将多种特性概括为一种特性。因此，这种概念只能反映事物的普遍抽象统一性，而排斥事物的差异性和多样性，并且不包含矛盾。黑格尔认为这种概念是抽象的、偏颇的、空洞的，只是一种"抽象概念"。他认为，"无论在精神界或自然界，绝没有像知性所固执的那种'非此即彼'的抽象东西。无论什么说得上存在的东西，必定是具体的东西，因而包含有区别和对立于自己本身内在的东西"。①

黑格尔说，概念"是彻底具体的东西"，这样的概念是一种多样性有机联系的整体，是各种不同规定性的统一。黑格尔提出了"具体概念"，是由于他在同一的自身中发现了又不同一的矛盾。他鉴于固定的抽象概念，不足以反映事物的具体多样性，特别是不足以反映运动发展着的对象，因此，他提出了"具体概念"，这个实质上属于流动范畴的概念。黑格尔虽然是站在唯心主义立场上对概念进行研究的，但他所提出的"抽象概念"和"具体概念"，也正反映着概念作为人的认识的不断深化过程。从马克思到列宁，对他所提出的"具体概念"都给予了肯定。

二　概念的形成与物质作用过程

概念是人在社会实践中对客观事物的观察过程中形成的。由于概念反映的是事物的本质属性，因此，概念在形成过程中存在一个提炼过程。从哲学角度就称为比较、分析、综合、抽象、概括过程。从生理学和物理学的角度，概念形成的过程伴随有一系列的物质运动过程，并伴有神经电信息的形成、编码、传递和存储过程。而且这些神经电信息的形成、编码、传递和存储过程与哲学上讲的比较、分析、综合、抽象、概括过程是相对应的。也就是说，本质上人在创新思维过程中概念的形成是物质相互作用的传递过程。因此，创新能力过程也是相互作用场的形成和传递过程。

---

① ［德］黑格尔：《小逻辑》，上海人民出版社2008年版，第244页。

如人脑对"树"的概念的形成。首先必须借助感官去感觉到它，一般是通过眼睛。树在光的作用下，将其形象投射到我们的视网膜上。视网膜是一个可产生神经电信息的感受器。由感受器产生的神经电信息，通过人的神经系统的加工处理，通过编码映射到人的大脑皮层，在大脑皮层中形成映像。当然在"树"这个概念形成的过程中存在一个比较、分析、综合、抽象、概括的过程，但这些思维过程都伴随有生命物质的运动过程，也是电的和化学的作用过程。最后对"树"这个概念形成的总印象是：树有一个粗的主干，主干上有小枝，枝上有叶，活树是可以生长的，有的树很高、很粗，有的相对矮一些、细一些。这是树有别于其他草之类的植物的本质特征。这个本质特征通过神经电信息储存在大脑中，以后凡是看到类似有这些本质特征的东西，就产生与树相对应的电信息作用于大脑中，在大脑里就会反映出树这一概念。实际上这里还有一个语言符号问题。语言是思维的工具，而概念是在思维过程中形成的，人类在借助语言思维时，把一类由事物本质特征给出的总体，用一个语言符号来表示。观察与语言两者是并行的，这就为人类进行创新提供了捷径，否则思维的开展就很难进行。

从生理学的角度看，语言是由听觉和语言器官共同完成的。而由听觉产生的神经电信息要与由眼产生的神经电信息综合起来才能形成一个带有语言符号的思维形式。这就有一个两路神经电信息的配合问题，这是人脑的神奇功能。一些学者认为思维过程就是神经电信息的编码过程，这只是讲对了一半。思维过程中肯定有神经电信息的编码过程，也可能还有神经物质的化学编码过程；但不管编码对思维过程多么重要，不同的思维对应的编码有多么的不同，而更本质的还应是电磁场物质的不同结构和变化，事物之间复杂的相互作用过程。因为任何编码都是对由感受器传来的电信息的编码，因此思维过程更本质的应是"场"物质形成、传播和变化过程，其中包括"场"物质的结构、波长、频率、相位、强弱等的变化。了解思维的这一本质特征，对研究思维的空间传播和创新思维是极其关键的一环。

概念有具体和抽象之分。如果一个概念它表征和概括的是具体的事物或事物具体特性，则这个概念是具体概念。如"桌子""椅子""书""笔"等都是具体概念。如果一个概念它所概括的是抽象事物或事物的特性，则这个概念是抽象概念。如"平等""自由""博爱""美""丑""善""恶""幸福"等都是抽象概念。具体概念和抽象概念是可分的，但又是相对的。例如，"桌子"相对于"平等""自由"等概念是具体的，但"桌子"相对于"圆桌""方桌"又是抽象的；"精神""物质"等概念是抽象的，但它相对"存在"这一概念就又显得具体了。一般说来，具体概念往往是指那些与特定事物有多方直接联系的概念，而抽象概念则与特定事物有较少联系并且多半是间接的联系。这就是具体概念和抽象概念的一般区分原则。但任何抽象概念，不管它与具体事物的联系多么的遥远，它总是直接或间接地与具体概念相联系的。人们不能凭空捏造概念。凭空捏造的概念是假概念、伪概念、错误的概念。在人类认识自然和认识自我的过程中应该尽力防止错误概念的出现。由于概念的建立有其客观的生物物理学基础，因此，人类头脑中从具体概念到抽象概念的建立过程，也伴随有相应的物质作用过程。

人类对事物的认识总是从具体开始的，如对"马"的认识，首先我们看到的是各色各样的具体的马，如白马、黑马、黄马等。一匹马进入人们的视线，在光的作用下（没有光这一中介信息人们就无法观察世界），马在人眼的视网膜上形成相应的形象。这个形象包括马头、马身、马腿、马尾、马毛等。人们的眼睛将这些形象对应地变成电的或化学的信号、通过编码送入人们的大脑。当然大脑每次感觉到的总是具体的马，但人们可以设想，在多次的感觉中，马的主要特征，在与其他类似的动物的比较中（这种比较的基础是物质相互作用的），那些具有本质特征的相互作用信号保留下来。比如说马身上的毛、马的四条腿、马的尾巴，等等，都对应某种电信号强烈作用于大脑，并通过神经系统的某种通路记录储存下来。下一次，人们再看到类似的动物以上的本质特征，在人们的大脑中类似的电信息将打通原先建立起来的神经通路，并通过语言符号信息的联系认定是马，马的概念由具体到抽象也就建立起来了。因此，任何抽象概念的建立都离不开具体概念的建立，更离不开电磁信号的产生与编码。

又如"表象"——哲学的一个概念，从哲学的角度讲，表象是指在人们多次感知某个事件（物体）之后，即使离开了现场（或物体），也可以在脑子里形成这件事或物的形象。从它的生物学基础上讲，人的大脑对任何事物的认识，或者说，任何概念的建立，都通过人体不同的感受器，尤其是眼睛，将物体或事物的各种特征信息转换成人的神经电信息，并储存在大脑皮层的神经网络中。再现这件事物有两种途径，一种途径是当我们再次看到该类事物（物体）时，事物可以通过光—神经电信息的转换启动人的记忆，认识辨别事物。任何记忆都是电的和化学信息的储存。这是外界的直接触发作用引起的信息现象。还有一种途径，即使当我们闭眼，或在别的场合不与该事接触时，脑子里也能"想到该事物的形象"。我们认为这是由于人脑有一种主动接触功能，即哲学上讲的思维的能动作用。虽然人们没有具体的事物，外界触发信号也没有直接进入大脑，但人们的大脑自身却能发出一种类同的触发信号，在大脑的信息储存库中进行搜索，将大脑对该事物的储存信息通路接通，同样的电信息在人的大脑里点燃该事物的形象。这就是表象的物质基础。但是，一些科学家认为，有些复杂科学概念的建立，不需要具体概念作基础。其依据是他们建立的科学语言符号是完全凭借脑臆想的，是过去从来未有的。其实这种看法是不对的。这些科学家忘记了，如果他们缺乏对过去已经成熟的科学知识的了解，不掌握已有的知识概念，及人类建立起来的逻辑推理系统，从生理学的角度说，就是他们头脑中如果没有过去学习过程中留下的丰富的信息储备，及调动信息的程序结构，那么，他们的创造性是无论如何也不会有的，他们建立的理论也将永远不会被人类理解。

三 概念的作用和意义

谈到概念的作用和意义，一方面概念是作为认识借以构成的"细胞"，另一方面把它看作认识的"凝缩"和"总结"。从形式上说，它又是分析其他思维形式的"出发点"。在辩证思维中概念的意义会更大。

（一）概念是思维的起点与总结

早在亚里士多德的逻辑学说里，就指出了概念是思维的"起点"，又是思维的"终结"。概念在辩证思维中的有力作用，只有在理解了概念本性的基础上才能把握，而科学家所观察、所谈论的只是他们所看到的东西，黑格尔说："这不是真的，他们是在不自觉地通过概念改变着直接看到的东西。"列宁指出黑格尔的话"非常正确而且重要——恩格斯用比较通俗的形式重复的正是这一点，他写道：自然科学家应当知道，自然科学的结论是一些概念，但运用概念的艺术不是天生的，而是自然科学和哲学两千年发展的结果"。[①] 他还认为，辩证思维应以概念本性的研究为前提。"概念本性"当然就是他的辩证本性，也就是我们在前面

---

① [苏联]列宁：《列宁全集》第 55 卷，人民出版社 1990 年版，第 223 页。

所分析过的概念的矛盾特征和它的运动、发展与转化。这种概念应该是经过琢磨的、整理的、灵活的、能动的、相对的、相互联系的、在对立中是统一的。

科学概念是人类长期科学实践和创造性的科学研究活动所获得的种种知识的集中概括与结晶,是大量自然现象和社会现象的本质的、必然的和有规律的东西的反映。概念的重要作用之一就是它可以"储备",并且反映科学和实践积累起来的关于对象的全部知识。此外,每一门科学又都要以概念的形式来表述自己的对象。

从马克思写《资本论》的过程中,可以清楚地看出通过科学抽象产生的科学概念,对分析社会现象、指导现实斗争的巨大作用。如果不掌握必要的科学概念,那就会妨碍对有关的社会现象做出科学的解释。在自然科学中,往往可以由某一重要概念的提出,促使这一学科发展到一个新的阶段。例如,在数学中,"变数"概念的提出,使运动进入了数学;有了"变数",辩证法也进入了数学。可见,科学的发展同概念的发展是息息相关、互相促进的。它不仅是认识的起点,更是认识的总结。为了保证科学向前发展,不仅应该果断地摒弃那些妨碍科学发展的旧概念,而且要建立推进科学发展新的概念系统。

(二) 概念的灵活性与确定性的辩证统一,是把握具体真理的必要条件

主要在于:其一,概念的灵活性。概念的灵活性是概念辩证法的集中表现。列宁分析了黑格尔逻辑学中概念的全面的、普遍的灵活性,指出:"客观地运用的灵活性,即反映物质过程的全面性及其统一的灵活性,就是辩证法,就是世界的永恒发展的正确反映。"① 但是,概念除了灵活性的一面以外,还有确定性的一

---

① [苏联] 列宁:《列宁全集》第55卷,人民出版社1990年版,第91页。

面。其二，概念的确定性。概念的确定性指概念在一定的具体条件下是相对不变的固定性，也就是对它的内涵和范围给予严格而明确的规定，并保持相对稳定。概念的相对稳定性也就是客观事物特殊的质的规定性的表现。从根本上讲，概念的确定性是事物的本质和规律相对稳定性的反映。概念的确定性，无论在概念的形成过程中，还是在对概念的理解和表达的过程中都是十分重要的，必不可少的。概念的灵活性总是以在一定的条件下的确定性为前提的。任何科学的概念都是灵活性和确定性的辩证统一。而把概念的灵活性同概念的确定性很好地结合起来，就能够使人们认识和把握具体真理。

黑格尔认为，知性或抽象概念的特点，就在于它的坚定性和确定性。当概念发展到具体概念的阶段时，不但保留了这种有限范围内的确定性，而且更进一步要求对立统一的明确性，即按照分析与综合统一的方法，把事物的各个成分按事物的本来面目统一起来。

第二节 判断（命题）的含义特性和作用

判断必须有两个基本条件。一是建立判断所需的各种概念；二是必须掌握判断的结构形式。前者必须以各种感性知识为基础，后者必须通晓人类在认识世界过程中建立起来的各种逻辑结构形式。

一 判断（命题）方式

判断是人们认识客观事物的思维方式。辩证唯物主义认为，认识来源于实践。判断的产生也来源于实践。即使是复杂的比较高级的判断，也是来源于人的社会实践。社会实践是判断产生和形成的客观基础。

常言道,"多谋才能善断"。这就是说人们必须进行调查,把握材料,了解情况,然后将调查所得的材料反复地加以分析和研究,这样才能做出准确的恰当的判断来。毛泽东同志在谈到如何在军事上做出正确的判断时说:"指挥员的正确部署来源于正确的决心,正确的决心来源于正确的判断,正确的判断来源于周到的和必要的侦察,和对于各种侦察材料连贯起来的思索。指挥员使用一切可能的和必要的侦察手段,将侦察得来的敌方情况的各种材料加以去粗取精、去伪存真、由此及彼、由表及里地思索,然后将自己方面的情况加上去,研究双方的对比和相互的关系,因而构成判断,定下决心,作出计划,——这是军事家在作出每一个战略、战役或战斗的计划之前的一个整个的认识情况的过程。"① 在社会实践中,人们通过观察、实验与社会调查为判断准备了必要材料。然后,人们再对这些材料进行分析研究就可以形成恰当的判断。毛泽东同志所说的"去粗取精、去伪存真、由此及彼、由表及里",就是指对于调查所得的材料进行分析和研究。这就是说,只有通过对于社会实践活动的调查研究,才能形成正确的、恰当的判断。

辩证思维的判断理论并不是撇开判断的内容做出单纯状态的描述,而是根据判断所反映的客观内容,揭示出存在于判断之中的认识辩证法以及判断运动发展过程中的认识辩证法。

(一) 判断(命题)的辩证特性

辩证逻辑要考察判断的辩证性质。例如,树叶是绿的、张三是人、哈巴狗是狗等,任何一个命题,在这里个别就是一般,一般只能在个别中存在,只能通过个别而存在。任何个别都是一

---

① 《毛泽东选集》第1卷,人民出版社1991年版,第179—180页。

般，任何一般都是个别的一部分，或一方面，或本质，即任何一般是大致的包括一切个别事物、任何个别都不能完全地包括在一般之中等。个别与一般是不可分割的，一般存在于个别之中，个别中包着一般。这就是个别与一般的对立统一。

任何一个简单命题中都包含辩证法因素，这是因为认识是主观对客观的反映，判断也是如此，客观辩证法是处处存在的，人的认识活动必须与之相适应。但必须指出，判断中所包含的辩证法，并没有明显地表现出来，它仅仅是自发地存在于人们的认识中。这种普通命题中的自发的辩证法，只有通过人们自觉地分析才能了解。因此，我们必须自觉地运用辩证思维。它与形式逻辑不同，形式逻辑是从确定性、无矛盾性方面来研究判断的结构形式及其间的真假关系，它并不研究判断的辩证性质。

（二）判断（命题）的深化

客观事物的发展有它的可能性、现实性与必然性，人们对于客观事物发展的这种认识反应，在判断中就产生了或然判断、实然判断和必然判断。其一，或然判断是反映客观事物的可能情况的判断。客观事物向什么方向发展，它是具有各种可能性的。客观事物的可能情况反映在判断中就成为或然判断。诸如，月球上是否有生物？科学家们对这个问题曾有不同的争论。但无论如何，我们做出"月球上可能有生物"，这个判断总是可以的。因为月球上是否有生物总有两种可能性，一种可能是有生物，另一种可能是没有生物。或然判断反映客观事物发展的可能性，也可反映人们认识中的不确定性。认识中的不确定性与事物发展中的可能性是有区别的。或然判断的进一步发展就是实然判断。如，"一种元素转化为另一种元素是可能的"，这是古代的一种猜测。由于近现代的科学发展已经证实一种元素可以转化为另一种元素，这样，由"一种元素转化为另一种元素是可能的"就发展为

"一种元素是可以转化为另一种元素的"。其二，实然判断是反映客观现实中确实情况的判断。诸如，"原子是可以分割的"这个判断就是一个实然判断，它反映了"原子"这个客观事物可以被分割的实际情况。或然判断能否发展为实然判断，必须具备一定的条件。并不是任何或然判断都可以发展为实然判断的，如前例，"原子是可以分割的"这个实然判断，只有在近代科学技术发展的水平上才能被认识，并成为现实。其三，必然判断是反映客观事物发展中必然如此的判断，即反映客观事物某种情况的发生是否具有必然性的判断。诸如，新事物必然战胜旧事物的判断，因为新事物富有生命力，代表事物发展的方向和趋势。

必然判断反映客观事物发展的必然性，它断定客观事物的某种情况必将发生，也反映客观事物的某种情况不可能发生的判断。这两种判断都是必然判断。必然判断反映客观事物发展的必然性，而这种必然性可以是过去已经发生而现在已不存在的必然性，或过去已经发生而现在和将来也必然存在的必然性，或是过去和现在还没有发生而将来必然发生的必然性。

二 判断在认识中的作用

在认识事物的过程中，我们说某个判断是正确的，必须是判断中所涉及的概念是反映事物本质属性的正确概念，而判断的逻辑基础和概念的组合形式是大家公认的，或者是通过论证可使大家公认的，否则将不可能理解判断的实在意义。

（一）判断是认识的软工具

判断可分描述性判断、想象性判断和推演性判断。描述性判断一般是对一个实际存在的对象的总体或部分所进行的陈述。诸如"石榴树的花是红色的"就是一个描述性判断。建立这样一个判断，需要有三个概念，第一是"石榴树"，第二是"花"，第三是"红色"。此外建立上述判断，还有一个逻辑结构形式，这首先是树，其次是树上的花，最后才是花的颜色。按上述认识事物的逻辑程序建立起来的判断才能听得懂，才是真判断。比如将上述判断改成"红色的花是石榴树"。人们就不知其所云。这就是一个假判断。真判断之所以能让人听得"懂"，关键是真判断在建立的过程中把握了事物之间的正确联系。也就是说真判断能有机地把人脑中建立概念时对应的神经电信息的逻辑通路，按照反映事物本质属性的程序过程来启动。否则人就要犯精神病。人的思维过程是人脑中神经电信息和化学物质的产生、传播和变化消失的过程。因此，每一个判断建立的过程必然有其对应的"物质的产生、编码、传播和变化消失"的过程。如果我们能捕捉到思维过程中与判断对应的"场"信息的变化形式，人们就可以找到思维的新的传播方式。对陈述性判断可能最容易复现，因为陈述判断对应的是具体的事物。对应的"场"信息应该包含具体事物的形象和结构。

顾名思义，想象性判断是靠想象来建立的判断。想象性判断最主要的特征在于判断的对象并不一定是现实中的存在，它可以是"想象的"。建立想象性判断虽然同样也离不开概念之间的逻辑性的编码过程，但在建立概念之间的逻辑联系时可以是自由的。比如"鬼"是一个想象之物，人们可把"鬼"与狗联系在一起，说"鬼"可以像狗一样用四条腿走路，也可想象鬼的面部是青色的，牙齿很长。"青面獠牙的鬼"就是一个想象性判断。然而，不管想象性判断在概念的产生上如何自由，相联系的概念如何离奇，但其使用的概念必然与现实生活有关。"青面獠牙的鬼"的判断中"青""面""獠牙"，这些都是现实生活在人的头脑中已经建立的概念。思维的物质性表明，没有物质作用的神经信息是没有的，每种概念都是一种神经信息的储存，人脑的功能既在于再现已有的真概念并由此建立起想象性判断。对还没有认识的自然现象建立起想象性判断，是人类获得真知的途径之一。概念组合成判断的背后隐藏着深刻的逻辑基础，这种逻辑基础的发掘是对人类智慧的检验。

推演性判断是通过逻辑推导直接建立的判断。逻辑推导需要有其他的判断做基础，因此推演性判断总是与其他判断同在。推演性判断正确与否要符合人类自身建立起来的推演规则。而推演规则又是人类在长期的社会实践及人类与自然的斗争中建立起来的。这是从大量的事物发展规律中提炼出来的。推演规律建立的过程，本质上看是神经网络在先后排序中的信息启动过程，用这样的神经信息去启动事先已经储存好的概念库，即可得到与推演性判断对应的神经网络的电信号。如果脑波不是突触后电位的无意义自由展现，那么脑波中应该包含有反映判断本质特征的信息。一个人越聪明，他头脑中建立的概念库应该越大，他所具有的逻辑推理程序也会越多。一个与世隔绝的人，他头脑既不可能有建立判断所需的概念材料，更不可能有建立判断所需的逻辑推演程序。

多个或大量的判断将构成一个判断系统。对一个对象的完整认识，需要判断系统来完成。与判断系统对应的神经网络活动将是更加复杂的神经网络电信息的加工、处理、综合、编码、传播过程，它对应十分复杂的电磁场的产生、变化和传播过程。因此，与一个判断系统对应的脑波，其成分、结构、强弱的变化也将更加复杂。在人类对大脑认识的现阶段，难以期望识别一个判断系统的脑波信息，但我们可以期望通过努力，在先进的技术装备条件下，识别与概念尤其是具体概念对应的脑波成分。

（二）判断是认识活动的成果

判断分为辩证判断与非辩证判断。辩证判断与非辩证判断是人们在认识与改造客观世界的活动中所取得的主要成果，同时它也是人们认识与改造客观世界的行动指南。如果没有判断这种思维形式，人们就不能够把认识的成果巩固下来或记录下来，我们也就无法指导认识活动的进行。

非辩证判断是反映客观事物及其属性的简单关系的判断。人们在日常生活中所接触的事物是比较简单的。对于日常生活中的简单事物和复杂事物中的简单关系，普通的非辩证判断是足够应用的，但是，一旦涉及复杂事物及简单事物中的复杂关系，非辩证判断就不适用了，必须要辩证判断。辩证判断是人们对客观事物的内在矛盾认识的辩证断定。它的适用范围是很广泛的。对于简单的事物可以做出辩证判断。辩证判断与非辩证判断，是两种程度不同的逻辑思维在判断形式上的反映。非辩证判断是人们对客观事物的相对稳定状态的认识，而辩证判断则是人们对于客观事物的发展变化与矛盾属性的认识。非辩证判断是判断这一逻辑思维的低级形式。辩证判断这一高级形式包含着非辩证判断的低级形式的因素，但判断的高级形式并不是简单地包含判断的低级形式，而是已超越判断的低级形式的一种高深的辩证思维的判断。因此，非辩证判断与辩证判断在认识中起着一定的作用，仅是侧重点有所不同而已。在认识中利用非辩证判断是重要的，但利用辩证判断更为重要。特别是在现代科学技术发展过程中，离开辩证判断，那就会使我们的认识无法进步，辩证判断对于科学的发展技术的进步有积极推动和指导的作用。

第三节 推理的含义、特点原则和作用

推理是一种理性认识活动，因为无论是从特殊到一般，还是从一般到特殊，都是一种思维运动。如果人们没有思维的能力，

那么客观存在的各个对象的特殊本质以及对象间的共同本质,将只能成为不为人们所认识的客观存在,更不能把握隐藏在事物内部的本质。要想把握隐藏在事物内部的,由感官所感觉不到的关系和规律,就必须运用辩证思维的推理不可。推理能够使人们认识到感官所认识不到的隐蔽的各种关系,推理能够把握不表现在现象上的本质,也能把握不能用感官直接把握的规律。可以说,推理是探索感官所不能直接认识到的事物的真实情况的手段和工具。

一 推理是由已知,推出未知的思维形式

人类获取客观知识有两个主要途径,一个是掌握大量的事实材料,并依赖实践去取得;另一个是掌握既有的科学理论,依赖于学习去取得。无论是事实材料,还是科学理论,对于掌握者来说,都是已知的知识。

所谓推理,是以已知的判断为前提,求出作为结论的新的判断的思维运动过程就是推理,它们所采用的思维结构就是推理形式。怎样才能从已知的判断求出新的判断?也就是如何从已知求得未知?这要从人类认识客观现实的实际情况的考察中来回答。人类的认识来源于实践,人们在实践过程中,要接触到大量的客观对象,然后对这些客观对象有目的地进行观察、分析、研究。有时要将相同的事物加以比较,将不同的事物加以区别,分析出客观事物间的共性和个性来,从而进行分类。相同的事物有着共同的本质及其一般的规律性,不同的事物有着不同的本质及其各自的特殊规律性。人们对于客观事物的内在规律性的概括和总结就是科学理论。科学理论就是从个别事物中总结出来的一般规律性的知识。这种一般规律性的总结,对于科学工作者来说,是在实践经验中,运用大量的已知知识进行推理而获得的劳动成果,

是从已知中抽象出的新知。这种成果一旦产生后，它就是人类的知识财富，将其用之于尚未认识的个别同类事物上，就会进一步取得对于个别事物的认识上的新知。从这个简单的描述中可以看出：人的认识，总是由先接触个别事物，然后再概括到一般，又从一般推之于个别。毛泽东同志在《矛盾论》中曾写道："就人类认识运动的秩序说来，总是由认识个别的和特殊的事物，逐步地扩大到认识一般的事物。人们总是首先认识了许多不同事物的特殊的本质，然后才有可能更进一步地进行概括工作，认识诸多事物的共同的本质。当人们已经认识了这种共同的本质以后，就以这种共同的认识为指导，继续对尚未研究过的或者尚未深入地研究过的各种具体的事物进行研究，找出其特殊的本质，这样才可以补充、丰富和发展这种共同的本质的认识，而使这种共同的本质的认识不致变成枯竭的、僵死的东西。"这是两个认识过程：一个是由特殊到一般；另一个是由一般到特殊。人类的认识总是这样循环往复地进行的，而每一次的循环都可能使人类的认识提高一步，使人类的认识不断地深化。

客观世界是一个有内在联系的统一整体。任何事物自身都是矛盾的统一体，都在对立面的斗争中运动发展着。任何事物自身都内在地含有否定自己的因素。新事物代替旧事物，新的肯定取代了旧的肯定，又有了新的否定之否定。事物的发展就是如此，事物在是自身的同时，就内在地包含了不是自身而是他物的因素。比如粮种，本身就内在地含有可能成为禾苗否定自己的因素。当外在条件适宜时，原来的粮种就不再存在了，新的事物禾苗就取代了旧有的粮种，禾苗自身又产生了否定自己的因素。事物对立统一体的这种无限的从量变到质变的否定之否定的过程，就是客观世界不断运动发展变化的过程，这是客观的辩证法。用主观辩证法对客观事物的发展方向以及对历史的回顾的推出状态就是辩证思维的推理。辩证思维中的推理不是将客观对象及其关系看成固定不变的，而是将它们看成运动、发展变化着的。

辩证思维中的推理是通过对事物进行历史的和现实的规律性的分析，以及对事物的具体矛盾的分析而进行的推理。它是对事物发展方向的、预见性的推理，也是对事物产生过程的历史回顾性的推理。

二 辩证思维中推理的特点

辩证思维中推理的特点主要表现在：其一，辩证思维中的推理是主观辩证法对客观事物的辩证关系的认识的推出过程。它必须建立在事物的辩证法的客观基础之上，无论是预见性的，还是回顾性的，它的结论的推出都必须是从对事物的具体矛盾的分析中得出来的。这就要求它必须以具体事物的分析研究为依据，而不仅仅是运用已经形成的判断进行外在形式的推演。其二，辩证思维中的推理是两个经过对具体事物的矛盾运动的研究而做的较长的推出过程。它所要求的是合乎客观事物的辩证发展的结论，而不是如三段论式的那样仅以一般和个别两个已经形成的判断的联系而推出局部的知识。其三，在分析事物具体矛盾的推理过程中，每一个构成的阶段或环节又都必须建立在事物的相对稳定的基础上。因此，类比、归纳、演绎又是组成整个辩证思维推理过程的各个环节。整个辩证思维中的推理过程不仅要运用这些推理形式，而且辩证思维应用这些推理形式的目的与结果，是要最终获得符合辩证发展的客观规律的合乎逻辑的结论。其四，构成整个辩证思维中推理过程的类比、归纳、演绎等的运动转化，则是辩证思维中推理的主要特点。任何一个辩证思维中的推理都是假借类比、归纳、演绎等方法对具体事物进行历史的或现实的矛盾分析的过程。这种推理过程可以给人们的认识展开广阔的视野，给人们提供预见性的理论知识。

三 辩证思维的推理原则

辩证思维中的推理不仅是通过对事物进行历史的和现实的规律性的分析，了解其发展过程及产生原因的回顾性的推理，而且还是探索事态发展趋向的预见性的推理，因此它在提供人的认识的新知上，有着无比的优越性。它是人的主观反映客观事物的规律性的思维的辩证法。思维的辩证法虽然是客观辩证法的反映，但它却不等同于客观辩证法。辩证逻辑的推理虽然是遵循客观事物的对立统一、矛盾转化的辩证规律所进行的推理，但客观事物本身并不曾标示出如何才能正确地反映。反映是主观的功能，主观所以能正确地反映客观，除必须遵循客观规律外，还必须遵循辩证思维的基本规律，作为推理，还要遵循其自身所特有的一些根本原则，才能做出符合事实的发展规律的推理，并得出辩证思维的结论。其原则主要有以下几点。

一是具体性原则。具体性原则以事物的矛盾特殊性为客观依据。从实际出发，具体问题具体分析，不仅是马克思主义活的灵魂，也是辩证思维推理的根本原则。只有对具体问题做具体分析，才能对辩证思维中推理的具体性原则做出预见性的科学结论。二是联系性原则。对具体问题做具体分析的同时，也必须遵循联系性原则。因为客观世界是一个有内在联系的统一整体，任何事物的存在都不是孤立的，任何事物的存在都有其本身在时间和空间上的联系。所谓时间上的联系，就是事物本身的过去、现在、未来的发展过程，即历史的联系。所谓空间上的联系，即对立面双方以及与其相关事物间的现实联系。任何事物的存在都有着这种纵的"时间上"的和横的"空间上"的联系。因此，联系性的原则就以事物的这种普遍联系为客观依据。三是全面性原则。只有从联系观点出发,才能全面地看问题。全面性原则是在辩证思维中进行推理时所必须遵循的原则,只有遵循全面性原则才能进行正确的推理,做出符合事实的客观结论。毛泽东同志在《矛盾论》中指出:"研究问题,忌带主观性、片面性和表面性。所谓主观性,就是不知道客观地看问题,也就是不知道用唯物的观点去看问题。……所谓片面性,就是不知道全面地看问题。……或者叫做只看见局部,不看见全体,只看见树木,不看见森林。这样,是不能找出解决矛盾的方法的……是不能做好所任工作的。"① 只有遵循全面性原则,才能作出正确的推理的结论,才能获得正确的行动指南。四是矛盾性原则。矛盾法则是唯物辩证法的最根本的法则。任何事物都是对立的统一的,都有统一的对立面。唯物辩证法告诉人们如何去观察和分析各种事物的矛盾运动,并根据这种分析指出解决矛盾的方法。因此,想要进行正确的推理,得出符合实际的结论,就必须遵循矛盾性原则。矛盾性原则是以事物的运动发展、矛盾转化的实际情况为客观依据的。事物都是在不断地运动、发展、变化的。事物的内部都孕育着否定自己的新生事物,这种自我否定因素的存在,就促成了事物的矛盾转化。也正是由于事物本身都存在着自我否定的内在因素,所以事物才能向对立面转化,坏事变为好事,好事也可能变为坏事。从坏事的前提中推出好事的结论,从好事的前提也可能推出坏事的结论。

四 辩证思维推理的认识论作用

辩证思维推理所主张的是从事物本身的发展变化、矛盾转化的实际情况出发,根据具体事物的具体矛盾做具体的分析,从而

---

① 《毛泽东选集》第 1 卷,人民出版社 1991 年版,第 312—313 页。

推出其所以形成或发展趋向的规律性理论知识。辩证思维是建立在运动的概念的理论基础上，将思维活动的重点放在从现实的发展中探求其已往的形成过程或未来的发展动向，从表达对象变化的前提中推出结论。它是直接研究客观事实的，因此，其结论是严格地按照历史发展的客观逻辑的"结论"建立起来的。正因为这样，辩证思维所做的推理知识，对于人的认识和实践才具有重要的意义。

（一）运用辩证思维才能得到真实的前提

在实践中运用辩证思维才能得到真实的前提。这必须从实际出发，根据具体性原则进行具体分析，同时还必须全面地联系地看问题，本着全面性、联系性原则，分析事物之间的矛盾，并做历史的和现实的考察与分析，从而才能得出真实的结论。辩证思维推理冲破了形式逻辑那种运用已经形成的现成前提而进行推论的狭隘界限，它是根据事物的运动发展，矛盾转化的必然规律而进行的，因而它给我们提供了由正面可以推出反面的新知。诸如，在一定条件下坏事可以变成好事，在一定条件下"冷"可以变"热"等。运用回顾性推理，可以给我们提供由事物现在的质态，推知其过去的质态及形成原因。

（二）辩证思维推理可以提供由事物的现在质态，推出事物发展的未来质态

通俗地说，就是在实践中要有预见性认识。诸如，《三国演义》中的智者——诸葛亮"借东风""草船借箭""美人计"等，都充分凸显了他的预见性认识。这种"先见之明"不仅使东吴"赔了夫人又折兵"，也使一向自命不凡的周瑜不能不仰天作"既生瑜，何生亮？"的长叹，而最终被气死了。诸葛亮比周瑜高明之处，并不在于他会什么法术，而是在于他博学多知，特别是他熟知天文气象方面的客观规律，从而预见到何日何时必有东南

风起。当时由于懂得这方面知识的人较少,因而诸葛亮才有条件将自己打扮成呼风唤雨的术士,以在"七星坛上祭风"的假象来蒙骗无知,似乎东南风真是由他呼之而来的。其实,如果当日无风,呼之也不会来;如果当日有风,不呼也同样会来,这是不以人的意志为转移的客观规律。以同样的气象知识,诸葛亮利用大雾,用草船顷刻之间向曹营"借"了20万支箭。这不能不使无知的鲁肃大为惊讶,而问道:"先生真神人也!何以知今日如此大雾?"诸葛亮回答得好:"为将而不通天文,不识地利,不知奇门,不晓阴阳,不看阵图,不明兵势,是庸才也。亮于三日前已算定今日有大雾,因此,敢任三日之限。"

以《三国演义》为例,目的只是想通过这则故事通俗地说明:人们只要掌握了事物发生发展的客观规律,本着客观规律去进行推理,就能产生"先见之明",所谓"先见之明"不过是人们根据事物本身的发展规律,而做出的回顾性或预见性的推理罢了。诸葛亮并不是神人,他不过是比一般人早知道了客观事物的发展规律,而按照客观规律办事。这正像下棋一样,高明的棋手总要多看几步,不仅知己,而且知彼,善于洞察事物变化、发展的趋势,从而使客观事物的发展为自己掌握,而服从于自己的需要。

综上,辩证思维推理,对于指导认识和实践具有重要的意义。有了辩证思维的推理,就像在我们的头脑中安装上一架准确的雷达,使我们有行动的指针,有了辩证思维的推理,就可以使我们洞察事物之所以产生及如何发展的规律性,就可以使我们认清前进的方向,以正确制订我们的行动计划,满怀信心地克服一切艰难险阻,大胆勇敢地前行。

第四节　自觉意识和非自觉意识推论

无论是逻辑思维，还是非逻辑思维，它们的发生都同人的自觉意识和非自觉意识相关。因此，要揭示创新能力发生的机制，只有揭示自觉意识和非自觉意识相互作用的规律，才能厘清并掌握创新能力是在逻辑思维（自觉意识）和非逻辑思维（自觉意识和非自觉意识交互作用）的辩证统一中发生的机理。人的意识活动都是人脑加工主、客体信息的活动。人的意识具有鲜明的社会性、层次性，是多层次的概念，一般来说，可分为自觉意识和非自觉意识两大层次。

一　何为自觉意识和非自觉意识

自觉意识推论是指人的那种有意识、合目的、得自由的意识活动。非自觉意识是相对于自觉意识而言的，从心理学角度看，也是一种意象活动。它不同于自觉意识的运动形式，不是运用概念进行判断、推理，不是按逻辑形式去把握对象，而是靠意象的展开，靠信息的整合，实现对考察对象的直觉把握。非自觉意识还分为前意识、下意识和潜意识，其中潜意识是最活跃、最高级的意识，并且具有多样性，多样性的潜意识往往又单独有着自己活动的规律。对此，威尔逊先生称之为"多个自我"。例如，想象、联想、幻想、直觉和灵感都属于非自觉意识的不同表现形式。假定一个人仅有自觉意识，而无非自觉意识，或者仅有非自觉意识，而无自觉意识，那将是不可思议的。完整的人，既具有自觉意识，又具有非自觉意识，由此构成合规律的人类整体意识。人的一切思维活动都是人的整体意识功能的反映。

非自觉意识推论是指未被自觉地意识到的一种特殊推论。据推测可能是人脑在将知觉信息代码与已存储在大脑中的经验信息代码进行重新匹配、辨识、映射的同构活动时，又同时受新信息代码刺激，所引起的脑内神经细胞重新"建构"的功能相契合而进行的一种思维整合推论。因为思维是存入脑神经细胞的大分子之中的实物信息代码，通过神经回路的电传导和氨基酸类属中的谷维素中（传递介质功能）的化学反应而接通的。人的大脑首先是把所知觉到的客观对象信息分成两个信息域，即知觉对象信息域和知觉对象外的背景信息域，然后非自觉意识中的多个潜意识自我，按照所思考的指令性课题目标要求，进行新旧信息同构活动。这样的猜想，同加拿大脑科学家潘菲尔德研究的结果合拍，即"脑还是化学的"。这种信息同构活动是大脑中潜意识的一种不声不响的加工活动，加工来、加工去，一旦接通（即信息代码接通了）非自觉意识功能就转化为自觉意识功能了，于是答案就有了，或是推论出来一幅新颖的"良好图形"，或是得到了一种前所未有的"信息"。

皮亚杰的研究结果表明，人的思维和认识活动是一种内化活动。人们是在对客体的改造过程中去思维、去认识客体的。人的思维和认识是在这种积极的活动中形成的。因此，皮亚杰不同意以往得出的"刺激→（AT）→反应"的结论。皮亚杰将图式中IN（AT），即对刺激的吸收、过滤、筛选作用称为"同化"作用，将图式在刺激下的改变称为"顺应"，将主体对客体的作用视为同化，将客体对主体的作用称为顺应。同化和顺应总是同时发生的，是不可分割的。皮亚杰将这种图式由低级到高级的发展称为"建构"。

由此可见，信息同构与脑神经系统功能结构的建构是非自觉意识推论不可缺少的两个重要方面。因为信息同构是指输入的知觉信息代码与已存储的经验信息代码间的一种拓扑映射。信息同构是一种通过对新旧信息代码的匹配、辨识、映射等活动，无一不驱动脑神经细胞大分子功能的结构变化。这种电的或化学的反应，不可避免地要使信息同构并使脑神经系统功能重新建构结合起来。

二 自觉意识与非自觉意识推理相契合

自觉意识和非自觉意识推论是人类意识活动的两种不同方式。非自觉意识并不是盲目的活动，而是一种隐藏起来的活动，是受自觉意识支配的一种"内驱动力"作用的结果。信息代码可以编码储存，对号辨识，分组匹配，不拘存入的时间和环境而分类归组、复现或消失。自觉意识和非自觉意识同属大脑机能，犹如数轴上的有理数和无理数一样密不可分。但是，自觉意识和非自觉意识在信息交换上分别呈现出"显态"和"潜态"。在推导上，一个是"逻辑式"的，一个是"非逻辑式"的。在接通信息代码上，一个表现出它的"渐进性"，一个则表现着"突发性"。人类的思维就是"显态"与"潜态""逻辑式"与"非逻辑式""渐进性"与"突发性"的辩证统一，这就是人类整体思维的特征。由此产生大家所熟悉的逻辑思维和非逻辑思维。而逻辑思维与非逻辑思维的默契和融合，便形成人类掌握世界的新方式——创新能力方式。

世界是物质的，物质是运动的。大千世界是无限丰富多彩的，同时又是统一的。既然是物质的，它就必然是可感知的；既是多样性的统一，人脑反映其本质的途径和形式的意识活动，也必然是多层次、多功能、多样性的统一。人脑的意识活动，除为人们所熟知的自觉意识外，还有非自觉意识，它们之间如同被感知的客观事物一样，彼此间相互依存、相互影响、相互作用、相互转化着。思维和物质是分不开的。现代脑科学研究的新成果，为进一步认识自觉意识和非自觉意识及逻辑思维和非逻辑思维的存在、功能和发生规律提供了科学依据。

世界著名神经心理学家罗杰·斯佩里关于"裂脑人"研究的最新结论告诉人们，人脑两半球，既有各司其职的高度化分工，又通过"胼胝体"相互作用。左半球同抽象思维、象征性关系及对细节的逻辑分析有关，即发生逻辑思维的载体。右半球同灵感、直觉、幻想、联想、想象活动有关，同时其空间识别、想象和辨识三维图像的能力都很强，这正表明非自觉意识功能主要集中在右半球即它是发生非逻辑思维的载体。可见，斯佩里的脑科学研究成果为创新能力理论奠定了坚定的自然科学基础。

第七章　创新能力的主导性方法：辩证思维法

想问题，做事情需要方法。人生的计划和行动是要依靠方法来完成的。任何一种方法都可以导致一种结果，但是，这个结果是不是最佳的结果要看你的方法是否正确。若想把事情办好总是选择最佳的方法达到最好的结果。在创新的实践过程中，要想取得更多的创造性成果。首先要解决的问题就是你的方法一定要正确。实现我们想要的创造性成果和目标，就需要运用科学的、正确的、符合实际的方式、方法。阿基米德说过："给我一个支点，我可以撬动整个地球。"这个支点就是一个恰当的方法或工具，就是我们要解决问题的主要手段主要方式。如果方法得当，即使问题再棘手，也有解决的可能。相反，如果没有合适的、恰当的、符合实际的方法，一味地勤奋做事，那只会浪费精力、浪费资源，是不会获得创造性成果的。培养提升创新能力离不开正确的方法。只有掌握科学的、正确的、有效的培养提升创新能力的逻辑方法，才能使创新活动高速、有效地进行，最大限度地发挥人的创新能力。

第一节　辩证思维方法的主导性

辩证思维法，也称矛盾思维法，就是按照辩证逻辑的规律，即唯物辩证法的规律进行的思维活动方法。辩证逻辑以辩证思维为研究对象。人类思维史表明，人的辩证思维过程并不是杂乱无章的，而是存在着内在的、本质的必然联系。辩证思维的基本规律，就是指在辩证思维过程中的、内在的、本质的必然联系。辩证逻辑把研究辩证思维的基本规律作为自己的一项重要内容，在一定意义上二者是一致的。所谓辩证思维能力，就是承认矛盾、分析矛盾、解决矛盾，善于抓住关键、找准重点、洞察事物发展规律的能力。在实践中，辩证思维与辩证思维能力是不能截然分开的，因为主体在运用辩证思维方法的同时辩证思维能力便蕴含其中，它们的哲学理论基础是马克思主义的唯物辩证法，二者统一于唯物辩证法的基础上。

一　辩证思维的含义、特征及原则

辩证思维是以普遍联系、全面发展和对立统一的视角认识事物的思维方式，是我们提出问题、分析问题、解决问题的一把金钥匙。

（一）辩证思维的含义

辩证思维是指主体在运用辩证法提出问题、分析问题、解决问题的思维方法，是创新实践活动过程中体现出来的高素养的本领和本事。它与主体对于辩证思维方法以及与之相结合的客观实际情况的掌握理解程度有关，不同个体或不同群体之间的辩证思维能力有高有低、有强有弱，一般说来这种高低、强弱之分是以实践成效的大小区别出来的，同时培养主体辩证思维也就提升了辩证思维能力。

(二) 辩证思维的特征

辩证思维就是采用普遍联系的观点、全面发展的观点看待问题。普遍联系和全面发展的观点，是唯物辩证法的总特征，也是辩证思维能力的特征。唯物辩证法的总特征要求人们在看待事物时不像形而上学和机械唯物论的观点那样静止地、孤立地去看待事物，也不像唯心主义那样，一切从主观意志出发去看待问题。

客观世界中的一切事物原本就是普遍联系的。如果人们对事物具有普遍联系的意识不强，就很难对事物与事物之间展开联想，如果对事物全面发展的观点认识不强，人们就处理不好正面与反面、大面与小面、继承与发展、成功与失败、前进与后退等多种矛盾问题。辩证思维能力的实质性特征主要有以下五个方面。其一，客观性、普遍性。唯物辩证法是关于自然、社会和人类思维最一般规律的科学，因此辩证思维能力也具有抽象性和普遍性。矛盾具有无处不在、无时不有的普遍性，是客观存在的，世界充满着矛盾，没有矛盾就没有世界，这是人们熟悉的辩证法原理。将其运用于现实工作中，就是以积极的态度正视矛盾、正视问题，树立强烈的问题意识，以问题意识引领创新思维和创新实践。其二，全面性、系统性。辩证统一是唯物辩证法的实质和核心。在分析矛盾的过程中，注重事物的内在矛盾，注重矛盾双方的既对立又统一、既相互制约又相互联系的辩证关系。全面地而不是片面地，系统地而不是零散地分析、掌握客观存在着的矛盾。坚持辩证法的"两点论""全面论"，防止和克服形而上学的片面性、极端化解决问题倾向。其三，联系性、条件性。掌握矛盾的特殊性，特别是要抓主要矛盾和矛盾的主要方面。任何一个具体的事物，其内在矛盾都处于与其他事物的具体联系中，这种具体的联系就是事物所处的条件，由此构成矛盾的特殊状态。

其四，批判性、革命性。矛盾的解决是矛盾发展的必然趋势，新事物代替旧事物都是通过矛盾的转化和解决而实现的。但辩证法的批判性不是虚无主义的全盘否定，而是既克服又保留，是"扬弃"。体现在我国社会主义创新实践中，就是要坚持辩证法关于"一切以时间、地点、条件为转移""具体问题具体分析"的科学态度，以既克服又保留、既共处又制约的方式处理问题，以有利于事物发展的方式来解决矛盾，反对要么肯定一切、要么否定一切的极端主义倾向。

（三）辩证思维的原则

一要坚持"实事求是"的方法。要以事实为依据，要坚持在实事求是中解放思想，在尊重客观规律中发挥主观能动性，提出解决问题的科学对策，努力促进各项工作，推动科学发展。二要坚持"一分为二"的方法。要善于从劣势中看到优势，从危机中看到机遇，从落后中看到潜力。只有这样，才能真正研究提出解决问题的好思路、好办法。三要坚持"对症下药"的方法。要坚持具体问题具体分析，善于区别不同情况，在发展变化中认识问题、观察问题、分析问题，找准症结，针对不同的问题采取不同的方法。四要坚持"牵牛鼻子"的方法。研究重大问题，一定要善于抓住主要问题、抓住关键环节、抓住重点工作，做到纲举目张。五要坚持"解剖麻雀"的方法。要深入基层，抓住典型突出、特色鲜明、具有代表性的问题进行深入调研，了解情况，分析原因，在典型中找出经验，找到解决问题的突破口和新对策。六要坚持"弹钢琴"的方法。既要围绕发展、和谐、民生、稳定等中心工作来研究问题，又要研究与中心工作有关的其他工作、其他问题，既要吃透上情，又要把握下情，做到上下结合、一般和个别结合，胸怀全局、统筹兼顾，使研究工作忙中有序，要坚持遵循实践与认识之间的对立统一关系，透过现象看本质，把握事物发展的客观规律。事物的发展都是有规律的，人们只有认识规律并自觉地运用规律，才能取得预期的实践效果。而认识运用规律都离不开"实践—认识—再实践—再认识，循环往复，以至无穷"的辩证认识运动过程。这就要确立"实践第一"的意识，在实践与认识的相互作用中探索、认识事物发展规律。在改革中学会改革、深化改革。今天提出的"顶层设计"则是在改革中学会改革的具体语词。

运用辩证思维方法，提高辩证思维能力，最主要的就是熟练掌握马克思主义唯物辩证法，坚持用对立统一的辩证关系原理，观察事物，分析问题，抓住事物的主要矛盾和矛盾的主要方面，做到抓重点、带全局，统筹协调，以点带面地开展工作。注重在承认、正视矛盾的前提下着力把握矛盾的特殊性，始终坚持客观的、全面的、发展的、联系的、系统的、历史的观点，化解矛盾、解决问题。

二 辩证思维法的作用

辩证思维法就是要熟练掌握马克思主义唯物辩证法，坚持运用矛盾对立统一的辩证关系原理观察事物，分析问题；善于抓重点、带全局，统筹协调，以点带面地开展工作。在正视矛盾的前提下着力把握矛盾的特殊性，为化解矛盾、解决矛盾寻求合理的方式，始终坚持客观的、全面的、系统的、发展的、联系的观点。学好和掌握唯物辩证法，是运用辩证思维方法的根本；运用好辩证思维，才能更好地掌握唯物辩证法。

（一）辩证思维在实践中的主要作用

一是统领作用。辩证思维是高级思维活动。它根据唯物辩证法来认识客观事物，能够反映事物的本来面目，揭露事物内部的深层次矛盾。它从哲学的高度为创新提供世界观和方法论指导，它在更高层次上对其他思维方式给予指导和统领的作用。二是突破作用。在创新实践活动中经常会遇到很多难题，不是发现不了主要问题，就是因提供不出解决问题的有效方案而导致"呆滞"，往往也就在此时，辩证思维就成了打破呆滞局面的有力武器。三是提升作用。在创新活动中，不论运用什么方法，也不论取得的成果大小，对事物的认识总有一个由浅入深、由感性认识到理性认识的过程。即使是我们突发灵感，抓住机遇，取得了意想不到的重大成果，也需要进行总结概括，上升为理论，这就需要辩证思维帮助我们开展全面总结思维成果，提升成果的认知价值。伟大的思想家和领袖、革命导师马克思、恩格斯、列宁、毛泽东、邓小平等人都是唯物辩证法的统帅、伟大的政治家、科学家，也都非常善于运用辩证思维的方法。

(二) 辩证思维在实践中的意义

用辩证思维的方式解决问题，防止从一个极端走向另一个极端的做法。在全面建设中国特色社会主义实践中，坚定正确方向，坚定必胜信念，坚持辩证思维，提高辩证思维能力和创新能力，为全面建设社会主义现代化国家而团结奋斗，提供了强大的方法论支撑。一要坚持辩证思维，提高辩证思维能力，才能充分认识当代我国全面深化改革的本质属性和历史地位，深刻把握"只有改革开放才能发展中国、发展社会主义、发展马克思主义"的真理，坚定不移地推进全面深化改革。二要坚持矛盾双方对立统一的"两点论"，才能处理好改革开放的各种关系，即解放思想与实事求是的关系、整体推进与重点突破的关系、基层创造探索与顶层设计推广的关系、胆子要大与步子要稳的关系、改革动力与改革主体的关系、改革发展与稳定和谐的关系、渐进与突进的关系、改革成效中的量与质的关系等。把握改革开放的内在逻辑。三要坚持辩证法的"两点论"和"重点论"的结合，坚持党的基本路线一百年不动摇，坚持经济体制改革仍然是全面深化改革的重点这一科学判断，才能更好地统筹协调其他领域与环节的改革。要坚持运用辩证思维，在矛盾普遍性与特殊性的辩证统一中着力研究矛盾的特殊性。遵照我国国情的实际，不断完善和发展中国特色社会主义伟大事业。"中国特色社会主义"这一命题是邓小平同志1982年在党的十二大报告中第一次提出来的。当时邓小平赋予这一命题的基本含义是：中国特色社会主义是马克思主义科学社会主义与中国具体实践相结合的产物，是既从中国具体实际出发又学习借鉴外国经验、外国模式的社会主义，是总结了中国共产党领导革命与建设的宝贵历史经验之后而获得的创新性认识成果。四十多年过去了，我们党带领全国人民进行的改革开放实践，极大地充实和发展了中国特色社会主义这一内涵丰富的科学命题。正如习近平总书记所说："中国特色社会主义是科学社会主义理论逻辑和中国社会发展历史逻辑的辩证统一，是根植于中国大地、反映中国人民意愿、适应中国和时代发展进步要求的科学社会主义。"只有这样来理解中国特色社会主义，我们才能更自觉地继续深入研究中国实际情况，继续向新时代的中国寻求真理，做到既不封闭僵化，又不改旗易帜，为高举中国特色社会主义伟大旗帜，完善和发展中国特色社会主义谱写新的精彩篇章。

（三）辩证思维的理论意义

坚持运用辩证思维，为加强党的建设，巩固党的执政地位，发展马克思主义提供理论支撑。科学社会主义认为，在社会主义国家，社会主义、共产党的领导和马克思主义这三者是紧密联系的。我们要完善和发展中国特色社会主义，中国共产党是领导核心，坚持发展马克思主义是思想保证。一方面，要通过加强和改进党的建设，巩固党的执政地位和执政基础。另一方面，加强党的建设，重点加强干部队伍建设和基层组织建设，认真贯彻党的群众路线、群众观点，密切党同人民群众的血肉联系。同样，在党的指导思想这个重大问题上，我们既要坚持马克思主义，又要发展马克思主义。坚持马克思主义，不是拘泥于马克思主义理论中的某个具体论断，而是坚持运用马克思主义的价值立场、根本观点和辩证方法，去分析、研究实践中的问题，并根据实际情况找出解决问题的实践路径、对策举措。总之，坚持辩证思维，提升辩证思维能力，同时也就提升了创新能力。

三 培养辩证思维的重要性

关于事物普遍联系和全面发展变化的观点，这一唯物辩证法的总特征，也是辩证思维的总特征，它对提升创新能力，推动创新实践活动是十分必要的。

（一）为全面建设中国式现代化，需要坚持辩证思维，提高辩证思维能力

新时代为实现全面深化改革的总目标，由"完善和发展中国特色社会主义制度"与"推进国家治理体系和治理能力现代化"这两句话概括。第一句话是基本政治前提，第二句话是实践路径，两句话之间存在着相互联系、相得益彰的辩证关系。而全面深化改革是实现中国梦的必由之路，是实现中国梦这一历史进程的有机组成部分。因此，全面深化改革与实现中国梦是有方向、有原则、有底线的。很显然，要做出这些理解，决不能离开辩证思维。

（二）为提高富有创新能力的高素质的领导干部队伍，需要坚持辩证思维，提高辩证思维能力

习近平总书记在党的十九大报告中指出，要增强政治领导本领，必须坚持"战略思维，创新思维，辩证思维，法治思维，底

线思维"。① 这"五大"思维之一，就提出了辩证思维。坚持和发展中国特色社会主义及全面建设社会主义现代化国家，需要大批高素质的领导干部。干部的素质是多方面的，其中最具基础性意义的素质是领导干部的马克思主义理论素养，尤其是马克思主义哲学素养，其核心是辩证思维。如果不具备深厚的马克思主义哲学功底，就不能运用辩证思维方法来观大局、谋大事，就有可能在重大问题或关键环节上迷失方向。

（三）为正确地判断国内外形势，需要坚持辩证思维，提高辩证思维能力

当今世界多种社会制度并存竞争，国际形势错综复杂，不确定因素变幻莫测。国内改革发展稳定的任务极为繁重，深层次矛盾相互纠缠掣肘，我们党和国家处于复杂的国际环境之中。在这种情况下要正确判断形势，科学评价我们面临的机遇和挑战，进而确立应对复杂局面的思路与对策，必须深刻地把握主与次、全局与局部、理想目标与现实手段等辩证法思想，即辩证思维的基本理论。可见，提高辩证思维能力至关重要。在现实工作中，我们的一些领导干部辩证思维能力还很低。对于形势的判断上，有的以偏概全，陷于过度乐观或过分悲观的片面情绪中；有的把现象误认为本质，缺乏政治敏锐性和洞察力。在对于全局工作的安排上，有的只注重抓经济指标，而忽视政治、文化、社会、生态文明建设与经济建设的协调发展；有的片面强调改革的困难性、复杂性、艰巨性而动摇改革的信念与勇气；有的则因对改革的困难程度估计不足而不能科学谋划改革的部署与进程。所有这些片面性，都是辩证思维能力不强或缺乏辩证思维能力的具体表现。因此，培养提高人的辩证思维能力，尤其是领导干部的辩证思维

---

① 《习近平著作选读》第 2 卷，人民出版社 2023 年版，第 56 页。

能力是十分必要的。

培养提升创新能力，既可以通过逻辑程序取得，也可以通过非逻辑途径实现。把创新能力单纯地理解为用逻辑或非逻辑方法去实现都是令人难以置信的。逻辑方法是指人们在逻辑思维过程中，根据现实材料，按照逻辑思维的规律、规则形成概念、做出判断和进行推理的方法。逻辑方法包括归纳和演绎法、分析与综合法、抽象与具体法、逻辑与历史法等。

第二节　归纳和演绎的统一

归纳与演绎不仅是人们在思维过程中经常运用的推理方法，而且，它们同分析与综合、抽象与具体、逻辑与历史一样，也是自然科学和社会科学广泛使用的最一般的研究方法。归纳与演绎是彼此区别而又互相联系的逻辑方法。人们要自觉地进行辩证思维以认识真理，那就必须善于运用这些辩证的逻辑方法。

一　归纳与演绎概述

归纳与演绎是人类逻辑思维的主要推理形式，二者都是在实践基础上可以获得新知识的逻辑方法。归纳也就是归纳法，演绎也就是演绎法。归纳法指的是从许多个别事例中得出一个较具概括性的规则性的方法，或从较不一般性的前提推出较一般性的结论的推理形式。这种方法主要是从收集到的既有资料，加以抽丝剥茧地分析，最后得以做出一个概括性的结论，是由个别到一般的认识方法。演绎法或称演绎推理，演绎是从一般性的、规律性的前提推出个别性的或特殊性的结论的推理形式。这种方法主要是指人们以一定的反映客观规律的理论认识为依据，重复从该认识的已知部分推知事物的未知部分的方法。与归纳法相反，演绎法是由一般到个别的认识方法。要了解归纳与演绎的实质、二者之间的相互关系以及二者在认识真理过程中的意义，不可不对个别与一般的关系作一些必要的说明。

个别所表示的是具有独特的规定性而彼此相互区别开的单个对象和现象，一般所表示的是个别事物之间的共同性，即表示类存在的规定性。任何客体既具有个别属性，也具有一般属性，是个别属性与一般属性的统一体。特殊是作为个别和一般的中间环节出现的。这是一般与个别的相对性原理。一般是作为个别的对立物而存在的。一般与个别既对立又统一。正如列宁所说："个别一定与一般相联而存在。一般只能在个别中存在，只能通过个别而存在。任何个别（不论怎样）都是一般。任何一般都是个别的（一部分，或一方面，或本质）。"①

正确地理解个别、特殊和一般的辩证关系具有重大的认识意义和实践意义。辩证唯物主义的认识论告诉我们，人的认识是在实践的基础上由感性认识进到理性认识，再由理性认识进到实践的过程；这个过程同时也就是由认识作为思维运动起点的个别进到认识特殊、一般，再由认识一般进到认识特殊、个别的过程。这是一切科学研究所遵循的途径。从个别中认识一般的推理方法、研究方法就是归纳法。从一般进而认识个别的推理方法、研究方法就是演绎法。归纳与演绎这种逻辑方法的内容就是指上述两者的辩证统一。

关于个别与一般的关系存在着不同的理解。有的逻辑学家把他们的关系仅仅理解为分子与类或种与属的关系，因此，他们认为只有以此为客观基础的归纳与演绎。另一些逻辑学家认为，在客观世界中存在两种个别与一般的关系。为了区别起见，他们把

---

① 《列宁选集》第2卷，人民出版社2012年版，第558页。

其中的一种叫作简单的，另一种叫作复杂的。与这两种个别与一般的关系相联系自然也就有两种归纳与演绎：一种是形式的，另一种是辩证的。下面就来介绍这种观点。简单的个别与一般的关系所表现的是客观世界中个体与种、种与属的关系。这种个别与一般是同时存在的，不涉及被研究对象的发展过程或发展阶段的关系。例如，铁与金属的关系，铁是个体，金属是一般，铁是种，金属是属，铁（个别）不存在于金属（一般）之前，金属（一般）也不存在于铁（个别）之前。铁（个别）不是金属（一般）发展的低级阶段，金属（一般）也不是铁（个别）发展的高级阶段，它们是同时存在的。个别与一般的这种特点决定着凡对于全类对象有所断定的也就对于该类的个别对象是有所断定的。例如，当我们肯定金属是导电的时候，就应该毫无例外地肯定金、银、铜、铁……也具有导电的属性。建立在上述个别与一般的基础之上的归纳与演绎，就是形式的归纳与演绎。在归纳推理中，人们根据某类对象个别的知识，做出关于该类对象一般的结论。归纳推理的结论是前提知识的概括与推广，是比前提更为一般的判断。这种推理能为人们提供新的知识是不难理解的。而在演绎推理中，人们从一般推向特殊与个别，这种推理的结论通常是前提中一般性知识的具体应用，因而，也能获得相对于前提而言的新知识。

在客观世界中，除了上述简单的个别与一般的关系之外，还存在着一种复杂的个别与一般的关系。简单与复杂是相比较而言的。这里所说的复杂，是因为这种个别与一般的关系不表现个体与类或种与属的关系，而表现对象的发展过程的不同发展阶段的关系，即低级阶段和高级阶段的关系。例如，简单的价值形式与扩大的价值形式、一般的价值形式、货币的价值形式的关系，就是复杂的个别与一般的关系。一种商品的价值通过另一种商品表现出来，这是简单的价值形式，例如，一把斧子＝30公斤谷物。在这种价值形式下，斧子的价值只有通过一种商品（上例中的谷物）的使用价值才能表现出来。随着社会分工的发展，交换更加经常了，与交换的这一发展阶段相适应的是扩大的价值形式。这时，参加交换的已不是两种商品，而是一系列的商品。

在这种价值形式下，商品的价值不是通过一种商品的使用价值，而是通过许多起等价物作用的商品的使用价值表现出来的。显然，简单的价值形式和扩大的价值形式的关系不是个体与种、种与属的关系，而是商品交换史上出现的发展过程本身的关系，简单的价值形式处在价值形式发展的低级阶段，扩大的价值形式处在价值形式发展的较高阶段，它们是先行与后继的关系。个别与一般的这种特点决定着不能把凡是一般所具有的属性，都机械地、毫无例外地肯定为个别所具有，因为一般所具有的属性不必为个别所具有。建立在这种复杂的个别与一般基础之上的归纳与演绎，就是辩证的归纳与演绎。这种归纳与演绎是唯物辩证法的具体应用。它考虑到被研究对象的发展与变化，属于辩证逻辑的研究对象。下面是辩证演绎的例子。剩余价值是说明任何一种资本主义利润的一般的、主要的东西，是资本主义利润的一切形态的源泉。马克思从这个一般原理出发，从资本主义生产方式的基本规律出发，"演绎出"或引申出关于资本主义的一切具体的和个别种类的利润——企业收入、利息、商业利润、地租。这个思维过程是由一般导出个别，属于演绎的性质。在这一思维过程中考虑到了被研究对象的变化和发展。应该说明的是，从一般剩余价值转化为它的个别形态时，所运用的逻辑方法不只是从一般走向个别，还有从抽象（一般剩余价值）走向具体（剩余价值的个别形态），在通常的情况下，得出一个科学结论都要综合地运用许多逻辑方法。因此，不能因为在一般剩余价值转化为它的个别形态时运用了从抽象上升到具体的逻辑方法，就否认它也运用了从一般到个别的演绎方法。

这里需要讨论的一个问题，那就是形式的归纳与演绎是不是也为辩证逻辑所研究。有些逻辑学家持否定的回答，他们认为，这种归纳与演绎既然为形式逻辑所研究，那它就不是辩证逻辑所研究的。我们认为，长期以来，形式逻辑对归纳与演绎的研究卓有成就，它确定了归纳与演绎的一般原则，分析了归纳推理和演绎推理的逻辑结构，并对它们进行了科学分类。逻辑科学发展的实际情况表明，对归纳与演绎只停留于形式逻辑的上述研究，那对于形成科学认识的方法论来说是远远不够的。为了使归纳与演绎成为指导人们进行富有创造性思维的方法，必须对它们做出辩证逻辑的研究。如果说形式逻辑研究归纳与演绎，辩证逻辑就不对它进行研究，那岂不是说辩证逻辑也不应该研究概念、判断了吗？事实并不是这样。既然如此，反对辩证逻辑研究形式的归纳与演绎的根据就不充分了。我们认为辩证逻辑对形式的归纳与演绎的研究和形式逻辑相比较，有一些值得注意的特点。如前所述，两千多年来，形式逻辑对归纳与演绎的研究达到了一定的成熟程度。但它不研究归纳与演绎的相互间的辩证关系及其在认识中的地位和作用。然而，只有通过归纳与演绎的交替进行，互相补充，才能发现科学真理。恩格斯指出："归纳和演绎，正如分析和综合一样，必然是相互关联的。不应当牺牲一个而把另一个片面捧到天上去，应当设法把每一个都用到该用的地方，但是只有认清它们是相互关联、相辅相成的，才能做到这一点。"① 就是说，必须研究归纳与演绎的对立统一的关系。这个任务是形式逻辑力所不及的。因此，那种把归纳与演绎的相互关系的辩证法排

---

① ［德］恩格斯：《自然辩证法》，人民出版社2015年版，第108页。

除在辩证逻辑研究之外的见解是不正确的。辩证逻辑和形式逻辑的根本不同，并不在于它们研究或不研究某些共同的人类思维形式和思维方法（如概念、判断、推理等），而在于它们从各自的任务出发，从不同的角度去研究罢了。

二 归纳与演绎的辩证关系

归纳与演绎的实质表明，在理论思维中，它们既是两个对立的方面，又是辩证统一的。认识两者的差别与对立是比较容易的，在普通逻辑中就是如此。而认识两者的辩证统一，作为辩证的逻辑方法，就不是那么容易了。

在人类认识史上，我们就会看到在一个漫长的时期里，哲学家、逻辑学家对归纳与演绎之间的关系的理解大多不是辩证的，而是形而上学的。亚里士多德研究了演绎推理形式，完整地制定了作为他的逻辑学说核心的三段论理论，对逻辑学的发展起了重要的作用。但他片面地强调演绎的地位和作用，实际上是把三段论当作获得知识的最可靠方法。他虽然没有否定归纳，在古代也还不可能具体地解决归纳法问题，但他不适当地把归纳看作三段论的一种形式，即所谓归纳三段论。与亚里士多德相反，培根则研究了归纳法的理论。他强调经验、观察，实验在认识中的重要地位和巨大作用，认为科学归纳法与简单枚举法不同，它是以大量的事实为根据，经过周密的分析研究，把事实材料加以整理和归入一定的序列。他和亚里士多德一样，对逻辑学的发展起了重要作用。但培根的归纳学说则形而上学地把归纳与演绎对立起来，不能真正理解人类的认识从个别向一般运动的途径。他把归纳的作用强调到了不适当的地位，认为在物理学中只要应用归纳就能把握自然界的因果律，就能使我们的思想具有明确性。

在逻辑史上，也逐渐形成了两大派，演绎派和归纳派。前者以莱布尼茨、沃尔夫、康德、赫尔巴特等人为代表，后者以洛克、穆勒等人为代表。洛克在归纳万能论的道路上走得很远，他认为在亚里士多德以前，人们虽不会建立三段论，但已经在很好地论断了三段论完全不能作为发现新真理的工具。穆勒在建立归纳理论上的重要贡献是应该肯定的，但他对三段论的猛烈攻击却是错误的。他认为归纳是唯一科学的和正确无误的方法。洛克、穆勒等归纳万能论者的错误和演绎派是相似的：他们各走向了一个极端，把片面当作了全面，远离了科学真理。在总体上，推理的理论和科学方法论存在着两种互相排斥的倾向，一种强调演绎的决定作用，把数学当作科学的范围，认为数学不需要经验和归纳，从而否认经验和归纳的作用；另一种强调归纳的决定作用，把经验的自然科学当作科学的典范，认为经验的自然科学不需要演绎，从而否认演绎和整个理论思维的作用。他们只看到归纳与演绎的相互排斥、对立，而没有看到它们的一致、统一，在认识真理的道路上不自觉地设置了障碍。

在哲学史上，黑格尔第一个看出了把归纳与演绎形而上学地对立起来的弊病，并试图解决它们之间的辩证关系。列宁在谈到黑格尔的推理理论时指出：从一般到个别的推理向从个别到一般的推理的联系和转化的阐述，这就是黑格尔的任务。和那些把推理看作现成的、不变的、彼此并列的逻辑学家、哲学家相比，黑格尔的重要贡献在于提出了各种推理的相互联系和转化的问题，即由演绎转化为归纳，又从归纳通过类比转化为演绎，一句话，黑格尔描述了推理的辩证法。但是，黑格尔并没有真正地克服重演绎轻归纳的错误倾向，他认为推理的最高典型乃是演绎的那种必然性推理，归纳的认识价值比类比还要低。黑格尔认为归纳有缺点，指明仅仅依靠归纳不能达到真理，这是完全正确的。但是，演绎何尝又不是如此呢？黑格尔不仅看不到后者，而且为了满足自己的哲学体系的需要，把整个推理的发展终止在一个阶段上，这就不可能真正解决归纳与演绎在认识中的地位和作用问题。

马克思主义以前的哲学和逻辑学不能科学地解决归纳与演绎间的相互关系问题，并非偶然的，而是有着深刻的历史根源。在亚里士多德的时代，还不可能建立真正严整的自然科学体系，当时人们还不可能精确地观察自然界和进行科学试验。因此，只能一般地提出归纳问题而不可能建立科学归纳学说，自然也就不可能在实际上解决归纳与演绎间的相互关系问题。归纳学说的产生与发展跟自然科学的发展是直接相联系的。从15世纪中叶到18世纪末的三百多年时间里，自然科学处在搜集材料的阶段，只研究既成事物，而不研究它的发展变化，逐渐形成了形而上学的思维方法。归纳学说就是产生于形而上学在哲学和自然科学中占统治地位的时期，在这个时期人们几乎还不可能真正了解个别与一般的辩证关系，这就不可避免地导致归纳与演绎的绝对的对立，导致这两个互相联系着的对立面的割裂。当自然科学的研究已经进展到可以向前迈出决定性的一步，即过渡到系统地说明客观事物在自然界的形成与发展过程的时候，在哲学领域也就敲响了形而上学的丧钟。这时人们才有可能真正了解个别与一般的辩证关系，才有可能科学地解决归纳与演绎的相互关系。归纳与演绎虽然是两个对立面，但是它们之间又是统一的，两者相互依存、相互渗透，并在一定条件下相互转化。总之，归纳与演绎在认识过程中是相互补充的。

为什么归纳与演绎都需要对方补充而又适应对方的要求呢？

（一）归纳与演绎作为两个对立的方面，都有各自特殊的职能，都有自己特定的作用

从认识发展的全部过程来看，双方需要相互补充才能达到真

理。自然科学和社会科学发展的实际情况表明，认识的发展是由个别到一般、由一般到个别的循环往复过程中实现的，一句话，真理是归纳与演绎的辩证统一的产物；离开了演绎的归纳，或离开了归纳的演绎，要达到真理都是不可能的。这是归纳与演绎作为两种认识真理的科学思维方法需要互相补充的第一个原因。

归纳是否等同认识由个别到一般呢？演绎是否等同认识由一般到个别呢？或者说认识由个别到一般、由一般到个别的循环往复过程是否等同归纳与演绎的交替使用呢？不，不是的。如果这么认为，就必然会导致归纳中无演绎，演绎中无归纳。这种对归纳与演绎的相互补充的理解是简单的、机械的，因而是片面的。由个别到一般、由一般到个别是人类认识的两个互相渗透的过程。在前一认识过程中，既有由个别到一般，又有由一般到个别，而以由个别到一般为其主要内容；在后一认识过程中，既有由一般到个别，又有由个别到一般，而以由一般到个别为其主要内容。不言而喻，在认识的前一个过程，既有归纳又有演绎，而以归纳为主，是归纳中有演绎；在认识的后一个过程中，既有演绎又有归纳，而以演绎为主，是演绎中有归纳（下面我们还要讲到这个问题）。

（二）归纳与演绎都有本身无法弥补的消极方面，又有与对方相比的、独特的积极方面

归纳的消极方面和演绎对归纳的补充。归纳之所以需要演绎补充，是因为归纳本身无法解决归纳研究的目的性和方向性问题。人的活动有别于动物的活动，动物不能思考，人的活动是有意识有目的的。蜜蜂建造蜂房的本领使许多建筑师感到惭愧；但是最蹩脚的建筑师从一开始就比最灵巧的蜜蜂高明，他在建筑房屋之前，就在自己的头脑中有了房屋的观念和构想。人的活动总是在一定思想指导之下进行的。应用归纳法研究自然界也不能例外。

观察、实验是归纳研究的基础。人们在归纳研究中为了有计划地搜集材料,分析和理解经验材料,从个别的初看起来不相联系的事实中抽出一般原理,首先必须解决观察什么、实验什么、怎样观察、怎样实验,以及为什么要观察和实验这一系列的问题。就是说,为了从个别中概括出一般原理,必须依据于一般原理,否则就会在经验材料中迷失方向,就不能正确地了解和评价被概括的对象。这就是归纳的目的性和方向性问题。但是归纳本身不可能解决这个问题,要解决这个问题,归纳必须求助于演绎、依赖于演绎。因为演绎能够为归纳提供理论依据。

演绎为归纳解决目的性和方向性问题的例子在科学发展史上是数不胜数的。达尔文进化论的创立过程就是典型的一例。1831—1836年,达尔文在远洋航海考察中搜集了大量的关于动植物品种演变的资料,并对它们进行了归纳研究,提出了物种起源的理论。但是,达尔文在科学考察中并不是漫无目的而是目的明确地观察和搜集材料;在概括事实时不是抽取个别的随意挑选出来的事实,而是掌握与所研究的问题有关的事实的全部总和,使他的归纳研究卓有成效,这与他在科学考察时的理论依据赖尔的地质演化学说密切相关。可以说,赖尔的地质演化学说是达尔文创立物种起源学说的前导。赖尔在1830—1833年出版的《地质学原理》中说,地球表面的一切条件都是随着历史逐渐改变的,并非从来如此。依据赖尔的这一观点可以推想出生物的物种也是随着历史逐渐地改变的,并非从来如此。达尔文正是应用了这个指导的结论作为他考察时的指导思想才获得重大的科学发现的。可见,赖尔的一般性理论规定了达尔文归纳研究的目的性和方向性,推动了达尔文归纳研究的进行和成功。关于这一点,我们从恩格斯在《自然辩证法》中的论述也可以看出来,他说:"赖尔的理论,与以前的一切理论相比,同有机物不变这个假设更加不能相容。地球表面和各种生存条件的逐渐改变,直接导致有机体的逐渐改变和它们对应着的环境的适应,导致物种的变异性。"①应该指出的是,演绎是归纳的前导并不是说可以把一般原则作为到处套用的公式,而是把它作为归纳研究的导引。马克思在讲到自己的研究工作时曾指出,他所得到的一般结论,随后便成为他的研究工作之指南针。

归纳之所以需要演绎作补充,还因为用归纳所得出的结论是尚存疑问的。只有一种情况例外,这就是完全归纳的结论,它是考察了某一类的一切对象所做出的概括。但是在一般情况下,科学研究所接触到某类对象的数目是无限多的或即使有限也多得使人们无法一个一个地观察。在这种情况下,人们只有通过对该类的部分对象的观察就做出概括性的结论,这种结论具有或然的性质,可能真也可能假。因为可能存在着与已观察过的情况相反的未知事例,这种情况一旦发生,原来的结论就会被推翻。归纳结论被新的事实所推翻的情况在科学史上是层出不穷的。例如,以前的动物学家从观察得到的现象认为鱼类是用鳃呼吸的动物,可是后来发现了用肺呼吸的鱼。黑格尔曾经说归纳推理本质上是一种尚存疑问的推理。恩格斯赞赏说:"这一事实为黑格尔曾经说过的归纳推理本质上是一种很成问题的推理那句话提供了多么确切的证明!"② 即使归纳的结论反映了或接近反映了事物的本质,也还只是个"经验性的规律",知其然而不知其所以然。我们拿一个例子来分析:

  铜导电,
  铁导电,

---

① [德]恩格斯:《自然辩证法》,人民出版社2015年版,第16页。
② [德]恩格斯:《自然辩证法》,人民出版社2015年版,第107页。

锌导电，
锡导电，
铝导电，
铁、铜、锌、锡、铝是金属，
所以，所有金属都导电。

这个归纳结论是在观察了金属类中的一部分金属得出的。结论断定"所有金属都导电"并不是从前提必然得出的。为了确认所得的结论是真实的并弄清其根据，就必须通过演绎进行一些补充的研究。比方说，只有在判明了金属和导电之间的必然联系时，上述的结论才获得了关于规律性认识的意义。20世纪初，人们终于判明了这一点，认识到金属导电的原因是电场使自由电子做有规则的运动。因此下述推理是成立的。

如果物体在电场的作用下内部自由电子向一定方向运动，那么它就能导电。金属在电场作用下内部自由电子能做定向运动，所以，金属能导电。这是一个演绎推理，前提真，论式正确，结论是必然得出的。由此可见，单纯的归纳本身是弄不清结论的性质和意义的，必须有演绎的补充研究。归纳之所以需要演绎补充，还因为归纳所依据的经验材料不准确或不完备。人类改造客观世界的实践活动是不断发展的，是一个由低级到高级、由简单到复杂，是既有阶段性又有连续性的无限发展过程，永远不会到达一个终结点。任何实践都是社会历史发展特定阶段上的实践。在各个历史的不同阶段上，实践活动范围的大小有所不同，即实践活动所涉及的对象、对象的特性以及对象间的关系有所不同。微观世界从来就存在，但并非从来就是人们实践的对象，只是到了一定发展阶段上，它才成为人们实践的对象。这种情况在社会历史领域中是十分明显的。社会经济形态的发展是一种自然历史过程。

因此，不同时代的实践意味着不同的社会经济形态。不仅如此，在各个不同阶段上，实践活动程度的深浅也有所不同。19世纪以前，自然科学实践的深度就远不及现代。那时证实了化学元素不能互相转化，也不能人工地互相转化。但是，随着现代物理学的实践发现原子核的放射现象和原子核的反应以后，就证实了一些元素可以自动地衰变为其他元素，而且可以人工地使一些元素转化为另一种元素。此外，在各个不同阶段上，人们进行实践的科学、技术条件的完善性和精确性也很不相同。过去的科学实践证明，钛是一种很脆的材料，在生产中不能广泛使用。但是随后的科学实践证明，钛的特性并非脆，而是可塑性很强。为什么同是科学实践，所得的结论如此不同呢？这是因为受到过去科学技术条件的限制，人们没有发现钛中含有微量的杂质，这些杂质和铁结合，决定了它具有脆的特性。但随着科学技术条件的完善和精确，人们不仅发现了这些杂质，而且从钛中剔除了这些杂质，从而获得了可塑性很强的钛。实践、实验、观察是归纳研究的基础，由于任何阶段的实践、实验、观察都有局限性，因而所获得的用来作为归纳的经验材料就可能出现不准确或不完备的情况，而归纳本身又不能发现这个问题，这就有求于演绎。这一点可以用门捷列夫发现化学元素周期律的具体事例来说明。

　　1869年门捷列夫在《元素的属性和原子量的相互关系》中叙述了他把元素按照原子量的大小排列以后所得出的结论。门捷列夫用归纳法把化学元素属性具有重复性的事实加以概括，从而得出了周期律，确定元素的性质随着它们的原子量以周期性的方式变化着。然后，门捷列夫依据周期律进行演绎思维，他发现了两个方面的问题：一方面，他发现了原来测量的一些元素的原子量是错误的，并果断纠正了这些实验结果，重新安排它们在周期表中的位置；另一方面，他预言还有一些元素未被人们发现，并强调指出周期表应有些空白位置留给未发现的新元素。门捷列夫的预言有高度的准确性，已被以后的实践证明了。

关于演绎在补充归纳依据材料的不完备性这一方面的作用，恩格斯做了极好的说明："在理论自然科学中，我们往往不得不运用还不完全清楚的数量去进行计算，而在任何时候都必须用思想的首尾一贯性去帮助还不充分的知识。"① 门捷列夫认识元素周期律的事例证明了恩格斯论断的正确性。

演绎的消极方面和归纳对演绎的补充。演绎需要归纳作补充，因为演绎的前提是依靠归纳得来的。演绎是从一般到个别的思维方法。可是，演绎不能为自己准备好作为出发点的一般原则。归纳的巨大意义在于通过对个别事物、现象进行观察、研究，而概括出一般性的知识，而且仅仅在从个别到一般的思维运动过程中才会有概括。这是认识的客观规律。这条规律指明，没有归纳，也就根本不可能有任何演绎，因为作为演绎的一般知识不是先验的，而是来源于经验，来源于归纳的结果。数学是一门演绎的作用最为突出的科学，演绎派以为它不需要经验和归纳。其实不然，数学的建立和发展也是必须借助归纳的思维方法，例如，关于素数有这样一条定理：在任一素数和它的 2 倍之间，至少存在另一个素数。如在 2 与 4 之间，有素数 3，在 3 与 6 之间有素数 5，在 5 与 10 之间有素数 7，等等。数学家最初发现素数这条定理，是应用归纳的结果。由此可见，任何一门科学，包括数学这样的所谓"演绎科学"，也不能不用归纳的思维方法。

人们在实际的认识过程中考察了归纳与演绎的对立之后得到了下述结论：归纳以演绎为前导，演绎以归纳为基础，它们互相联系、互为前提，单凭归纳，则永远不会把归纳过程完结，它的

---

① ［德］恩格斯：《自然辩证法》，人民出版社 2015 年版，第 24 页。

结论总是或然性的。用归纳法所得的结论，总是需要演绎法的论证。同样的，单凭演绎，它的前提就无从获得，演绎所必需的前提，一般地都来自归纳。因此，二者都不可偏废，不能把二者绝对地对立起来。那种把归纳与演绎的对立不是看作相对的、有条件的、彼此转化的东西，而是看作绝对的、僵死的、凝固的东西的观点，是与科学史的实际情况不相符合的。

毛泽东同志唯物辩证的方法论，包含着处于统一中的归纳与演绎这种逻辑方法。"解剖一个麻雀"的工作方法可以证明这一点。"解剖一个麻雀"是对典型材料进行分析，从中总结出经验（一般原则），属于归纳的方法。然而，"解剖一个麻雀"的目的性、方向性来源于一般原则，即归纳与演绎为前导。"解剖一个麻雀"是为了"由点到面"以指导工作，即归纳是为了演绎。由此可见，依照唯物辩证法观点，既没有不在演绎伴随之下的归纳，也没有不依据于归纳的演绎。归纳与演绎不可分，两者统一为辩证的思维方法。恩格斯指出：形而上学的思维认为，归纳与演绎是"不可调和的对立物，而不是各占一边的两极，这两极只是由于相互作用……才具有真理性"。[①] 怎样理解恩格斯关于归纳与演绎的相互作用的论述呢？有一种观点认为，开始是对于事物进行概括形成一般原理，然后从一般原理中演绎地推出结论，以一般原理去分析个别事实；先归纳后演绎，在归纳中无演绎成分，在演绎中无归纳成分，归纳与演绎机械地交替进行，循环往复。这是一种值得商榷的观点。我们认为，归纳与演绎是互相渗透的。这可以通过对归纳与演绎的逻辑结构的分析来加以说明。恩格斯在《自然辩证法》中指出，甚至归纳推理也是从普遍开始的。我们正是在这个意义上认为，演绎的成分最初就包含在归纳

[①] 《马克思恩格斯选集》第 3 卷，人民出版社 2012 年版，第 915—916 页。

之中，归纳中渗透着演绎。我们以下面这个归纳推理为例来分析：

  铁在加热时就会膨胀，
  铜在加热时就会膨胀，
  锌在加热时就会膨胀，
  锡在加热时就会膨胀，
  铝在加热时就会膨胀，
  铁、铜、锌、锡、铝都是金属，
  所以，所有金属在加热时都会膨胀。

  它的推理过程是这样的：首先在一般原理指导下，通过观察、实验确定铁、铜、锌、锡、铝具有加热膨胀的一般属性，然后把铁、铜、锌、锡、铝归入金属类，最后在结论中把在铁、铜、锌、锡、铝中发现的一般属性综合起来。如果把上述推理形式变更如下，这一点就可以看得更清楚了。

  铁、铜、锌、锡、铝加热时膨胀，
  铁、铜、锌、锡、铝是金属，
  所以，金属加热时膨胀。

  在这个推理的结构中包含着演绎的成分是不言而喻的。但是结论应当是特称的，而不是全称的。
  归纳包含着演绎的研究方法在科学归纳法中表现得特别明显，因为科学归纳法所要解决的是关于两个现象（其中一个现象发生在另一个现象之前）之间是否有因果制约性的问题，而这种问题的解决直接决定于演绎在科学归纳法中的运用。我们来看下

差异法的公式并对它略加分析:

A, B, C——a
B, C——a 不出现
所以, A 是 a 的原因。
这个差异法的公式可以改写为下面这个推理式:
或者 A, 或者 B, 或者 C 是 a 的原因,
但 B, C 不是 a 的原因,
所以, A 是 a 的原因。

很明显,差异法是按照选言推理的否定肯定式来进行的。在这个推理中,直言前提(B、C 不是 a 的原因)只能用演绎来证明,这就指任何一个不变的先行情况都不能成为被研究现象出现的原因,因情况 B 和 C 是这样的情况,它们存在时并没有出现现象 a,据此可得结论:情况 B 并且 C 不是 a 的原因。我们之所以能做出这样的推断,又是根据先前已知的关于因果性的一般知识。这就是说,在归纳中没有演绎成分,结论是不可能的。因此,恩格斯的下述论断是可以理解的:"世界上的一切归纳法都永远不能把归纳过程弄清楚。只有对这个过程的分析才能做到这点。"① 同样,演绎也包含着归纳的成分。

综上,归纳与演绎互相依存并在一定的条件下相互转化。演绎以归纳为基础,没有归纳,演绎的前提就不可能产生。归纳以演绎为导向,没有演绎,归纳就没有方向,归纳的成果就不能扩大和加深,演绎补充和论证归纳,归纳丰富和检验演绎,它们互相补充、互相渗透。只有归纳与演绎的交互作用,

---

① [德]恩格斯:《自然辩证法》,人民出版社 2015 年版,第 108 页。

并通过在实践中检验它们的结论，才能发现科学真理，证实科学真理。归纳与演绎之间的这种统一，非但不排斥它们之间的对立，而且是以它们之间的对立为前提的。正因为它们是对立型的思维方法，在获得真理的过程中它们才需要互相补充，离开了一方，另一方就失去了认识的威力。归纳与演绎是任何科学研究工作都必须应用的辩证统一的逻辑方法。

三　归纳与演绎在认识中的地位和意义

辩证唯物论的认识论，坚持人类认识的运动秩序说即由认识个别的特殊的事物，逐步地扩大到认识一般的事物，又由一般上升到个别，再认识个别的和特殊的事物。人类认识的不断循环往复，使科学得到了不断的发展。

归纳与演绎是人类认识的这个过程中不可缺少的逻辑方法。归纳与演绎的逻辑方法，在马克思列宁主义经典作家那里得到了广范的运用。列宁说，虽说马克思没有遗留下"逻辑"，但他遗留下《资本论》的逻辑。列宁在说明《资本论》的方法时指出，在《资本论》里，马克思应用了演绎与归纳的逻辑方法。在《资本论》的研究方法和叙述方法中，马克思既运用归纳的方法，也运用演绎的方法，即既从个别事实引出一般的结论、概念，也从一般原理引出个别结论。作为辩证法家的马克思从来不偏重这一种方法而压低另一种方法。事实上，归纳方法在《资本论》中处在辅助的地位。这绝不意味着马克思轻视归纳，而是因为《资本论》是叙述预先研究的结果，那些为了研究而详细地占有的属于资本主义生产方式的大量材料和无数事实，没有必要并且也不可能直接地反映出来。然而，马克思重视归纳方法是可以确信无疑的。他说："研究必须充分地占有材料，分析它的各种发展形式，探寻这些形式的内在联系。只有这项工作完成以后，现实的运动才能适当地叙述出来。"① 从占有材料、分析材料到引申出一般结论的过程，无疑属于归纳的过程。马克思从资本主义社会直接存在的商品交换入手，把个别的商品作为社会关系加以分析，归纳出商品所包含的一般的东西，即商品的二重性：价值和使用价值、抽象劳动和具体劳动，并且在这个基础上，分析了整个资本主义社会的矛盾运动。由此可见，马克思的概括是建筑在大量事实的基础上，并且是对这些事实进行研究的结果。一般不是先于个别的，而是个别的本质的表现。马克思在研究资本主义生产方式的个别方面时也运用了归纳法。例如，他在论到货币转化为资本的过程时说："这个历史每天都在我们眼前重演。现在每一个新资本最初仍然是作为货币出现在舞台上，也就是出现在市场上——商品市场、劳动市场或货币市场上，经过一定的过程，这个货币就转化为资本。"② 马克思的这个一般性结论，是从个别事实中概括出来的。

1868年1月8日，马克思在给恩格斯的信中说："过去的一切经济学一开始就把表现为地租、利润、利息等固定形式的剩余价值特殊部分当作已知的东西来加以研究，与此相反，我首先研究剩余价值的一般形式，在这种形式中所有这一切都还没有区分开来，可以说还处于融合状态中。"③ 剩余价值是说明任何一种资本主义利润的一般的、主要的东西，马克思从这种"溶液"中分析出了各种具体的资本主义利润形态。不难看出，演绎研究法和叙述法在这一过程中起到了一定的作用。特别能引起我们的兴趣的是，在这一过程中，演绎的多次运用被归纳的运用所中断，随后归纳又让位给演绎。马克思在《资本论》中对归纳与演绎的相互交替的运用表明，它们不是作为两种独立存在的认识方法，而

---

① 《马克思恩格斯全集》第44卷，人民出版社2001年版，第21—22页。
② 《马克思恩格斯全集》第44卷，人民出版社2001年版，第172页。
③ 《马克思恩格斯全集》第4卷，人民出版社2012年版，第466—467页。

是同一认识过程中的两个不同的方面，它们是可以相互转化的：归纳为演绎准备条件，演绎为归纳提供理论依据，扩大和加深归纳的成果。

马克思从商品开始，依次进到货币、资本、剩余价值等的过程，是从一般向特殊推移的过程，运用了演绎法。不过，有些逻辑学者认为，马克思从商品开始依次演绎出的货币、资本、剩余价值等是从商品这一范畴开始依次一个一个地发展出来的范畴，是从商品这一资本主义最一般的关系发展出来的其他一切资本主义的关系，它们所反映的不是客观世界中的种属关系，而是客观世界中的事物发展过程的关系。在这里，从前一个范畴演绎出后一个范畴，并非从一般中形式地引出个别来，而是从一般中发展出它的各个特殊表现，一个范畴跟后一个范畴之间的关系是先行与后继的关系，是低级阶段和高级阶段的关系。他们认为恩格斯的下面一段论述可以帮助人们理解马克思在《资本论》中运用的演绎："由于进化论的成就，有机界的全部分类都脱离了归纳法而回到'演绎法'，回到亲缘关系上来——任何一个种属都确确实实是由于亲缘关系而从另外一个种属演绎出来的——而单纯用归纳法来证明进化论是不可能的，因为进化论是完全反归纳法的。"[①]

持上述见解的逻辑学者根据以上分析认为，辩证的归纳与演绎和形式的归纳与演绎既有共同点，也有差别点。由个别到一般，再由一般到个别的认识的不断深入过程是它们的共同点。如果忽视了这一共同点，就看不清问题的实质。它们的差别点是，辩证的归纳与演绎所依据的是被研究对象的发展过程的关系，形式的归纳与演绎所依据的是被研究对象的种属关系。如果忽视了

---

① [德] 恩格斯：《自然辩证法》，人民出版社 2015 年版，第 107—108 页。

这一差别点，把被研究对象在客观上所具有的发展过程或发展阶段关系，错误地认为是它们的种属关系，在运用归纳和演绎时，在实践和理论上就会导致谬误。

辩证逻辑虽然认为归纳与演绎在认识真理的过程中有重要作用，但它并不认为归纳与演绎已经穷尽了推理形式、逻辑方法的全部内容。归纳与演绎各有积极的方面和消极的方面，这两方面表明，要获得科学结论，它们需要相互补充，而又可以在一定程度上达到相互补充。同时也说明，仅仅依靠它们是不够的，还需要一系列的推理形式和认识方法，诸如分析与综合、抽象与具体、逻辑与历史，等等。在这个意义上，恩格斯直截了当地把归纳与分析对立起来，为此他写了如下的话："在热力学中，有一个令人信服的例子，可以说明归纳法没有权利要求充当科学发现的唯一的或占统治地位的形式：蒸汽机已经最令人信服地证明，我们可以投入热而获得机械运动。10万部蒸汽机并不比一部蒸汽机能更多地证明这一点，而只是越来越迫使物理学家们不得不去解释这一情况。萨迪·卡诺是第一个开始认真研究这个问题的人。但是他没有用归纳法。他研究了蒸汽机，分析了它，发现蒸汽机中的关键的过程并不是纯粹地出现的，而是被各种各样的次要过程掩盖起来，于是他略去了这些对主要过程无关紧要的次要情况而设计了一部理想的蒸汽机（或煤气机），的确，这样一部机器就像几何学上的线或面一样是无法制造出来的，但是它以自己的方式起了这些数学抽象所起的同样的作用，它纯粹地、独立地、不失真地表现出这个过程。热的机械当量（见他的函数 C 的含义），对他来说已近在眼前。"[1] 就是说依靠归纳法是不足以证明热力学的问题，人们是

---

[1] [德]恩格斯：《自然辩证法》，人民出版社2015年版，第109页。

依靠分析法去回答的。通过分析揭示事物的本质。

由此可见，在认识真理的过程中，归纳与演绎虽然起着重要的作用，是不可缺少的认识方法，但是不能片面地夸大它们的作用，更不能把它们当作实现由个别到一般、再由一般到个别这个总的认识过程中的唯一起作用的方法，它们并未穷尽一切推理形式和方法。要有效地获得真理，还需要运用分析与综合等其他的逻辑方法。

第三节 分析与综合的统一

分析与综合是在认识中把整体分解为部分和把部分重新结合为整体的过程和方法。分析是把对象整体分解为各个部分加以考察研究的方法，综合则与分析相反，它是在分析的基础上，把对象的各个部分联结为一个整体，在"诸多关系的总和"上、"多样性的统一"上来把握对象的本质、规律。这两种方法，是辩证思维的重要理论研究方法，是深入认识对象，准确掌握具体真理的逻辑手段。分析与综合是互相渗透和转化的，在分析基础上综合，在综合指导下分析。分析与综合，循环往复，推动认识的深化和发展。一切论断都是分析与综合的结果。

一 分析与综合的概述

分析就是在思维的活动中，把客观对象的整体分解为各个部分、方面、特性和因素而分别加以认识和研究，是认识事物整体的必要阶段。综合就是在思维的活动中，将已有的关于客观对象各个部分、方面、特性和因素的认识，按内在联系有机地统一为整体，形成对客观对象的统一整体的认识。通过分析，可以从错综复杂的现象中，从事物的诸多属性中，发现本质属性，抓住主要方面，明确对象产生和存在的根据。通过综合，可以把已分解的对象，作为一个有机的整体，并在它与其他事物的必然联系中，来把握对象的规律性。综合是以分析为基础的，分析又是以综合为归宿的。

诸如，关于洲际导弹，对于缺乏这方面知识的人来说，头脑中只有一个朦朦胧胧的印象：它是一种射程很远的火箭，可以从地球上一个洲发射到另一个洲去。如果我们进一步接触了有关资料，读过分析性的介绍，那就知道洲际导弹本身分弹头和弹体两部分。弹头可以安装人造卫星，也可以装核弹头或常规弹头。弹体又可以分为两部分：一部分为计算机控制的制导系统；另一部分为用液体燃料或固体燃料组成的发动机部分，作为洲际导弹这部分通常由二级或三级火箭组成。通过上述分析，对洲际导弹的各部分就有了认识，但是，还要在思维中综合起来，还要了解各个部分之间的联系，各个发展阶段之间的联系，形成对它整体的认识。比如说，我们了解到：洲际导弹点火—垂直上升—进入外层空间—第一节火箭脱落—根据地面控制中心的指令，计算机不断矫正飞行轨道—第三节火箭脱落—经过几千上万公里的射程而进入空间轨道，或者又重新进入大气层命中地面目标。这样，我们对洲际导弹就有了一个较为全面而完整的认识。

分析与综合的实质是什么？

无疑的，分析与综合是以客观对象的整体与部分关系为根据的。分析就是在思维中将整体分解为部分，认识各个部分，而综合则是在思维中将各个部分又组合为整体，达到对客观对象整体的认识。但是，辩证逻辑关于分析与综合的理论，比上述观点更全面、更深刻。辩证逻辑以对立统一的观点来看待客观世界的一切事物。列宁指出："统一物之分为两个部分以及对它的矛盾着的部分的认识,是辩证法的实质。"① 他又说:"马克思主义的精髓、马克思主义的活的灵魂"是"对具体情况的具体分析"。② 毛泽东同志在《矛盾论》中反复强调了这一思想,并着重提出:"这个辩证法的宇宙观,主要的就是教导人们要善于去观察和分析各种事物的矛盾的运动,并根据这种分析,指出解决矛盾的方法。"③ 可见,依照辩证法观点的分析主要是关于矛盾的分析。我们既要分析矛盾的普遍性,又要分析矛盾的特殊性;既要分析主要的矛盾与非主要的矛盾,又要分析矛盾的主要方面和非主要方面;等等。在对各种矛盾及矛盾诸方面做了周密的、深刻的分析的基础上,从矛盾的总体上认识客观对象多种规定性的统一,这就是辩证的综合。

辩证的分析与综合要求对复杂的客观对象分析出它最基本的"细胞",以及"细胞"内部的矛盾运动,然后,综合最基本"细胞"的种种复杂的联系,形成关于对象整体的认识。马克思在《资本论》中模范地做了这样的分析和综合。正如列宁所说的:"马克思在《资本论》中首先分析资产阶级社会(商品社会)里最简单、最普通、最基本、最常见、最平凡、碰到亿万次的关系:商品交换。这一分析从这个最简单的现象中(从资产阶级社会的这个'细胞'中)揭示出现代社会的一切矛盾(或一切矛盾的胚芽)。往后的叙述向我们表明这些矛盾和这个社会——在这个社会的各个部分的总和中、从这个社会的开始到终结——的发展(既是生长又是运动)。"④

对同一事物的分析与综合,可有不同的广度与深度。这通常

---

① 《列宁选集》第2卷,人民出版社2012年版,第556页。
② 《列宁选集》第4卷,人民出版社2012年版,第213页。
③ 《毛泽东选集》第1卷,人民出版社1991年版,第304页。
④ 《列宁选集》第2卷,人民出版社2012年版,第558页。

是因为实践的需要不同，探讨问题的角度不同。例如，人是自然界发展的最高产物，包含着各种物质运动形式：机械运动形式、物理运动形式、化学运动形式、生物运动形式和社会运动形式。如假肢工厂为残疾者接装假肢，它主要是从机械运动形式方面对人体进行分析与综合。研究接装的假肢如何符合杠杆原理，使人安上假腿能走路，安上假手能拿物。又如，医学上研究人，不仅要从机械、物理、化学运动形式方面，更要从生物运动形式方面对人体进行分析与综合。而社会科学上研究人，更重要的是从社会运动形式方面进行分析与综合。它分析人的各种特性：有思想、会说话、会生产、会建立家庭和具有血缘的联系，等等。人有思想和意识这是社会的产物，人的意识始终是社会的意识，人有语言，这是由于人们交流思想的社会需要而产生的；生产是社会的现象，没有社会的分工和合作就不会有生产，人与人之间的性爱，无论就其形式和内容都受着社会关系的制约，不再是一种单纯的生物关系，大的血缘关系在社会中已成为亲属关系，在不同的社会有不同的表现形式，并起着不同的作用；人在道德、知识以及身体素质等方面的差异也只有用他的种种社会关系的特殊性来说明……正是在对人的社会运动形式方面做了大量分析的基础上，才达到对人的多样性统一的认识。马克思非常深刻地指出：人的本质是一切社会关系的总和。

在现代科学思维中，科学的分析不仅要求对客观对象做出定性分析，而且要求做出定量分析，从而形成精确的认识。科学的综合不仅是概念式的，往往还要求建立描述客观对象整体结构的模型。如原子结构的模型、DNA 分子结构的模型等。拿对某些化合物的认识来说，乙醇（即酒精）和甲醚，如果仅仅分析到化学组成，那么，乙醇和甲醚是相同的，都是 C_2H_6O。只有进一步认识它们的结构，才会发现乙醇的结构式是：C_2H_5OH，而甲醚的结构式是：CH_3-O-CH_3，由于结构式不同，使乙醇和甲醚的性质也相异。乙醇是液体，在78℃时沸腾，能以任何比例和水溶合。而甲醚则是气体，几乎不溶于水。乙醇和甲醚的化学特性也很少相同。只有确切地描述乙醇和甲醚的化学结构式，才能对乙醇和甲醚的整体有个精确的认识。分析与综合的客观根据是什么呢？

客观世界及其每个对象都是复杂的矛盾统一体，都是多样性规定的统一。客观事物是复杂的，它们具有多样性，因此，我们在思维中就可以也有必要对它们进行分析。客观事物中这些多样性又是统一的，它们具有统一性，表现为一个统一的整体，因此，我们在思维中就可以也有必要对它们进行综合。既然分析与综合有其客观基础，那么，我们在思维中进行分析与综合时，必须从实际出发，坚持唯物主义的反映论，按照客观对象的本来面目进行分析与综合，坚决反对主观主义及各种形式的唯心论。恩格斯在批判杜林时说："思维，如果它不做蠢事的话，只能把这样一种意识的要素综合为一个统一体，在这种意识的要素中或者在它们的现实原型中，这个统一体以前就已经存在了。如果我把鞋刷子综合在哺乳动物的统一体中，那它决不会因此就长出乳腺来。"[①] 不言而喻，在思维中进行分析与综合，既不能从哺乳动物中"分析"出鞋刷子来，也不能将鞋刷子"综合"到哺乳动物身上去。但是，在人类对自然和社会的研究中，主观臆想和虚构的事却是经常发生的。在自然科学发展史上，曾经统治一个较长时期的"燃素说""热素说"和"以太说"就是如此。他们从燃烧现象、热的传导现象以及光在真空中的传播现象分析出什么"燃素""热素"和"以太"，又综合形成"燃素说""热素说"

---

① 《马克思恩格斯选集》第3卷，人民出版社2012年版，第417页。

和"以太说"。这是一种非科学的分析与综合。当然，这种学说的出现也是由于科学的不发达，实验手段不完备的缘故，但是，这也是因为主观主义的非科学的分析与综合，我们必须引以为训。科学的分析与综合，必须坚持从实际出发、实事求是的原则，坚持通过实践进行检验的原则。

客观事物的多样性与统一性，如何反映到人的思维中来呢？这要取决于社会实践。大家知道，人们认识的发展，包括认识能力的发展，都是以社会实践为基础的。自然科学的研究活动必须以社会生产和科学实践为基础。科学实验有分析实验和合成实验。分析实验又有定性分析、定量分析和因果分析等。定性分析实验是为了确定客观对象是否具有某种性质的实验，主要是解决"有没有""是不是"等问题。例如，为了确定某些细菌究竟是革兰氏阳性菌，还是革兰氏阴性菌，可用染色法进行定性实验。

定量分析实验是为了确定客观对象各个因素之间的数量关系或确定某些因素的数值等的实验，主要解决"有多少"的问题。在物理学中，为了确定某些物理常数，如沸点、熔点、导电率、导磁率等，必须进行定量分析实验。为了测定物体的大小、位置、速度、温度、时间等物理特性，也离不开定量分析实验。科学史上著名的定量分析实验，例如斐索测定光速的数值而进行的实验、汤姆逊测定电子荷质比的实验等。

因果分析实验是为了找出引起某些变化的原因而安排的实验，主要解决"为什么"的问题。例如，根据日常生活的实际观察，腐烂的肉确实是突然长出蛆来的，因此，人们很自然地以为蛆是肉变成的。意大利的医生雷地第一个进行了实验，他把一块块肉放在一个个容器里，有些容器盖上细布，有的不盖，苍蝇能自由进到那些不盖的容器里。结果表明，不盖的容器里的肉才生蛆，没有苍蝇和它的卵，不论肉腐败多久，也不能生蛆。

合成实验是在分析实验的基础上，从客观对象多样规定性的结合出发，从复杂的总体上进行研究。模拟实验、模型实验等都具有这种综合的特点。如 1965 年，我国生物化学工作者首次合成了具有生物活力的结晶牛胰岛素。从 20 世纪 50 年代起，我国优秀的生物化学工作者就在探索人工合成胰岛素。他们首先对天然胰岛素进行各种各样深入细致的分析，发现牛胰岛素有两条氨基酸链，一条叫 A 链，由 21 个氨基酸组成，另一条叫 B 链，由 30 个氨基酸组成，还有两座桥形的硫硫键，把 A 链和 B 链连接起来，组成牛胰岛素。在分析的基础上，他们进行了许多艰苦复杂而又精细巧妙的实验。先做一条由 8 个氨基酸结合的链和一条由 22 个氨基酸结合的链，再把这两条链合成 B 链，接着又做成一条由 9 个氨基酸结合的链和由 12 个氨基酸结合的链，再把这两条链合成 A 链，然后又用两座桥形的硫硫键把 A 链和 B 链结合起来，在世界上第一次人工合成了具有生物活力的牛胰岛素。

实践是认识的基础和检验真理的标准，分析的实验和合成的实验既推动了科学思维中的分析与综合，又验证了科学思维中的分析与综合。

分析与综合离不开社会实践，即使在日常生活中也是如此。有些经常骑自行车的人，听到自行车行进时发出异常的声响，他就会在头脑中分析出自行车的哪一部分有毛病。为什么这些人能在思维中对自行车进行分析与综合？就因为他们经常拆开自行车检修零件，然后又重新组装成车。又如我们许多人发现手表有毛病，但无法在思维中对它做出分析与综合，就因为我们从来没有拆修过手表。而修表的人却有这方面的丰富实践经验，所以他们就能在思维中对手表做出分析与综合。当然，他们思维中的分析与综合进行得是否正确，还要由检修自行车和手表的实践来验证。

人们在实践的活动中获得了大量的感性材料，这是分析与综合的出发点。人脑好比是个加工厂，分析与综合的活动是对感性材料进行加工的过程。只有掌握了丰富的感性材料，才能进行科学的分析与综合，形成科学的概念和正确的理论。例如，英国著名的生物学家达尔文，他从1831年到1836年，乘"贝格尔号"军舰进行为期五年的环球航行，从欧洲到南美洲、大洋洲、亚洲，对各地区的动物、植物和地质构造进行了观察研究，搜集了大量的感性材料。如在太平洋中的加拉帕戈斯群岛逗留的五周期间，最吸引达尔文注意的是那里的雀类的多样性。它们至今仍被称为"达尔文雀"，即"加拉帕戈斯雀"。他通过周密的考察发现这些鸟至少分为14个不同的种，彼此的主要区别是喙的形状和大小不同；这些特殊的种在世界其他地区并不存在，但同南美大陆的一种雀有明显的相似。达尔文对这些科学资料反复进行分析与综合，从而做出了合理的解释：它们都是大陆雀类的后代，由于长期栖居岛上觅食方式的不同，而引起了喙的变异。达尔文通过这次长期的科学考察，积累了丰富的材料，经过多次的分析与综合，终于在1859年写成了巨著《物种起源》，提出了生物进化的理论。

人类思维的分析与综合能力既不是从天上掉下来的，又不是人的头脑里先天具有的，它来自社会实践。因此，随着人类社会实践从低级到高级的发展，人类的分析与综合能力也逐步地发展。

在古代，无论古中国、古印度、古埃及还是古希腊，总的来说，科学尚处于萌芽状态，很不发达。但是，也有个别的科学部门，达到了较高的发展水平。相对说来，在这些科学部门中，分析与综合也达到了较高的水平。例如，古希腊的欧几里得几何学，由于测量土地的需要，古希腊几何学已得到较充分的发展。

欧几里得研究了前人在几何学上的丰硕成果，从几何学运用的许许多多概念中分析出一些最基本的概念——"点""线""面"等，这些没有长宽高的"点"，没有厚度和宽度的"线"，没有厚度的"面"，是古希腊人的分析和抽象能力的集中表现。欧几里得还从几何学许许多多命题中分析出一些最基本的命题，即九条公理和五条公设，它们是各自独立的。然后从最基本的概念和命题出发，推演出几何学的各个定理。这样，综合起来，几何学就构造成为严密的公理化系统。欧几里得几何学是古希腊人运用归纳与演绎、分析与综合等的卓越成就。

由于当时其他各门科学大多尚未分化出来，因此，古希腊人对整个世界的认识，并不是建立在各门科学具体分析的基础上，而是具有素朴的、直观的性质。正如恩格斯对古希腊的素朴辩证法思想所做的评论那样："这个原始的、素朴的、但实质上正确的世界观是古希腊哲学的世界观，而且是由赫拉克利特最先明白地表述出来的。"① 但是，"在希腊人那里——正因为他们还没有进步到对自然界进行解剖、分析——自然界还被当作整体、从总体上来进行观察。自然现象的总的联系还没有在细节上得到证明，这种联系在希腊人那里是直接观察的结果。这是希腊哲学的缺陷所在，由于这种缺陷，它后来不得不向其他的观点让步"②。这"另一种观点"的巨大进步意义，在于它用实验分析的方法来研究自然界，把自然界分解为各个部分，把自然界的各种过程和事物分成一定的门类，对有机体的内部，按它的多种多样的解剖形态进行研究。这种实验分析方法的特点是：其一，同时发生的全部复杂现象区分为各个不同的组成部分，然后孤立地、隔离地

---

① 《马克思恩格斯选集》第3卷，人民出版社2012年版，第395页。
② 《马克思恩格斯选集》第3卷，人民出版社2012年版，第876页。

进行研究。例如，他们把自然界区分为三个各自独立的"界"：矿物界、植物界和动物界；把植物区分为各自孤立的部分和器官；把动物孤立地区分为脊椎动物和无脊椎动物；把热现象孤立地区分为固体的膨胀、液体的沸腾、水的结冰等。孤立地对个别现象进行研究，并认为它们是孤立的、静止的、不变的。其二，自然界同时发生作用的种种关系孤立（割裂）起来，用"纯粹"的方法，即从复杂现象中撇开（分析）总的联系，只取出个别现象的因果关系，进行研究。例如，波义耳单独研究压力和气体体积的关系，因而得出了气体体积和压力成反比的定律。这是一种很典型的分析研究方法。其三，这种实验分析的方法，导致自然科学家认为一切物体都是它的组成部分的机械结合，抹杀事物内部各部分以及事物之间相互依存、相互转化的联系。因此，他们的观点，不是对立统一的综合，而是机械结合。例如17世纪的西方自然科学家中，有些人总是用纯粹的机械原理来说明生命活动的过程。

从15世纪开始，一直到19世纪都占据统治地位的实验分析法，对于人类社会的进步、新科学的建立以及生产的发展，都产生了巨大的促进作用。继力学、天文学、数学之后，有物理学、化学、生物学和地质学在17世纪成为独立的学科。这种实验分析法，对人类思维能力的发展，产生过深远的影响。这种方法虽然在人类社会的发展中发生过巨大的作用，但是它自身由于受到历史条件的限制，毕竟具有时代的特殊局限性，再加上培根、洛克一类哲学家，把这种实验分析方法绝对化、固定化，便成了阻碍社会发展的形而上学的思维方法。正如恩格斯所评述的那样："这种做法也给我们留下了一种习惯：把各种自然物和自然过程孤立起来，撇开宏大的总的联系去进行考察，因此，就不是从运动的状态，而是从静止的状态去考察，不是把它们看作本质上变化的东西，而是看作固定不变的东西，不是从活的状态，而是从死的状态去考察。这种考察方式被培根和洛克从自然科学中移植到哲学中以后，就造成了最近几个世纪所特有的局限性，即形而上学的思维方式。"①

到19世纪中叶，自发的辩证思维的分析与综合，在自然科学领域和生产领域接连涌现，最突出的是人工合成有机物和三大发现。在三四十年代，化学家们已经人工合成包括尿素在内的许多有机物。细胞学的建立，将形而上学绝然割裂的植物界和动物界联结起来，能量守恒和转化定律的发现，说明了物质运动的质和量两方面的统一和相互制约，说明了自然界中各种运动的相互区别和联系，进化论的产生，打破了生物物种永恒不变的形而上学，证明了整个有机界、一切生物的种包括人在内，都是延续几百万年之久逐渐发展的有规律的过程。这正是产生辩证法思想的时代。一百年来，马克思和恩格斯的分析与综合理论，随着社会的发展，特别是自然科学的发展，而不断地丰富和发展。列宁将分析与综合的结合规定为"辩证法的要素"，毛泽东同志明确指出："分析的方法就是辩证的方法。所谓分析，就是分析事物的矛盾。"② 总之，分析与综合的对立统一，是科学思维的辩证逻辑方法。

二 分析与综合的辩证关系

分析与综合在思维运动的方向上是相反的，因而两者是对立的。但在辩证思维中，分析与综合既是对立面，又是辩证统一的。分析与综合作为辩证思维的逻辑方法，在认识事物的本质、

---

① 《马克思恩格斯选集》第3卷，人民出版社2012年版，第396页。
② 《毛泽东选集》第5卷，人民出版社1977年版，第413页。

探索对象的规律的过程中，相辅相成，没有分析就不可能有综合，反之，没有综合也就不可能对事物进行深入的准确的分析。任何综合，都必须以分析为基础，任何分析又都要以综合着的现象为对象。两者是不可分割地联系在一起的。弄清分析与综合的辩证关系，乃是掌握这种辩证逻辑方法的关键。人们的科学认识过程，就是一个分析与综合的相互渗透、相互转化的过程。

（一）分析与综合的相互依存

由于客观对象既具有多样性，又具有统一性，它们或先或后地被人们所认识。因此，分析与综合是同一研究活动的不同方面，彼此又是相互依赖的。没有分析就没有综合。恩格斯说："……思维既把相互联系的要素联合为一个统一体，同样也把意识的对象分解为它们的要素。没有分析就没有综合。"① 综合要使其成果能真正反映现实的多样性，就必须以对客观对象整体的分析为前提。分析是综合的基础，不管综合在认识中起怎样重要的作用，它却一步也离不开分析，为了综合必须分析。毛泽东同志说："这里所讲的分析过程，是指系统的周密的分析过程。常常问题是提出了，但还不能解决，就是因为还没有暴露事物的内部联系，就是因为还没有经过这种系统的周密的分析过程，因而问题的面貌还不明晰，还不能做综合工作，也就不能好好地解决问题。"② 没有分析的综合认识是抽象空洞的认识，虽然客观对象的整体以感性的具体反映到人的认识中，但是对客观对象的本质、多样性的统一，却是混沌的、不清楚的。反过来说，分析也依赖于综合。没有综合的分析，只能使人们的认识陷于枝节之见，不能统观全局。辩证的分析最基本的是分析矛盾，只有分析才能认

---

① 《马克思恩格斯选集》第3卷，人民出版社2012年版，第417页。
② 《毛泽东选集》第3卷，人民出版社1991年版，第839页。

识统一体的矛盾着的各方面。但是，矛盾着的双方毕竟是相互联系、相互依赖的，要对统一体有一个全面正确的认识，就必须懂得矛盾的双方是怎样统一的，在什么条件下能够统一等等。为此，就必须综合。没有综合就不能全面而正确地认识矛盾的统一体。

化学家对蛋白质进行分解，找出它的组成元素是碳、氢、氧、氮。蛋白质一经分析出来成为C、H、O、N这样一些孤立的元素，那就不再是蛋白质了。黑格尔曾经打了一个生动的比喻："用分析方法来研究对象就好象剥葱一样，将葱皮一层又一层地剥掉，但原葱已不在了。"[①] 所以，要从整体上认识蛋白质、认识原葱，就还需要综合。所以，分析的目的就是为了综合。没有综合就没有分析，不仅分析是为了综合，而且，在分析之前，人们对客观对象总有个整体的观念，虽然这一阶段关于整体的综合认识，与分析基础上新的综合认识，不论在认识的深度或广度上都有质的区别，但是，没有最初的综合认识，分析就无从下手。庖丁解牛，如果庖丁没有关于牛的整体认识，他就无法在思维中分析，杀牛刀也就无从下手了。

（二）分析与综合的相互渗透

从纯粹形态上研究，分析和综合是截然不同的，表现为两种不同的思考过程。但是，在人们的实际思维过程中，分析过程中也有综合，而综合过程中也有分析。分析与综合是相互渗透的。《资本论》是通过对资本主义生产关系的分析和综合而制作成的科学理论体系。在第一卷和第二卷中，是以分析"资本的生产过程"和"资本的流通过程"为主，但分析的过程中有综合。在第三卷中以综合"资本主义生产的总过程"为主，但综合之中有分

---

① ［德］黑格尔：《小逻辑》，上海人民出版社2009年版，第374页。

析。例如，在第一卷第一篇第一章第一节中，马克思分析出商品的二重性：使用价值和价值。同时在说明使用价值和价值时又运用综合。关于使用价值，马克思说："每个商品的使用价值都包含着一定的有目的的生产活动"，"这种生产活动是由它的目的、操作方式、对象、手段和结果决定的。"[1] 显然，生产活动就是"它的目的、操作方式、对象、手段和结果"的综合。马克思又说："相对价值形式和等价形式是同一价值表现的互相依赖、互为条件、不可分离的两个要素，同时又是同一价值表现的互相排斥、互相对立的两端即两极；这两种形式总是分配在通过价值表现互相发生关系的不同的商品上。"显然，价值形态就是它的"相对价值形式和等价形式"的综合。在第三卷中，马克思不仅是将"资本主义生产过程"作为"生产过程和流通过程的统一"来综合，而且是"要揭示和说明资本运动过程作为整体考察时所产生的各种具体形式"。综合论述中又有分析，例如第三卷中将资本家的利润分为产业资本的利润、商业利润、利息、地租等，又将资本家所得的利润分为平均利润、超额利润等，将银行家资本分为货币、汇票、有息证券，等等。马克思在《资本论》中指出，系统的分析过程中包含着综合，而系统的综合过程中也包含着分析。在人们活生生的认识过程中，既没有纯粹的分析，也没有纯粹的综合。分析和综合总是相互渗透的。

（三）分析与综合的相互转化

正如客观现实里矛盾的双方无不在一定的条件下相互转化，人们思维中的分析与综合也是相互转化的，在一定的条件下各自向对立的方面过渡。分析转化为综合，这是容易理解的。人们在思维中将客观对象的整体分析成各个部分、方面、特性、因素分

---

[1] 《马克思恩格斯选集》第2卷，人民出版社2012年版，第102页。

别加以认识，一旦抓住客观对象各个方面的规定性，即它的基础的东西之后，人的思维活动就由分析转化为综合。从客观对象的多样规定性出发，将它的各个部分、方面、特性、因素有机地结合起来，形成对客观对象多样性统一的综合认识。

分析向综合的转化，使人的认识进入一个新的境界。这时，人们的认识已恢复了对事物本来的联系的整体观念，克服了先前的分析给人的视野造成的局限，因而就能揭示出事物在其分割状态下不曾显现出来的特性。例如，自20世纪50年代以来，遥感技术和空间技术迅速发展，人们根据对气象卫星和资源卫星发回地面的资料所做的分析，而综合地研究全球范围内的气象、洋流、资源分布和地貌特征，取得了极为惊人的成就，给气象学、海洋学、地质学和地球物理学等带来了深刻的变化。在认识的发展过程中，一方面分析向综合转化，另一方面综合还要向新的分析转化。人们对客观事物的认识不是一次就能完成的，更不是可以穷尽的。人的认识总是由现象到本质，由第一级本质到第二级本质，由不甚深刻的本质向更深刻的本质发展。客观事物也是不断变化发展的，人的主观认识也要随着客观事物的变化而继续向前发展。每一次分析及随之而来的综合性认识，仅仅是认识发展过程中的一个小阶段。综合性的认识既是前一个认识阶段的终点，又是下一个认识阶段的起点。总之，综合要向分析转化，人们不仅要对客观事物进行新的分析，而且是在先前的综合认识的指导之下进行新的分析。在科学发展史上常有这样的情况：人们有时对客观对象仅仅做了一些初步的分析，尚未达到详尽的分析，但为了确定研究工作的前进方向，需要建立起综合性的看法。这种初步建立的综合性看法具有预测性和尝试性，我们一般称之为科学假说。恩格斯说过，只要自然科学在思维着，它的发展形式就是科学假说。科学假说对自然科学的发展具有很重要的作用。建立一个即使是很不完备的假说，也比完全没有假说要好。因为没有假说，科学的理论思维就要陷于停顿，研究活动也就难以继续前进。通过初步的综合建立假说，就可以给进一步的分析工作提供方向。当然，这种综合性认识是很不稳定的，它要经受以后分析实验的验证，或被推翻，或被取消一些、修正一些，直到最后成为科学理论。

分析与综合的相互转化，在整个人类认识史上，就表现为分析、综合、再分析、再综合，如此循环往复的螺旋式上升运动。客观世界的变化是无限的，人类的认识能力也是无限的。只有尚未认识的东西，没有不可认识的东西。但是，在一定时代的历史条件下，人们的认识能力又是有限的，认识只能达到一定的深度和广度。这就是矛盾，它决定着在人类的思维中，分析与综合的运动发展是无穷地进行着的。每一次分析与综合只能达到一定的水平，必然被更高一级的分析与综合所代替。这就构成了人类认识史上分析、综合、再分析、再综合，循环往复、永无止境的螺旋式上升运动。

综上，分析与综合是辩证统一的。虽然在实际科学研究中，对于不同的人可以侧重某一方面，但是，如果抬高某一方面，夸大某一方面的作用，而排斥另一方面，贬低另一方面的作用，那就是形而上学思维方法，只能阻碍科学的进步。例如，瑞典生物学家林奈（1707—1778），他在前人搜集和初步整理的材料的基础上，创立了植物和动物的分类法，将生物的各个物种分门别类地加以整理。林奈的分类工作在当时是有意义的。但是，林奈只讲分析而否认综合，他看不到生物界各物种之间的相互联系和过渡，他认为物种是永远不变的，各个物种之间存在一条不可逾越的鸿沟。林奈的物种不变观点，以及他割裂分析与综合的联系的形而上学思维方法，对后来生物学的发展起了阻碍的作用。

总之，分析与综合是辩证统一的，它们是相互对立、又是相互统一的认识方法。只有把两者结合在一起才能成为真正科学的逻辑方法。因此，列宁把"分析和综合的结合——各个部分的分解和所有这些部分的总和、总计"①列为辩证法的要素之一。

三　分析与综合在认识中的作用

分析与综合作为辩证思维最基本的逻辑方法，无论是对于形成概念来说，还是对于探求新知的推理来说，都是不可缺少的。此外，它也是构成科学理论体系和发展科学理论的逻辑方法。

（一）分析与综合是形成概念不可缺少的逻辑方法

科学概念是反映事物本质属性的思维形式。我们怎样抓住事物的本质属性以形成科学概念呢？这是在实践的基础上，依靠分析与综合的逻辑方法，对大量感性材料进行抽象加工的结果。例如，19世纪，奥地利孟德尔曾对生物的遗传现象进行了系统的研究。他在杂交试验的基础上进行分析与综合，发现生物性状的遗传是按一定规律进行的。譬如高茎豌豆的后代是高茎豌豆，矮茎豌豆的后代是矮茎豌豆，这表明豌豆的高茎性状和矮茎性状是遗传的。如果把这两种豌豆杂交，它的第一子代总是产生高茎豌豆而不产生矮茎豌豆，因此他把这种高茎性状叫作"显性性状"，而把矮茎性状叫作"隐性性状"。如果再把第一子代自花授粉，那么所产生的第二子代分别为按一定比例的高茎豌豆和矮茎豌豆，这种现象叫作性状的分离。他所研究的许多动物、植物的性状遗传都表明了这种规律。后来，人们在观察细胞分裂时发现，染色体的行为与这种性状遗传的规律有某些相似之处。在高等生物体内常见的细胞分裂有两种。一种叫有丝分裂。分裂时，染色

---

① 《列宁选集》第2卷，人民出版社2012年版，第411页。

体同时复制，所产生的两个子细胞内都有与亲代细胞相同数目的染色体，一般体细胞的分裂都采取这种形式。另一种是生殖细胞的分裂，叫作成熟分裂或减数分裂。在这一过程中，细胞核内成对的染色体要发生一系列复杂的变化，它们出现了复制、交换和分离的现象，在最后产生的子细胞中只保留半数的染色体。要等到雌、雄两种生殖细胞结合以后，彼此的染色体并合之后才能恢复全数。染色体的这种变化，很容易用来解释上述的遗传现象。而且还从另一方面发现染色体的变化与性状遗传确有直接关系。例如，有一个著名的果蝇性状遗传例子，果蝇的遗传性状有四类，它的细胞内也恰好有四对不同的染色体，如果果蝇的性状出现某种异常，那么在它的染色体上就能找到一个畸形的结构。这些发现可能是一种偶然的巧合，却为细胞遗传学提供了有力的理论根据。后来，人们又进一步分析染色体，把它看成一种由许多单元连在一起的线性结构，并把这些单元叫作"基因"。认为多个基因的综合就能控制生物的某种性状，染色体上基因发生的变化是产生生物性状变异的直接原因。正是基于豌豆、细胞的分裂和果蝇这三方面研究工作及其所做的分析与综合才形成了"基因"的概念。

（二）分析与综合是探求新知的推论过程不可缺少的逻辑方法

思维是能够间接地认识现实的。人们根据已有的知识就可以推论出新的知识。特别是不完全归纳推理，结论所断定的范围超出了前提所断定的范围，往往揭示出存在于无数现象之间的普遍规律性，给人们提供了全新的知识。可是不完全归纳的结论是或然的，可能真，也可能假。以经验的知识作为主要根据的不完全归纳法叫作简单枚举法，它的结论是很不可靠的。因为它是根据某种事例的多次重复而未见反面事例就做出普遍的结论。只有以科学分析为主要根据的不完全归纳，它的结论才是较为可靠的。科学归纳法与简单枚举法的根本区别就在于，它不只是以经验知识为依据，更重要的是运用理论思维的分析与综合。例如，人们早已观察到燕子、大雁等候鸟，一年一度春来秋往，春暖花开之时，燕雁北飞；秋寒落叶之时，燕雁南归。人们根据经验的知识，自然地把候鸟的迁徙与春秋两季的气温剧变联系起来，应用简单枚举法做出每年气温转暖候鸟北飞，每年气温转寒候鸟南归的一般性结论。但是，对候鸟迁徙之谜的进一步分析表明，实际上对候鸟迁徙起作用的不是气温的升降，而是昼夜的长短。加拿大洛文教授从1924年起曾费了20多年工夫，终于解开这个谜："他观察一种候鸟黄脚鹬，这种鸟每年来往于加拿大与南美洲阿根廷之间，春来秋往，长途跋涉一次要飞16000公里。据他14年的记录，这种黄脚鹬春天在加拿大首次下蛋总在5月26—29日三天之内。他考虑到如若温度是主要条件，决不会如此稳定，而在各种可能外界因素中只有昼夜的长短是每年都一定的。"[①] 这个结论是以科学分析为主要根据而概括出来的，所以结论具有较大的可靠性。洛文教授又以下述的实验来验证他的观点：他在1924年的秋天，把一种乌鸦似的候鸟在秋天南回时，网罗了若干只。把一部分鸦放在寻常环境里，这时冬季将临，昼长一天短似一天，而把另一部分鸦放在用日光灯来延长昼长的环境里，人工地把昼长一天天地延长。到了12月间，前一部分鸦类很安静，而后一部分的鸦类，都大有春意，不但歌唱起来，而且内部生殖腺系统发展到春天的模样。这时把它们放出来，凡是经过日光灯照的统统向西北飞去，好似春天候鸟一样，虽然这时气温是在冰点以下20摄氏度，而未经日光灯照的则大部分留在原地。

---

① 竺可桢、宛敏渭：《物候学》，湖南教育出版社1999年版，第93—94页。

(三) 分析与综合是构成科学理论体系和发展科学理论的逻辑方法

科学理论体系是由一系列概念、范畴、命题组成的。但它并不是由概念和命题任意凑合而成的，它具有非常严密的逻辑体系。没有大量的反复的分析与综合，是无法构成科学理论体系的。不仅科学理论体系的构成离不开分析与综合，而且发展科学理论也离不开分析与综合。从地质学的地层结构学说来看，从大陆漂移说到板块学说，就是一系列分析与综合的过程。

1906年到1908年，一支考察队在格陵兰岛的东北海岸进行调查，发现其与欧洲间的距离在1823—1870年加大了420米，1870—1907年又加大到了1190米。考察者分析和综合上述的事实材料，大胆地提出：格陵兰岛在向西移动！1926年和1933年两次精密大地测量，再次查出欧洲和美洲之间的距离在增大，沿北纬45°这条线上，七年中增大了4.55米。1912年，年轻的科学家魏格纳（1880—1930），注意到大西洋两岸（南美洲大陆东部和非洲大陆西部）轮廓的相似性，以及地层构造、古气候、古生物等方面的一致性，他对以上的材料进行分析与综合，大胆地提出了"大陆漂移说"。设想在三亿年前，地球上只有一个原始的大陆和大洋，大约在两亿年前，这块原始大陆四分五裂了，坚硬的陆块在可塑性的玄武岩基底上漂流散开，逐渐形成为现在的七大洲和四大洋。

"大陆漂移说"提出后，轰动了地质学界，但是遇到某些困难。后来，随着时间的推移和科学资料的积累，许多科学家又进行多次的分析与综合，到20世纪60年代出现了板块构造说。

板块构造说认为地球表面可以划出大小二十几个板块。这些板块的边界，一般都是地震、火山及其他大地构造运动现象集中的地带。这些板块有的正在"漂离"，如非洲大陆正在裂开，红海也在不断扩张,如果海底扩张的速度以每年16厘米计算,那么不需要一亿年,一个新的宽达15000公里的大洋就会形成。另外,有些板块正在挤压,宏伟的喜马拉雅山系就是属于南大陆的"印巴次大陆板块"向北运动,与属于北大陆的"藏北板块"挤压碰撞的结果。这个过程还在不断继续,因此,喜马拉雅山系还在不断升高。从大陆漂移说到板块学说,这是分析、综合、再分析、再综合,循环往复螺旋上升的过程。每一门科学都是研究一种特殊的矛盾。正如毛泽东同志在《矛盾论》中说的那样:"科学研究的区分,就是根据科学对象所具有的特殊的矛盾性。因此,对于某一现象的领域所特有的某一种矛盾的研究,就构成某一门科学的对象。例如,数学中的正数和负数,机械学中的作用和反作用,物理学中的阴电和阳电,化学中的化分和化合,社会科学中的生产力和生产关系、阶级和阶级的互相斗争,军事学中的攻击和防御,哲学中的唯心论和唯物论、形而上学观和辩证法观等等,都是因为具有特殊的矛盾和特殊的本质,才构成了不同的科学研究的对象。"[①] 研究矛盾,就必须分别研究对立双方的特殊本质,以及它们的斗争和统一、同一关系,这就必须运用分析和综合的方法。对于任何事物的研究,不分析,就无法认识它内部包含的同一和差异,无法分清事物内部的对立方面;只分析不综合,就无法认识对立方面的联系以及事物作为统一体的本质。

综观自然科学发展史,过去那种以分析为主的经验科学和以综合为主的理论科学的界限正在不断消失。过去分别研究不同运动形式而确立的数学、物理学(通常包括力学在内)、化学、天文学、地质学、生物学等基础科学,一方面由于科学实验手段越来越高超,人们对研究对象的分析就越分越细,各门科学出现越

[①]《毛泽东选集》第1卷,人民出版社1991年版,第309页。

来越多的分支；另一方面由于客观世界的内在统一性，以及各种运动形式之间的联系越来越被人们发现，人们思维里综合概括能力不断提高，科学中出现越来越多的边缘科学，如物理化学、生物化学等。不仅如此，在自然科学与社会科学之间也越来越相互渗透、相互结合。科学发展的这两方面趋势，都显示出人类的分析与综合能力的发达程度及其重大的作用。

第四节　抽象与具体的统一

任何一个反映客观具体对象的完整过程，总是由感性的具体到思维的抽象，又由抽象上升到思维中的具体。辩证逻辑不仅要考察抽象与具体的互相区别及其各自的特点，更重要的还考察抽象与具体的辩证统一。

一　抽象与具体概述

抽象是从众多的事物中抽取出共同的、本质性的特征，而舍弃其非本质的特征的过程。具体是一种客观事物内在具体性的反映，是指实际存在的、真实的、特定的事物或特指的理论。

抽象就是人们在实践的基础上，对于丰富的感性材料通过去粗取精、去伪存真、由此及彼、由表及里的加工制作，形成概念、判断、推理等思维形式，以反映事物的本质和规律的方法。也可以定义为，抽象是从感性的具体对象中，通过比较分析，抽取出对象整体中的部分特性、方面、关系，它是在思想中抽取事物的本质属性，舍弃非本质属性的方法。要真正达到对事物本质的认识，必须运用抽象对具体事物进行科学的抽象和概括。列宁说："物质的抽象，自然规律的抽象，价值的抽象等等，一句话，一切科学的（正确的、郑重的、不是荒唐的）抽象，都更深刻、更正确、更完全地反映着自然。"① 认识有一个深化的过程。事物发展的客观辩证法是由简单到复杂、由低级到高级的螺旋式发展。

抽象作为具体的对立面，它在反映客观对象时，就要把对象各个方面的特性和关系从统一体中抽取出来，并暂时割断与其他事物的普遍联系。因此，对于客观事物的具体性来说，抽象的规定不可避免地具有相对的片面性和孤立性。例如，要具体认识客观事物的发展过程，首先必须把各个发展阶段彼此分隔开来进行考察。正如恩格斯所说：必须先研究事物，而后才能研究过程。必须先知道一个事物是什么，而后才能觉察这个事物中所发生的变化。具体是通过综合、概括，把抽象出来的对象的各个方面特性、关系，按其内在的规律性联系起来，在理性中再现具体对象的辩证本性。具体是指实际存在的真实的、特定的事物或特指的理论。它有两种形态，一种是感性具体，也叫完整的表象，是客观事物表面的、感官能够直接感觉到的具体性的反映；另一种是理性具体，也叫思维的具体，是客观事物内在的各种本质属性的统一的反映，这种具体是人的感官不能直接感觉到的。感性具体和理性具体相对应也有两种含义，感性具体是指对客观对象整体的各种存在属性的形象反映，它通过感觉、知觉、表象等形式进行；理性具体是指诸多抽象规定的辩证综合，是指对事物的对立统一的揭示。认识来源于实践，没有具体事物，就不可能有对具体事物的抽象，一方面抽象以具体为基础；另一方面根据事物和认识发展的规律，又从抽象上升到具体的再现。脱离客观具体事物的抽象是空洞的。具体与抽象相反，它指的是不抽象，不笼统，细节很明确的东西，是指许多规定综合的统一体。正如马克

---

① 《列宁全集》第55卷，人民出版社1990年版，第142页。

思所说："具体之所以具体，因为它是许多规定的综合，因而是多样性的统一。"① 具体作为一种客观事物内在具体性的反映，它具有两个显著的特点：一是多样性，或者叫多面性、全面性；二是统一性，就是指多样性的统一，进一步说，就是两个对立面的统一。离开多样性，或者离开统一性，就无所谓具体。

抽象和具体二者的含义，只要稍加留心就可以发现，人们往往从不同的角度使用抽象与具体这两个术语。概括起来主要有以下三种情况。其一，本体论的角度，用抽象与具体来说明客观存在的对象。具体这个术语在客观的意义上使用是常见的。如"具体事物""具体来说"等。有时抽象也从客观的意义上使用。如列宁在《哲学笔记》中有一处这样写道："自然界既是具体的又是抽象的，既是现象又是本质，既是瞬间又是关系。"② 其二，认识论的角度，作为认识的成果。如"抽象概念""具体概念""表象中的具体""抽象的规定""精神上的具体"等。其三，方法论的角度，作为认识的方法。如"抽象法""从具体到抽象的方法""从抽象到具体的方法"等。

辩证逻辑主要是从认识的成果和方法的角度使用抽象与具体的术语。作为认识成果的抽象，是指思维中的一种规定，这种抽象规定是客观对象某方面属性在思维中的反映。反映对象本质的抽象规定，称为科学的抽象。作为认识方法的抽象，即定义为：抽象就是指在思维中把对象的某个属性抽取出来，而舍弃其他属性的一种逻辑方法，而科学的抽象法，是指在思维中抽取对象的各种本质属性，舍弃一切非本质属性的逻辑方法。

---

① 《马克思恩格斯选集》第2卷，人民出版社2012年版，第701页。
② 《列宁全集》第55卷，人民出版社1990年版，第178页。

二 抽象与具体的辩证统一性

抽象与具体的辩证统一性，主要表现在以下几个方面。其一，在认识客观具体事物的思维过程中，抽象与具体的区分是相对的。在一种意义上说是具体的，而在另一种意义上说，则可能是抽象的。其二，抽象与具体在思维过程中是互相联系、互相依存的。思维的具体是许多抽象规定的综合，因而没有抽象的规定作为基础，就不可能形成思维中的具体。反之，抽象的规定如果不上升为思维的具体，就不可能克服必然带来的缺陷，也就不可能把握活生生的、运动变化发展着的具体事物、具体过程。其三，抽象与具体在一定的条件下又互相转化。在认识过程中，首先是人们的感官对具体对象的直接反映，在直观表象或者称为感性的具体中，对象的本质与非本质，必然的东西与偶然的东西浑然一体，尚未区分开来。在社会实践的基础上，经过思维的加工，把本质方面与非本质方面、必然联系与偶然联系区分开来，抽出对象的本质的与必然的联系，舍去其非本质的与偶然的方面，这时感性的具体就转化为抽象的规定。思维在社会实践的基础上，继续前进，通过揭示各个抽象规定的内在联系和逻辑顺序，从而构成完整的思想体系，这时抽象的规定就转化为思维中的具体。

黑格尔是第一个提出把抽象上升为具体思想的人，黑格尔对抽象与具体有很多的论述。他把抽象区分为知性的抽象与理性的抽象。黑格尔批评康德关于自在之物的抽象，认为这就是一种知性的抽象，这种抽象是空洞的抽象。自在之物在康德那里摆脱了一切规定，是不可知的神秘之物。这是与康德割裂一般与特殊的辩证关系，对抽象作形而上学的理解分不开的。在康德看来，越抽象越普遍的东西也就越贫乏越空洞。黑格尔不满意康德对抽象

第七章 创新能力的主导性方法：辩证思维法

的理解。黑格尔要求的是和实质即客观概念相符合的抽象。在黑格尔看来，越抽象越普遍的东西也就越丰富越具体。黑格尔对于抽象的观点，包含着唯心辩证法的合理的内核。列宁充分肯定了黑格尔对于抽象的辩证理解，同时给予唯物主义的改造。列宁指出，按照唯物主义的说法，抽象不是同什么客观概念相符合，而是"和我们对世界的认识的实际深化相符合的抽象"①。

关于什么是具体，黑格尔虽然也承认感性具体的含义，但是他并不停留在这一点上，而是更进一步地揭示了思维中的具体的深刻含义。在黑格尔看来，"具体"是一种"自身包含着各种规定的东西"②。他在《小逻辑》中指出，总念（或译为具体概念）可以说是抽象的，又可以说是具体的。如果我们所了解的具体是指感觉中的具体事物或一般的当下的知觉而言，那么，总念可以说是抽象的，因为"总念是不能用手去把握的"，从另一方面来看，"总念同时亦可说是真正的具体的。因总念是'有'与'本质'的统一，而且包含这两个范围中全部丰富的内容在内"。可见，黑格尔所理解的"具体"是指多样性的统一的整体，是对立规定的综合。

关于抽象与具体的关系，哲学史上的形而上学者总是把抽象与具体割裂开来，绝对地对立起来。这一点在康德那里表现得更为明显。康德把范畴看成完全撇开了感性直观材料的纯知性形式，是一种完全抛弃了具体东西的全部丰富性的纯抽象。黑格尔反对康德把抽象与具体割裂开来、对立起来的形而上学观点。在黑格尔看来，抽象与具体并不是绝对对立的，抽象的思维并不是对具体东西的简单抛弃，而是保持了具体丰富性的辩证的否定。

---

① 《列宁全集》第55卷，人民出版社1990年版，第76页。
② ［德］黑格尔：《逻辑学》上卷，商务印书馆2017年版，第64页。

黑格尔还用幼芽与果实、橡实与橡树的关系来比拟抽象与具体的关系，意思就是说，抽象是未显露的、未展开的、未发展的具体，而具体则是显露的、展开的、发展了的抽象。如果说植物的生长是由幼芽生长、发育、壮大，成为整株的植物，那么，在黑格尔看来，逻辑理念的发展就是"由抽象进展到具体"。①

在马克思看来，从抽象上升到具体的方法，"只是思维用来掌握具体并把它看作一个精神上的具体再现出来的方式"，而绝不是具体事物本身的产生过程。这就同黑格尔的唯心主义划清了界限。马克思指出，黑格尔"把实在理解为自我综合、自我深化和自我运动的思维的结果"，这是他的唯心主义的"幻觉"。②

三 抽象上升到具体的逻辑方法作用

辩证逻辑关于从抽象上升到具体的逻辑方法，是人们认识事物的本质、事物的全体及其发展规律的重要的逻辑工具。它对于各门科学理论的发展，对把握具体真理，对做好实际工作，都有着重大的作用。

（一）抽象上升到具体这种逻辑方法，指明了人们在思维中如何逻辑地再现出具体事物的内在的规定性和发展的规律性

辩证逻辑告诉我们，以社会实战为基础的、以感性的具体材料为其来源的理论思维，要想把握对象自身及其与其他对象的多方面的本质联系和发展规律，在精神上把具体对象再现出来，它的逻辑进程必然地表现为一个由抽象到具体的上升过程。在这一过程中，作为出发点的思想，相对而言，总是比较贫乏、抽象的，而后才逐渐地丰富和具体化起来。

---

① ［德］黑格尔：《小逻辑》，上海人民出版社1954年版，第186页。
② 《马克思恩格斯选集》第2卷，人民出版社2012年版，第701页。

辩证逻辑关于由抽象上升到具体的原则和方法，指出了构成科学理论体系的一条逻辑途径。就是首先叙述那些最简单、最普遍、内容较贫乏的抽象规定，作为该门学科的理论出发点，然后，使这些最一般定义和原理在整个叙述过程中不断地深化和丰富，同时又以越来越具体的内容加以充实，直到这门科学的研究对象得到完整的系统的确立。马克思的《资本论》就是一部应用从抽象上升到具体方法的经典著作。

理论界有一种看法认为，从具体到抽象的方法是研究方法，而从抽象上升到具体的方法仅仅是一种叙述方法。研究固然应当从感性的具体开始，详细地占有材料，并对它进行思维加工，抽出各个方面的本质规定。这是一个由具体到抽象的过程。但是，研究的任务并没有完成，研究的进程还必须继续进行。这就是要进一步揭示各个本质规定之间的内在联系和转化，最终达到在精神上把握住具体对象。这是更为艰巨的研究任务。只有采用从抽象上升到具体的方法，才能完成这一研究任务。只有这一研究任务完成了，才能恰当地加以叙述。如果不事先研究清楚具体对象的多方面的本质规定的内在联系，怎么可能用恰当的形式叙述出来呢？从抽象上升到具体的方法是作为研究的方法。认为这一方法仅仅是一种叙述的方法，这种看法是片面的。另一种看法，把从抽象上升到具体的方法解释成研究的一种程序，就是说，第一步先研究最简单的东西，然后一步一步研究较复杂的、复杂的以至最复杂的东西。这种解释也是不符合实际情况的。因为研究的程序不一定非要从最简单的东西开始，在某些情况下，恰好相反，先从复杂的形态着手，通过分析和抽象才把握最简单、最基本的本质规定。

(二) 抽象与具体的逻辑方法，深刻地论述了真理的具体性，指明认识达到具体真理的逻辑途径

辩证逻辑的观点是，真理总是具体的。对于真理的具体性，

列宁作了这样的表述:"真理就是由现象、现实的一切方面的总和以及它们的(相互)关系构成的。"[1] 换句话说,现象、现实的一切方面的总和以及它们的相互关系构成了具体真理的客观内容。为了更好地把握具体真理,我们需要进一步探讨一下具体真理的实质和特征。其一,具体真理也就是相互矛盾着的两个对立规定的综合。两个对立规定的统一,就是真理的全面性,也就是真理的具体性。其二,具体真理是普遍性与特殊性的统一。具体真理作为一般的、普遍的东西,不是离开特殊的东西而存在的,而是体现着特殊事物内在本质和规律性的普遍。这是一种具体的普遍,而不是抽象的普遍。抽象上升到具体的方法,作为工作方法也有普遍的意义。

第五节 逻辑与历史的统一

辩证逻辑的主要原则和方法,就是坚持逻辑与历史的统一性、一致性,人类获得对客观世界的所有的正确认识,都离不开这一原则和方法的运用。

一 逻辑的与历史的概述

逻辑的东西与历史的东西的符合,也就是思维的逻辑概括与思维的历史过程相一致。这是辩证逻辑的一个根本原则。

(一) 逻辑的东西

逻辑的东西是指概括了历史的东西的概念、范畴、规律等。逻辑的东西也就是对历史过程的理论反映形式,它剔除历史过程中偶然的、次要的东西,是精练化、抽象化了的历史的东西,它

---

[1]《列宁全集》第55卷,人民出版社1990年版,第166页。

是从现代认识所达到的水平上来改造历史的东西。辩证逻辑所说的逻辑的东西指的是什么？逻辑的东西就是指人的思维对上述的历史发展过程的概括反映，也即历史的东西在理论思维中的再现。逻辑的概括反映是采取抽象思维的反映形式，这种反映表现为由一系列概念、范畴、判断、推理所构成的理论体系。历史的发展总是丰富多彩的，它包括各种具体的表现和形式，而逻辑的概括反映则撇开了历史发展的这种自然形式的丰富多样性，而只是以"浓缩"的形式，在"纯粹"的理论形态上反映事物和人的认识的发展规律，揭示它们发展的总方向和总趋势。

（二）历史的东西

历史的东西是指思维认识的具体历史过程以及思维对象本身的客观发展过程。辩证逻辑所说的历史的东西指的是什么？历史的东西既是指客观现实（包括自然界和人类社会）的历史发展过程，又是指作为对客观现实反映的人类认识的历史发展过程（包括哲学史、各门科学史、语言史等）。

辩证逻辑的根本原则是：其一，只有从逻辑的与历史的符合、一致的观点上，才能正确理解逻辑、认识的实质及其运动规律；其二，认识事物的这种规律，又是以客观对象的发生发展的历史为客观基础的。认识事物就是反映事物的产生和发展的历史。对于任何对象，只有从它的发生、发展和灭亡的历史上来考察，才能达到对其实质的认识。列宁指出："概念（认识）在存在中（在直接的现象中）揭露本质（因果、同一、差别等等规律）——整个人类认识（全部科学）的一般进程确实如此。自然科学和政治经济学/以及历史/的进程也是如此。"[1] 逻辑的与历史的相符合、一致的原则，就是要在逻辑和认识论中，坚持历史主

---

[1] 《列宁全集》第55卷，人民出版社1990年版，第289页。

义原则,坚持理论与实践的统一。

黑格尔首次提出逻辑的东西与历史的东西相一致的思想,按照黑格尔的观点,逻辑的东西乃是第一性的,历史的东西则是第二性的,逻辑的东西决定历史的东西。他的这个思想对于认识论和逻辑十分有益。但是,黑格尔从唯心主义立场认为,整个宇宙和人类历史(包括文化、科学等的历史)的发展都是有规律的、合乎逻辑的。这不过是他的理性的逻辑力量,即他的绝对观念的外部表现而已。

马克思和恩格斯在批判地"扬弃"黑格尔哲学的同时,科学地提出了逻辑的东西与历史的东西相一致的逻辑方法。他们从辩证唯物主义立场出发,摒弃了黑格尔关于逻辑与历史一致的思想中所包含的唯心主义实质,给予其唯物主义的改造,并在政治经济学中全面而具体地加以应用。马克思主义认为,历史的东西是第一性的,逻辑的东西是第二性的,历史的东西是逻辑的东西的客观基础,逻辑的东西则是在历史的东西中派生出来的,它是对历史的东西的理论反映和概括。因此,逻辑的东西与历史的东西相一致的基础,并不像黑格尔认为的那样是绝对观念的发展;而是现实的历史,现实的历史应该是哲学、逻辑学和认识史的基础,而哲学、逻辑学和认识史则是这个现实的历史在概念、范畴等理论形式中的反映和再现。恩格斯说:"历史从哪里开始,思想进程也应当从哪里开始,而思想进程的进一步发展不过是历史过程在抽象的、理论上前后一贯的形式上的反映。"[①] 总之,黑格尔关于历史的东西与逻辑的东西的一致,是头足倒置的唯心主义原则,经过马克思和恩格斯的根本改造,倒置过来变成唯物主义的原则。马克思和恩格斯在批判地改造黑格尔的这个原则的同

[①] 《马克思恩格斯选集》第2卷,人民出版社2012年版,第12页。

时，便作为研究的方法和叙述的方法在他们考察资本主义的经济现象时加以应用了。《资本论》这部经典的资本主义政治经济学理论体系的著作，就是马克思运用逻辑的东西与历史的东西相一致这种方法的杰作。

二　逻辑方法与历史方法的辩证关系

逻辑的东西与历史的东西的一致是人们认识中存在的普遍的原则和方法。从方法来说，它既是研究的方法，又是叙述的方法。依据逻辑的东西与历史的东西相一致这一方法，便能辩证地对待科学中的逻辑方法和历史方法的关系。

在知识的推导过程中，从一种知识推出另一种知识，需要运用思维的逻辑工具和方法，这种逻辑工具和方法也正是客观现实中的联系在人们头脑中亿万次的重复和逐渐固定下来的结果。同时，从一种知识推出另一种知识之所以能够进行，还必须符合和服从客观事物发展的规律。马克思说："……从最简单上升到复杂这个抽象思维的进程符合现实的历史过程。"[①] 作为认识方法的逻辑的东西与历史的东西的一致，一方面是客观变化着的现实运动的反映；另一方面也是人们认识达到一定阶段的产物，是人们认识的规律性的总结。逻辑的东西与历史的东西相一致的方法，既适用于自然科学领域，也适用于社会科学领域。科学家如果能够自觉地运用这种方法，那么，就会给他们的研究工作指出正确的方向，以便选择达到客观真理的最有成效的途径。在过去的历史进程中，由于不懂得逻辑的东西与历史的东西相一致的这种科学方法，因而历史学长期局限于单纯地按历史事件和人物在时间或空间上的先后次序来进行记载，限制了对个别史实及其某些联

[①]《马克思恩格斯选集》第 2 卷，人民出版社 2012 年版，第 702 页。

系的分析。只有运用马克思主义的辩证方法，其中包括逻辑的东西与历史的东西相一致的方法建立起来的历史学，才能真正克服这种限制。马克思主义在研究历史时不会仅仅局限于按事件发生和人物出现的先后次序简单地把它们列举出来，而且还要力图找出被考察对象历史发展中的内在规律性，并借助这种规律性来分析历史的各种人物和事件。然后再将这种分析的结果进行综合，得到多种规定性的统一。这样既对历史过程有具体的知识，又从理论上认识到历史发展的规律性。因此，逻辑的东西与历史的东西的一致，实际上也就是史与论的统一。史与论不能割裂，论是理解史的钥匙，史是用观点来说明和统领。同样，论也不能离开史，史是论的客观基础，为丰富和发展理论提供营养。如果历史学只是历史材料的堆砌而不用历史发展的规律的观点去统领，那么这样的材料便不能说明历史发展的线索和趋向，不能解释历史事实何以存在的原因，因而这种材料也就只能成为一堆杂乱无章的史实之"迷"。

在认识客观事物中，为把握事物的本质，揭示它的规律性，就有一个从何开始的问题，也就是存在一个方法的问题。因此，人们可以从考察事物的历史入手，也可以从考察事物的现状入手，通过依据逻辑的东西与历史的东西相一致的方法，尽管在考察事物时或者从历史或者从现实，可以有所侧重，但不能互相排斥或割裂开来。因为自然界和人类社会中的任何事物都有自己产生、发展和灭亡的过程，都有自己发展的历史，而它的现状则是它以前全部历史发展的产物，是它本身合乎规律发展的结果。不了解历史，自然也就不可能了解现状；反之，不了解现状也就不可能更深刻地认识其历史。当对某一事物一无所知时应该从调查开始，在掌握越来越多的材料的基础上，经过分析、综合、归纳、演绎等思维加工工作，使由感性得来的知识逐渐上升到理性认识，达到对事物多种规定性的统一的认识。弄清事物的发展规律，也就认识到事物的来龙去脉。不管是客观事物，还是人的认识发展，都有一个承前启后的过程。因此，在研究它们时，都不能将其历史割断，相反，应该用历史的观点来考察它们，找出它们发展到今天的历史阶段和线索。

按照马克思主义的研究方法，从历史考察和从现状考察是相辅相成的，它们是互相联系的。从现状考察，这是因为任何事物的矛盾都有一个发展和暴露的过程，从不成熟到成熟的过程。相应的，人们认识事物也有一个过程，就是非到事物的矛盾达到充分暴露的一定阶段，也是不可能认识其本质的。从事物发展的现状，即事物发展的最高点上看事物，犹如站在高山之巅眺望山下，而使山下景物尽收眼底一样，才能看清楚它以前发展的各个阶段以及由过去发展到今天的历史行程。

逻辑的方法必须以历史的方法为补充，必须应用对对象进行历史研究时所取得的材料和对它进行历史研究时所取得的成果，只有在这样的基础上，逻辑的方法才有可能揭示和说明对象的现状是它过去历史发展的必然结果，并从中找出对象发展的规律。

可见，逻辑的方法和历史的方法在研究工作中是互为前提、互相补充的，同时它们也是互相渗透的。这就是说，在应用其中某一种方法为主的情况下，也不能排除另一种方法的使用，即使在某一种方法自身的应用中也不可能不渗透着另一种方法的职能。

三 逻辑与历史相一致方法的认识论意义

逻辑的东西与历史的东西相一致的方法是人类认识发展到一定阶段的产物，是对人类认识规律性的总结。可是，它一经产生却又对人类认识起着推动的作用。一方面帮助人们去回顾已知的对象发展的历史,从中整理出规律性的东西;另一方面又作为认识的工具指导人们去探索尚未认识的客观真理。所以说,认识和掌握逻辑的东西与历史的东西相一致的方法,对于人类认识有着十分重大的意义。

(一) 有助于揭示客观事物的规律

任何科学理论,其中包括社会科学理论在内,都是人类认识不断深化的历史发展的产物,但它却又是一个概念和范畴的逻辑发展的体系。这种抽象理论的逻辑体系乃是客观的历史发展过程的规律的反映,或者是人们认识发展的历史过程的总结和概括。

如果我们正确地解决逻辑与历史一致的问题,那么就会帮助我们在大量纷繁复杂的现象中间区别开哪些是本质的东西,哪些是属于非本质的或偶然的东西,从这种区别中揭示出事物发展的规律。马克思、恩格斯在创立唯物史观和科学共产主义理论的时候,运用了逻辑的东西与历史的东西相一致的方法。由于他们全面地研究了人类社会发展的历史,特别是在结合工人运动的基础上,研究了资本主义发展的现状和历史,使他们得出资本主义必然灭亡的结论,从理论上揭示了资本主义必然被共产主义所代替这个不以人的意志为转移的客观规律。

(二) 有助于为科学分类和科学理论体系的建立提供方法论指导

客观事物和物质运动形式是多种多样的,它们的发展过程都是遵循由低级到高级、由简单到复杂发展的历史顺序。掌握了逻辑的东西与历史的东西相一致的方法,就会使认识建立在反映客观现实发展的基础上,这就为科学分类和各门科学理论体系中的各个范畴的安排,提供了客观依据和方法论指导。要正确反映客观实际,就必须使我们的认识遵循认识的发展规律,同客观实际保持不间断的联系,做到逻辑的东西与历史的东西的一致。

科学发现、科学决策、技术发明和文学艺术创造的经验说明，创新能力的产生形成发展离不开逻辑的和非逻辑的方法，是逻辑方法和非逻辑方法的辩证统一。逻辑方法主要指逻辑思维方法，指经过循序渐进的逻辑论证，直接获得理性认识的方法；非逻辑方法主要指非逻辑思维方法，即不经过循序渐进的逻辑论证，而直接获得理性认识的方法。伟大的科学家爱因斯坦对非逻辑思维现象就极为钟爱，他在总结如何创造、解释超人类的任何幻想的奇妙世界的相对论的过程时，坚定地指出："我相信直觉和灵感。"并认为，"在我们的思维和我们的语言表达中所出现的各种概念，从逻辑上看都是思维的自由创造，它们不能从感觉经验中归纳地得到。"非逻辑思维方法，主要指想象、直觉和灵感思维。

第八章　创新能力的先导性方法：想象、直觉和灵感思维法

想象、直觉和灵感思维启迪、激发创新能力的形成和发展。创新能力的培养，首先要培养想象思维能力，简称想象力。想象思维作为创新思维的重要形式是创新能力的起因和先导。在创新能力形成的过程中占据重要的地位。想象思维是人脑通过形象化的概括作用，对脑内已有的记忆、表象进行加工，也可以说，想象思维是形象思维的具体化，是人脑借助表象进行加工操作的主要思维形式，它自古以来都备受创造学家的重视。想象思维能力的强弱已成为判断一个人创新能力高低的重要依据。

第一节　想象思维的含义、特性及前提

想象力是人脑的功能，人脑的想象力是非常丰富的，人脑中存储的各种虚构的、幻想的意境在大脑中浮现出各种景象的能力是人类最大的本领之一。人脑在现实经历中与在虚构的意境中起着同样的作用。想象就是人脑通过形象化的概括作用，对脑内已有的记忆、表象进行加工的形象思维的具体化。想象思维也可以称是更高级、更深刻的形象思维。

第八章　创新能力的先导性方法：想象、直觉和灵感思维法　◇　355

一　想象思维的含义和特性

想象思维（imagination）简称为想象。是人脑借助表象进行加工操作的主要形式，是对大脑中的形象（包括镜像）按客观事物内部可能存在的、发展变化的逻辑关系进行思索，并将它们重新组合成新形象、新景象的思维形式。

（一）想象思维的含义

从心理学角度讲，想象是一种特殊的心理活动；从思维科学角度讲，想象思维是一种特殊的思维形式；从创造学的角度看，想象是新形象、新景象的创造过程；从哲学的角度看，想象是按客观事物可能存在的、内在发展变化的逻辑关系的思索。人们常说，"想象是发明创造的翅膀，想象力是创造力的起因和先导能力"。可见，想象思维在创造活动中的重要性。人的能力不同其想象力也不相同。记忆力强、知识面宽广、思维灵活、好奇求异、想入非非、形象思维能力强的人想象丰富，想象能力也就比较强。

想象思维是对大脑中的形象按客观事物内部可能存在的、发展变化的逻辑关系进行思索，并将它们重新组合成新形象、新景象的思维过程。可见，整个想象思维的过程，无论其中介知识，还是引入知识和输出知识，全都离不开形象知识；而形象思维只要求中介知识是形象知识，并不一定要求引入知识和输出知识，可见想象思维是一种更"纯粹"的形象思维。想象思维自古以来就受创造学家们的重视，想象思维能力强还是弱，已成为判断一个人创新能力高低的重要依据。"想象是一种高级的思维认识过程，是一种用间接方式反映客观事物的形式。"[1]

---

[1] 张浩：《认识的另一半——非理性认识论》，中国社会科学出版社2010年版，第90页。

（二） 想象思维的特性

想象思维的特性主要有以下几点。

其一，现实性与超现实性的统一。所谓想象的现实性就是说想象与客观现实相符合，其现实性主要表现在两个方面。一方面，想象起源于现实，想象虽然超越现实，但它归根结底起源于现实。想象是依靠形象思维来实现的，而形象思维是人们对感知的客观现实材料进行加工和改造。无论想象何等生动、新颖，其内容依然是对客观现实的反映。另一方面想象受检于现实，是指任何想象如果要考察它是否正确、有用，都必须经过现实实践的检验。一般说来，凡是能够实现的想象都是正确的，凡是有利于社会的发展、进步的想象都是有用的。所谓想象的超现实性就是说想象能够超出客观现实。尽管想象有其鲜明的现实性，但是，因为想象可以赋予智力和其他素质以活力，甚至想入非非，从而想象也就超出了客观现实，想象到现实中尚不存在的东西。作为科学的创造性想象，尽管其能想象到现实中尚不存在的东西，但那是从事物的整体来说的，若就其局部而言，则全都是一个个具体地、现实地存在着的现实。一个生来耳聋的人，是无论如何也想象不出优美的音乐旋律的；一个生来失明的人，是无论如何也想象不出雄伟秀丽的山川景色的。想象虽然是新形象的创造，但它是建立在一定的客观现实基础之上的，它与现实密切相连，是各种客观现实形象的重新组合。正是在这一点上，想象思维达到现实性和超现实性的统一。脱离现实的想象，即空想或妄想，也是存在的，这绝非科学的创造性想象。如人们对永动机的想象、对长生不老药的想象等，都脱离现实，这种想象经过努力探索，也未能得以实现。

其二，主动性和能动性的统一。想象的主动性指思维者的自觉性和能动性，它是想象最根本的特征之一。一方面是想象的主动性。主要体现于自主决定想象的对象、自主决定想象的目的、自主决定想象的方式、自主决定想象的过程、自主决定想象的结果。也就是说思维者要想象什么就想象什么，要怎么想象就怎么想象，要什么时候想象就什么时候想象，要在什么地方想象就在什么地方想象，决定自主。另一方面是想象的能动性。主要体现于自主性的本身就含有能动性的成分，没有能动性就没有真正的、完全的自主性。向什么方向想象？如何想象？想象到什么程度？都是能动性在起作用。能动性是指想象能够帮助人们更好地认识和改造客观世界。想象的主动性仅仅是问题的一个方面，想象的正确性是问题的另一个方面，而且是更重要的方面。

其三，丰富性。想象的丰富性是指想象的多样性。从不同角度、不同方向、不同层次进行想象，能产生不同的想象结果。思维者的想象越丰富，思路就越宽广，思维就越灵活，解题的成功率就越高。形象记忆能力和形象思维的能力，对想象丰富性影响甚大。表象记忆得越多，形象思维越灵活，想象就越丰富。

其四，无限性。知识是多样的、丰富的，是有限的；只有想象思维才是无限的，它不受时间、空间的限制，可以跨时空地进行想象思维。可以在无垠的太空和无限的时间隧道里翱翔。

其五，独创性。想象的独创性是指想象的独立性和新颖性，即独立创新的特性。想象的主动性，奠定了想象独特性的基础，想象依靠思维者的意愿自主地、能动地展开。因为个人的知识、能力、心理、习惯等条件的差异，想象一定是不尽相同的，具有独创性特征。独创性是想象思维最宝贵的特性。只有独创的想象才能构成创造和发明。

其六，非形式逻辑性。想象思维的全过程，包含有演绎、归纳的推理成分，但是，绝不完全等同于严格的演绎、归纳推理，因为，在想象思维中，不具备演绎、归纳所要求的先决条件，而是"凭空"地自由推想，体现非形式逻辑性。

其七，理性。尽管想象是非形式逻辑的，但是它是按照事物发展的内在规律展开的，因此是理性的。它虽然不符合形式逻辑的推演形式，却符合包括数理逻辑、物理逻辑、事理逻辑、情感逻辑在内的辩证逻辑的运演规律，是理性的。

二　想象思维以联想思维为前提

联想作为心理学的一个概念，通常被认为是人们在认识活动中的一种心理过程，即由当前的感知回忆起有关的另一件事物或现象的思维形式。

（一）联想思维含义

所谓联想思维是指人们受一种或多种事情的触发，而迁移到（想到）另一种事情上的思维。换言之，思考对象由甲事物转换到乙事物的思维，称之为联想思维。它是建立在人们的丰富生活经历和内心体验基础之上，对各种不同事物的内部联系进行形象化的类推、联想和重组的思维，是人脑综合思维方式受具体事物激励，从初始感悟跳跃到另一种相关或全然不同的事物上的思维方式。联想思维是一种重要的思维形式。不仅在日常工作、学习中常常被应用，而且在创造和创新活动中，也是使用频率最高的思维形式之一。

（二）联想思维特性

联想思维特性主要表现为以下几点。其一，横向性。思考对象和思考路径是通过一定的关系和参照物，从甲事物转移到乙事物，联想思维的横向性就体现在这里。联想思维是横向思维法的组成部分。其二，表层性。作为联想思维，从甲事物联想到乙事物后，联想思维就终止了，有"点到为止"之意。是表面的连接的思维，而不是沿着事物自身演变的逻辑方向深入的思维。其三，流畅性。是指联想思维进行的过程是非常的顺利、畅通的，是成串、成片地进行的。其四，模糊性。联想思维没有类比思维所要求的前提条件，所以也就没有类比思维结论的精确性，更何况类比思维结论的正确性本身也还是或然的。联想思维只提供了解题的思路，而绝非具体的、精确的解题方案。

辩证唯物主义认为，联系是普遍的，万物之间均有联系。事物与事物之间都通过一定的关系相互联系着，这是辩证唯物主义的基本原理。事物之间既然存在着某种联系，人们通过这种关系由一个事物想到另一个事物就是可能和可行的。虽然客观事物之间千差万别，但是，千差万别的客观事物之间的联系是普遍存在的。

客观事物之间的"一定的关系"，可以是时间的，也可以是空间的，可以是因果的，也可以是对立的，等等；联系的形式也是多样的，有内部联系和外部联系，本质联系和非本质联系，直接联系和间接联系等，从而决定联想思维也富有多样性。

(三) 联想思维的类型

联想思维类型有相似联想、相关联想、相对联想、综合联想、引导联想、妙用联想、飞跃联想等。其一，按联想对象的特性分类可分为概念联想思维与形象联想思维。在两个概念之间进行的联想思维叫作概念联想思维。如从冷联想到热，从热力发电联想到水力发电、风力发电、潮汐发电、海浪发电，从数学联想到物理、化学，从演绎联想到归纳、类比等。在两个形象之间进行的联想思维叫作形象联想思维。如从方联想到圆，从红联想到绿、黄、紫，从汽车联想到电车、火车、飞机等。其二，按联想的形式分类可分为自由联想、硬性联想和强制联想。思路不受任何限制、不做任何规定的联想称为自由联想。如从天空想到飞鸟、从飞鸟想到羽毛、从羽毛想到羽毛扇子等。而思路被限制、规定在一定范围内的联想称为硬性联想。将两个或两个以上、从表面看毫无关系的思维对象硬拉到一起所进行的联想称为强制联想。如让创新主体用三个中介对象（中介对象的数目是依据情况设定的）水、火、土联想到计算机或其他事物。其三，按联想对象间的关系主要可分为相似联想、接近联想、对比联想、关系联想和因果联想。利用两个事物之间的部分或整体相似的事物而达成的联想，称为相似联想。两个事物之间的相似部分可以是结构、形体、外貌、功能、特性等。如从足球到篮球的联想、从猫到老虎的联想、从劳动模范到战斗英雄的联想、从企业管理到行政管理的联想、从股份制到集体所有制的联想等。利用两个事物之间，在时间或空间上的靠近而达成的联想，称为接近联想，如从桌子到椅子的联想、从高山到河流的联想、从加拿大到美国的联想、从抗日战争到解放战争的联想等。利用两个事物属性（结构、形体、外貌、功能、特性等）呈相互对立、对称的关系而达成的联想，称为对比联想，如从水到火的联想、从黑到白的联想、从左到右的联想、从前到后的联想、从多到少的联想、从美到丑的联想、从组合到分解的联想、从效益到风险的联想、从定性到定量的联想、从正物质到反物质的联想等。从一个事物的内在关系联想到另一个事物的内在关系的联想，称为关系联想。这是事物之间内部逻辑关系对逻辑关系的联想，而不是事物间借助单一属性所进行的联想，也不是本事物内部关系之间的联想。本事物内部关系之间的联想是因果联想。

　　一是相似联想。相似联想是指通过对事物之间相似的现象、原理、功能、结构、材料等特性的联系去寻找解决问题的方法。相似联想要求人们要善于观察、善于思考，才容易找到事物之间的相似点。相似联想在科学研究和发明创造中起着重要的作用，它是一种扩展式的思维活动，每一种事物都具有多种特征，你可以根据某一特征展开联想。任性相似，联想可以让我们加深对事物的认识和了解，并把一个已知的某一领域的道理用在我们所关注的另一个领域中产生创造性的、符合实际的设想。

二是相关联想。相关联想，亦称接近联想，是指对某一事物的感知和回忆引起与其相关的另一种事物的联想，并从相关之处着手找到解决问题的思考方法。相关联想可以是理论上的相关引起的联想，也可以是时间上和空间上的接近而引起的联想，时间和空间是事物存在的基本方式，一般在时间上接近的事物，在空间上有相关性。相关联想可以让思考者从宏观上把握事物之间的相互关系，从而做出对自己有利的决策。尤其是在大数据时代，在信息社会，也许看似两个毫无关联的信息之间都会具有某种相关性。如果善于把握和运用相关联想，并利用其中有用的部分，或许就能得到新的创意。

三是相对联想。相对联想，亦称对比联想，是指对某一事物的感知和回忆而引发与其具有相对或相反特性的事物的联想。事物的性质往往都以相对的形式存在着。运用相对联想，你可以由快想到慢，由大想到小，由黑想到白，由苦想到甜美等。相对于联想运用了逆向思维，让我们把正反两个方面的事物放在一起进行思考。一反一正，对比鲜明，可以是属性相反、结构相反或功能相反。通过一反一正的对比，黑色事物的特征更加明显。当然，相对联想法往往可能会得出荒谬的、不符合实际的、非常理的结论。但是，更多的时候，相对联想，可以出其不意地解决问题，让人豁然开朗获得创意。

四是自由联想。自由联想，亦称飞跃联想。是指不受任何限制的联想，它要求思考者展开充分的想象，把两个或两个以上看似毫不相关的事物联系起来，从事物内部找到解决问题的方法。自由联想就是让我们超越常规的限制，思维发散，最大限度地开发思维的维度。如果你能经常地、大胆地进行想象,就会发现一些别人发现不了的东西。自由联想法并不是胡猜乱想,它是在想象的过程中注意逻辑的必然性。运用自由联想,可以通过一些看似与我们无关的现象,把握与我们密切相关的事物的真相。自由联想就是让我们尽可能地发挥想象,把相关的事物联系起来,从中引发新的设想。从长远来看,自由联想对于提高创新思维能力及创新能力是大有裨益的。

(四)联想思维是想象思维的前提

其一,联想为想象提供切入点。想象是一种按照事物可能的内在逻辑关系自行推演的形象思维过程,但想象思维的切入点选在何处?如何选择?想象思维本身并不能确定,要由思维者根据需要另行解决。在实际思维过程中,想象的切入点往往是靠联想提供的。先由联想选好点、定好位,然后再进行想象。例如,牛顿根据"投掷石块的速度越大,投掷距离越远;站得越高,投得越远"的事实,联想到一个人站在高山之巅,按水平方向用力投掷石块的情境,然后是想象:如果投掷的力量足够大,石块的飞行速度足够快时,就会将石块抛到地球边缘之外。这时石块就会像月亮一样围绕地球运转而不会再落到地球上来了。他按此思路探索下去,最后导出了第一宇宙速度。这一想象思维的切入点也是联想提供的。虽然"想象的切入点往往是靠联想提供的",但并不完全靠联想提供。当我们直面一种具体的情势,对其可能发展变化的趋势做出分析判断时,就是直接想象,而不一定需要联想的引导。其二,想象思维的过程中经常使用联想思维。想象思维不仅经常靠联想选择切入点,而且在想象思维的全过程中,随时可能使用联想思维,以选择新的想象切入点来加强想象的深度。如英国天文学家哈雷通过天文史料所记载的1531年、1607年、1682年出现的三颗彗星的轨迹参数相似,联想到圆周运动的周期性，通过内在的逻辑分析，就想象着可能是同一颗彗星在绕太阳做椭圆运动。其三，联想与想象结合有明显的解题功能。

联想思维是横向思维的表层思维，虽悟不出事物内在的深层关系，但是联想思维可以为想象思维提供大量的想象切入点，同时，想象思维的过程中又经常使用联想思维，以助想象思维的深化。想象思维属于"深层"思维，多是按照事物因果发展变化的逻辑关系进行推演和探究。

(五) 联想思维的作用

其一，可帮助人们增强记忆，促进学习。某一个人的知识结构是一个大体系、大系统。在这个大体系、大系统中，其最小的知识单元叫"知识点"，许多有某种密切联系的知识点组成"知识块"，又由"知识块"组成整个知识体系和知识系统。"知识块"是一个相对概念。一是因为知识之间的"某种密切联系"是相对的、可变化的，不同的"联系"构成不同的"知识块"，同一个"联系"也可构成不同的"知识点"，同一个"知识点"和不同的"知识点"皆可属于许多个"知识块"，如联想思维既属于多向思维法，又属于横向思维法，有的还属于发散思维法等。二是因为"知识块"，像自然科学、社会科学等，我们可以将一门中间层次的学科，如物理、数学等称作"知识块"，也可以将一门基本层次的学科称作"知识块"，如数学中的代数、几何，几何中的平面几何、立体几何等；还可以将一门基本学科的一章、一节看作"知识块"等。依据"知识块"，将要记忆的内容联系起来，融汇到情节（即过程）中去进行记忆，远比单独地记忆某个个别内容容易得多。联想记忆法、情节记忆法、谐音记忆法的机理就在于此。

联想在增强记忆的同时，促进学习。学习有两个不可缺少的步骤，一是理解，二是记忆。记忆增强学习必然强。这里仅就联想促成理解加以分析。理解的过程是一个重新建立知识结构的过程，或将新知识融入已有的知识框架（"知识块"）之中，或增建新的"知识块"。前者是对原有知识框架的充实、完善，后者是对原有知识框架的修改、增添。无论是对原有知识框架的充实、完善，还是修改、增添，其实都是重新建立知识结构（因为充实和完善也是广义的重建），都必须与原有知识联系起来思考，都需要联想。可见，无论从记忆还是理解的哪一个方面看，联想都有着促进学习的作用。

其二，可拓宽思路，引发灵感，导致创造。利用联想思维将所要解决的问题与其他多个对象相连，可提供多种解题的思路，自然也就拓宽了思路。联想是灵感思维的主要先行思维形式之一。当一个疑难问题长时间得不到解决时，有时偶尔的联想能够引发灵感，灵感思维中的原型启发类型就是由原型通过联想而达成。英国科学家贝尔（1847—1942）发明电话就是如此，他发明电话虽然已经过长时间反复设计和试制，但始终未能获得成功。究竟问题出在哪呢？是原理问题和材料问题，还是设计问题？他都一一做了认真的核查，均未找到原因。他处在长时期的迷茫和苦恼之中。一天傍晚，他忽然听到远处传来了悠扬的吉他声，脑子豁然开朗：吉他的声音能传播很远是因为它有共鸣箱，我何不给电话也设计一个共鸣装置试试看呢！后来，贝尔设计了一个助音箱，安装在电话上。又经过多次试验、修改、再试验、再修改，最后，他终于成功了。

联想思维源于某一具体现象，从这一现象点出发，引出一连串的遐想，形成一系列的"连锁反应网"，产生出大量的创造性设想，它是易产生创新设想的思维方法。世界上的任何事物都不是孤立的，它们相互联系、相互作用，构成事物的运动、变化和发展。一事物的改变也一定会影响到另一事物，引起另一事物的变化。被联想的事物，有的是彼此相邻，有的是彼此相似，有的是彼此相去甚远，还有的在表面上看似乎是风马牛不相及等。客观事物的复杂多样性，决定了联想思维也呈现出多种形式。在日常生活中，许多人触景生情、触物生意、触文生感，因此引发联想思维（自由联想），突出表现了联想思维活动的创见性。善于联想思维，巧妙地找到与之相联系的某一事物，就能有创造性且较深刻地认识事物的本质。诸如，世界名贵树种大颅榄树的拯救过程。大颅榄树木质坚硬，木纹美丽，树冠绰约多姿。既是很好的绿化树种，又是很好的建筑用材，但是这种树却十分稀少，世界上只有非洲的毛里求斯才有，一共只有13棵，这13棵树都已经到了垂暮之年，达300岁高龄，令人担忧的是，一旦这13棵树灭绝了，地球上就永远没有这种树了。这种树为什么如此稀少呢？怎么不去多种植一些呢？令科学家奇怪的是，这种树无论怎样精心播种，它绝对不会发芽；其枝条无论怎样插播，也绝对不会生根。地球上的生物都会繁育后代，而这种树却患上了不育症，这样下去，用不了多久，它们就会一棵一棵地死去，直到最后完全消失。大颅榄树的命运引起了全世界生态学家的担忧，都纷纷研究它不育的原因，但大都茫无头绪。1981年美国生态学家坦普尔飞抵毛里求斯，决心找出它不育的原因。他想，大颅榄树的不育肯定是由于生态发生了变化，原来具备的生育条件消失了，因而变成了不能生育的树种，是什么条件的改变造成它的不育呢？它与什么事物的联系最为密切呢？一次偶然的机会，他在离大颅榄树不远的地方，发现了一只渡渡鸟的遗骸，在它的躯体里发现了大颅榄树的种子。他一查文献，发现最后几只渡渡鸟灭绝于1681年，离当时正好300年，与大颅榄树的树龄正好一样。他想，很可能是渡渡鸟的灭绝造成了大颅榄树的不育。于是，他巧妙地让与渡渡鸟相似的吐绶鸡吃下大颅榄树的果实（种子）。几天后，将排出的鸡屎中的果实，精心地播种在地里，没有多久，种子发芽了，根治了大颅榄树的不育症。原来，渡渡鸟与大颅榄树有共生关系，鸟以树的果实为食，也为树的繁殖催生，因树的种子被坚硬的果壳包裹着，无法吸收水分，幼芽无法突破硬壳，渡渡鸟吃下它的果实后，经过消化，硬壳被磨薄，种子下地后就发芽了。渡渡鸟灭绝后，树失去了"催生婆"，它就不能繁育了。坦普尔从渡渡鸟体内的果实、灭绝的时间联想到与大颅榄树年龄的一致，推测出大颅榄树不育的原因，拯救了大颅榄树。

科学史上的许多发现、发明，都产生于科学家们的联想思维。客观事物之间总是密切联系的，因此，在创新实践活动中，联想思维是不可缺少的一种思维形式。它的优点是，能够克服两个概念在意义上的差距，并在另一种意义上将它们联结起来，由此产生一些新颖的结论。

三　想象思维是人特有的智能

人与动物的区别在于人能够制造工具。那么，人为什么能制造工具呢？其根本的原因之一是人能够进行想象思维。人若没有事前的想象，任何简单的工具也不能制造出来，任何简单的主观创造也不能产生出来。由此可见，想象思维是人类智能最重要、最根本的组成部分。

想象思维比知识更重要。知识是人类劳动经验的结晶，它能够帮助人们认识世界、改造世界，因此是可贵的、重要的。但知识毕竟是对已有东西的认识，而且是以前的认识，只有想象思维才能帮助人们认识新事物，才能创造出新知识。由此，爱因斯坦说"想象力比知识更重要，因为知识是有限的，而想象力概括着世界上的一切，推动着进步，并且是知识进化的源泉。严格地说，想象力是科学研究中的实在因素"①。想象思维在思维形式中，特别是在创新思维形式中，占有极其重要的地位。

辩证唯物论告诉我们，世上万物之间是联系的，事物的发展变化总是有其外在条件和内在根据的，这就是事物内在的逻辑关系。因果关系是事物发展变化的根本关系。事物内部发展变化的逻辑关系为想象思维提供了正确思维路径。事物内部的逻辑关系也是可以被认知的，这是辩证唯物主义认识论的基本原理，事物的可被认知性，为人们发现事物的内在规律提供了可能。按照事物内部的逻辑关系推测事物发展变化的各种可能性是有一定可信度的。既然是事物内部的逻辑关系，其本身就有一定的可信度。

(一) 按想象思维的性质分类

可分为再现性想象思维、再造性想象思维和创造性想象思维三类。其一，再现性想象思维。再现性想象思维是指思维者在头脑中再现并输出曾经感知过的某种具体事物形象的思维过程。人们依据图纸、图画或情景描述想象出其所表达的形体、景象的思维过程。再现性想象是低级的想象，是对已有形象、景象的再现，虽有想象的内涵，但仍属于"同义反复"，是最低级的想象。其二，再造性想象思维。再造性想象思维是指思维者凭借有关背景资料，在头脑中产生并输出与之相适应的但从未真实感知过的具体形象的思维。如原子模型、原子核模型、地球结构、地质结构模型、海洋结构模型、宇宙结构模型等。人们不能对这些事物进行直接真实的感知，只能从一些支离破碎的材料中通过想象而得到。卢瑟福的原子结构模型，是他依据粒子大角度散射的事实，通过丰富的想象而建立的。波

---

① 《爱因斯坦文集》第 1 卷，商务印书馆 1976 年版，第 284 页。

尔的量子化轨道原子结构模型，是针对卢瑟福的原子"太阳系模型"所不能解释的许多现实问题，通过想象提出来的。这种想象属于中级水平的想象，是发现客观世界存在形式（客观规律）的想象，是"发现"性质的想象。其三，创造性想象思维。创造性想象思维是指思维者在自己头脑中，通过对某些已有的形象进行分解、重组而产生并输出现实中所不存在的形象的思维过程。凡是人为地制造出来的器物，其原本都是创造性想象的产物。如飞机、汽车、房屋等。这种想象思维属于高级水平的想象，是"无中生有"的想象思维，是"发明"性质的想象思维。

（二）按想象的起因分类

可分为有意想象思维、无意想象思维、幻想思维三类。其一，有意想象思维。有意想象思维就是有目的的、按照一定计划自觉进行的想象。在这个过程中，有明确的方向和强烈的愿望，有任务感、紧迫感。绘图学中的读图就是有意想象。其二，无意想象思维。无意想象思维就是无目的的、随便的想象，类似于遐想。在这个过程中，一切都是顺其自然，不受任何限制，犹如闲庭信步，任其漫游。尽管无意想象是随便的想象，然而，许多发现、发明，往往产生于无意想象之中。其三，幻想思维。幻想思维是想象思维的一种特殊类型，是指与人的某种愿望相结合并指向未来的一种思维。它是从人们美好的目的"希望点"出发，而进行的与现在相脱离的一种想象，由于幻想在人的创新实践活动中起着重要作用，因此，在创造活动中允许并且鼓励人们进行各种各样的幻想。

科学史上，"嫦娥奔月"的幻想，早已成为现实；过去被认为纯粹脱离实际，"毫无科学根据"的幻想——飞机，现今却成为人们交通运输的主要工具之一。最初，著名法国天文学家勒让德就认为，要制造一种比空气重的装置去飞行是不可能的；后来，德国大发明家西门子也发表了类似的看法；著名的德国物理学家亥姆霍兹（能量守恒定律发现者之一），从物理学的角度论证了机械装置要飞上天纯属"空想"。这一结论使得德国金融界及各工业集团撤销了原先对飞机研制事业的支持。最后，美国天文学家纽康（1835—1909）根据各种数据做了大量计算，"证明"了飞机根本就无法离开地面的结论，严重影响了飞机制造业的积极性。但现在我们已经制造了一个事实，那就是不仅飞机飞上了天，而且奔月也变成现实。

第一次将飞机送上天空的是美国的莱特兄弟二人。他们在当时名不见经传，但他们的思想活跃，富于幻想，凭自学成才，于1903年将飞机送上了天。由飞机上天不可能到变成现实，可以说，没有幻想是不会成功的。但是也不要幻想过度，过度了就是"妄想"，"妄想"是不可能实现的现实；幻想是迟早都可以实现的可能，两者有着本质的区别。列宁（1870—1924）曾经讲过："有人认为，只有诗人才需要幻想，这是没有理由的。这是愚蠢的偏见！甚至在数学上也是需要幻想的，甚至没有它就不可能发明微积分。幻想是极其可贵的品质……"因此，我们应该鼓励大胆的幻想思维，而决不要给幻想简单地扣上"毫无根据""胡思乱想"的罪名。曾有一个时期，我国给幻想冠上非"实事求是"、缺少"科学态度"的大帽子，压制了不少观点与学派，扼制了一批充满好奇心、富有幻想力、敢说敢干的仁人志士，或者说是有才能的人，阻碍了科学的进步，影响了社会生产力的发展。

我国著名文学家郭沫若（1892—1978）就正确地强调过"既异想天开，又实事求是"的思维方法，并把异想天开即幻想思维放在首位，这是对创新思维原理精辟的概括。与幻想思维最为接近的是"空想"或"假想",它们都具有"超越实际"的重要特点,所以,幻想、空想、假想思维可以在人脑中纵横驰骋,它们可以在毫无现实干扰的理想状态下,进行多维多向的发散。幻想、空想和假想是人们思想的宝库,幻想、空想和假想思维发达是天才人物的一大特点,天才人物能在遥远的幻想、空想和假想的彼岸抓住启示,然后再返回现实中来,显示了他们思想的高度飞跃性和敏锐的洞察力。但是,幻想也有很大的缺陷,由于它"超越实际"的特点,决定了它所包含的错误较多,不过这并没有什么关系,只要从幻想的彼岸回到此岸,或者说,从幻想的天空回到现实的大地,在实践中加以检验,错误就会被发现、被纠正,正确的东西就会被保留、被充实、被发展。

幻想思维最显著的作用,就是可以使人们思路开阔、思想奔放,因此,人们要富有幻想思维的品质。正如法国思想家狄德罗(1713—1784)所说:"没有幻想,一个人既不能成为诗人,也不能成为哲学家、有机智的人、有理性的生物,也就不成其为人。"德国学者莱辛(1729—1781)形容得更实际,他说:"缺乏幻想的学者只能是一个好的流动图书馆和活的参考书,他只会掌握知识,但不会创造。"

幻想是构成思维的重要组成部分,尤其在创造的初期,就更需要各种各样的幻想,幻想思维是创新思维不可缺少的重要形式,它在创新思维中的地位和作用是显而易见的。

四 想象思维在认识中的作用

想象是一种按照事物发展的内在规律,依据其内在的逻辑关系所展开的一种思维形式。它是沿着事物的发生、发展的脉络进行的。其一,想象使思维引向深入。将思考活动深化。其二,想象是产生假说的基础。人们在发现、发明的创造活动中,面对观察获得大量的原始材料,首先是通过想象提出一些所谓"符合"事物发生、发展逻辑的假说。正是由于想象可以不受现有事实的局限,可以天南海北地"胡思乱想",所以能够提出崭新的假说。正如德国物理学家普朗克(1858—1947)说的:"每一种假说都是想象力发挥作用的产物。科学家在探索事物的规律时,预先在头脑里做出假定性解释并提出假说。"① 其三,想象是创新的先导。创新以想象为先导。一般情况下,科技创造者在发明创造开始前,都会通过想象在自己头脑里拟定研究过程的蓝图,并借助想象力在头脑中构成可能达到的目标结果。如果一个人从来不会想象,即使他是一个知识十分丰富的人,肯定也不会创造。创造者在发明创造开始时,通常是通过想象在头脑中先拟定创造发明的步骤,借助想象在头脑中构成可能达到的预期结果。可见,想象在创造发明过程中,指示着方向,开辟着道路,描绘着蓝图。正像列宁所指出的:"成功的创造发明都离不开想象。"在创新、创造实践中,想象大有作为,特别是创造性想象,以其潜在能力引起科学家们的密切注意。比如,法国著名科幻作家儒勒·凡尔纳(1828—1905),凭借其出神入化的想象力,带领世人一起神游科技时代和未来世界。对于那些目光浅薄、讥笑他的语言的人,儒勒·凡尔纳则坚定地回应:"一个人能产生想象,另一些人也就能将这种想象变为现实。"② 德国哲学家康德(1724—1804)说过:"想象力作为一种创造性的认识能力,这是一种强大的创造力量,它从实际自然所提供的材料中,创造出第二自然。在经验看来平淡无味的地方,想象力却给我们提供了欢娱和快乐。"美国科学家维纳(1894—1964)指出:"我发觉对我特

---

① 韩德田:《创造学概论》,吉林人民出版社 1990 年版,第 42 页。
② 鲁克诚、罗庆生:《创造学教程》,中国建材工业出版社 1997 年版,第 308 页。

别有用的好条件是广泛而持久的记忆,是一系列奔放、流畅、万花筒般的想象力。这种想象力本身,使我们或多或少在遇到相当复杂而费脑子的情况下,能看出其中一系列的各种可能的组合关系。"① 英国物理学家廷德尔(1820—1893)也曾说:"牛顿从落下的苹果想到月亮的坠落问题,这是有准备的想象力的一种行动。英国化学家汉弗莱·戴维(1778—1829)特别具有想象力;而对于法拉第来说,他的全部试验之前和试验之中,想象力都不断作用和指导着他的全部试验。"② 其四,想象是激励发明的动力。英国科学家贝弗里奇(1879—1963)指出:想象力之所以重要,不仅在于其引导我们发现新的事实,而且激发我们做出新的努力,因为这使我们看到可能产生的后果。发明创造活动是一种充满艰辛的思考过程。在发明创造过程中,人们常常会遇到这样那样的困难,而激励创造者克服困难的一个重要力量源泉就是想象。想象可以描绘出引人入胜的画卷,将人们引向遥远的、令人向往的未来,从而开阔视野,"看到了"前所未有的新天地,同时想象可以预测克服困难后的喜悦和创造成功的巨大影响,指出令人振奋和向往的远大目标。其五,想象是创作的源泉。文学创作,无论是诗歌、散文、小说,还是喜剧、电影等都是一种特殊的创造。文学创作虽然都来源于决定,但超越决定,是想象对实践生活的加工改造。

古代有个饱读诗书,屡试不第的人,无奈只好出外经商。他十分怀念家乡的妻子,妻子也非常想念他,两人便不断鱼来雁往、纸短情长地遥寄相思。一次丈夫写完信没能及时寄出,后因生意上的事忙乱,错将一张白纸装入信封中寄了出去。妻子见

---

① 曲培平、李全起:《科技发明人才学》,海洋出版社1990年版,第50页。
② 鲁克诚、罗庆生:《创造学教程》,中国建材工业出版社1997年版,第309—310页。

后，急忙拆开一看，仅是张白纸。她不但没有生气发火，反而感动得热泪盈眶。因为这位妻子是个极富想象力的人。她面对此情此景，张开想象的翅膀，想象彼时彼地的丈夫为何只寄一张白纸呢？是丈夫不愿意给她写字吗？凭他们的挚爱眷恋，绝对不是；是丈夫觉得没有什么可写吗？以他们的意笃情深，万万不能！他们的爱千言万语诉不尽，他们的情万语千言道不完，所以寄张白纸，此乃"此时无声胜有声"啊！于是，她提笔写诗回信道：

碧纱窗下启缄封，尺纸从头彻尾空。
想是郎君怀别恨，相思尽在不言中。

妙！实在是绝妙极啦！丈夫看后感动得热泪纵横、泣不成声；后人读此，诵为佳话。如此一张白纸，空空如也，可多愁善感、极富联想的妻子，"睹物"以"思人"，因情推理，将其理解为蕴蓄无限别情恋意的爱的题材，并随着这个极富情感的思路想象而去，断定丈夫对自己的思念格外的刻骨铭心，进而绘出这一"无中生有"的绝唱。

第二节　灵感思维的产生条件及作用

灵感启迪智慧，创新开拓未来。灵感是人类的非线性的创新思维形式，以其独特的非逻辑功能在提升创新能力的思维世界中闪烁着光芒。作为思想的闪光——灵感思维，爱迪生给予很高的评价，认为"灵感是构成'天才'的成分之一"。

灵感思维是以突发性、瞬息性、独创性闪现的一种非理性、非逻辑、非线性的思维形式。灵感思维呈现出的是产生的"瞬时性"、引发的"随机性"的特征。灵感往往是以"一闪念"的形式出现，它往往产生后瞬息即逝，产生得快，消逝得也快，犹如电石火花，稍纵即逝。这也是灵感思维的实质。灵感与其他思维形式一样，都是人脑这块特殊物质的属性，都是有意识追求且又是可控的精神现象。与其他思维形式不同的是：由于灵感孕育于潜意识，又与非线性规律相对应，因此，灵感一旦出现，就要立即抓住；随机性（偶然性）是说灵感不能像具有必然性的逻辑思维那样有意识地导出，也不会像想象思维那样自觉地进行思索，而是由创造者完全想不到的原因诱发而产生的一种思维。灵感对创造者本人来说，也不可能被意识到在何时、何处产生何种灵感，它显得难以预料、难以捉摸。

一 灵感思维产生的条件、过程和规律

灵感的产生，一要有足够的知识储备及信息资料的积累。如果没有多种信息的刺激和启迪，是很难产生灵感的，一个不懂文学的人决不会出现诗情画意的灵感。一定知识结构的知识或经验积累是灵感产生的基本条件。二要在头脑中有一个亟待解决的中心问题。如果一个人头脑中并无问题要解决，就不会产生有关问题的灵感。因此，问题是灵感产生的首要条件。三要对欲解决的问题，反复地、紧张地、艰苦地、长时间地思索。只有"冥思苦想"，使头脑里的问题达到挥之不去、驱之不散的程度时，才能促使灵感的到来，超限量的思考是灵感到来的必经阶段。四要进行长期大量的思考后，应采取搁置状态。要把解决的问题暂时放一放，使大脑放松，如到田间小路去散散步，改换一下原来的环境，缓冲一下紧张的思考。在搁置阶段，头脑中已形成的潜意识信息一旦遇到相关因素的诱发，即会自然地产生"一闪念"或"顿悟"。长期、过量思考后的搁置状态，是灵感产生的必要环节。灵感一旦闪现，要及时地抓住，及时地记录下来，否则，稍

有放松，灵感就可能从脑海中消逝。灵感仿佛像乌云密布后的一道闪亮，使人豁然开朗，"茅塞顿开"，导致某种新知识、新思路、新设想、新发明的诞生。

(一) 灵感是在长期积累的前提下偶然闪现

清代人袁守定对这一点有相当精彩的论述："文章之道，遭际兴会，撼发性灵，生于临文之顷者也。然须平日餐经馈史，霍然有怀，对景感物，旷然有会，尝有欲吐之言，难遏之意，然后拈题泚笔，忽忽相遭，得之在俄顷，积之在平日，昌黎所谓有诸其中是也。"这就是说，顷刻之间得到的创作灵感，要靠平时长期的积累。这种积累是多方面的，既有生活素材的积累，也有艺术经验的积累；既有四季对景感物的阅历，也有平日餐经馈史的攻读；既有认识内容的搜集，也有主体习性的陶冶。这一切就是刘勰所高度概括的："积学以储宝，酌理以富才，研阅以穷照，驯致以怿辞。"只有做到了这几点，才能为"感兴"创造必要的前提。同时，也只有在积学、酌理、研阅、驯致中，才能使艺术家的主体情性得到陶冶。在这一点上，刘勰要比西方唯心主义的先验"天才论"高明得多。他既看到艺术家的特殊的"灵性"有先天的因素，又强调后天实践的改造。不同的"情性之铄，陶染所凝"，才使人们"才有庸俊，气有刚柔，学有浅深，习有雅郑"。因此一定要注意用高雅优美的后天教育和实践去提高天赋，激扬性灵。这就是他所说的："才有天资，学慎始习，斫梓染丝，功在初化，器成彩定，难可翻移。故童子雕琢，必先雅制，沿根讨叶，思转自圆。"经过后天的长期努力，积累了丰富的学识，陶冶了艺术的性灵，那么就可以"按部整伍，以待情会，因时顺机，动不失正"。一旦"数逢其极，机入其巧，则义味腾跃而生，辞气丛杂而至"，美妙的创造灵感就会在顷刻之间遭际了。

(二) 灵感是在有意追求的过程中无意出现

创造灵感往往是创造者在无意之中受到外界事物的触动而突然产生的。这种"不思而得"其实是有意追求的结果。正如唐代的皎然早就指出的:"成篇之后,观其气貌,有似等闲,不思而得,此高手也。有时意境神至,佳句纵横,若不可遏,宛如神助。不然,盖由先积精思,因神至而得乎?"① 这就是说,只有有意追求,先积精思,胸中充实,才会"春日迟迟,秋风飒飒,情往似赠,兴来如答",与外界事物发生更多的触发感会之机。李贽说得好:"且夫世之真能文者,此其初皆非有意于文也。其胸中有如许无状可状之事,其喉间有如许欲吐而不敢吐之物,其口头又时时有许多欲语而莫可以告语之处,蓄极积久,势不能遏。一旦见景生情,触目兴叹,夺他人之酒杯,浇自己之垒块;诉心中之不平,感数奇于千载。"② 这段话确实是创作专家的经验之谈。在艺术灵感引发之前,创作者实际上都已在有意的追求中积累了大量生活素材和思想感情,这些素材和思想或者由于找不到一条贯穿线而不能凝结为一个整体,或者由于找不到一个鲜明的富于独特个性的形象而难以具体化。胸中累积的创作素材处在一触即发之际,可是一时又找不到能够冲出来的突破口,创作者为此苦恼不已。这时候,一旦有一个恰当的物象或闪光的思想在无意中闯入,就会打破缺口而引起艺术创作质的飞跃。于是,"作诗者一情独往,万象俱开,口忽然吟,手忽然书。即手口原听我胸中之所流,手口不能测;即胸中原听我手口之所由,胸中不能摇",创作灵感终于在创作者的有意的追求中猝然而至了。

---

① (唐) 释皎然:《诗式·取境》,中华书局1985年版,第5页。
② (明) 李贽:《焚书·杂述》,中华书局1975年版,第96—98页。

(三) 灵感是在寻常思索基础上的反常呈现

袁枚非常形象、深刻地描述了灵感奇特的激发过程:"千招不来,仓促忽至,十年矜宠,一朝捐弃。人贵知足,惟学不然,人功不竭,天巧不传。知一重非,进一重境,亦有生金,一铸而定。"① 这就是说,人们按照自己的常规思路,千招不来的东西,有时得来全不费工夫,而这种仓促而至的东西又偏偏包含着意想不到的创造性,甚至会迫使创作者不得不放弃以前十年寻常思维辛苦得来的成果。那么,能不能由此得出结论说:以前的"十年""千招"是毫无意义的呢?不能。理由是"人功不竭,天巧不传"。为什么"人功不竭,天巧不传"呢?皇甫汸说了一段很有意思的话:"或谓诗不应苦思,苦思则丧其天真,殆不然。方其收视反听,研精殚思,寸心几呕,修髯尽枯,深湛守默,鬼神将通之。"囿于常规思路的循规思维达到这一步并不会真的有什么"鬼神"来沟通引导,而是走到尽头的循规思维自身会引出反常越轨的思维方式来,会促使处在"山穷水尽"中的创造者自己去另辟蹊径,去探求导向"柳暗花明又一村"的新路。这时人们往往就在相反的方向很容易地找到问题的答案,得到"天巧",沟通思路。对此,中国封建社会最末一个朝代的秀才王国维(1877—1927)总结道:"古今之成大事业、大学问者,必须过三种之境界:'昨夜西风凋碧树。独上高楼,望尽天涯路。'此第一境也。'衣带渐宽终不悔,为伊消得人憔悴'此第二境也。'众里寻他千百度,蓦然回首,那人却在灯火阑珊处。'此第三境也。此等语皆非大词人不能道。"

王国维的"三境界说",全面概括了从长期积累、有意追求、寻常思维的"养兴"到偶然得之、无意得之、反常得之的"感

---

① (清) 袁枚:《诗品集解·续诗品注》,人民文学出版社1963年版,第174页。

兴"过程；同时，他开始超越文艺创作的小天地，将视野放到"古今之大事业、大学问者"这一更广阔的范围内来考察灵感这一非凡的创造现象。学贯中西、受到近代科学文化熏陶的王国维，他的"三境界说"使灵感理论放出了新的异彩。

二　灵感思维在认识中的地位和作用

灵感（顿悟）思维既不同于抽象（逻辑）思维，又有别于形象（直感）思维。关于灵感思维在认识过程中的地位和作用问题。它属于感性认识还是理性认识？或者二者兼而有之？那么，灵感思维在认识过程中的地位和作用是一个非常值得探讨的问题。对此，国内外一直有两种不同的见解。一种传统的见解认为，灵感和直觉一样都处于认识的感性阶段，是一种非理性因素。波普尔认为，灵感这种非理性因素就是柏格森的创造性直觉。柏格森认为，直觉，就是一种理智的交融，这种交融使人们自己置身于对象之内，以便与其独特的，从而是无法表达的东西相符合。这种"置身于对象之内"的"理智的交融"，就是一种神秘的、非理性的内心体验，只能意会不能言传。这种见解长期遇到的理论困难是，既然灵感和直觉过程在本质上都是主体自身体验的感性反映，是一种非理性的东西，那么其认识结果与其水平为什么能高于感性认识而与理性认识相当呢？

另一种见解则认为，灵感与直觉既密切联系，又相互区别，它们都属于理性认识范畴。直觉发生和灵感孕育过程不同，直觉作为一种思维方式，虽然有时表现为下意识水平，但通常还是人们综合运用经验知觉信息的意识活动。直觉的发生是以实践经验为基础的。①

---

① 刘奎林：《灵感思维学》，吉林人民出版社2010年版，第102页。

第八章　创新能力的先导性方法：想象、直觉和灵感思维法　◇　379

灵感与直觉不同，灵感并不像直觉那样凭借经验知识和对事物的感悟，而是要经潜意识推论所促成的复杂认知活动，又不时地借助其他思维规律，同各种思维规律一起，实现认识的突破。所以，灵感实际上是一种潜思维形式，即是一种非线性、非逻辑性质的思维。正因为如此，灵感思维和抽象思维、形象思维一样，都是人们科学认识所必须具备的高级认知方式。灵感虽然是内涵非理性因素，但灵感思维也是理性认识不可缺少的重要补充。由于灵感思维具有独创性，它也是活跃在认识中不容忽视的启迪方式。

（一）灵感思维是认识不可缺少的重要因素

在认识中各种非逻辑思维方式也是理性认识不可缺少的重要因素。对此，列宁在《哲学笔记》中曾指出：智慧（人的）对待个别事物，对个别事物的摹写（＝概念），不是简单的、直接的、照镜子那样死板的动作，而是复杂的、二重化的、曲折的、有可能使幻想脱离生活的活动；不仅如此，它还有可能使抽象的概念、观念向幻想最后（＝神）转变（而且是不知不觉的、人们意识不到的转变）。[1] 在这里，列宁深刻地揭示了人们认识事物本质及其规律的理性活动的真谛。即在理性认识中，人的思维活动是形象与抽象、科学与幻想、逻辑与非逻辑相互联系和转化的复杂而曲折的二重化过程。人类认识的二重化深深地植根于概念的两重性之中。任何概念既是抽象的，又是具象的，是抽象与具象的对立统一。

灵感思维处于两种思维形式交替升华之中，共同揭示着事物的本质和规律。所以，灵感思维具有人类认识二重化和概念两重性的必然属性。它不仅存在于最初的、最简单的抽象之中，而且

---

[1] 《列宁全集》第38卷，人民出版社1990年版，第317页。

还伴随人类认识活动的始终。

(二) 灵感思维是引发认识质变的重要因素

大量科学认识的事实证明，灵感是激发认识发生质变的、不可缺少的重要因素。以发现科学真理为例，可以说科学真理的发现是理性认识的光辉结晶。而科学真理的揭示到底是怎样实现的呢？这历来是科学大师们所特别关注的问题。对此，众说不一，但都意识到单纯地运用科学认识或仅仅借助抽象（逻辑）思维达到对事物本质和规律的认识，将不可避免地带来对理性认识的误解和理论上的困难。

弗·培根在研究了科学史上的一系列重大科学发明创造后断言："现在所有的逻辑也并不能帮助我们发现新的科学。"他认为，寻求和发现真理的道路只有两条，也只能有两条。一条是从感觉和特殊事物飞到最普遍的公理，把这原理看成固定和不变的真理，然后从这些原理出发，来进行判断和发现中间公理。另一条道路是从感觉和特殊事物把公理引申出来，然后不断地上升，最后才达到最普遍的公理。爱因斯坦也认为，"从逻辑的观点看来，却没有一条从感觉经验材料到达这些概念的通道"。在他看来，"从特殊到一般的道路是直觉性的，而从一般到特殊的道路是逻辑性的"[①]。

可见，发现科学真理的认识过程，既不是单纯依靠逻辑（抽象）思维，也不是只求助于非逻辑思维，而是思维过程的逻辑与非逻辑、线性与非线性、渐进性与跃迁性相统一的过程。发现科学真理的认识过程中之所以离不开幻想、想象、直觉、灵感等非逻辑思维因素，从根本上说是由人类理性认识的本质决定的。就灵感思维而言，按照唯物辩证的观点，灵感的发生过程也存在着

---

① 《爱因斯坦文集》第 1 卷，商务印书馆 1976 年版，第 409 页。

第八章 创新能力的先导性方法：想象、直觉和灵感思维法 381

相应的程序。只不过这种程序不是线性的、静态的形式逻辑意义上的程序，而是非线性的、动态的发生意义上的非逻辑程序罢了。

事实上，酝酿灵感发生的起点很高，灵感的提出虽源于实践，从一定事实材料出发，但它在思维系统中通常是经过一系列的分析与综合、判断与推理、归纳与演绎等逻辑加工制作而得来的，这就是灵感发生的显意识过程。灵感发生一开始就是理性的升华。当这类理性因素逐渐扩大、集聚、储存，达到思维饱和度或超饱和度时，问题仍得不到解决时，就会造成正常逻辑思维通道的突然阻塞，出现理性思维渐进过程的中断，使百思不解的大脑顷刻陷入混乱无序的"混沌"境域，即进入潜思维阶段。在潜意识推论过程中，一旦孕育成熟，偶遇相关诱因，便会导致灵感的迸发，使问题获得戏剧性的解决，而且往往是直截了当地得到满意的结果。凯库勒的苯环结构式、魏格曼的大陆漂移学说、门捷列夫的化学元素周期表等重大科学发现，都是这样获得成功的。灵感的突现而获得的认识，不是对事物表面的感性认识，而是对事物本质和规律的深刻洞悉。因此，一个完整的认识跃迁，是既通过渐变又通过突变实现的，而灵感这类突变性跃迁在通往创造之路上起了向导作用。当然，这类飞跃带来的洞悉也不免有一定的片面性、模糊性，有时甚至是错误的。但这并不可怕，因为思维着的大脑从来没有由于灵感的光顾而停止工作，相反更加以新的活力继续对潜思维的结果进行有意识的溯源分析、反复验证，最后才能发现新的概念、新的理论。

以上分析可以看到，在发现科学真理的认识过程中，各种非逻辑思维的作用是不可忽视的。在理性认识从量的积累到质的飞跃过程中，非逻辑思维因素是实现转化的重要环节。正是由于有抽象（逻辑）思维与非逻辑思维两大思维形式的相互作用、相互转化、相互补充，才能使人们的认识得到不断升华。

第三节　直觉思维的实质及作用

直觉思维就是指人们不经过逐步分析而迅速对问题做出合理的猜测、设想或顿悟的一种跃进式思维。它是客观地将注意力放在事物的整体上的一种思维，并与逻辑地、逐步地、微观地将注意力放在事物的各个部分上的思维大不相同，它有利于人们从一些偶然的整体中抓住问题的实质，是人们对问题迅速做出答案的思维形式。如英国青年数学家阿普顿（1892—1965）初到爱迪生（1847—1932）的研究所时，爱迪生想考一考他的能力，于是给他一只实验用的小灯泡叫他计算一下灯泡的容积。过了一会儿，爱迪生回来检查发现阿普顿正忙着测量计算。若采取逐步计算的方法算出灯泡的容积，要涉及圆的体积、圆柱的体积、圆锥的体积等多个公式，运算起来很耗时、费力。爱迪生说："要是我，就往灯泡里灌水，将水直接倒入量杯，看一下刻度，不就知道灯泡的容积了吗？"阿普顿的计算才能或逻辑思维能力无疑是令人钦佩的，然而在这个问题上所缺少的恰恰是爱迪生那样的直觉思维能力。

一　直觉是洞察事物的一种特殊思维

直觉思维不同于逻辑思维那样，即一般先分析认识事物的各个局部，然后再综合认识事物的全局、整体。直觉思维是洞察事物的一种特殊的思维活动，是指不经过逻辑推理就直接认识事物实质的思维形式。其特性主要有五点。其一，思维速度的瞬间性。直觉思维进行的速度极快，思维的问题在头脑中的出现和解决，几乎是同时发生的。这样的高速度是非逻辑思维无可比拟的。其二，思维主体的顿悟性。主体运用直觉思维获得成果，表现为思想上的一种"顿时领悟"、一种"豁然开朗"。不像运用逻辑思维那样逐步明确地认识事物。其三，思维环节的间断性。直觉思维不存在逻辑思维过程中环环相扣、循序渐进的思维环节，它是在一瞬间由观察事物的总体认识到事物的本质，因而呈现出思维环节的间断性、跳跃性。其四，思维过程的潜意识性。运用直觉思考问题，特别是思考复杂问题时，究竟是如何在短时间内看出问题的实质而做出断定的，思考者自身也不明确。这与思考者头脑中的潜意识参与有关，其思维成果实际上是潜意识与显意识共同作用的产物。其五，思维结果的猜测性。逻辑思维过程中，只要依据真实可靠、思维形式正确，思维的结果就必然真实。而运用直觉思维做出的判定并非必然真实，而是具有猜测性、试探性。

直觉思维是"非自觉地运用逻辑推理"，"非明确的逻辑思维过程"，其实质是：思维过程中逻辑程序的中断，是思维操作的压缩与简化。即主体在接受某种信息（问题情境）的刺激后，大脑能立即从它的信息库中检索和提取相应的知识单元，然后直接进入思维过程。

直觉思维是对突然出现在面前的事物、现象，以及所要解决的新问题的一种敏锐的观察、猜测和总体的把握。人们在思考问题获得结论时，凡没有经历明确的逻辑步骤，没有明确的过程意识，那用的就是直觉思维。

二 直觉思维在认识中的作用

直觉思维形式实际上是贯穿于人类认识的发生与发展的全部过程始终的，它在人类的思维和认识中起着巨大的突破性作用，因而对于直觉这类精神现象进行多层面、多学科的、较为系统的研究，不仅是必要的，而且是可能的。

　　直觉思维广泛地发挥着作用。它是人类自古以来就一直普遍运用的，认识事物、思索问题的一种基本思维方法。在石器时代，人类作为万物之灵，正是靠直觉思维这样的思维工具，才得以在艰苦险恶的竞争环境中生存、繁衍和不断磨炼与提高自身的思维能力；同时也才有了可能在直觉思维的基础上，使所运用的思维工具日趋复杂和完善，并逐步建立起了精确、严密的逻辑思维体系。随着人类对逻辑思维的逐步了解与掌握，直觉思维的局限性日益显露，尽管在当今瞬息万变的信息社会生活中，直觉思维仍具有较重要的作用，在人类的科技发展史、艺术发展史上"屡建奇功"，且至今仍在各个领域、各个方面的各种实践活动中，广泛地发挥着重要作用。

　　中外许多科学家都曾对直觉思维的作用给予高度的肯定和评价。阿尔伯特·爱因斯坦（1879—1955）说的"我相信直觉和灵感"早已为世人所熟悉。法国著名数学家彭加勒（1854—1912）在谈到直觉对于数学研究的重要性时说："没有直觉，几何学家便会像这样一个作家：他只是按语法写诗，但却毫无思想。"德国著名数学家希尔伯特（1862—1943）曾说过："在算术中，也像在几何学中一样，我们通常不会循着推理的链条去追溯最初的公理。相反地，特别是在开始解决一个问题时，我们往往凭借对算术符号的性质的某种算术直觉，迅速地、不自觉地去运用并不绝对可靠的公理组合。这种算术直觉在算术中是不可缺少的，就像在几何学中不能没有想象一样。"获得1954年诺贝尔物理学奖的英国物理学家波恩（1882—1970），甚至曾这样说过："实验物理的全部伟大发现都是来源于一些人的直觉。"苏联著名的军事家伏龙芝（1885—1925）元帅曾说过："要成为优秀的战略家，无论在政治还是在军事中，都要具有许多专门的、特殊的才能，其中最重要的是直觉。"美国著名的社会学家、《第三次浪潮》的作者阿尔文·托夫勒（1928—2016）曾写道："真正的办法——不光对我们来说，人人都不例外——是要有'预感'。换个更文雅的词，就是要有'直觉'。尽管搞统计工作的人想竭力歪曲预感或直觉，搞我们这一行的却是少不了直觉的。"中国科学院院士何祚庥（1927—　）曾说："在科学研究工作中，经常要用到理性极端的直觉（不是灵机一动的感想），以推动科学工作。离开了这种直觉的猜测，科学工作几乎是不可能的。"

在当代智能社会中，直觉思维日益显示出在认识活动中的地位、作用和重要性。当今科技高速发展的网络时代，在解决绝大多数问题时，主客观条件都不允许我们在搜集足够的相关材料之后，再从容不迫、有条不紊地通过逻辑思维逐步推论，常常只能是根据并不充分的材料先做出直觉判断，然后再运用逻辑推理加以审核、修正，并最终通过实践加以检验。直觉思维能力强的人，往往能靠直觉正确地判断形势，洞察实质，获得结论，做出抉择。直觉思维可为人们铺设一条思维捷径，使人们可能高速、高效地解决某些复杂问题。

直觉思维作为一种不从逻辑规则逐步思考、解释问题答案的思维，一般都对应于人类的第一信号系统，是建立在人类直观感觉上，通过人的感觉（视觉、听觉、触觉等）而进行的一种思维活动；不像逻辑思维那样一般都对应于人类的第二信号系统，是建立在人类理性认识（概念、判断、推理等）形式上的思维。直觉思维虽利用了人的感性认识（感觉、知觉、表象等）形式，但它绝不是停留在这一步上的，它是处在超越逻辑思维形式上的更高一个层次上的思维。相当于人类认识过程中的"感性—理性—感性"，循环往复中的后一阶段的感性认识。表面看来，直觉思维的结果是以直观的形式表现出来的，实际上它已经在头脑中进行了逻辑程序的高度简缩，并且迅速地越过了"理性认识阶段"，是简化了整个逻辑思维过程的一种思维形式。直觉思维来源于感性认识，又高于感性认识，绝不是与人的第一信号系统简单的对应。

直觉思维是一种跃进式思维，其整个思维过程在极快时间内完成，以至于难以用逻辑思维的语言来逐步加以分析与表述。因此，直觉思维往往有一定的局限性和虚拟性，甚至常常导致一些错误的结论，如主观臆断等。但是，直觉思维作为思维的一种形式，它在创造中的作用和地位是不容忽略的。直觉，亦称顿悟思维，是指人脑在有意无意之间，对曾苦思未解问题的核心、实质所产生的一种飘忽不定的思想闪光或顿悟，是人们在创造过程中达到高潮阶段以后出现的一种最富有创造性、突破性的思维。它常常以"一闪念"的形式出现，是由人的潜意识和显意识多次叠加而形成的，是创新主体在长期创新实践活动进程中所偶然显现的一次最集中、最兴奋、最强烈的智力活动和顿悟思维，是创造者在强烈创造意识和某种启示的激发下，将凝聚在大脑中的科学思路提供于想象，以渐进和突发性"飞跃"形式，使贮存的感性知识和潜在的各类知识得到重新组合、升华，脱颖而出的、瞬间的思维闪亮。古往今来，一切智者均将"灵感"视为美妙而神秘的宠儿，有了灵感，诗人可浮想联翩，哲人可才思泉涌，画家可落笔空灵，发明家可以奇思迭生等。

直觉作为人类普遍存在的一种思维现象，由于主客观的多种原因，造成了对直觉的研究历史既艰巨又曲折，真可谓"直觉遍及寰宇，世人笔下迷惘"。直觉是一个洋洋的大千世界，又是一颗美味无穷的坚果。这便是直觉历来承蒙诸多大师们青睐的根本原因。与此同时，猜测、议论、评价直觉的学说林立、观点各异，莫衷一是也就不足为怪了。

恩格斯在《自然辩证法》中曾断言："在古希腊哲学的多种多样的形式中，差不多可以找到以后各种观点的胚胎、萌芽。"史实证明，直觉一词最早源于古希腊，毕达哥拉斯（公元前580—公元前500）学派认为，人类对一些数学公理的认识是由"直觉"而来的。古希腊极其博学的哲学家亚里士多德（公元前384—公元前322）也认为，直觉比知识更重要，它对原始真理、原始前提能做到直接的把握，而科学知识是从这些原始真理中推演出来的，二者虽然都是真实的，但直觉比推论更可靠，因而，直觉是科学知识的根源。亚里士多德在他的《工具论》一书中指出："科学知识和直觉总是真实的，或者说，除了直觉外，没有任何其他的思想比科学知识更确切，原始前提又是比证明更为可知的"，"除了直觉外没有任何东西比科学知识更为真实，了解原始前提的将是直觉，直觉就是科学知识的创始性根源。"

直觉作为人类的一种思维方式，不仅具有普遍性，而且还具有巨大的突破性和创造性。可以说，直觉思维同逻辑思维、形象思维、灵感思维一样都是人类精神世界不可或缺的重要组成部分。所不同的是直觉在人类思维史上发生得较早，这一点在各民族的思维进化中都是一样的。

三 直觉与灵感的协同

1931年，爱因斯坦在《论科学》一文中申明"我相信直觉和灵感"。[1] 此乃科学家的肺腑之言。在这里"直觉"与"灵感"并用，其一，是说二者间的密切联系；其二，又指明二者是相互区别的两种不同概念。"直觉"原本为心理学用语，即对情况的一种突如其来的领悟或理解、揭示或启示。"灵感"原本为文学

---

[1] 《爱因斯坦文集》第3卷，商务印书馆1976年版，第398页。

艺术、美学用词，即对难以捉摸的难题直截了当地顿悟或破译、突破或揭秘。

从认识论角度看，不管是直觉，还是灵感，都是认识过程的一个重要的环节，通常表现为认识的突变、飞跃、逻辑过程的中断。认识这种突如其来的飞跃现象，都是大脑对客观现象的反应，从一定意义上来说，它们都是从感性经验达到理性飞跃的一种特殊表现形式。都是经过长期的、艰辛的实践经验积累的结果。直觉和灵感这种突发式的认识方式有一个共同特点，即看爆发只是一瞬间，看积累不仅时间长、空间大，而且选择艰难、筛选复杂，真可谓"胸中积资如山，笔下江河奔腾"，这种"厚积薄发"是直觉和灵感的本质特色。认识和发现科学真理的过程之所以离不开直觉、灵感这种非逻辑思维因素，从根本上说是由人类理性认识的本质决定的。就直觉和灵感而言，按照唯物辩证法的观点，它们发生的过程也存在着相应的程序，不妨称这种"隐"程序为"潜规则"。只不过这种"潜规则"往往不限于线性的、静态的，如同形式逻辑意义上的那种程序，而是非线性的、动态的意义上的非逻辑程序罢了。因而，我们可以断言，一个完整的认识飞跃，不仅是通过渐变实现的，更重要的是通过突变实现的，这种突变的形式不是"直觉"，就是"灵感"。

从方法论角度看，不管是当机立断的直觉，还是油然而生的灵感，它们突出的特质是三个字，一个是"快"字、一个是"突"字、一个是"瞬"字，其结果常常看上去是"山重水复疑无路"，到头来喜得"柳暗花明又一村"。其中，所谓"快"字是说这种方法省略了烦琐的形式逻辑分析判断、推理等程序；所谓"突"字是指这种偶然爆发掩盖了必然性的工作之艰辛积累过程；所谓"瞬"字是巨大成功的喜悦，使人暂时忘却了以往的奋斗和日积月累。直觉和灵感这两种方法都得用艰苦的锤炼功夫方可得到，只有达到"故见其淡之妙，不见其削之迹"的地步，才可享受"采菊东篱下，悠然见南山"之境域。

将直觉和灵感的本质、功能和发生机制纳入方法论范畴分析，就不难得出它们共有的直接性、突发性、或然性和非逻辑性等特质。

第九章　创新能力的核心性方法：创新思维法

创新思维是培养提升创新能力的先导与核心因素。人脑是创新思维载体和承担者，是智慧的萌发地，创新能力在这里孕育萌生，它是创新能力的司令部。千百年来，人们一直赞叹：人类的创新思维之花是多么奇异、美妙！在现代智能科学技术迅猛发展的今天，我们对这朵美妙之花的研究"人工栽培"的前景是无限美好的，对它的成长充满信心！

第一节　创新思维的实质

何为创新思维？首先应了解什么是"创新"，什么是"思维"，并明确区分"创新"与"创造"的关系，才能真正深入了解创新思维。

所谓创新，是指"抛开旧的，创造新的"。党的十八大以来，党中央一贯强调"创新"，创新的词汇出现频率最多，创新是个多么美妙的词汇！它是人类的特质，人之为人的标志，是科学家、艺术家及一切人类文明使者严肃、崇高的事业和毕生追求的辉煌目标，党中央明确提出，"创新是引领发展的第一动力"。

所谓思维，即人脑借助于语言对客观事物深远区层，实现穿透性的间接反应或是人脑神经元中物理的、化学的、生理的运动形式的综合，是一种复杂的、高级的物质运动形式。简言之，思维是发生于人脑中的理性认识活动，是人脑对客观事物的反应。"思维活动所给予的欢乐，比任何一种技术本领和体育运动带来的欢乐要高尚得多。"——达尔文所谓创造，一般是指首创前所未有的观点（理论）或事物。创造有狭义和广义之分。狭义的创造是指所产生的成果（结论）对于整个人类社会来说是新的、独创的、有价值的和前所未有的。诸如，瓦特蒸汽机的发明、爱迪生电灯的发明等，是人类社会前所未有的一种创造。广义的创造是指所产生的成果（结论）仅仅对于本人或本地域来讲是首创的，而对于他人或他地域来说就不是新的、独创的。例如，2008年9月25日至27日，中国"神舟七号"载人飞船将中国人的足迹首次印在太空，这对中国来讲是首创，是一个了不起的创举；而相对于其他发达国家（苏联）来讲，并不是首创和独创了，仅是一种创造。

"创新"与"创造"两者是既相互联系又相互区别的关系。联系在于它们同处于事物发展的过程中，共有一个"创"字。也正因为如此，"创新"与"创造"常被混用。往往被解释为"提出解决问题的新途径、完成一项新设计或新方法，或是创造一种新的艺术形式等"。其实，"创新"和"创造"是有严格区别的，主要在于"创"后的"新"和"造"，"新"对应"旧"，"造"基于"无"。从语义学上看，在汉语中，"创新"指"抛开旧的，创造新的"。"创造"指"想出新方法、建立新理论、做出新的成绩或东西"。《国语·周语中》有："以创制天下"；《韦昭》注曰："创，造也。为天子造创制度。"在英语中，creation（创造）和 innovation（创新）都来自拉丁文。其中，creation 的意思是"从无到有"，innovation 的拉丁文词根 nova 指"新的"，nova 加上前缀 in，导致动词化，表示"更新"，即对原来已有的东西加以改造。比较而言，创造的特质是"从无到有"，而创新则凸显已有事物的更新和改造。虽然两者都能给予认识主体以"新"的感觉，但创造的"新"是从前未有的"开新"，而创新的"新"则是"推陈出新"或"旧貌变新颜"的旧事物之上的"再新"。在质变范畴中，二者的根本区别在于：创新是事物质变过程中的部分质变，而创造是在事物发展过程中的质变或飞跃，是事物性质的变化。在社会、经济、科技迅速发展的过程中，能创造的一定创造，具体问题具体解决，适时、适速、科学地创造出新的事物来。它发展到了高级阶段（高级形式），就是创新思维。

一　创新思维的含义

"创新思维"术语，较早地出现于《不列颠百科全书》（*Encyclopedia Britannica*）中。在我国学术界，一直把逻辑思维和形象思维视为思维的两种基本形式来开展研究。往往偏重逻辑思维。也正因为如此，中国的思维科学研究出现严重的失衡现象。尽管1983年钱学森就提议成立了"中国思维科学学会筹委会"，并于次年亲自主持召开"全国第一次思维科学研讨会"，但此后十余年，中国思维科学研究的失衡现象仍然没有得到根本改变，形象思维，尤其是创新思维相对滞后，正如1995年钱学森给中国思维科学学会戴汝为的信中所言："到今天，我们对逻辑思维研究得最深，对形象思维只是搞了个开端，对创造性思维的研究则尚未起步。"钱学森的忧虑，引起了国内学者对思维的关注，并由此开始了探索性的研究。游国经、钟定华于1996年人民日报出版社出版的《创造性思维与方法》一书，使这种研究初露端倪，而后，创新思维相继成为学者们研究的热点，至今仍方兴未艾。仅搜索 Google 引擎就可看到，截至2008年12月，有关思维的文章就有 20 余万篇。国内学者所以在 20 余年里对创新思维给予持续的关注，至少说明两个问题：一是创新思维适应了中国现代化发展的现实需要，因现代化是以"扬弃"方式实现解构和建构的过程，具备持久的创造力，现代社会的发展才有生命力；二是有关思维的研究，尚有许多需要进一步商榷和厘清的问题。例如，创新思维概念的界定、创新与创造的关系、思维的本质特征、思维的潜能发掘等，均处于仁者见仁的争论状态。

创新思维，亦称创造思维，是人在认识和改造客观世界的活动中有创新意义的思维，是人在认识活动中有创见、能开拓认识新领域的一种思维，或称思维之花。① 创新思维作为一种高度发展的人类思维形式，有广义与狭义之分。一般认为，广义的创新思维，是指人们在提出问题和解决问题的过程中，一切对创造成果起作用的思维活动，是指所产生的创新思维成果（结论），仅仅对于本人或本地域来讲是首创的，而对于他人或他地域来说就不是新的、独创的；狭义的创新思维，则指人们在创造活动中直接形成创造成果的思维活动，诸如灵感思维、直觉思维及顿悟等非逻辑思维形式。通常人们讲的创新思维多指狭义的创新思维。

创新思维往往超越固定的、通常的认知方式，从前所未有的新角度、新观点去认识事物，提出不为一般人所有的、不寻常的新观念或新理论思维。无论是个体创新思维、群体创新思维，还是社会创新思维，其成果都是将一种具有突破性的新假说、新观点、新概念、新理论呈现出来。它的创造性决定其具有随机性、灵活性、多样性、突发性和每次创造过程中的个性，同传统思维形式相比，表现出它没有逻辑的模式，在思维的内容或成果的表达上与众不同。诸如火车刚刚问世的时候，人们想当然地认为，

---

① 王跃新：《创新思维学》，吉林人民出版社 2010 年版，第 3 页。

它在铁轨上行驶会引起打滑。因此，最初火车的车轮上和铁轨上有齿。这个想法是怎么形成的，大家都不知道，它有没有道理，也没有人加以仔细研究，大家只是盲从地这样想、这样做。许多年来铁轨上有齿，车轮子是齿轮，影响火车的前进速度，噪声还特别大。对这种现象，人们习以为常，见怪不怪。可英国科学家斯蒂文森（1781—1848）却不这么想，他提出能不能不用齿轮，铁轨成为光滑的铁轨，也可以看作认识结构自身发生的重构与选择的自组织过程。车轮成为光滑的车轮呢？列车在光滑的铁轨上行驶，大大减少了摩擦力，提高了速度，减少了噪声，又大大节约了制造机车和铁轨的成本，这种突破惯性思维的想法就是创新思维。

创新思维（innovative thoughts）是人类所独有的一种思维。人类正是凭借着创新思维在不断地认识世界和改造世界，也正是由于人类在社会实践中充分地运用了创新思维，才创造出人类今天的高度文明。可以说，人类创新的一切成果，都是创新思维物化的结果。从古到今，人们无限赞美创新，崇拜科学发现、发明，敬仰科学家，但对人类创新的动因——创新思维的实质、特点、发生机制以及发展过程等问题理解肤浅，甚至还有人把人类的创新思维能力看成天才的"运气"等，根本不了解什么是创新思维。

关于创新思维，从理论概念自身的角度进行界定，认为创新思维是产生新思想的思维活动，它能突破常规传统，不拘于既有的结论，以新颖、独特的方式解决新问题。或者只是从心理学视域的角度进行界定，认为"创新思维就是大脑皮层区域不断地恢复联系和形成联系的过程，它是以感知、记忆、思考、联想、理解等能力为基础，以综合性、探索性和求新性为特点的心智活动"。或者只是从思维科学视域的角度进行界定，认为创新思维是"一种高度发展的人类思维形式",是"人类在认识和改造客观世界的活动中有创新意义的思维"①,"是指人们把信息、知识加工整理变成理想、行动,实现创造性成果的意识活动"②。是"创造主体通过意识与无意识的交替作用和辩证统一过程而突然产生新观念的思维"③,是创新主体在认识客体的过程中"突破传统思维习惯和逻辑规则,以新颖的思路来阐明问题、解答问题的思维方式"。简单地说,创新思维"就是指有创见的思维方式,能开拓意识新领域的一种思维方式"。而缺乏全面的、完整的概念界定。因此,笔者在借鉴中外学术界现有研究成果的基础上,从思维科学、心理学和脑神经生理学等多学科对创新思维进行界定。即尝试以思维科学、心理学和脑神经生理学等多学科综合分析为前提,以对"创新"与"创造"的理解和对创新思维本质特征的整合为基础,将"创新思维"的概念重新界定为:创新思维是创新主体依托大脑(尤其是右脑)皮层区域的运动,以人类特有的高级形式的感知、记忆、思考、联想、理解等能力为基础,在与创新客体的相互作用过程中,通过发散和收敛、求异和求同、形象和抽象、逻辑与非逻辑等辩证统一的思维过程,历经准备、酝酿、阐明和验证等四个时期,形成具有首创性、开拓性、复合性认知成果的心智活动。

二 创新思维的哲学蕴意

新时代,创新思维体现了创新主体的能动性和主动性,思维空间的开放性,思维过程的辩证性,思维成果的首创性和新颖性。创新思维迟早都会创造出新的思维成果,科学家的伟大发

---

① 田运等:《思维辞典》,浙江教育出版社1998年版,第207页。
② 周宏等:《创造教育全书》下卷,经济日报出版社1999年版,第725页。
③ 傅世侠等:《科学创造方法论》,中国经济出版社2000年版,第279页。

现、发明都是思维的结果。它是在一般思维的基础上发展起来的，是人类思维能力高度发展的表现。一般正常的思维能力和思维形式是人们都具有的，但一般的思维不一定能产生创造性。

从哲学视域诠释创新思维主要有四点蕴意。

（一）创新思维是逻辑思维与非逻辑思维统一

创新思维有一般思维的特点，又有别于一般思维，创新思维不是对现有概念、知识的循序渐进的逻辑推理的结果和过程，而是依靠灵感、直觉或顿悟等非逻辑思维形式。思维过程是辩证的，既包含抽象思维，又包含形象思维；既包含逻辑思维，又包含非逻辑思维；既包含发散思维，又包含收敛思维；既包含求异思维，又包含求同思维。二者之间是对立统一的关系，既相互区别、否定，又相互补充、依存。

创新思维也不同于逻辑思维。创新思维是人们在原有经验的基础上，从某些事实中更深一步地找出新的问题、新的答案的思维；而逻辑思维是在现有知识、经验之内的思维活动，虽然有时候它可以导致一些发现、发明，但是，它一般都离不开原有的知识、经验，多局限于知识的固有化，只是在一定范围内按照已知的规律进行判断和推理，从中得出一些结论。创新思维是突破已有的知识、经验的局限，具有很强的新颖性、独创性、突破性，在很大程度上是以直观、灵感和想象的形式显现出来。它往往表现为"不合乎"逻辑性，属于非逻辑思维范畴。在人类社会的现实生活中，仅凭逻辑思维是不能使一个人产生新思想的，就像仅凭和声理论不能产生交响乐曲，仅凭语法不能激起诗情画意一样。创新思维就是创建、创造，如果不会创建或没有创造，那么它仅是一种基本的思维形式，而不是创新思维。

（二）创新思维是与解放思想相一致性的思维

从本质意义上，解放思想与创新思维是一致的，都是一种深刻的思维革命。前者的主要任务是"破旧",后者的主要任务是"立新",没有破就没有立,没有立,破也就失去了意义。然而,以破为主的解放思想,虽然也包括"立在其中"的内容,但在广义上还是对过去的旧思维的局部性或整体性的否定,不能囊括以"立"为主的思维的全部内容。创新思维,既是对一切旧思维进行革命性的改造和更新,又是一种高于一般思维之上的独特思维,它是在解放思想、实事求是基础上的一种最高形式的思维。可以简单地用公式解释这三者的关系,即"实事求是(基础)—解放思想(条件)—创新思维(阶段性目的)"。创新思维所带来的创造、发现和发明是目的,也是新的阶段的实事求是。实事求是、解放思想和创新思维三者是有机联系、密不可分的。

在我国发展史上,当传统观念"左"的思想严重束缚人们的思维,使人们的思想远离实际,并严重影响我国建设事业的发展时,解放思想就是一种实事求是,同时也是思维创新(创新思维)。思维创新、解放思想摆脱了旧的条条框框的束缚,冲破了旧的观念和"左"的思想的禁锢,使离开实际的思想重新去符合变化、发展的客观实际,不断地去研究新情况、解决新问题,推动人们在客观事物不断发展、变化的基础上不断创新。思想解放发展到一定阶段,必然向创新思维继续伸展并向深层次突破,实现真正意义上的实事求是。

在现实生活中,如果不是适时地去创新思维,人们的思维就会停滞不前,就可能出现旧思维的回潮,人们对一些问题的认识,就会出现反反复复、摇摇摆摆,进而出现某些被实践证明是过时或错误的东西,甚至有的事情改过来、改过去,又回到原来的出发点。这都是没有将解放思想、创新思维统一于实事求是的结果。因此,必须将三者紧密地结合起来。在新的历史时期,坚持实事求是,不仅要解放思想,更要创新思维,只有将二者有机地统一于实事求是的基础上，才能有所发现、有所发明、有所创造。

(三) 创新思维是以人脑为载体的思维

创新思维既是一种无形的资源，又是一种潜在的能量。由于它深藏不露，容易导致一些人只知道动手的劳动能够创造价值，忽略了大脑的思维能力能够创造出更大的价值，使大脑的潜能得不到有效的开发和利用，发挥不出应有的价值。当今，我国最紧缺的不仅仅是自然资源、金钱和物质财富，更重要的是千千万万富有创新思维、善于从事创新活动的人才。人才的培养，尤其是富有创造力人才的培养，是关系我国21世纪经济、科技发展的一个大问题。经济、科技等综合国力的竞争说到底是人才的竞争，是人才创造力的较量，谁要想在激烈的竞争中占据主导地位，谁就得加快培养创造型人才。培养的创造型人才越多越快，中华民族的振兴就越有希望，国家的繁荣昌盛就越有保障。这一点已被世界上许多国家的发展史所证实。例如，1952年，日本战争伤痕十分严重，工厂倒闭，经济萧条，失业严重，物资奇缺，30%的粮食靠进口；而到20世纪70年代末，却成为举世瞩目的世界强国，电子产品和汽车工业开始超过美国。日本民族的振兴与其培养、开发创新思维资源有着密切的关系。1985年，有关部门对世界19个国家的10岁至14岁的孩子进行了一次思维能力测试，名列前茅的几乎都是日本孩子。美国也是非常重视创新思维人才开发的国家，"二战"中他们就吸收了一大批欧洲最富有创造力的、出色的科学家。从1949年到1972年，美国提出原子能计划的10位教授中，有5位是外国人；获得诺贝尔奖的8人中，有6人是欧洲移民。美国新的移民法还规定，国家每年留出29000个移民名额专门用于引进外国的高级人才，凡是著名学者、高级人才，一经允许优先入境。苏联解体后，仅高级专家就被美国挖走2000多人。美国在经济、科技等领域之所以领先于世界，一个很重要的原因就是他们对创新思维人才开发得好，对富有创造力的人才引进得多。一个国家的经济是否能够崛起、能够发展，一个民族是否能够腾飞，不仅看其现在有多少物力资源，关键看其有多少富有创造力的人才资源，看其是否培养出较多具有创新思维能力的科技工作者群体和科学家队伍。拥有大量的创造性人才，国家的科技、经济就会崛起，就会在国际竞争中具有竞争力。21世纪，已不是以资本运营为基础的传统的资本主义时代，社会进入了以科技运营为基础的"超资本主义"或叫"创造性人才资本"时代。在这样的时代，真正的竞争是创造性人才的竞争，是科技的竞争。创造性人才是国家、民族、经济、科技发展的动力，是人类宝贵的财富。

当今，我国正处在改革和发展的关键时刻，面临的困难和问题大大超过改革初期，解决起来比以往任何时候都需要创新思维。而国际上，以信息技术为主要标志的科技进步日新月异，高科技成果向现实生产力的转化越来越快，新的科技革命以方兴未艾之势震荡着整个国际社会，并深刻地影响和改变着社会的政治、经济和文化生活。在机遇与挑战同在，发展与困难并存，新问题、新思潮层出不穷的时代，人们迫切需要改造旧思想，开发新思维，产生新思路，解决新问题。没有创新思维，就产生不了新思路，也就不可能取得新进展，可以说，培养人的创新思维，培养创造型人才，让更多的人掌握创新思维方法，对全面建设社会主义现代化国家有极为重大的意义。

（四）创新思维是美丽的"花朵"、理性的"使者"

人的创新思维能力的高低，直接决定其创造力的强弱，人的创新思维能力强，他的创造力就强；人的创新思维能力弱，他的创造力就弱。因为，人的创新能力是以创新思维为动因的，没有创新思维，就不可能有创新、创造能力。犹如恩格斯指出的"思维着的精神是地球上最美丽的花朵"，一切智慧的泉水从这里喷出，一切创造的火花在这里迸放，人类无数艺术的瑰宝、科学的发现、巨大的工程、宏伟的事业，无一不在这里构思和孕育。它使哥白尼（1473—1543）推翻了"地球中心说"，建立了"太阳中心说"；使牛顿（1725—1807）创造出经典力学的巍峨大厦；使爱因斯坦（1879—1955）创造出了相对论；使马克思（1818—1883）创造出了工人阶级的"圣经"——《资本论》等。伟大的科学家、思想家在他们超越的思维的基础上，创造出举世的成就，为人类社会做出了巨大的贡献，真正实现了他们人生的价值。

在人类社会发展的长河中，人的（无论是普通的一个人，还是伟大的一个人）的创新思维能力越强，他对社会承担的责任和做出的贡献就越大，为社会创造出的物质财富和精神财富就越多，他的人生就越有价值。人生的真正价值在于为社会做奉献，对社会负责任，为社会创造财富。一个有思维的人，一定是一位有所发现、有所发明、有所创造的人，也是一位人生价值体现得最完美的人。中国改革开放的总设计师邓小平（1904—1997）同志是创新思维的典范。他不仅是一位具有思维的伟人，而且也要求"每个人从自身的角度都要有所变化，要自觉地变，这变的根本，就是变革思维"。美国总统尼克松（1913—1994）说过：邓小平是20世纪最杰出的政治家之一，在他的领导下，中国已挣脱了教条主义的桎梏。对此，他分析说，中国的第二次革命，是其领导人观念上两个戏剧性转变的产物，这两个转变就是对西方的态度和1978年开始的邓小平改革。从这个意义上说，邓小平革新了中国整个一个时代的思维。俄罗斯有关人士更加深刻地说：上帝对我们太不公平了，中国出了个邓小平，运用务实创新思维，将中国的问题解决好了；我们（苏联）出了个戈尔巴乔夫（1931—2022），提出了所谓的"新思维"，将一个好端端的苏联搞垮了。邓小平以解放思想为先导，启动了十几亿中国人民的现代化意识，将中华民族的思维引向科学的、现代的思维之域，带来了中国经济、科技等方面的巨大成就。可以说，中国改革开放所取得的经济、科技的巨大成就，无不打上邓小平思维革命（创新思维）的烙印。一位革命的老人，一个坚定的马克思主义者，在他的晚年能如此不断地突破自己的认识，从中国的实际出发，推动整个社会思维的变革和创新，实现了他人生的伟大价值。邓小平这种深刻的、彻底的、独创精神和创新思维能力，将给予中华民族儿女们无穷的启示。

第二节　创新思维的本质特征

创新思维有别于一般思维的主要特征是："思维形式的反常性、思维过程的辩证性、思维空间的开放性、思维成果的独创性和思维主体的能动性。"[①]

思维形式的反常性又经常体现为思维发展的突变性、跨越性，这主要是因为创新思维不是对现有概念、知识的循序渐进的逻辑推理过程，而是灵感、直觉或顿悟等非逻辑的思维形式。

思维过程的辩证性，主要指它既包含抽象思维，又包含形象思维；既包含逻辑思维，又包含非逻辑思维；既包含发散思维法，又包含收敛思维法；既包含求异思维，又包含求同思维。两者之间既相互区别、否定、对立，又相互补充、依存、统一，由此形成思维的矛盾运动，推动思维的发展。思维过程的辩证性又

[①] 王跃新：《创新思维学》，吉林人民出版社2010年版，第5页。

经常体现为思维的综合性，即各种思维形式的综合体。

思维空间的开放性主要是指创新思维需要从多角度、多侧面、全方位地思考问题，而不再局限于逻辑的、单一的、线性的思维，由此形成了发散思维、逆向思维、侧向思维、求异思维、非线性思维等多种创新思维形式。思维成果的独创性、新颖性和唯一性、能动性表明了创新思维是创新主体的一种有目的、有意识、自觉和主动的活动，而不是客观事物在人脑中简单的、被动的映象。

创新实践活动的过程一般包括准备期、酝酿期、豁朗期及验证期四个阶段。其中准备期与验证期阶段主要依靠分析、综合、归纳、演绎、比较、外推、类比等逻辑思维；而在酝酿期与豁朗期两个阶段，主要依靠想象、灵感、直觉及顿悟等非逻辑思维。非逻辑思维通常由右脑承担主要工作。

创新思维形成的生理、心理学机制极为复杂，至今还知之不多，大致可以把它理解为人脑神经元间由电脉冲和化学神经递质构成的暂时神经联系系统，由于某种原因发生了变化而导致有新的表象和概念生成的过程，也可以看作认识结构自身发生的重构与选择的自组织过程。它作为人类创新认识活动中一种最奇妙的精神现象和思维过程中盛开的最美丽的花朵，开遍人类文明创新史的长河，人类物质文明和精神文明的全部，无一不是奇妙的创新思维之花斗艳的结果。可以说，没有创新思维，就没有创新性实践和创新性成果，也就没有人类发明、发现和发展。

一　首创性与非首创性的统一

首创性（独创性、新颖性）是指人们所揭示的事物现象、属性、特点及事物运动时所遵循的规律或者这些规律的运用必须是前所未有的，或部分或全部独创的特性。如英国作家毛姆

(1874—1965),未成名时出版的作品,读者寥寥无几,社会反应冷淡(每个作家总是希望自己的作品能受到人们的喜爱,就像发明家总希望社会喜爱自己发明的新产品一样,毛姆也是这样),于是他认为,社会的注意力是可以通过巧妙的方法吸引过来的,人们的兴趣也是可以通过一定的办法激发起来的。因此,他在报刊上登了一则首创性的征婚广告,广告上写着:"本人喜欢音乐和运动,是个年轻而有教养的百万富翁,希望找到一个像毛姆小说中的主人公那样的女子做终身伴侣。"这则广告刊出后引起了社会的注意,有些人希望真能嫁一个年轻富有者,过一种舒适的生活,而更多的则是由于好奇,想要知道毛姆书中的主人公究竟是怎样的人,于是他们热心读起毛姆的小说来,冷落多时的作品很快成了畅销书。又如德国数学家高斯(1777—1855)在他小学的数学课堂上,老师问:"1—100 之和是多少?"老师话音刚落高斯就举起手回答:"5050。"老师惊呆了。自问:"他怎么能运算得这么快?"原来高斯没有用传统的"$1+2+3+\cdots+100$"的方法运算下去,而是创造性地用:"$1+100=101$;$2+99=101$;$3+98=101\cdots\cdots$"头尾数相加都是 101,因此,$101\times50=5050$。上述两人的思维方式突破了常规,具有高度的独创性。思维的独创性,往往深藏在人的大脑中,它既潜在无形,又深藏不露,容易导致一些人只知道动手的劳动能够创造价值,不知道大脑产生的创新思维能够带来(物化)更大的价值,忽略思维的作用。非首创性是指人们所揭示的事物现象、属性、特点及事物运动时所遵循的规律或者这些规律的运用必须是以前有的,或部分有或全部有的特性。创新主体思考问题时,包括对事物本质规律的认识,既要有首创性,又要有非首创性。首创性(前所未有的,或部分或全部独创的)以非首创性(以前有的,或部分有或全部有的)为基础,非首创性以首创性为前提,首创性是非首创性的归宿。二者是紧密结合、辩证统一的。

二　发散性与收敛性的统一

发散性，亦称扩展性、多维性，指人们认识问题、解决问题时，思维能不拘一格地从仅有的信息中，尽可能多地产生多种信息，即朝着各种方向去探寻多种不同的解决途径和答案。它不受已有知识和逻辑规则的拘束，力图超出现有思维的框架。空间上，从多侧面、多角度、全方位呈发射状地去思考问题，寻找问题的解决答案；时间上，不局限于一维的、单一的、线性的思路，不满足于已有的思维成果，也不满足于解决问题的一种答案，而是不断地去进取、开拓，从同中求异、求新，寻求优化的方案。思维的发散性在突破禁区、打破旧有理论的统治、实行科学变革时起着关键性作用。如果没有发散思维法，就不可能有科学上的突破和创新。

收敛性与发散性是相对应的一种思维，所谓收敛性就是从已有的许多信息中，推演出（或是断定能否推演出）适合某种要求的信息的思维特性。从国外引入被译为聚集性、聚合性或集中性。收敛一词来源于美国心理学家吉尔福特（1897—1987）首次提出的"收敛性加工"概念。1967年，吉尔福特在他的《人类智力的本质》一书中称"从记忆中回忆出某种特定的信息项目，以满足某种需要"为"收敛性加工"。在吉尔福特看来，根据自己记忆的储存加工出某一特定信息项目，以满足一定的需要的思维形式就是收敛。从中国文化的底蕴和习惯解释，收敛是收缩之意，用形象的语言讲，就是由四面八方向空间某一点聚集。因此，收敛性就是从已知的散开的许多信息入手，向某一具体目标方向进行求索、求是的过程。收敛性的实质是由多个信息产生一个信息，是一个求真、求善、求美的过程。收敛和发散一样，都是创造过程中常用的。所不同的是发散是用于寻找各种可能解决方案的酝酿阶段，而收敛应用于选定解决方案和验证每一种可能性解决方案的可靠性和可行性的验证、确定阶段。

但在科学的道路上，值得注意的问题是：发散过度，只发不收，发散无边，也会出现思维失控，陷入思维混乱，导致"丰而不收"，产生科学上的"贝尔纳"现象。如法国科学家 J. D. 贝尔纳（1813—1878）一生在结晶学、分子生物学、科学社会学等方面有过许多天才的思想。但他总是抛出一个思想，提出一个问题然后就留给别人去完成，兴趣过于广泛，思想过于发散，总开花不结果，最终思维发散只能是一句空话，无成果可言。按他的天赋可能不止一次获得诺贝尔奖，可是这一天终于没有到来。相反，思维过于收敛，只收不发，也会产生思想僵化，封闭保守，形成扼杀思维创造力的现象。创新主体具有能动性，因为创新思维是创新主体能动的、有目的的活动，而不是客观世界在人脑中的被动的、直观的反应。创新主体思考问题时，包括对事物本质规律的认识，既要有发散性，又要有收敛性。发散性以收敛性为基础，收敛性以发散性为前提，收敛性是发散性的归宿。发散性与收敛性是紧密结合、辩证统一的；同时，在矛盾运动中，发散性与收敛性又形成一种张力关系，推动着思维的发展。

三　求异性与求同性的统一

求异性是对传统思维方式、现有经验、材料的批判或超越，求同性是对传统思维方式、现有经验、材料的接受和利用。创新思维是在求异性（反常性）和求同性（寻常性）的矛盾中发展的。在思维过程中，有"求异性"就有"求同性"，"重求异性、轻求同性"，或"重求同性、轻求异性"，是导致创新思维滞后的重要认识根源，也不符合创新思维发展的内在要求。创新主体既要在众人看来非常一致和相同的现象中找出其中的不一致和不同点，又要在众人看来非常不一致和完全不同的现象中，找出其中的一致与相同点，以达到求异性和求同性的辩证统一。

四　形象性与抽象性的统一

思维的形象性是借助具体形态的物质或图形进行思维活动的特性，即把握对象的形象特征来识别对象，把握对象的形象联系来理解、推断对象，把握对象的景貌、神情来描述对象，把握对象的构图来控制人对对象的操作活动。思维抽象性是创新主体与客观事物接触过程中获得的大量感觉、印象材料，对这些材料进行加工整理，从大量的个别现象中能总结出一般规律，从事物众多的特殊现象中能概括出事物的本质，从无数的联系（关系）中能抽取出规律。抽象性是从形象中"抽取"出来的，是形象的规律性的概括；形象性有抽象性参与和渗透，具有将抽象性"赋值"于形象性、以形象性为"载体"的特性。

五　逆向性与顺向性的统一

逆向性是思维在其行进的过程中发生逆转朝着与原来方向相反的路径思考的特性；顺向性则是思维在其行进的过程中顺着原来的思路向前推进思考的特性，逆向性的继续又是新的顺向性思维。在思维的活动过程中，逆向性向顺向性思维的转化也是必要的，反之亦然；有时候，反其道而行之也是一条途径，往往方法的倒转也是一种方法。比如，对某种设想在思想上的"证实"和"否证"，就可以作为其构思在逻辑上的相互补充。

第三节 创新思维的主要形式

创新思维的主要形式一般可分为两类：逻辑式创新思维（逻辑推理和假说等思维形式）和非逻辑式创新思维（超前、逆向、换向等思维形式）。这里主要阐释非逻辑的创新思维的以下形式。

一 超前思维是创新思维之母

超前思维（advanced thought）是指思维能够超越具体的时间和空间，能够超越具体的客观事物，超越（先于）一般的、已有的知识、经验和逻辑思维的束缚，使人的思维达到新的境界的思维。超前思维与反馈思维相对，它以未来的尺度、可能的发展去引导、调整和规范现在，使现在更快、更好地逼近未来目标。超前思维具有一定的超前性，如人在劳动之前，劳动的成果已在头脑中观念性地形成并存在着，建筑师根据设计图纸能想象出建筑物的形象；读白居易的"日出江花红胜火，春来江水绿如蓝"的词句后，使未到过江南的人，头脑中能够超越具体的空间，想象出祖国江南的秀丽景色。观念的超前性决定着人们行为的选择性、目的性以至整个行为的协调和组织。思维的超前性是人类思维能动性的表现，是以现实为基础的观念超前性的一种反馈，是将人们头脑中已形成的未来图景再反馈到现在、现实中来，用将来可能出现的情境对现在进行弹性指导和调整。它立足于现实、着眼于未来，并用未来量度和组织现在。在现时代，社会运动节奏加快、速度加强，人们活动的规模扩大、投资量增加，涉及社会、经济、生态环境、心理、行为各方面的变化，只有加强超前思维才能为人们进行"有目的"的活动提供保证。

超前思维是主体能力增强的凸显，是现代哲学的人本原理和主体性原则的具体体现。超前思维所追求的仅仅是一种可能性，而且是许多种可能性中的一种可能性。超前创新思维的结果是模糊的，无论是对将来的预测，还是对条件、环境的分析，都是不完全、不精确的，只能勾画出一个大概轮廓，是一个模糊量值，绝对不能成为认识问题、实践活动的全部的、可靠的出发点。超前思维中不存在必然性，也不存在概率性；存在的仅是或然性和可能性。比如，1914年德国气象学家魏格纳（1880—1930）卧病在床，他望着挂在墙上的地图，忽然发现了一个有趣的现象，在大西洋西岸、非洲西部的海岸线和南美洲东部的海岸线正好彼此吻合。于是，魏格纳大胆地超越了时间和空间，超越了具体的客观事物，提出了"在远古时代，这两块大陆本是合为一体的，后来经过长期演变，才逐渐断裂漂移开来"。这一"大陆漂移"学说，可以说是超前思维或然性和可能性的典范。

"超前"是创新思维之母。"超前者兴，追风者灭"，这在社会竞争中和商业大战中表现得尤为突出。1937年，英格兰麦当劳兄弟到美国加州开办一个免下车餐厅。他们的食谱虽很简单——汉堡包、炸鸡、饮料，但这两兄弟十分注意每种食品的制作步骤，使食用者便宜、清洁、优质、方便，铺面由一个扩展到十个，而生意仍十分兴隆。后来，一位美国拌奶器推销商雷·克拉克（1902—1984）对麦氏兄弟的快餐厅进行了仔细认真的研究，发现它有无限的生机，于是同麦氏兄弟说："我向你们交足够的保证金，条件是允许我在美国任何地方都可以利用你的经营模式来开以'麦当劳'为名的快餐店。"麦氏兄弟同意并痛快地签了合约。"生意好做，伙计难掬"，不久麦当劳兄弟与雷·克拉克发生争执，有超前意识的雷·克拉克干脆将麦当劳完全买断，疯狂地扩张，开了很多连锁店，并赶在了别的快餐之前占领了市场。当麦当劳连锁店如雨后春笋般矗立在美国大地上之前，有谁能够想到一个卖汉堡包的企业可以发展到那么大的规模呢？谁又敢冒着风险拼命地扩充铺面呢？只有雷·克拉克确信自己发展麦当劳可以成功，只有他看到了麦当劳成功的潜力。雷·克拉克的这种远见就是超前思维。

二 逆向思维是"以退为进"创新策略

逆向思维（reversed thinking）亦称逆反思维、反向思维，是指与一般的传统的或惯常的思维方向相反的一种思维。就是从事物现存的关系（包括性状、过程、因果等各种关系）的反面、反方向来分析问题、指导行动的思维。

（一）逆向思维的实质

逆向与正向是一个相对概念。如果将组成事物要素之间的关系（包括现存的性状关系、运动变化关系等）视为正向的话，那么他们的反面、反向就是逆向。它主要表现在：一是对事物作用过程的顺序逆过来去思考；二是对事物发生的结果逆过来去思考；三是对事物的某种条件逆过来去思考；四是对处理事物的某种方式逆过来去思考。它是沿着事物发展的轨迹回溯探究，是与正向思维相反的一种思维方式，是逆着逻辑的常情、常规、常理进行的思维。逆向思维不单是思维过程或思维顺序的逆向。在逆向思维中，思维过程或思维顺序的逆向只是其中的一个方面，而且还不是主要方面，其主要的方面是事物现有状态和关系的逆向。在理解逆向思维概念时，有一点需要特别指出，那就是逆向思维不等于逆反心理。逆反心理是人与人之间（包括个人之间、个人与群体之间、群体与群体之间）关系的一种心理状态，是一方对另一方极不信任、极端戒备的一种心理表现。有逆反心理的人或群体，总是与另一方对着干，对方"让他向东偏向西，让他打狗偏抓鸡"。逆向思维是与一般的传统的或惯常的思维方向相反的一种思维，作为认识自然和社会的一种思维方法，只是为了能够更迅速、更方便、更正确地认识自然界和社会；而不是专门针对哪个人或哪些人的特别心理行为。

逆向思维的特性主要表现为以下几点。一是反向性，即是"反其道而行之"的一种思维，是与常态和习惯相反的思维。二是非常规性，即是一种方向相反，与常规、常态和习惯反着来的思维；并是一种纵向、横向、侧向等线路相反的思维，它不是单纯地与原来思考方向的反向，而有时是沿着岔道进行的思维。其主要是与事物现有状态和关系反着来的思维。

（二）逆向思维的主要类型

依据事物现有状态和关系，逆向思维的主要类型有以下几点。其一，原理逆向。是将已知的某种自然原理或社会原理颠倒过来，从而产生一种新原理的思维形式。例如，已知电可以生成磁（电磁原理），那么磁可否生成电呢？经过科学家的研究证明是可以的，从而便有了电磁感应原理。从这两个相反原理出发，人们发明了电磁波的发射机、接收机。已知通电导体在磁场中受力并产生运动，那么在磁场中运动的物体能否产生电流呢？事实证明是可以的。从这两个相反的原理出发，人们发明了电动机和发电机。已知在金属溶液里插上两个电极就能向外供给电流，从而将化学能转变为电能；那么能否通过插在金属溶液中的电极通电，而将电能转变成化学能呢？经过科学家的实验证明也是可以的。从这两个相反的原理出发，人们发明了蓄电池和电解法。已知将空气压缩能够使其温度升高，那么能否使空气迅速膨胀将其温度降低呢？事实证明这也是可以的。从这一原理出发，发明了空调机。再如，世界发明家鼻祖爱迪生，利用声音能够使物体振动的原理，用原理逆向法，使振动的物体发声，就发明了留声机，等等。采用原理逆向做出科学发现和技术发明的实例是举不胜举的。

其二，功能逆向。是将原有的功能颠倒过来，从而生成一种新功能。实现这种新功能的装置就是新发明。例如，吹风机是向外吹风，能否发明一种吸风机呢？事实证明，是完全可以的，从而发明了吸尘器；热风机发送出来的是热风，能否发明一种发送出冷风的机器呢？科技的实践证明是可以的，从而发明了空调器。破冰船的发明也是如此，先期的破冰船是靠船体的重量（特别是船首的重量）将冰压破从而达到破冰目的的，所以船首设计得很高、很重，船体也很大，消耗的燃料很多。后来有人改压力破冰为浮力破冰，将船首制作成前低后高的形状，将船首潜入冰层下面，靠插到冰层下面的船首的浮力将冰顶破，一种新式破冰船被制造出来了。这种新的"潜底式"破冰船的破冰效果，比旧式破冰船好得多，而且因其船的体积小，自重轻，消耗的燃料便大大下降。老式破冰船靠向下的压力破冰，而新式破冰船靠的是向上浮力破冰，其功能是"顶"对"压"的逆向。

其三，因果逆向。事物发生、发展的因果关系颠倒就是因果逆向。诸如在前工业社会和工业社会的前、中期，科学技术与生产的发生、发展关系是：生产→技术→科学，即生产的发展推动技术的发展，技术的发展推动科学的发展。而在工业社会末期和后工业社会（即知识经济社会、数字经济社会、网络经济社会），科学技术与生产的关系是：科学→技术→生产，即科学的发展拉动技术的发展，技术的发展拉动生产的发展。这两种关系之间就是因果逆向。又如在工业社会的前期是短缺经济，产品与市场的关系是"以产定销"，有产品就有市场，产品决定市场，即"产品→市场"。到了工业社会后期，是富足经济，产品与市场的关系是"以销定产"，有市场才能生产产品，市场决定产品，即"市场→产品"。这两种关系之间也是因果逆向。

其四，过程逆向。事物发展、变化过程的前后顺序完完全全地颠倒过来就是过程逆向，即强调整个过程的完全颠倒。诸如大多数的胶片照相机，是将未拍照的底片装在原有的暗盒里，将已感光的胶片卷在没有避光装置的片轴上，只好等将一卷底片拍完了再将已感光的底片完全退回到暗盒里去，才能打开照相机后盖去除胶卷进行洗印。若不退到胶卷的暗盒里，打开后盖，已经拍好的还未卷进暗盒的胶片就会因曝光而报废。而现在市场上有一种新型照相机，它将卷底片的过程颠倒过来，凡是已感光的底片统统卷在暗盒里，一卷胶卷照完了，感光的胶片也都卷放到暗盒里去了。这样，不必再经过倒卷就可以打开照相机后盖取出胶卷，保证了已拍照片的安全。即使胶卷没有全退到暗盒里去，无论什么原因需要打开照相机后盖时，曝光报废的也只是没有感光的一点胶片，不会将已经拍摄好的胶片报废了。倒计时法也属于过程逆向。以前人们即使都习惯于以现在的即时时刻作为计时的基准点向后累计计时。倒计时则不是以现时的即刻时间为基准，而是以将要到达的某一时间点为基准。运动场上进行足球、篮球比赛的倒计时，卫星发射时的倒计时，香港回归的倒计时，北京申奥的倒计时等。倒计时法向人们显示的是人们所关心的到达基准点时间所剩余的时间，使人一目了然。又如速算法是初等算术竖式计算方法的过程逆向。初等算术竖式计算方法的过程是从竖式最右边的一位算起，而读数和以后的写数都是从右向左进行的。能否从左向右进行计算呢？速算法就是从左到右计算的。改变了计算的方向后，计算速度大大加快了。

其五，程序逆向。就是将原先思考问题的顺序颠倒过来就是程序逆向。程序逆向与过程逆向是不同的。其不同点在于：过程逆向是整个过程从头到尾改变成从尾到头的全过程逆向，而程序逆向只是过程中一个程序的颠倒，而不是全过程的颠倒，其程序内的过程是不颠倒的。例如，大型化工行业全流程开车，就有正开车和倒开车之分。所谓正开车就是从最初的原料投料开始，从头到尾一个工序、一个工序，一个装置、一个装置地开车。倒开车是从后一个工序开始开车，由后到前，一个工序、一个工序，一个装置、一个装置地开车。请注意，倒开车不是全过程地从尾到头倒着来，将进料变成出料，而是一个工序、一个工序，一个装置、一个装置地从后向前来，而某一个工序和装置的生产程序都是正着的。所以，倒开车是程序逆向而不是过程逆向。在实际应用中，倒开车是有选择的倒开车，是突出重点工序的倒开车，而不是从尾到头的倒开车。这样便于集中力量，突破难度大、流程复杂的工序，减少开车的时间和原料浪费。这也正是程序逆向大有用途之处。

其六，状态逆向。就是向现有状态的反方向变化，像长的变短、高的变矮、远的变近、大的变小、肥的变瘦、轻的变重、虚的变实、软的变硬、热的变冷、有的变无、动的变静等，或是向相反方向变化，这些都属于状态逆向。以前的木工刨床，刨刀是做定轴转动，木料做直线平动。刨削木料时，木工将木料推向刨刀，这样的操作方法木工的手很容易受伤。专家们为了改进刨床的这一缺点，提出了许多方案，甚至连光电技术都用上了，也未能从根本上解决问题。只有小学一年级文化程度的木工李林森想，若是木料固定不动，让刨刀既绕轴转动，又让刨刀轴做平行移动，刨木料时不需要工人进料，不就不出事故了吗？他按这个思路改进了刨床，彻底地解决了问题。李林森所采用的就是状态逆向法：变平动的木料为不动，变只做定轴转动的刨刀既做转动又做平动。传统电影是观众静止地坐在椅子上观看快速滚动的影像，现在发明了一种圆幕电影，放映时电影的画面是静止不动的，而人坐在绕定轴转动的椅子上。日本津轻海峡的"隧道电影"也与此相似，电影画面固定在墙面上，观众随着列车的开动而做移动，同样能够达到观看传统电影的效果。青岛海尔集团就生产了一种新型微波炉，将原来食物转动、加热波不动，改为食物不动、加热波转动，名曰：转波炉。目前，出现了一种新式打气筒，一改以往气筒壁不动活塞运动的状态。这两种新产品的出现也是对以往产品状态的逆向。

其七，方位逆向。颠倒事物现在的方位使之处于一种新的形态就是方位逆向。方位逆向包括左右颠倒、前后颠倒、上下颠倒等。史书上有这样一个记载：宋代潭州城魏家财主的小孩，看见几个小伙伴在鱼钩上穿上钓饵钓小鸡。他便学着小鸡的样子将钓钩含在嘴里，一不小心，钓钩被卡在喉咙里，怎么也拔不出来。请来不少郎中谁也没有好办法。后来请来了一位姓莫的老人。他观察后发现，若是硬向上提鱼钩，一定会刺伤喉咙，而且也不一定能将鱼钩拔出来。他采用了方位逆向的方法，改向上提为向下按。先是向家人要来一个蚕茧、一串佛珠，将蚕茧用香油少许浸泡、轻轻揉搓软了，再在蚕茧的两头分别开一个大孔、一个小孔，大孔能放进鱼钩，小孔能穿进绳子，将留在外边的鱼钩绳子穿了进去，使大孔的一端靠近喉咙；接着将蚕茧推向小孩的喉咙，还一个个地将佛珠穿了进去，穿一个让小孩吞咽一个，一直吞了十多个佛珠。然后他将这十多颗佛珠在小孩的喉咙里抵压紧，使其形成一个"硬棒"，再将"硬棒"向鱼钩的方向推进，致使蚕茧和最下面的一个佛珠被鱼钩钩住为止。这时，他便开始将钓钩线向上提，很快鱼钩便被安全地提出来了。在医学尚不发达的宋代，这不能不说是一种好办法。

其八，思路逆向。将思考问题的思路（思路专指思考的形式）颠倒过来就是思路逆向。反证法是典型的思路逆向。数学家发明了反证法，其思路是假设B是假的，然后一步一步地、逻辑地、必然地推演到B假，必然A假，但是，A真，所以B不能假，必真。其程式为：假设 B 假，所以 R；因为 R，所以 S；因为 S，所以 A 必假（其中的每步证明都是正确的）。这与 A 真是矛盾的，所以 B 假是不成立的，证毕。

在餐饮业一般的餐馆多采用最低消费限价的经营策略，而有这么一家餐馆却采用最高消费限价的经营策略，推出人均消费最多不许超过 80 元的经营策略。难道它不想多赚钱吗？显然不是。餐馆规定最高消费是一种思路逆向经营的创新做法，用规定最高消费限价，迎合百姓的消费心理，拉近与消费者的距离。此招一出，招来了许多顾客，不仅增加收入，而且增强了知名度。在商业一般的商店命名都是采用褒义命名方法，如德仁堂商店、瑞蚨祥绸布店、丰泽楼饭馆、百盛商厦等。可有的商店却采用思路逆向的方法，将商店命名为"丑小鸭"商行，"黑嘿黑"餐吧，用贬义名称迎合人们的好奇心理，招徕顾客。人们在工作和生活中往往就是用思路逆向的方法，正话反说，明贬、暗褒，充满了智慧和幽默。例如，卓越的"逆向思维"的典范，美国前总统尼克松，1972 年在苏联（当时，苏联未解体）访问即将结束时，在一个机场飞机准备起飞前，突然发现一个引擎发动机出了故障，怎么也发动不起来。在场送行的苏共中央首脑勃列日涅夫（1906—1982）气急败坏地指着苏联民航部长的鼻子问尼克松："你说，我们应该怎样处分他？"尼克松饶有风趣而又理智地说："我建议提升他，因为在地面发现了故障，总比在空中好得多。"这一反向的回答，不但令人耳目一新，而且也启迪人们从一个逆向的角度去理解问题，显示了尼克松为人的机智和处理问题的反思能力。又如为宣传手表走时准确，不是正面宣传"此表走时准确，每天只有 0.01 秒的误差"，而是说"此表走时不够准确，每天有 0.01 秒的误差"。为了宣扬某产品的大部分零部件是进口的，不用直白的方式说"此产品的零部件进口率高"，而说"此产品的最大缺点是零部件的国产率低"。在许多场合，同一句话，用正话说与用反话说其效果大不一样。

从前欧洲的一家剧院里发生了这样一件事：演出开始了，许多贵夫人、阔小姐们都戴着一顶高高的帽子坐在位子上看戏，坐在后面的观众向剧院老板提出了意见。为了让女士们脱帽，老板开始时用十分亲切、温柔的语气说："请戴帽子的女士们把帽子脱下来。"尽管他十分有礼貌地重复了两三遍，可是没有人响应。后来他改变了说话的思路，将"脱帽"改成"不脱帽"："女士们，为了照顾大家观看，年纪大的女士可以不必脱帽！"话音刚落，场内的女士们都将帽子脱了下来。之所以正话反说能有这么大的威力和如此好的效果，其实是迎合了人们不愿意按照别人意愿做事的心理。

在阿凡提的故事中有这样一则故事：国王做了一个梦，请大臣们破解。一位大臣解释说："这个梦的意思是国王的所有亲属都比国王死得早。"国王听了大怒，立即吩咐将这个大臣监禁起来。后来国王又让阿凡提释梦，阿凡提则说："这个梦的意思是国王的寿命比所有亲属都要长。"国王听了大喜，下令重赏阿凡提。阿凡提之所以能够得到国王的欢喜，是他迎合了人们爱听吉利话的心理。其实大臣的话与阿凡提的话其意思是完全一样的。将不吉利的话改成吉利话后，行为的主体也同时改变了，话的中心意思却没有变。

其九，行为逆向。就是行动和做法与原先的（或一般的）相反。相反的行为（做法）有时能产生相同的效果，这就是行为逆向的机理。在第二次世界大战中有这么一个著名战例，按照战略的部署和要求，某一天的晚上，苏军必须向德军发起进攻。可是，这天晚上星星满天，很难达到突袭的效果。苏联朱可夫（1896—1974）元帅采用了行为逆向的做法，把全线140台大型探照灯都集中起来，在向德军发起进攻时，140台大型探照灯一起开启，将德军阵地照得如同白昼一般，同时强烈的灯光晃得德军睁不开眼睛，只有挨打的份。苏军顺利地突破了德军防线，取得了战斗的全面胜利。

春秋末期，原称霸中原的晋国国王被架空，大权旁落于智伯、韩康子、魏恒子和赵襄子四个大夫手中。这四人当中，智伯势力最强，野心也最大，他一心想独霸晋国。开始，他首先逼迫韩康子割地，韩康子本想拒绝，他的谋士段规建议："若不割地给他，他就会派兵来攻打我们，我们又敌不过他们，倒不如暂且答应他们，他得到好处以后还会再向其他二人索要土地，如有人不答应，就必然发生争斗，那时我们就可以伺机应变了。"韩康子采纳了这一建议，将"一万户"（户是当时面积的单位）的土地割给了智伯。不久，智伯又向魏恒子索要土地。魏恒子本来也想拒绝，他的谋士任章劝说道："智伯四处伸手索要土地，我们若将土地割给他，他就会更加骄傲轻敌，这样，三方人都会因为怕他，便会团结起来共同对付他，到那时他的寿命就不长了。《周书》上说，'欲将败之，必先辅之；欲将取之，必先予之'，倒不如暂且满足他的要求以骄纵于他，然后再联合他人一起攻打他。"魏恒子觉得任章说得有道理，于是也割让了"一万户"土地给智伯。智伯两次索要土地都获得成功后，果然更加骄横，也更加轻敌。后来他又要求赵襄子割让土地，遭到赵襄子的拒绝。智伯大怒，率兵攻赵。赵襄子暗暗派人与韩、魏两家结盟，共同抵抗智伯的进攻，结果智伯大败。韩、魏、赵三家瓜分了智伯的所有领地。

从前有一位贵夫人，一段时间身体长胖了，她迫切需要减肥。那个时候既没有现成的减肥茶、苗条霜等减肥药品，也没有减肥器械，只好请医生想想办法。一连请了好几个医生都是劝她少进食，以减少脂肪的摄入量。贵夫人忍受不了饥饿的煎熬，因此收效甚微。后来，又请来一位医生。这位医生询问了前几次减肥没有收效的实际经过，他采用了行为逆向的做法，对贵夫人说："你身体健壮，吃少了是不行的。你平时还吃得不够，我建议在每顿饭前一刻钟，再喝一磅浓浓的甜牛奶。"贵夫人照办了，饭前喝一磅牛奶，到用餐时自然进食就会少了，果然体重下降，减肥也有了成效。

"以退为进"策略，也是行为逆向。当受条件限制不能"前进"时，就"退避三舍"，甚至暂时采取有损自己眼前利益的做法，卧薪尝胆，积蓄力量，创造条件，以待时机。待时机成熟时再向前"推进"，以最终达到自己"前进"的目的。"以进为退"策略也是如此，只不过是事态的发展变化与"以退为进"正好相反而已。我国历史上有这样一个故事：浚仪县令范邰审理一桩绢布争夺案，在公堂上，争夺的双方都说这匹绢是自己的，互讼对方是抢劫犯。范邰表现出很为难的样子，只好将绢布从中间剪断，判每人各得一半了结此案。在二人回家的路上，范邰派人暗中跟随。发现其中一人窃窃自喜，一人怒气冲冲，断定怒气冲冲的人是绢布的真正所有者，于是下令逮捕窃窃自喜的人，并将绢布全部还给绢布的真正主人，使此案得到了公平解决。浚仪县令所采用的就是"以退为进"的行为逆向方法。

一般来说，创新能力强的人，大都具有逆向思维，即思维反潮流的精神。逆向创新思维的应用十分广泛。在人们的实践活动中，包括生活、工作，科学试验、技术发明、经济管理、军事外交等，都广泛应用逆向思维。

(三) 逆向思维的作用

其一，在日常生活和工作中，逆向思维可以使其更加理性地思考问题，很容易得到心理上的平衡。诸如当人们一时不能拔出瓶塞喝到瓶中的饮料时，将瓶塞压进瓶中去也是一种破解的好办法。大家可能用过"逆序词典"和"反义词典"，这两种词典是逆向思维的产物，是学习语言的帮手，对于搞创作的人来说，其作用多于传统词典。北京创造学会会员梁兴哲先生，经过十多年的艰苦研究，创立了一套新的辞书编写系统。商务印书馆已经将其纳入近期出版计划，并出版了第一本辞书——《倒序现代汉语字典》（按汉字拼音的倒序——从最后一个韵母依次向前推的顺序来编排和查找汉字）。这套辞书的出版刷新了千百年来我国辞书的编写体系。由此也为学习汉字和研究汉字生成和发展提供了崭新的思路和途径。

其二，在管理工作中，一能帮助管理者尽快找到问题的症结所在，以便于采取正确的应对措施；二能帮助管理者出其不意，另辟蹊径，争得先机，抢占市场。众所周知的青岛海尔电冰箱厂当众砸毁上百余台质量不合格的电冰箱，就是逆向思维在企业管理中应用的典范。采取这一行动，一是表明该厂对产品质量的严格要求；二是表明该厂对消费者的极端负责任；三是表明该厂狠抓产品质量的决心和魄力。

其三，在科技研究和开发工作中，将被广泛地应用。诸如人体疾病治疗，临床医学是采取服用杀灭病菌的药物来治疗。预防医学靠向人体内注射极微量的病菌疫苗，使体内产生抵抗此病菌的能力来预防。治疗与预防就构成一对原理逆向。冶炼业对金属大都是采用高温热处理法，来得到人们所希望的某些性能。后来人们采用逆向思维的方法，发明了金属的深冷处理方法。实验证明，很多金属经过 $-32℃$ 低温处理后再慢慢升温，其寿命可以提高 2—3 倍。在科学史上，逆向思维导致很多科学上的创造，许许多多的创造发明都是逆向思维的结果。如电转变成磁，磁可否转换成电的反向思维，就导致了发电机的产生。由于逆向思维，改变着人们探索和认识事物的思维定式，因而比较容易引发超常的思想和效应。英国物理学家瑞利（1842—1919）在测量氮气密度时，分别采用哈考特法和雷尼奥法，结果得出的氮气密度相差1‰。这么小的差别有何意义呢？一般人可能毫不在意，但瑞利认为这个差别超出了实验误差的范围。于是，他采用"逆向思维"，即在实验中不是减少差值，而是扩大差值，去探索个中原因。经过不懈地努力，他终于发现了氩原子，并由此获得1904年诺贝尔物理学奖。

逆向思维与正向思维是完全相反的思维形式。"你顺着河流走，能发现大海；你逆着河流走，能发现源头。"这句话是对正向思维与逆向思维的形象比喻。正向思维亦称正思，思维路径是从原因到结果，它遵循事物的"因果链条"，往往能收到"顺藤摸瓜"的效果。逆向思维亦称反思，思维路径是从结果到原因，它沿着事物发展的轨迹回溯探究，同样能达到思维的目的。随着社会的发展、科技的进步、时间的推移，如果不用"逆向思维"，固守常理，困于常规，囿于常情，总是冲不出老框框，被旧东西所桎梏，就不能有新的见识、建树和创造。应该在思想上经常摆脱传统的习惯，多从一些反习惯、反常规、反传统的逆向思路上考虑问题。逆向思维是有助于创造发明和发展的。逆向思维与正向思维是平面思维中的重要现象，这是由事物自身所固有的规律所决定的。一是事物之间作用是相制约的。人们可以从此物对彼物的作用认识彼物，也可以从彼物对此物的作用认识此物。二是事物的两极是相沟通的。在某种极端条件下和在与此相反的极端条件下，都能产生同样的效果，有如异曲同工、殊途同归。三是事物的本质是一致的。任何事物都是对立统一的，因而都会产生由真相和假象交织组成的复杂表象，其中包含着主要矛盾和矛盾的主要方面，对事物的发展起着重要的主导性、支配性或决定性作用。人们只要善于全方位、多角度透视事物现象，多方面展开深入研究，就能透过现象抓住事物的本质联系，抓住事物的主要矛盾和矛盾的主要方面，从而"牵住牛鼻子"，找到解决问题的关键。逆向思维即反思，因其包含辩证的舍取，往往更能引起人们重视。

其四，逆向思维除了有助于创造发明之外，还有助于促进人萌发新思维，令人猛醒，催人奋进。例如，对中华民族传统文化进行纵向的历史反思，辨别其精华与糟粕，对前者加以肯定、继承，对后者加以否定、提出，能为社会改革提供经验和借鉴，能给社会精神生活提供丰富的文化创造资源和前进动力，能使人确立正确的价值观，最终能使中华文明生生不息，光辉灿烂。中华民族有些传统文化的核心，是锐意进取、开拓创新的精神。《易传》中说："天行健，君子以自强不息；地势坤，君子以厚德载物。"前一句鼓励人像日月星辰永恒运转那样，有一种刚健有为、奋勉进取精神；后一句要求人像天地孕育万物一样，有一种兼容并包、广收博采精神，这两句话凝练地道出了中华民族文化的意蕴和精华。其集中体现在以下三点。一是确立完整的伦理道德修养目标。要求人们实践孝敬、友善、仁爱，用信、义、仁、恕、温、良、俭、让等伦理道德规范，将完善的人格修养与坚持真理、反对邪恶，为国家、民族而献身的崇高人生目标联系起来。淡泊明志，宁静致远，"富贵不能淫，贫贱不能移，威武不能屈"。二是确立积极的意识。关心现实、奋发有为的勇敢变革精神和强烈的忧患意识。古人所谓"先天下之忧而忧，后天下之乐而乐"，"安得广厦千万间，大庇天下寒士俱欢颜"等，就是这种勇敢变革精神和忧患意识的生动写照。三是确立"见利思义"的传统美德。中华民族自古在义与利问题上有许多精辟见解，认为利益人人需要，但"君子爱财，取之有道"，"非道不取"；义与利是辩证的统一，"利，义之和也"，义能促利，"义以生利"；肯定"义与利只是公与私也"，强调追求私利不能损害公义，"君子之能以公义胜私欲也"。中华民族传统文化消极内容核心，是以因循守旧、僵化封闭为特征的浓厚封建意识。它是历史"因袭的承担"，犹如无形枷锁，是产生现实生活中"两个拜物教"等腐败风气的根源。"权力拜物教"及其连带存在的"权钱交易""官本位"思想、个人崇拜、等级森严、宗族观念、行会帮派意识等，都深刻反映出封建主义余毒；"金钱拜物教"和物欲享乐、崇洋媚外等思想的蔓延流行，固然与市场经济运行机制的负面效应诱发个人主义、金钱意识有关系，然而更深层的原因却依然是"权力拜物教"等封建余毒，在现代改革开放条件下的升级嬗变。这就提醒我们在当前既要防止资产阶级腐朽思想和生活方式的侵袭，更应注意肃清土生土长的封建主义影响。因为这两者都可能从根本上改变共产党人为人民服务的宗旨，使党和国家的性质发生严重蜕变。逆向思维如此重要，是因为它从逆向角度，另辟蹊径，能克服人们正向思维中容易产生的某些习惯性定式心理的遮蔽效应。我国古代哲人老子曰："将欲废之，必固兴之；将欲夺之，必固与之"，逆向思维正与此不谋而合。

三　形象思维是凭借图像、间接地认识事物本质的思维形式

形象思维（thinking in images），顾名思义，是指凭借事物或事物的图像、表象进行联想或想象的一种思维形式。其物质基础是事物或事物的形象、表象，而它的运动形式主要是联想与想象。一般来说，形象思维是人们在社会实践中，特别是在形象创造过程中普遍存在的一种基本的思维形式。[1] 研究表明，人们认

---

[1] 杨春鼎：《形象思维学》，吉林人民出版社2010年版，第9页。

识世界、发现和掌握事物的本质往往是从形象思维开始的。形象思维的定义繁多。一种指作家、艺术家在整个创作过程中，在遵循着人类思维的一般规律的基础之上，始终依赖于具体的形象和联想、想象来进行思维的方式；另一种指人在头脑里对记忆表象进行分析综合、加工改造从而形成新的表象的心理过程，它是思维的一种特殊形式，即通常的想象；还有一种指人们在认识过程中，借助于意象、想象和联想等方式，从形象材料中抽象出具有个性的形象作为某事物本质的特征标志，从而形象地揭示事物的本质和规律的思维形式。因为它是指以事物的具体形象或表象为材料的思维，它主要着眼于事物的感性整体并在关于事物的综合考察中，运用各种方式直接感受信息，间接地反映事物的本质属性，运用的主要方法是联想和想象，在思维中首先通过感知、表象实现的，表象是形象创新思维的初级原材料，思维是通过对表象的形象加工来反映事物，凭借形象间接地反映事物之间的联系和关系，从而揭示事物的本质和发展规律。

（一）形象思维是以形象作为思维对象的一种思维

人们要创新、创造，一刻也离不开形象思维。形象由"图、形、光、色、影"五种元素组成。图是指平面图形，形是指空间形体（即立体图形，亦称之为形），光是指形象的光泽，色是指形象的不同颜色，影是指客体在光照下所形成的影子。

关于形象思维理论界持否定态度仍有很多，他们断言："不用抽象，不要概念，不按逻辑的形象思维是根本不存在的。"并进一步争辩说："思维是大脑的一种认识活动，根本离不开概念、判断和推理，不可能只是一堆形象。"持这种观点的人也不全无道理，仅是有些片面性。其实概念、判断和推理是思维的一些形式，形象思维也是思维的一种形式。形象思维的过程离不开概念、判断和推理，它们之间是既相互区别，又相互联系的。将概念、判断、推理思维与形象思维对立起来是不全面的。

形象思维是普遍存在的，是认识事物过程中必不可少的。爱因斯坦说："在我们的思维机制中，书面的文字或口头的语言似乎不起任何作用。作为思维元素的心理的东西是一些符号和有一定明晰度的意象，它们可以由我'随意地'再生和组合……"意象"随意地"再生和组合就是形象思维的高级形式——意象思维。在爱因斯坦看来，形象思维是客观存在的。其实，科学理论中的原子模型、分子模型，工程师和设计师的设计建筑，艺术创作和艺术欣赏，炼钢工人从钢水的颜色判断钢水的温度，火车机务人员用小铁锤敲打火车的不同部件根据声音判断车辆是否有故障，中医通过察言观色和切脉诊断疾病，人们以音容笑貌和体态特征去识别人等，这些都充分说明形象思维是普遍存在着的，也是认识事物过程中必不可少的。因事物的存在形式是多种多样的，内在特性和外在体貌就是多种存在形式中的二元素。内在特性的功能要用概念来描述，使用的是概念思维；而外在体貌特征使用概念是难以描述清楚的，必须用形象来描述，使用的是形象思维。如物体的形状、颜色、光泽和相互间的位置关系，用概念（语义）虽然也能较为清楚地描述一部分，但只能限于形象与概念相互对应关系十分确定的公认、公知的知识体系，而大部分很难或根本不可能用概念描述清楚，只有用图、形、光、色、影，即形象才能描述清楚。试想，一朵鲜花的形态、一个人的相貌能够用语义准确地描述清楚吗？所以人们常用几何图形来描述，以此帮助人们更深刻地理解某概念的内涵。事实上，形象思维是不可缺少的，缺少了就不能全面地认识事物。

（二）形象思维具有形象性、非公知性、非形式逻辑性、理性的特性

其一，形象性。形象创新思维的形成不同于概念创新思维的

加工过程，在这一过程中，输入到大脑中的不是概念，而是形象（即事物的图、形、光、色、影等）信息，大脑通过联想、想象、相似、象征和其他典型化等方法，对形象信息进行加工整理，从而创造出新形象，并以这种形象揭示事物的本质和存在状态。因此，形象思维作为一种思维形式，其整个过程离不开形象。形象所描述的是事物的外在形貌属性和内在的结构属性，它是一种特殊的知识——形象知识，也是一种特殊的语言——形象语言。其二，非公知性。以形象知识为基础的形象思维过程，往往因人而异，不仅对同一事物的意象有所不同，而且对同一个形象的理解也有不同，如审美逻辑的推演过程，不同的人有不同的审美逻辑，从而使得绝大部分形象知识至今尚未进入人们公认、公知的知识体系，目前仍是非公知性状况。而不像概念思维中的概念知识那样是人们公认、公知的知识。其三，非形式逻辑性。形象思维不完全遵循概念思维中的形式逻辑，它所遵循的是相当于形式逻辑的——审美逻辑。想象和形象联想如同概念思维中的判断和推理，想象和形象联想的规律，就是认识、实践，再认识、再实践循环往复以至无穷的辩证认识规律。其四，理性。形象思维既包括感性形象思维也包括理性形象思维，既属于感性思维也属于理性思维。以具象作为思维对象的思维形式是感性形象思维，属于感性思维，而以意象作为思维对象的思维形式是理性形象思维，属于理性思维。在形象思维中，常用、常见的是以意象为对象的理性形象思维，即理性思维。所不同的是形象思维的整个过程和结果，都有强烈的情感动因和情感效果，能使人得到美的享受或其他形式的情感冲动。形象思维可以给人以启迪，有着巨大的社会教育作用。形象思维往往是先于概念思维将问题提出来，引导人们对客观世界的认识更深入一步，并与抽象的概念思维相互补充。

往往人们很容易将形象思维误认为是感性思维，因为形象思维中的形象知识保留着感性知识的外壳——外部形象，甚至将意象也误认为是感性形象——具象。其实，意象不是事物表面现象、外在联系的感性描述，而是在感性认识基础上进一步加工的结果。只不过这种加工产品不是形成抽象的概念、判断和推理，而是沿着创造典型意象的方向进行的。在形象思维所创造的意象中，包含着主体对客体的思考、评价和价值观念，反映着客观事物的本质，意象思维和审美逻辑都属于理性认识的范畴。理性思维的过程是一个从个别到一般，再从一般到个别的反复循环过程。从认识的过程来看，理性形象创新思维的过程也是从具象（个别）到意象（一般），通过遵循审美逻辑（相当于形式逻辑和辩证逻辑）的联想和想象（如同推理和辩证思考），创造出新的意象（相当于新的推论），再将新意象到实践（具象）中（相当于从一般到个别）去验证的反复循环过程。

四 换向思维是转换原先思考问题方向的思维形式

换向思维（thinking in transposition）就是在思考对象不变的情况下，转换原先思考问题方向的思维。也可以说是改变原先思路来解决原先的同一个问题的思维。换向思维是多向思维法中最常用的思维形式，从某种意义上说，多向思维法多数是采用换向思维构成的。换向的实质是转换原来思考问题的逻辑方向，从新的逻辑方向、逻辑角度来思考同一个问题。如将定性分析换成定量分析，将数理分析换成事理分析，用功能分析代替结构分析，用审美逻辑判断代替形式逻辑判断等，都是换向思维。

（一）换向思维的特性

换向思维具有多向性、多变性、求异性、目的性的特性。其一，多向性。是指思考问题有多个方向。当人们用一种思路不能解决问题时，就另换一种新的思路。不止一次的换向就形成了换向思维的多向性。其二，多变性。一是指思维的方式方法常常改变；二是指思考的结论也常常变化。思维方式的多变性是换向思维的本质属性，思路不改变就不是换向思维；由于思路的改变，使得大多情况下思考的结果也发生变化。其三，求异性。是指思维的方式方法或思考结论与通常不一样。一是为了寻找新的解题方法；二是为了得到新的解题结果。其四，目的性。换向思维的唯一目的在于寻找更符合实际情况、更巧妙、更简便的解题方法和更全面的、更合理的结论。任何事物的不同侧面都有着不同的属性、不同的规律。换向思维不仅能认识事物的不同侧面，而且能较完整地认识事物的全貌，能按给定的条件更准确地解决问题。但在认识解决问题时，要将换向思维与换元思维法区别开来。换向思维与换元思维法是两种不相同的思维形式，其区别就在于：换向思维一直是对着同一个思考对象进行思考，而换元思维法是改变了原来思考的对象，通过对另一个思考对象的思考来解决原来思考对象的问题。例如，系统科学的方法就是一改从前仅对单个事物或仅从事物的局部思考问题的方法，而改用从相关事物的整个体系来思考问题，其思考对象改变了，因此系统科学是对以前仅对单个事物或仅从事物的局部进行思考的还原，而不是换向。

(二) 换向思维的类型

依据不同的逻辑关系主要列举几种常见的类型。其一，不同因果关系之间的换向。事物之间的因果关系是最根本的关系。从不同方向进行思考，事物之间的因果关系是不一样的。如分析河堤决口的客观原因，主要有水量过大、河道狭窄、河堤不牢等。不同的原因实际上有其不同的因果关系，治理起来自然也就有不同的方法。治理河道中水量过大的方法，一是减少雨量断绝水的来源；二是兴建水库蓄水减少输入河道中的水量；三是在河流上游山地上植树种草，增加植被蓄水。治理河道狭窄的方法，一是拓宽、疏通河道；二是治理河流上游自然环境，防止泥沙流失，减少河床淤积。治理河堤不牢的方法，就是要加固河堤。其二，思路换向。就是改变原来思考问题的思路，或与前一个思路不同的思路来思考问题。诸如冲床是机器加工设备中事故率最高的机床，号称"铁老虎"，操作者一不小心，冲头落下时便会冲切到置于冲头下方的操作者的手。人们为了减少冲床的事故率，首先想到的是：当操作员的手处于冲头下方时，若能让冲头不向下运动，就可以减免事故。于是人们便在冲头上安装了热敏传感器，只要手在冲头下方，热敏传感器就会感测到手的温度而切断电路，冲头便不会下落，从而避免了事故的发生。但是，如果热敏传感器不灵敏或出现故障，照样还是不能保证安全。后来人们改变了思路：当冲头向下运动时，若能使操作员的手不处在冲头下方，也照样可以避免事故的发生。于是在冲头运动的电路中设计了两个串联的手动开关，分别安装于床体上操作员操作位置的两侧，要使冲头向下运动，操作员必须两只手同时按下身体两侧的串联开关，否则冲头就不能向下运动，从而保证了操作者的安全。

圆珠笔的最初设计，其笔芯贮藏的油墨较多，足够写五六万字，每当写到 2 万多字时，因笔珠磨损过度就会漏出油墨，严重影响正常书写。按照常规思维方式，人们便更换笔珠材料，增强笔珠的硬度；可笔珠硬度强了，而油墨用完了，笔珠还完好无损，于是不得不再增加油墨储量。这样一来圆珠笔的成本却大大增加，影响销量。此难题曾一度使设计者们一筹莫展，久久未能解决。后来设计者想出一个新办法，不是增加笔珠的硬度，而是减少油墨的储量，使得还不到笔珠磨损漏油的时候油墨就用完了。这种思路换向，问题就简便圆满地解决了。保持油墨储量增强笔珠硬度，保持笔珠硬度减少油墨储量，是思考问题、处理问题的方向问题。思路换向，不仅没有增加制造成本，反而减少了成本，提高了利润，生产者和消费者都满意。

（三）换向思维的作用

换向思维的作用主要表现为两点。其一，拓宽思路。拓宽思路也是换向思维的基本着眼点和落脚点，也就是说应用换向思维可以找到事物之间尽量多的联系，以便能更全面地分析问题，更准确地解决问题。在分析、分解、分类、分化……中，都有换向思维的具体运用。从认识论、方法论的角度看，以"分""析"为"基因"的认识方法和操作方法，大都是以换向思维为基础的。唯物辩证法中的分析与综合，方法论中的分解与组合，系统论中的要素与整体，创新思维技法中的联想法、特性列举法、检核表法、综摄法、因果分析法、焦点法等大多数技法，都有换向思维的具体运用。换向思维在创新思维中占据十分重要的地位。

在"二战"期间，盟军在选择诺曼底登陆点后，上百万大军如何快速登陆成为迅速取胜的关键问题，为此指挥部展开了激烈的讨论。诺曼底没有大型码头，大型运输舰无法停靠，登陆盟军肯定会成为德军射击的靶子。就在将军们争执不下的时候，"热血豪胆"的美国巴顿（1885—1945）将军拍着桌子，不以为然地说："这有什么难的？没有码头，我们可以造一个嘛！"他的建议一提出，就遭到一些人的讥笑。巴顿将军认真地说："我们的军舰可以预先打造，飞机可以预先制造，各种炮弹都可以预先准备，为什么码头不可以预先建造呢？现在，用预制件建筑房屋已经是非常普遍的事情，我们有大型运输船，完全可以提前将船坞用的大块预制件提前打造好，在开始登陆前，用最快的速度赶造出四五个大型码头来。"用预制件在敌人的炮火下修建码头，这实在有点像是天方夜谭，因为从来没有人听说过、想过和干过，在当时的条件下，建造一个万吨级码头，没有三年五载是绝对完不成的，也难怪有人讥笑他。但谁也不会想到，正是巴顿将军的这个想法，盟军经过多次研究和实验，终于探索出一套用预制件迅速建筑码头的操作规程，为最后登陆立下奇功。也创造了建筑史上的奇迹。

其二，改变精神状态。在人们的日常生活中，有乐观者与悲观者，其根本原因就是他们看问题的角度不同。两个人面对夕阳西下的景色在海边散步，触景生情，悲观者哀叹太阳的沉没和黑暗的到来；乐观者却兴高采烈地迎着晚霞高唱"黑夜过后光辉灿烂的明天就会到来"。对于同一个问题，由于看问题的角度不同，所得到的结论是不一样的。生活就是这样，运用积极思维，选取乐观的态度，挖掘其光明面，你对她笑，她就会对你笑；你给予她最好的东西，她就会给予你最好的东西。即使世界漆黑一团，也不能使一支小蜡烛失去光辉。点亮心中的蜡烛，既会驱散黑暗、亮丽一片天空，也会温暖自己冰冷的心。打开一扇幸福之窗，就会扬弃生活中的不幸和遗憾，也就拥有了一半成功。成功者的一大特征，就是无论在什么情况下，都是一个乐观主义者，他始终用积极的目光、充满信心的乐观精神，主导自己的人生。反之，悲观主义者情况正好相反，悲观情绪对于解决问题是毫无作用的，它只会消磨你的信心和斗志，埋没你的智慧和聪明。所以我们一定要做一个乐观主义者，经常保持乐观的情绪和心态。

奥地利音乐大师莫扎特（1756—1791）是乐观主义的典范，他一生十分不幸，一辈子都生活在疾病和痛苦之中。在他9年的婚姻生活里，生了6个孩子，其中4个相继死去，他的精神受到沉重的打击，一生中花在借钱上的时间和精力不少于他创作15部交响曲所耗费的时间和精力。生活如此凄惨的莫扎特，却充满乐观和信心。在他看来，"生活的挫折和不幸都是上帝赐予他的不可多得的机会，既丰富了生命的营养，又可以体味到生命的完整和真实"。正是这种乐观精神使他在生活极度困苦的情况下，创作出 15 部惊世之作。

五 综合思维的含义、特性和类型

综合思维（comprehensive thought）是指从纵横不同角度、不同层次对思维对象进行综合，或在思维过程中对世间若干要素进行重新组合，产生新的创意，形成新的事物的思维。综合思维作为若干要素进行重组而产生创意的思维形式，一般来说，是将两个或两个以上的事物（包括事物的侧面、属性、因素等）组合在一起考察研究它们之间的关系，以及它们与新组成的整体事物之间关系的思维。

（一）综合思维的含义

综合思维亦称组合思维。是指两个以上的事物、要素属性等组合，产生新的事物，或形成新的认识的思维形式。爱因斯坦说：综合就是一种创造，组合作用似乎是创新思维的本质特征。"找出已知装备的新的组合的人，就是发明家。"[①] 在晶体管发明者肖克莱看来，"所谓创造就是把以前独立的发明组合起来"。日本电器试验所菊池诚博士认为："搞发明有两条路：第一条是全新的发现，第二条是把已知其原理的实施进行组合。"[②] 进入 20 世纪 50 年代以来，技术发展形式由单项突破转向多项组合，独立的技术发明相对减少，"组合型"的技术创新相对增多。统计资料表明，现在世界上每年产生的创造发明，70% 是靠组合法完成的。美国的"阿波罗"登月计划，可谓是当代一个大型的发明

---

① 何明申：《创新思维修炼》，民主与建设出版社 2001 年版，第 162 页。
② 赵慧田、谢燮正主编：《发明创造学教程》，东北工业学院出版社 1987 年版，第 211 页。

创造。美国"阿波罗"计划的负责人却直言不讳地讲："阿波罗"宇宙飞船的技术，其中没有一项是新的突破，都是现代技术精确无误地组合，并实行系统管理结果。

(二) 综合思维的主要特性

综合思维具有同一性、普遍性、多样性的主要特性。其一，同一性。综合思维的同一性是指为了同一个目标，要优势互补、劣势互抑，要正向的综合，而不是负向的综合。其二，普遍性。指综合思维是人们普遍应用的思维方式之一，其应用的空间广泛、应用的时间广延，任何正常的人都会使用综合思维，任何地方都能使用综合思维。其三，多样性。是指综合思维的方式方法很多，使用灵活多变，不拘一格。

(三) 综合思维的主要类型

按综合的效果可分类为：其一，正向综合思维。致使综合体中各组成要素之间是一种优势互补、互增，劣势互抑、互消的综合思维是正向综合思维。"三个臭皮匠赛过诸葛亮"这句格言所指的就是正向综合思维。其二，负向综合思维。致使综合体中各组成要素之间是一种优势互消、互抑，劣势互补、互增的是负向综合思维。"三个和尚没水吃"这句格言所指的就是负向综合思维。按综合物的类别分类为：其一，同物综合思维。将相同的事物综合到一起进行思考叫同物综合思维。如发明双人床、平行尺、双管枪等就是同物综合思维。其二，异物综合思维。将不相同的事物综合到一起进行思考叫异物综合思维。如收录机、计算机、什锦食品等都是异物综合思维的结果。按综合物的数量分类为：其一，二元综合思维。将两个元素综合起来进行思考的思维形式叫二元综合思维，亦称为成对综合思维。其二，多元综合思维。将两个以上元素综合起来进行思考的思维形式叫多元综合思维。按综合物的综合形式分类为：其一，并重综合思维。综合思维中的各成分要素在综合中地位相同、分量相同，起着同等重要作用的称之为并重综合思维。如复合维生素、杂粮食品、多维饮品等都是并重综合思维的结晶。其二，主次综合思维。综合中的各成分要素在综合中地位不同、分量不同，起着轻重不同作用的称之为主次综合思维。如带日历的手表、带指南针的手表等都是主次综合思维的结晶。按综合物的类型分类为：其一，功能综合思维。从功能的角度将事物的功能进行综合的思维叫功能综合思维。如将电话的功能与录音机的功能进行综合思维后发明的录音电话。其二，技术综合思维。从技术的角度将不同的技术进行综合的思维叫技术综合思维。如 X 光摄像技术即透视成像扫描技术和电子计算机的精确定位技术的综合，就发明了可以判定在身体的什么位置发生了什么样的病变的 CT 扫描仪。其三，产品综合思维。从产品自身的角度将不同的产品进行综合的思维，叫产品综合思维。如将动力机同各种机械、工具相综合，形成了多种动力机械。其四，原理综合思维。将科学原理与科学原理进行综合的思维叫原理综合思维。如将声波原理与电磁原理综合发明的无线电广播。其五，现象综合思维。将现象与现象（现象是自然规律的表现形式）进行综合的思维叫现象综合思维。如互联网信息等。按交叉混合的技术和方法分类为：其一，某种科学技术与不同方法综合。如超声波研磨法、超声波焊接法、超声波切削法、超声波理疗法、超声波清洗零件、超声波洗衣等，都是这种综合的产物。其中超声波是一种技术，而研磨、焊接、切削、理疗、清洗零件、洗衣等都是不同的方法，将超声波技术同这些方法综合起来，就形成了某种特殊的方法。其二，不同科学技术与某一种方法综合。如惯性导航、天文导航、地磁导航、无线电导航、红外线导航、卫星导航、程序控制导航、寻求导航等，都是这种综合的产物，其中导航是一种制导方法，而惯性、天文、地磁、无线电、红外线、卫星、程序控制等则是不同领域的科学技术，将各种各样的科学技术同导航方法综合就形成了各种各样的特殊导航方法。其三，科学原理与不同技术的综合。如太阳能电池板、磁悬浮列车、无人机悬浮技术等。以无人机悬浮技术来说，它主要基于气动原理，利用四个或更多的旋翼、螺旋桨或喷气推进器产生的上升力和下降力来平衡无人机的重力。通过调整旋翼或螺旋桨的转速和角度，可以实现无人机的稳定悬浮。

　　总之，综合思维是最易产生创新成果的思维形式。创新思维就是一种综合性极强的思维。从内在的角度看，创新思维是创造者在最佳的心理构成和心理合力作用下，获得强烈、明快、和谐的创新意识，进而使大脑中已有的感性和理性知识信息，按最优化的科学思路，借助于联想、想象、直觉和灵感等思维形式，以渐进式或突变式两种飞跃方式，进行重新组合、匹配、脱颖和升华，最后实现创新思维成果的一种综合思维。从外在的角度看，创新思维是多种思维形式和方法的综合，是各种思维"杂交"的产物；而不是某一种或两种思维合作的结果。

第十章　创新能力的助力性方法：非逻辑思维范畴法

思维的基本范畴一般可分为两类：一类是逻辑的，包括抽象思维、具体思维、分析思维、类比思维等思维形式；另一类是非逻辑的，包括单向与多向思维法、横向思维与纵向思维法、发散思维与收敛思维法等思维方式。非逻辑的主要思维范畴是创新能力发生、形成及运行过程中不可或缺的助力法。

第一节　单向与多向思维法

单向与多向思维法是一组相对应的范畴。创新主体有时沿着一个思维方向进行思维，有时从多个方向进行思维。在思考同一个问题时，往往是单向与多向思维法交织并用。

一　单向思维法的含义、特性和作用

单向思维是一种较为简单的思维形式，但在创新和创造的验证阶段是较为重要、较为多用的思维形式。[1]

---

[1]　王跃新：《创新思维学教程》，红旗出版社2010年版。

(一) 单向思维法的含义

所谓单向思维法，亦称为单一思维法。是指沿着一个思维方向所进行的思维。一般是沿着事物发展变化的某一个内在规律的思维方向进展的。

(二) 单向思维法的特性

单向思维法主要具有单向性、封闭性、逻辑性三种特性。其一，单向性。即沿着事物内在发展变化的规律进行的思考，是在一个方向进行的思考，没有第二条思路。其二，封闭性。即沿着事物内在发展变化的规律进行的思考，它不受外在环境因素的干扰和影响，具有明显的封闭性。其三，逻辑性。即遵循事物内在发展、变化规律的逻辑关系，是指沿着事物内在发展变化的规律进行的思考，逻辑性便成为单向思维法的基本特征之一。

(三) 单向思维法的主要作用

其一，分析事物的因果关系。单向思维是指沿着事物内在发展变化规律进行的思考，因果关系又是事物内部发展变化的根本关系，所以单向思维法是进行事物因果关系分析的有效方法。其二，预测事物的发展。当了解事物发展变化的因果关系，掌握事物发展变化的充分条件时，便可以依据因果关系预测事物的发展结果。其三，验证结论的正确性。单向思维法是指沿着事物内在发展变化规律进行的思考，所以能验证其结论是否正确。结论符合事物内在发展变化规律的就是正确的，不符合事物内在发展变化规律的就是不正确的。

二 多向思维法的含义、特性和作用

多向思维法是常用的思维形式，特别在创造、创新的过程中是最常用的思维形式之一。多向思维法是创新能力的核心思维形式。

第十章　创新能力的助力性方法：非逻辑思维范畴法

（一）多向思维法的含义

多向思维法，亦称多路思维法。即从多个思考方向思考同一个问题的思维。所谓从多个思考方向进行思考，是指从问题的多侧面、多角度、多层次、多渠道、多切入点进行推测、想象的思维。多向思维法的开发和运用可为创新能力提供一个更为广阔的天地和前景。被誉为我国"思维科学的旗帜"和"导弹之父"的钱学森院士在全国思维科学讨论会上提出了多向思维法的命题，颇为新颖和独特。他认为，人不光有一个自我，而且有多个自我，有的是自己意识到的，有的还没有意识到。多向思维法可以使人们的认识深化一步。

科学家、政治家、军事家、管理家、企业家，在做出重大决策之前，大脑屏幕上（指显意识）往往同时涌现出好几种方案（指发散思维法）。这些方案各有一套智慧控制系统，每种方案不断驳斥对方。经过激烈的较量，从而进行更高一级的判断，这都是多向思维法的结果。多向思维法的重要性就在于：一是扩大了思维空间和容量，这好比给大脑增添了许多"生产车间"，使之能同时工作，互不干扰；二是提高了思维的功能和质量。在多向思维法之中，多中有一、乱中有序、分中有合、合中有分，而且还能相互反馈、相互渗透、相互转化、相互校正，还有最高级的协调与决策。因此，多向思维法是创造思维的优秀品质，在创新活动过程中有着极其重要的意义。

多向思维法的理论综合了美国心理学家吉尔福特的"扩散思维"的特点和弗洛伊德的"无意识理论"的优势以及其他思维科学的精华，用系统论的方法，将看似孤立、零散的信息，通过相似、接近、因果、对比、联想等手段，有机辩证地结合为一个整体，从而有效地参与和展开创新实践活动。

当然，创造思维的过程是一个复杂的高智慧活动过程，没有一成不变的固定模式，它往往受创造对象的性质、类型、创造者的主观条件和所处的客观环境等多种因素的制约。人们只有根据实际情况，制订思维活动方案使其符合创造规律，才有希望获得创造现实未来的巨大成功。

（二）多向思维法的特性

多向思维法具有多向性、开放性、顺畅性、求异性、求变性、求知性的特性。其一，多向性。即从多个方向、多个角度、多个层次，使用不同的理论思考同一个问题，具有多方向性的基本特征。其二，开放性。是相对于封闭性而言的，开放性就是冲破固有框架，从另外的系统、领域思考问题。多向思维法是从多个方向、多个角度、多个层次，使用不同的理论思考问题，它跳出了单向思维法的封闭性，具备开放性。其三，顺畅性。即指思考问题能够势如破竹，像奔腾的洪流一泻千里。因为掌握多向思维法，便能够促使人们在思考问题时举一反三，自由自在地转换思考问题的方向和角度，自由地选用不同的理论或方法分析问题、思考问题，充分地表现思考的顺畅性。其四，求异性。即指强调与其他思维方式不同，具有自己的特色。从不同方向、不同角度、不同层次、不同切入点，使用不同的理论思考问题，就一定会找到不同的结论。其五，求变性。重点是寻找出与自己原来看法不同的新想法、新结论。采用多向思维法，迟早会得出与以前不同的结论。其六，求知性。即找到真正的知识和正确的结论。多向思维法是求知的主要的、常用的手段。

（三）多向思维法的作用

多向思维法在创新思维中起着重要的作用，是通向创新、创造的有效途径。具体作用表现为：其一，活跃思维，开阔思路。多向思维法从多个方向、多个角度、多个层次，使用不同的理论思考问题，是活跃思维、开阔思路最直接、最有效的方法。其二，增多解决问题的方案。活跃思维、开阔视域，定能找到更多的解决问题的方案。其三，找到解题的方法。就是找到一个较优化的解题方法。解题的方法多了，不仅有助于尽快地选取解题方法，而且还能选择到更优化的解题方法。

多向思维法能够创造性地解决问题是多向思维法的内在机理决定的。它自身体现和遵循唯物辩证法的客观事物多向性统一原理。客观事物的存在是多样性的，即客观事物的不同侧面、不同层次都有着不同的特性，因此从客观事物的不同侧面、不同层次去看问题，人们所看到的特性和结论是不一样的，这便是客观事物的多样性原理的一个方面。另一方面，尽管客观事物是多样性的，但是客观事物不同侧面的多样性是有内在联系的，它们共同反映了客观事物的本质。

因为客观事物是多样性的统一，所以，当我们从客观事物的不同方向、不同侧面、不同层次、不同切入点，采用多种理论或方法思考同一个问题时，就能够创造性地解决问题。

三 单向与多向思维法的统一

客观事物本身既从过去—现在—将来的一个方向发展着，又有自身同周围事物相互联系的多向性。任何事物无一不是在单向和多向的交叉关系中存在和发展的。因此，人们在考察事物的时候，既需要单向思维法，也需要多向思维法两种思维活动的结合。单向思维法和多向思维法是相互交叉、相互统一的。单向思维法是一种沿着特定方向对事物发展变化的规律进行思考和研究的方法，但不借助于多向思维法的比较和支持，也不能很好地深入进去。多向思维法是跳出事物自己演变的轨迹，从其他事物的发展变化规律中来寻求对象物的发展变化规律，但是，要寻找对象物的发展变化规律还必须回到原思考对象的发展变化中去，为此，多向思维法一定要提升到单向思维法的阶段，才能得到所需要的思维成果。

在一个完整的科学思维过程中，即在得出一个正确结论的思维过程中，单向与多向思维方法是相互联系、不可分割的，单纯靠任何一种思维方法，都难以形成一个正确的思维过程。单纯靠单向思维法或单纯靠多向思维法都是不易达成的。仅靠单向思维法，不一定能找到对路的思维方式。仅靠多向思维法，提供广阔的思路，却不一定能保证思维的正确性。需要二者的有机联系和互补。人们依靠多向思维法拓宽思路，依靠单向思维法得出正确的思维结果，交替地使用单向思维法和多向思维法，可显著提高思维的效率。

另外，也要将单向、多向思维法与纵向、横向思维法结合起来。因为思维的单向与纵向是相对于事物自身演化的规律而言的；而思维的多向与横向是针对思考同一个问题的思维方向的数量来说的。为了解决某一个问题仅从一个方向来思考就是单向，而从多个方向来思考就是多向，但只有一个多向的思维依然是单向思维法，而有多个多向思维法才构成多向思维法。可见，单向、多向思维法与纵向、横向思维法之间并不是简单的对应关系，而是联合协同作战的。

第二节　横向与纵向思维法

横向思维法与纵向思维法是一组相对应的范畴。将事物自身运动、发展、演化的方向规定为纵向；而将事物自身运动、发展、演化方向以外的其他变化方向规定为横向。横向思维法与纵向思维法是创新思维中常用的、重要的，不可或缺的思维方法。

一　横向思维法的含义、特性和作用

横向思维法是从另外一个事物的某些方面来对照分析该事物的对应方面的思维，或为了解决某领域的问题而到其他领域找方法的思维。

（一）横向思维法的含义

横向思维法，亦称侧向思维法。是一种能突破事物本身发展规律的束缚，把事物放在与其他事物的开放比较中，获得对事物本质和规律认识的思维方法，或从对象物自身演变方向以外的方向，对对象物所面临的问题而进行的思维。英国学者德·波诺将这种思维形象地比喻为：同眼睛的侧视能力相类似的，称它为侧向思维。

（二）横向思维法的特性

横向思维法具有开放性、跳跃性、意外性、模糊性的特性。其一，开放性。即从对象物以外的其他事物中思考，从而找到解决对象物问题的方法。显然这种方法不局限于思考对象本身，具有开放性。其二，跳跃性。思维的过程和程序不是像逻辑思维那样循规蹈矩、按部就班，而是一种跨越某些思维的步骤，以跳跃的形式进行的，具有跳跃性。其三，意外性。它一般不是在有准备的情况下展开的，往往表现有偶然性、突然性和意外性。其四，模糊性。模糊性表现在两方面，一是横向思维法是在模糊的情况下展开的，思维的开始并没有明确的指向和目的；二是横向思维法的成果多数也是模糊的，不是明确的结论和答案，仅仅是给思维者一种启示和引导。横向思维法虽然是一种非常规性思维，并在整个过程中不遵循形式逻辑规律；但是，横向思维法是发明、创造活动中被经常使用的思维形式。每当人们面对疑难问题，想不出解决问题的办法时，横向思维法就派上了用场。

横向思维法与联想思维是紧密联系的。严格地说，横向思维法有两种思考路线：一是从对象物开始，联想到对象物以外的其他事物，利用其他事物的逻辑关系以及其他事物与对象物之间的关系来解决对象物所面临的问题；二是从对象物以外的其他事物的某些逻辑关系，想到对象物所面临的问题并加以解决。以上这两种思维形式都是横向思维法。前一种思维形式的思维活动应用的就是联想思维，后一种思维形式的思维过程也应用的是联想思维。可见，横向思维法是离不开联想思维的，它是以联想思维为基础的。二者的区别在于联想思维以"联想到"的事物为目标；而横向思维法是以"被联想到"的事物的逻辑关系及以解决对象物所面临的问题为目标。

（三）横向思维法的作用

横向思维法在创新实践活动中起重要作用。横向思维法在创新活动中发挥作用的条件是：所研究的问题必须成为研究者坚定不移的目标，即形成心理学上所称的"优势灶"。"优势灶"对刺激的敏感性高，能将刺激叠加，刺激源消失后，仍能保持刺激作用。依赖这种机能，横向思维法才能在创新实践活动中起重要作用。

二 纵向思维法的含义、特性和作用

纵向思维是在特定的结构范围内，按顺序、可预测、程式化，按既定目标、方向向纵深领域深化思考的一种思维形式。

（一）纵向思维法的含义

纵向思维法是沿着事物自身发展、演化的方向所进行的思维。纵向思维遵循事物的过去、现在到未来的思维过程，使人们能够科学地认识事物发生、发展的客观规律。因果思维、预测思维、历史思维等都是纵向思维法。

(二) 纵向思维法的特性

纵向思维法具有历史性、封闭性、循序性、准确性的特性。其一，历史性。其思考的对象性事物在某一个历史阶段的发展变化是历史的演变，具有明显的历史性。其二，封闭性。是指沿着事物自身发展、演化的方向进行，不涉及对象物的外部，完全局限于对象物的内部，有明显的封闭性。其三，循序性。即指沿着事物内在的逻辑关系进行的，逻辑思维有循序性，所以纵向思维法也就具有循序性。其四，准确性。既然纵向思维法遵循逻辑关系，所以其结论的准确率和精确率都是比较高的。

(三) 纵向思维法的作用

纵向思维法是最常用的思维形式。因为纵向思维法是沿着事物自身发展、演化的方向进行的思维，所以它是人们认识世界、改造世界最基本、最常用的思维方式。无论是对事物进行科学分析、判断、论证，还是预测事物发展变化的趋势，所应用的都是纵向思维法。在创造发明的过程中，验证创造发明的正确与否，纵向思维法首当其冲。纵向思维法在科学研究、技术发明、发现、创造中具有重要作用。

三 横向思维法与纵向思维法的关系

横向思维法与纵向思维法是辩证统一的关系。是既相互区别，又相互联系、相互补充的关系。

(一) 横向思维法与纵向思维法的相互区别

横向思维法与纵向思维法的互补性，来自它们截然相反的区别性。英国爱德华·德·波诺很清楚地看到这一点，他在《横向思维法》一书中特意将这两种思维做过比较。

横向思维法是启发性的，纵向思维法是分析性的。纵向思维法是一种重分析的传统的科学思维。所谓分析，就是将研究对象分解成客观存在的各个组成部分，然后分别加以研究。既要分析事物在空间分布上整体的各个组成部分，又要分析事物在时间发展上整个过程的各个阶段，还要分析复杂统一体的各种要素、方面、属性。分析可以给我们带来对事物的深入认识，但是分析也会将人的眼光限制在片面、狭窄的领域。更重要的是，在解决问题时，分析是在限定的范围内进行，缺少活力。如果解决问题必须冲破原来的范围，分析就无能为力。横向思维法恰恰在这一点上可以弥补纵向思维法的局限。横向思维法是启发性的，使用它可以使人跳出原来的固定范围。

纵向思维法是按部就班的，横向思维法可以跳跃。纵向思维法按照逻辑的步骤，一步步推演，不能逾越某个阶段。横向思维法是非逻辑的，在该跳的时刻就跳过去，因此纵向思维法适合于解决常规的问题，横向思维法则适合于解决必须打破常规的新问题。也可以说，横向思维法有助于进入潜意识水平，激发直觉、灵感的产生。但横向思维法的结果，还需要纵向思维法再做按部就班的检验。德·波诺曾谈到，一旦一项解决办法已被清楚地说明，总是可以事后画出一条逻辑途径来。但从实践意义上说，对一条逻辑途径的事后演示，显然不能说明寻找那项解决办法原来会经过此途径而获得。所以，横向思维法打破的仅是人们的认识局限，规律的客观存在并不能说明靠旧的逻辑联系（纵向思维法所遵循的途径）就能得到新的认识。纵向思维法的每一步都必须正确，横向思维法则不然。人们使用纵向思维法时，每一步都是被逻辑地规定好的；而使用横向思维法时，创新主体实际上是在四处探索可能的结果，也许在所探寻的结果中有九个都是错的，但只要有一个是正确的，这种探寻方式就是可行的。没有这样的探索，人就与机器没有什么两样。推进认识的飞跃，需要启发式的、探索式的横向思维法；完善认识，需要确定的纵向思维法。两者既泾渭分明，又相得益彰。

纵向思维法只寻找固定的目标，横向思维法喜欢非固定的、意外的收获。思维个体在进行纵向思维法时，往往集中于一点，排除一切不相干的东西，进行横向思维法时则欢迎偶然闯入的东西。纵向思维法的目标是直达正确的结果，所以，思考过程尽量排除不相干的信息；使用横向思维法是为了建立新的模式，新模式不可能来源于其内部，而只能寻找外来信息，也许越是原来认为没有用的信息，就越有可能改变旧的模式，带来新的希望。纵向思维法关于范畴、类别及名称都是固定的，横向思维法则不然。纵向思维法在原来的模式中思考，必然遵循现有的概念、范畴。这时事物的类别、含义都已被规定好。纵向思考在这个框架中如鱼得水，畅通无阻。可以设想，如果在一个系统中，概念定义都是混淆的会带来多大的麻烦。而横向思考的过程和结果，都会改变原有的类别，至少是暂时的改变。纵向思维法遵循最有希望的途径，横向思维法探索最无希望的途径。纵向思维法总是遵循那些最明显的途径前进，以保证人们最快地获得正确的结果，但这些结果不过是被包括在原有的原理之中的。因此，纵向思考对解决常规问题是有效的、合理的。横向思维法探索表面看来最没有希望，实质上也许是最有价值的，即开始看来最不合理，过后回顾，却又是最经济、最合乎规律的途径。

纵向思维法与横向思维法是对应的一对思维形式。从纵向思维法的特性（封闭性、循序性、历时性、准确性）与横向思维法的特性（开放性、跳跃性、意外性、模糊性）也可以看出，纵向思维法与横向思维法有明显的区别（即开放与封闭、跳跃与循序、模糊与准确的区别）。纵向思维法是思维的深化，起到科学分析、理性论证的作用；而横向思维法提供思维新的切入点，起到一种拓展、启示应用不同思维方式的作用。

（二）横向思维法与纵向思维法的相互联系、相互补充

德·波诺在提出横向思维法概念时，特意向那些对横向思维法持疑义的人解释说，横向思维法并不是威胁纵向思维法的合法性。"这两种思维方法是相辅相成而不是相互对立的。横向思维法用来生成新观念与方法，纵向思维法用来发展这些观念与方法。横向思维法为纵向思维法提供更多供其选择的对象，从而提高纵向思维法的效力；纵向思维法很好地利用横向思维法所生成的观念，因此使横向思维法的效力成倍增加。"[①]

正像时间是一维的，只朝着一个方向行进，而空间是多维的一样，横向思维法与纵向思维法则代表了一维与多维的互补。横向思维法和纵向思维法是两种风格截然不同，但又双向关联、互为补充的思维方法。横向思维法的特点，决定了它是一种生成性思维（generative thinking），而纵向思维法是一种批判性思维（critical thinking）。在这一点上，颇有产生性或创新能力（innovative ability）与再造性思维（reproductive thinking）之间的区别的意思。纵向思维法总是遵循逻辑规则，选择一个最佳途径，对它来说，重要的是正确性。横向思维法是促进生成，对它来说，重要的是丰富性，是试图开辟新的途径，生成不同的方法。横向思维法并非排斥逻辑思维，而只排斥逻辑思维的排他性。但是横向思维法不能代替纵向思维法，它们是相辅相成的。

德·波诺当初创立横向思维法概念，目的就是针对纵向思维法的缺陷，提出与之互补的对立的思维方法，而且横向与纵向的

[①] [英]爱德华·德·波诺：《横向思维法》，金佩琳等译，东方出版社1991年版，第193页。

第十章 创新能力的助力性方法：非逻辑思维范畴法　◇　447

结合，又确实能使思维变得更加科学。从德·波诺对纵向思维法和横向思维法所辖的各种定义和解释中，可以很自然地看到这两种思维之间的互补性，即主动与被动的互补；生成与分析的互补；启发与选择的互补；或然性与确定性的互补；外行与内行的互补；跳跃思维与按部就班思维的互补；用否定与没用否定的互补；欢迎偶然闯入与集于一点、排除不相关方法的互补；范畴、类别、名称的不固定与固定的互补；信息活用、寻求重新建构与信息精确、机械输入输出的互补。概括地说，二者之间是富有创造性、建设性与深刻性、精细性的互补。这里虽然强调的是横向思维法，但在实际生活中，最经常使用的还是纵向思维法。德·波诺非常形象地描述了横向思维法与纵向思维法各自的作用及互补性："横向思维法恰似汽车变速器的倒车挡。谁也不会一直使用倒车挡行驶，但倒车挡是必需的，而且我们需要学会使用它，以实施机动和从死胡同里推出。"① 客观事物本身既有历史的、现在的和将来的一面，又有自身同周围事物相互联系的一面。任何事物无一不是在纵向和横向的交叉关系中存在和发展的。纵向思维法和横向思维法也不例外，二者是相互交叉、相互互补的。纵向思维法是按照有顺序的可预测的程序化的方向进行思考的方法，其着眼于事物发展变化的历程的规律研究，但要借助于横向思维法的比较和支持，才能很好地深入进去。横向思维法能突破事物本身发展的束缚，把事物放在与其它事物的开放比较中，得到对事物本质和规律的认识成果。横向思维法一定要提升到纵向思维法的阶段，才能得到所需要的思维成果。必须将纵向思维法与横向思维法辩证地结合起来，发挥它们各自的优点，这样才能

---

① ［英］爱德华·德·波诺：《横向思维法》，金佩琳等译，东方出版社1991年版，第193页。

更全面、更深刻地认识事物的本质。

一个完整的科学思维过程，即得出一个正确结论的思维过程，横向思维法与纵向思维法是相互联系的，单纯靠任何一方都不能形成一个正确的思维过程。单纯靠横向思维法或单纯靠纵向思维法都是不易达成的。仅靠横向思维法，提供了思路的广阔性，却不一定能保证思路的正确性；仅靠纵向思维法，则不一定能找到对路的思维方式。这就需要二者的有机联系、结合和互补。人们依靠横向思维法拓宽思路，依靠纵向思维法得出正确的思维结果，交替地使用横向思维法和纵向思维法，可显著提高思维的效率。另外，也要将横向、纵向思维法与单向、多向思维法结合起来。因思维的横向与纵向是相对于事物自身演化的规律而言的；而思维的单向与多向是指思考同一个问题的思维方向的数量来说的。只有一个横向的思维依然是单向思维法，而有多个横向思维法才构成多向思维法。可见，横向思维法与单向思维法、多向思维法之间并没有简单的对应关系。而纵向思维法一般来说都是从事物的某一演化方式进行思考的，因此，纵向思维法一定是单向思维法。但是，不同的纵向思维法，即从事物的不同演化方式进行思考，综合起来又构成了多向思维法。总之，一个完整的科学思维过程，必须是横向、纵向思维法和单向、多向思维法联合作战的过程。

第三节　发散与收敛思维法

发散思维法与收敛思维法作为一组相对应的范畴，二者是既相互区别又相互依存的思维方法，是创新思维系统中常用的、典型的、重要的思维方法。

一 发散思维法的含义、特性和作用

发散思维法一词是外来语，亦可译为扩散思维法、分散思维法。发散思维法来源于美国心理学家吉尔福特提出的"发散性加工"概念。1967年，吉尔福特在他的《人类智力的本质》一书中称"根据自己记忆储存，以精确的或修正的形式，加工出许多被选择的信息项目，以满足一定的需要"为"发散性加工"。在吉尔福特看来，根据自己记忆储存，以精确的或修正的形式，加工出许多被选择的信息项目，以满足一定需要的思维形式就是发散思维法。

（一）发散思维法的含义

发散思维法是一个信息产生多个信息的思维，发散思维法以辐射思维为典型的思维形式。发散思维法之所以被人们非常重视，因为它是创造过程中常用的、极为重要的思维形式，以至有人说，发散思维法就是创新思维，创新思维就是发散思维法。尽管这种说法不够准确，但可以看出发散思维法在创新思维中的重要地位。依据中国文化的底蕴和习惯，发散一词的解释是由空间上的一个点出发，向三维度空间，即四面八方散射去的思维形式。发散思维法就是从思考对象这个点出发，向周围的其他事物进行联系思考的一种思维形式。这种联系思考方式是多种多样的，可以是形象联系、形式联系、结构联系、逻辑联系，也可以是概念联系、原理联系、功能联系；可以是物理方面的联系，也可以是事理方面的联系，还可以是情理方面的联系等。

（二）发散思维法的特性

发散思维法具有多向性、多元性、变通性、流畅性的显著特性。其一，多向性。是发散思维法的一大特征。所谓思维的多向性就是思维不只是沿着一个方向进行，而是从多个切入点切入，沿着多个方向进行。这种思维形式就是多向思维法，即多个换向思维的集合。其二，多元性。是指思维转着弯进行，即通过改变思维对象的方式进行迂回思维，这种思维方式实质就是换元思维法。换元思维法就体现了发散思维法的多元性。其三，变通性。思维的多向性、多元性本身就体现了思维的变通性。通过变换思维方向和思维对象达到思维的协调、找到解题的方式。其四，流畅性。是指思维进程有顺势而下的顺达、畅通性，"思如泉涌"就是对这种特征的描述。发散思维法因其灵活变通，所以具备流畅的特性。思维创新本身的路径是多元的，注重从不同角度、不同方面去思考问题是发散思维的显著特征。在发散思维的进程中，往往有多个思维指向，思维形成三维的发射状态，其结果是寻求三维或多维的思维结果。

同一种事物从不同角度看，其结果是不同的。因此，要学会多向、多元、多视角思维。不要按照惯例的思路，顺着事情的先后顺序、发展进程进行思考，不要根据常规经验去分析问题，如果按照单向思维的方式去思考问题，那么视野范围窄小，对思维对象就难以全面、准确地把握。面对纷繁复杂的事物，面对要解决的问题，不能囿于一个思考方向或一种思维习惯，要多向、多元、变通、流畅地去思考。

（三）发散思维法的作用

发散思维法有拓宽思路（由于发散思维法的变通性和流畅性，使得发散思维法多用于需要拓宽思路的地方）、孕育创造（发散思维法能拓宽思路，这便为解决疑难问题开辟了道路，很可能一个创造性解决问题的方案就孕育在其中。但这并不是说，每一次发散思维法都能产生出创造的成果）两种重要作用。它是思维活动中不可缺少的、应用十分广泛的方法。头脑风暴法、检核表法等都是发散思维法的应用，所不同的是，头脑风暴法采用几个人相互激励的方法，达到群体间的激发、发散和互补，而检核表法是预先设计好的发散方向和路径，使人沿着预定的方向和路径进行思考。

二　收敛思维法的含义、特性和作用

（一）收敛思维法的含义

收敛思维法是与发散思维法相对应的一种思维方法，所谓收敛思维法就是从已知的散开存在着的许多信息入手，向某一具体目标方向进行求索、求是的思考过程，也就是说，收敛思维法是从已有的许多信息中，推演出（或是断定能否推演出）适合某种要求的信息的思维方法。已有的信息可以是理论、经验、现象，也可以是设想、方案。某种要求既可以是物理要求也可以是事理要求，还可以是情理要求。推演是求索的思维过程，而断定是求证的思维过程。

辐辏思维是收敛思维法的典型思维形式。有些学者认为，理性思维——科学思维、事理思维、情理思维、形式逻辑思维、辩证逻辑思维等都是收敛思维法。

（二）收敛思维法的特性

收敛思维法具有同一性、逻辑性、程序性、比较性的特性。其一，同一性。是指在许多信息中求索、求证适合某种具体要求的信息和信息组合的过程。"适合某种具体要求的信息"是一个共同的目标，即按同一个方向、同一个要求、同一个目标，表现其同一性。其二，逻辑性。指其在求索、求证适合某种具体要求的信息和信息组合的过程中，是按照不同事物内在的规律性的要求进行的，而且事物的内在规律性就是内在逻辑性，这就是说，收敛思维法是按照事物一定的内在逻辑关系进行的，因此具有逻辑性。其三，程序性。事物内在的逻辑性是有其严格程序关系的。当人们按照逻辑进行思考时，就有了严格的程序。先做什么，后做什么，一步接着一步，不能颠倒，也不能省略，体现其程序性。其四，比较性。指在求索、求证适合某种具体要求的信息和信息组合的过程中，是以"某种具体要求"为标准，在许多信息及其组合中逐个比较、筛选，最后找出最适合某种具体要求的信息或信息组合来，显现出收敛思维法的比较特性。

收敛思维法本质上能够在许多信息中求索、求证至适合某种要求的信息或信息组合，正是按照不同事物内在规律性的要求，去验证某些信息组合的可靠性和可行性。这一收敛思维法的原理，也体现了收敛思维法的创新思维性质。

（三）收敛思维法的作用

收敛思维法主要应用于"比较和选择""论证和推演"方面。人们要在许多个事物中比较它们的真假、善恶、美丑，或是在许多方案中选择优、劣，好、坏的时候应用。因为，它是按照事物的存在、发展规律进行的，是将事物的内在规律作为其参照标准的。凡是符合事物存在和发展规律的就是真、善、美的，即是被选中的，应保留下来并拓宽下去的；否则，就要被"扬弃"。收敛思维法是思维过程中比较和选择的手段之一。

客观事实的某一具体结论不是靠拍脑袋，而是靠科学的论证和实践的检验，看其结论是否符合事物内部发展变化的客观规律。就思维形式而言，要使用收敛思维法；若要推测事物的未来发展变化趋势，就要依据事物内部自身发展变化的规律进行预测和推演，也要使用到收敛思维法。当然，强调收敛思维法验证作用，并不否认最终检验结论是否正确的标准是实践。

三 发散思维法与收敛思维法的关系

发散与收敛思维法是辩证统一的关系。是既相互区别，又相互依存的关系。

(一) 发散思维法与收敛思维法的相互区别

发散思维法与收敛思维法是相对应的思维方式。从发散思维法的特性（多向性、多元性、变通性、流畅性）与收敛思维法的特性（同一性、逻辑性、程序性、比较性）可以看出，发散思维法与收敛思维法有明显的区别。发散思维法提供思维方式和方法的多样化、多维化，起到一种拓宽思维和启发思路的作用；而收敛思维法提供思维的同一性、逻辑性，以保证思维的正确性和科学性。

(二) 发散思维法和收敛思维法的相互依存

发散思维法与收敛思维法是互补的。一个完整科学的思维过程，仅靠单一的发散思维法，尽管提供了广阔的思路，而由于不能收敛，就不能将思路集中统一起来，不能确保思维的确定性和思维的正确性。容易变成胡思乱想，甚至是幻想和空想；若仅靠单一的收敛思维法，虽然提供了思维的逻辑性、科学性，却不能体现思维的灵活性、探索性，势必呆板僵化，难以找到解决具体问题的思维方式和方法，甚至不能达到主观思维与客观事实的协调统一，不能得出正确的思维结论，正确思维过程需要二者的互补及有机的融合，既依靠发散思维法拓宽思路，又依靠收敛思维法得出正确的思维结果。发散思维法和收敛思维法作为相互对应的思维方法，二者是相互依存的。发散思维法以收敛思维法的成果为基础，撤开收敛思维法对历史的继承和认识成果的积累，要做到思维的发散是不可能的，没有收敛，发散思维法很可能会失去控制，陷入无序状态，成为胡想、乱想；反之，只有收敛思维法，而无发散思维法过程，收敛也就成为无内容的收敛，发散思维法是收敛思维法的前提，排除了发散思维法，收敛思维法就陷入封闭、保守、呆板之中。

事实上，人类思维发展的历史，（思维的产生与发展史）就是发散与收敛统一的历史，思维发散到一定程度，就需要收敛，然后又在新的基础上进行发散。所以，"发散—收敛—再发散—再收敛……"构成了人类创新的动态过程。每经过一个循环，人类的思维都上升到一个更高的水平。发散思维若不以收敛思维为先导和前提，就没有发散思维；反之，收敛思维若不以发散思维为基础，且不开拓新的方向，思维就会永远停留在同一水平上，也就不会有所发现、有所发明、有所创造和有所前进。

第四节 前瞻与后馈思维法

前瞻思维法和后馈思维法是创新思维中常用的、重要的，既对立又统一的思维方法。

一 前瞻思维法的含义、特性和作用

前瞻思维法是以事物未来发展变化的可能状态或理想状态为标准，对现实状态和发展趋势进行调整的思维形式。

（一）前瞻思维法的含义

前瞻思维法是以现实观念为基础的前瞻性反馈，是把在现实中形成的前瞻思想、观念，把在人们头脑中形成的未来景象反映到现实中来，从现实出发，着眼未来，并用未来量度调整现在的思维形式。

人们的思维活动让人们在工作之前，一般都有工作计划，在生产前有生产目标，在学习前有学习目的，人们用这些计划、目标、目的来指导现实的工作、生产、学习，这种计划性、目的性就是前瞻思维法的体现。换句话说，前瞻思维法也就是人们如何用目标、计划、要求来指导自己行为的思维形式。

第十章 创新能力的助力性方法：非逻辑思维范畴法

（二）前瞻思维法的特性

前瞻思维法具有前瞻性、能动性、可能性、调整性、模糊性的特性。其一，前瞻性。是对将来会发生什么样的情况的一种估计和猜测，将来到底是什么样的，只是按事理逻辑所进行的一种推演，而并不是眼前的真实情况。前瞻性是前瞻思维法的根本特点。其二，能动性。人在劳动之前，劳动的成果已经在头脑中形成了观念性的东西。这种观念上的东西决定着人们行为的目的、行为的选择，以至整个行为的协调和组织。所以，思维的前瞻性正是人类思维能动性的表现，思维的前瞻性是思维能动性的重要组成部分。其三，可能性。是对将来会发生的种种情况的一种估计和猜测，仅是许多可能情况中的一种，因此是一种可能性思维，并非将来一定如此。前瞻思维法就要对各种可能性进行分析，并由此做出预测，以便人们对将来如何发展和变化做到心中有数，经过主观努力，趋利避害。其四，调整性。一般是在客观条件可能允许的情况下，尽力把将来描绘得更好一些。在这种"美好前景"的诱导和驱使下，不断地调整当前的行为和规则，使现在能直接奔向未来可能的美好目标（美好未来），在现实中产生出来。其五，模糊性。既然前瞻思维法是对将来各种可能性的预测，仅是许多可能性中的一种或几种可能性，那就必然是不确定的、模糊的。前瞻思维法的模糊性又决定了它本身的不完全性，需要同其他思维方法有机地结合起来。从这一点考虑，前瞻思维法仅可作为我们思考和处理问题的重要参考。真正科学的思维过程，应该既包含着未来的预测，又包含着对现在和历史的分析，只有将这三者统一起来，才能形成一个科学的、系统的思维和行动。

（三）前瞻思维法的作用

前瞻思维法是伴随创新全过程的思维法。它在创新实践过程中扮演着不可缺少的角色，对创新起着重要的作用。其一，制订计划。做任何事情都要有计划，国家有国家的计划，地区有地区的计划，单位有单位的计划，项目有项目的计划，就是人们的日常生活和平时工作也都有计划，制订这些计划主要使用的是前瞻思维法。其二，促进社会健康发展。在"全球一体化经济"的新时代，在全面建设社会主义现代化国家的今天，前瞻思维法起着越来越重要的作用。由于现代社会发展的节奏加快，呈现出加速度的运动形式，现代人们的活动涉及社会、经济、生态环境、心理等各个方面，这就要求人们必须用系统思维的方法加强前瞻思维法和前瞻预测。只有使用前瞻思维的方法加强前瞻预测，才能为人们有目的的活动提供保证。只有具有远见卓识，才能更好地规划和指导现在。但是，必须注意，前瞻思维法不能割断历史发展的连续性，若割断历史，它就失去了基础，将形成空中楼阁，也一定不能很好地发挥前瞻思维法的作用。前瞻思维法的重要作用是由现代社会发展的需要所决定的。因为前瞻思维法是同将来发展的方向及其可能趋势联系在一起的。创新主体的侧重点是立足于前进，即选择、协调和加速当下的发展，现代社会的发展不能没有前瞻思维。其三，指导创造创新活动。在全球一体化时代，在知识经济和高新技术经济时代，创造和创新已成为核心竞争力。不进行创造和创新，就没有强有力的竞争力，就必然在竞争中失败，也就失去了发展的机遇。搞创造、创新活动，必须以社会发展和民族未来生活的需要为前提，才能使得创造、创新活动收到良好的成效，才能具有强大的生命力，不适合社会发展需要，不适合民族未来生活需要的创造和创新肯定是短命的。可见，只有应用前瞻思维法，创造、创新活动才能有活力，才能长盛不衰，才能收到持续发展的效果。其四，促进未来科学的创立和发展。当前世界上创立了一门有关世界未来发展的学科——未来学。前瞻思维法与未来学有着天然的、极为密切的关系。实践证明，前瞻思维法是打开未来学的一把金钥匙。美国的社会学家阿尔文·托夫勒和社会预测学家约翰·奈斯比特，是当代世界上最为杰出的未来学家，是未来学热潮的两个代表性人物。阿尔文·托夫勒的《未来的震荡》《第三次浪潮》和约翰·奈斯比特的《大趋势——改变我们生活的十个方向》，是世界未来科学的代表作，在世界上引起了巨大反响，成为人们讨论的热点。他们依据当前经济和科学技术的发展趋势，利用前瞻思维法这把金钥匙提出了第三次文明浪潮的新概念。在他们看来，世界已经历了两次文明浪潮。第一次文明浪潮是渔猎时代和农业时代，这个时代历经几千年。第二次文明浪潮是农业、工业文明时代，这个时代历经几百年。他们预测，第三次文明浪潮时代经历几十年就差不多够了。第三次文明浪潮时代，是由工业时代向信息时代转化的时代，是信息文明的时代，也可以称之为"一体化时代""全球经济时代""系统时代""后工业时代""知识经济时代"。这些预测都是运用了前瞻思维法。

当前世界已进入到第四次文明浪潮时代，我国亦称新时代，即"信息智能时代""网络化时代""大数据时代"等。"信息社会时代""网络化时代""大数据时代"有八大前沿科学技术：信息科学技术、生命科学技术、新能源与可再生能源科学技术、有益于环境的高新技术、新材料科学技术、空间科学技术、海洋科学技术、软科学技术。这些前沿科技的发展，必将引起人类社会生活、社会规范和思想观念的巨大变革。尽管这些预测不一定完全正确，肯定有错误或误差，但它一定有许多值得参考和借鉴的意义，将为人们打开一扇思考未来的天窗，同时也拓展了人们思考的空间，对世界未来的发展，对不同国家根据本国情况制定科学规划和对策，都有十分重要的参考作用。

总之，前瞻思维法能指引和激励创造、创新。无论是国家、单位和个人，要搞创造和创新活动，制订创造创新计划，都不能仅考虑创造和创新本身，必须和未来的发展及需求紧密结合起来，此时，前瞻思维法就起到应有的、重要的作用。

二　后馈思维法的含义、特性和作用

后馈思维法就是以历史的某一事件或某一时期为标准和规则进行的思维，是用历史的联系、传统的力量和以前的规则、原则来评价现在、制约现在，使现在按照历史的样子重演的思维方法。

（一）后馈思维法的含义

后馈思维法是一种反馈思维，它面向过去，面向历史，总是用过去怎么做，祖先怎么样，以前的经验是什么等来要求现在，其是以从前的思维样式来思考现在，是将以往的思维方式固定化，用以指导现在的思维和实践，其实质是要把"现在"变成"历史"的重演。中国有句成语叫"古为今用"，其概括的就是这个意思。

（二）后馈思维法的特性

后馈思维法具有历史指向性、稳妥性、局限性、双重性的主要特性。其一，历史指向性。思维都具有指向性，所不同的是，后馈思维法是指向历史的，即面向历史，以历史上的某一时刻的某种状态为参照标准，来看待、评价、导引现在。"以史为鉴"的历史指向性是其本质特点。其二，稳妥性。无论要恢复到历史上某种"理想状态"，还是不要再重蹈某一段的历史覆辙都是有先例可以借鉴、有经验甚至规章可以遵循的，所以它是一种不会冒风险的稳妥性思维形式。其三，局限性。"以史为鉴"的指向性、稳妥性，必然导致它的封闭性和局限性。它以历史为标准，

第十章　创新能力的助力性方法：非逻辑思维范畴法　◇　459

以历史来指导现在，所以永远不能超越历史，总是局限在历史的已有事实和发展水平上，永远也不能发展和前进。其四，双重性。正确地使用后馈思维法，可以使我们"以史为鉴"，从中汲取成功的经验和失败的教训，保留了历史的继承性和连续性，少走弯路，少犯错误，这不但有助于社会的发展，也有助于思维自身的发展。但是，不恰当地使用后馈思维法，形成"厚古薄今""借古非今"的思维框架，以过去、以历史的样子构建现在，从而使思维陷入保守，失去发展的活力，必然会阻碍社会以及创新能力自身的发展。

（三）后馈思维法的作用

借鉴历史经验，汲取历史教训，即常言说："以史为鉴"是后馈思维法的主要作用。后馈思维法有肯定型与否定型之分：肯定型后馈思维法，是将从前的成功和成就作为"理想模型"，在考虑现实问题时总是与这个"理想模型"进行比较，要求把现在拉到历史上的某一阶段，按照历史的面目来设计现在、改造现在；凡是历史上有成功先例的，就认为是办得到的，就主张办。

否定型后馈思维法，是将从前的错误和失败作为镜子，凡是历史上错误的、失败的事，都认为是不能办的，就不主张办，历史上没成功的，就认为是办不到的，这就是极端的"以史为鉴"。"以史为鉴"本意是对的，但是，不能极端化，必须正确处理，若处理不好，就会产生消极的影响。例如，我们党的历史上多次发生"左"倾错误，若能积极地对待，就是汲取历史教训，不再重犯"左"倾错误，这种态度和处理方法才是正确的；若是消极地对待，就是以个人的得失为标准，怕被"左"的思潮打成"右倾""反革命"，不敢再说实话，不再坚持真理，这种态度和处理方法当然就是错误的。中国是一个经历过几千年奴隶社会和封建社会的国家，奴隶社会和封建社会的传统与习惯根深蒂固。那种只对上级负责的封建君臣思想及"唯上""唯书"的教条主义错误倾向等,严重地束缚着人们的观念、思维和行动。若是消极地应用后馈思维法就会阻碍现实社会的进步和现代思维的发展;必须用"与时俱进"观念,冲破消极的、片面的后馈思维法的狭隘之门,以利于群众性的创造、创新活动顺利进行。

应用后馈思维法原则。虽然后馈思维法有双重性,但是,只要人们使用恰当,最大限度地抑制后馈思维法的消极方面,充分发挥后馈思维法的积极作用,通过"现在"和"历史"的比较,弃其糟粕,取其精华,就能从"历史"中获益,推动现实社会的进步。应该看到,善于发挥后馈思维法的历史借鉴作用,批判地继承历史的优秀传统,对于促进当今社会的进步和创新能力的发展都是不可缺少的。

三 思维法的关系

后馈思维法和前瞻思维法二者之间是既对立又统一的互补关系,在现实的思维活动及创新实践过程中二者是统一的。后馈思维法以历史为标准,前瞻思维法以理想、前景为标准;后馈思维法是让现在服从历史,前瞻思维法是让现在服从未来,二者之间是对立统一的关系。

在现实社会发展过程中,"未来"是在"现在"基础上发展起来的,它不是脱离现在;而"现在"又是从"过去"演化来的,是"过去"沉淀于"现在"之中。这样,"过去""现在"和"未来"是相互联系不可分割的,严格地说,"过去""现在"和"未来"都统一于"现在"之中。从一定意义上,"过去"和"未来"也都制约着"现在",使"现在"既不能脱离"历史",又不能无关"未来"。尽管后馈思维法是以历史为导向的思维,前瞻思维法是以未来为导向的思维,但是它们都是为了制约和指导现在而进行的思维，二者是有机统一的。

将后馈思维法和前瞻思维法任何一方绝对化都是片面的。将后馈思维法绝对化，就会使思维僵化，使社会和实践处于一种停滞状态；将前瞻思维法绝对化，就会脱离现实、脱离历史，导致幻想主义和理想主义。只有将二者辩证地结合起来，既有历史，又有现在和将来，社会才能现实健康地发展。

第五节 静态与动态思维法

静态思维法和动态思维法是根据不断变化的环境、条件来改变思维程序，改变思维方向的。从而达到优化思维目标的思维活动过程。静态思维法和动态思维法是创新思维及创新实践过程中常用的重要方法。

一 静态思维法的含义、特性、类型和作用

静态思维法是从固定的概念出发，循着固定的思维程序，达到固定的思维成果的思维过程。静态思维法的过程可以重复、再现，可以"周而复始"，它是一种被动的、"被设计了的"思维形式。

（一）静态思维法的含义

静态思维法亦称静止思维法，是指按照客观事物的静止状态进行思维的一种方法。客观事物总是按其存在和运动的形式分为静止状态和显著变化状态。在思维领域根据这两种状态划分为静态思维法和动态思维法。这两种方法应用于科学研究和工程技术领域中，将具有重要的方法论意义。

（二）静态思维法的特性

静态思维法具有固定性、重复性、被设计性、排他性、正

反双重特性的特性。其一，固定性。即指思维对象的不变性，"是"就"是"，"非"就"非"，一就是一，二就是二，严格遵循着形式逻辑的"同一律""矛盾律"和"排中律"。它使范畴、概念固定化，并在此基础上考虑问题。静态思维法的固定性反映着事物在一定条件下的稳定性，对于那些本来就比较稳定的事物，就更具使用价值。其二，重复性。是指思维的过程可以周而复始地重新再现。静态思维法的重复性是客观事物本身发生、成长、死亡过程的持续性、同一性的反映。如同产品从原料经过一系列加工最后到成品，植物到一定节气才发芽、成长、枯萎，机器的开动、运转、停止一样，决策过程也是先收集信息，进行比较、确定目标、拟订方案、进行预测，最后拍板定案，周而复始，都有它们的重复性。静态思维法将这些稳定的要素固定下来，构成一个相互联结，可以在此重复的思维过程，便形成其重复性。其三，被设计性。是指它可以由人们设计出一个程序，然后使思维按照这个程序运转。静态思维法的"被设计性"是它本身"固定性""重复性"的必然。既然静态思维法可以被"固定""重复"，人们掌握了它的规律也就可以把它设计出来，如让电子计算机按照"被设计了的"思维程序来运演，局部地模仿人的思维能力等。其四，排他性。固定性、重复性、被设计性又决定了它的排他性。因为静态思维法从已有的程序和过程出发，相融的就吸收，不相融的就排斥。它不能断定被排除的事物是否合理，而是紧紧围绕着固有的模式运作。静态思维法的排他性在日常生活中是普遍存在的，当人们将自己的思维模式、框架、程序固定下来以后，无论这种思维模式和框架正确与否，都会将同自己的思维框架所不融的东西完全排除掉。其五，正、反双重特性。一个是正面性体现的三点：一是思维的准确化、定型化和程序化；

二是思维的过程和成果的可重复性、再现性；三是能够体察到事物发展中比较稳定的东西。另一个是反面性体现的四点：一是凝固性。从静止角度出发，用固定的方式看问题。二是封闭性。只能在其规定的范围内思考问题，把思维封闭在一个固定的圈子里。三是排他性。思考的问题一定是符合静态思维法所规定的问题范畴，否则就屏蔽掉、排除掉。四是片面性。由前三个负面特性决定它不可能全面地看待问题，所以其思维成果必然是片面的。

（三）静态思维法的类型

静态思维法可分为绝对静态思维法和相对静态思维法两种类型。前者是一种封闭的僵化的思维形式，后者则是思维过程中不可缺少的一种思维形式，是思维的一个方面、一个层次。绝对静态思维法是把一切客观事物都看成绝对一成不变的东西的思维形式，几千年来它是自然经济形成和发展过程在思维中的反映。在自然经济条件下，人们之间没有或很少交往，思维空间极其狭隘，思维节奏十分缓慢。年复一年四季重复，万物春播秋收，日出而作，日落而息，世世代代生活、劳作在同一块土地上，生产的环境、工具、操作方式和劳动产品几千年几乎一样，"天不变道亦不变"。这种自然经济的生产、生活方式反映在思维上，就形成了绝对静态思维法。绝对静态思维法是我国几千年来自然经济时代思维形式的主流，占据着思维的统治地位。

相对静态思维法是把未来某一段时间或区间，某一事物或某一事物的某个方面看成固定不变的思维形式。就思维发生发展来看，相对静态思维法则是任何时代、任何思维不可缺少的一个侧面。因为客观世界本身就是运动和静止、变动性和稳定性的统一。相对的静态思维法则是对客观事物运动过程中"相对静止""稳定"的反映。相对静态思维法要求寻找思维过程中的稳定因素、稳定程序，要求思维的规范化、定型化，可以不断重复。这是一种"照章办事""被设计了的"思维活动。静态思维法有着自身规范化、模式化和准确性的优点，它在收集材料，把材料分门别类，以及在一些程序性很强的工作中，如财务程序、法律程序、企业的流水线程序等中起重要作用，可以保证严格化、程序化的工作正确进行。在现代科技条件下，通过软件和指令的设计，已经把越来越多的静态思维法交给"人工智能"技术去完成，这是现代科技革命的基础之一。

（四）静态思维法的作用

其一，静态思维法是认识事物不可缺少的思维形式。正如列宁所说："如果不把不间断的东西割断，不使活生生的东西简单化、粗糙化，不加以割碎，不使之僵化，那么我们就不能想象、表达、测量、描述运动。"[①] 所以人们认识世界必然要使用静态思维法，没有静态思维法就不能较好地去创新能力。其二，静态思维法是形式逻辑经常使用的思维形式。形式逻辑研究的是静态思维法的特性与规律，是静态思维法规律的总结，所以形式逻辑、形式思维使用的都是静态思维法。其三，静态思维法是验证创造、创新活动成果的思维形式。静态思维法在创造、创新活动中多应用于验证阶段，是用来验证、论证创造、创新成果是否正确的间接标准。静态思维法中的类比和归纳思维也都可以产生新的创意和成果。

二 动态思维法的含义、特性、要素及作用

动态思维法是对永不停止的、运动、变化、发展的事物的必然反映。它是从事物发展变化的不同方向和不同层面上来认识和

[①]《列宁全集》第55卷，人民出版社1990年版，第219页。

第十章 创新能力的助力性方法：非逻辑思维范畴法 ◈ 465

改造事物的思维形式。它将思维对象看成不断发展变化的，其根本点在于根据事物不断变化的情势，相应地改变思维的切入点、方向和程序，在变化中认识不断运动的事物。

随着现代社会的飞速发展，生活节奏的加快，信息科学技术、云计算和大数据等的发展，促使我国的各级政府、各种企业的领导和员工以至广大民众的思维方式都必须随之变化，动态思维法将成为必然趋势。

（一）动态思维法的含义

动态思维法是根据不断输入的新信息，进行分析、比较，并依据变化的情况形成的新的思维方向，确立新的思维形式，形成并输出新的思维成果；思维成果又反馈给现实，从而指导、调整和控制现实的发展变化，随着现实的调整和控制，又会有新的信息输出，再反馈，再依据所要达到的目标重新进行分析、调整。这样一次又一次地重复运动，不断缩小认识结果与实际存在之间的差距，达到人们对客观事物的正确认识和合理改造。

（二）动态思维法的特性

动态思维法具有流动性、可能性、调整性、择优性、建构性、整体性、开放性七种特性。其一，流动性。用动态思维法看待客观事物，因一切客观事物都处在运动变化之中，所以思维的目标、方向和程序等也都随之变化。变化是动态思维法的出发点，以不断变化的新信息对思维进行调节和控制，形成思维的流动性。其二，可能性。动态思维法的流动性使事物发展的方向、模式和阶段性结局不可能只是一种，往往可能是多种，有好的可能，也有坏的可能，有较好，还会有较坏的可能，这就形成动态思维法的可能性。其三，调整性。既然动态思维法的发展会出现多种可能，作为有思维能力和主观能动性的人们是不能任其自行发展的，必然会依据新的形势和自己的能力和意图不断调整思维方向、思维目标和思维程序，将思维和行动逐步导向与实践相一致。这就是动态思维法的调整性。其四，择优性。在动态思维法的调整过程中，择优求好是基本指导思想，思维的根本准则就是在不同的思维形式中，每一步都要尽可能选择最优的、最好的。如考虑一项工作，由于初始条件不同，可以有多种可能的方案，思维的准则是在这些方案中选择最优者。其五，建构性。指在不断控制思维条件的同时，也不断对自己的思维结构进行改造，这就是动态思维法的建构性。它不把任何一种模式固定下来，而总是不断地建立较好的结构形式，以便较好地适应变化了的新形势以解决发展变化中的问题。事物的结构与功能有着直接的联系，事物的功能不好，必然有其结构上的原因，思维当然也不例外。动态思维法的建构性是人的认识和思维发展到最高阶段的体现。其六，整体性。动态思维法是一个思维过程的整体，是把输入、反馈、控制、输出等要素互相协调，把整个思维过程作为多因素、多变量、多角度、多层次的统一体，这就是动态思维法的整体性。其七，开放性。动态思维法的开放性体现在思维的全过程中，是指不断地通过输入、输出和反馈信息，与周围环境不停地进行交流。如果说封闭性是静态思维法的特点，那么开放性就是动态思维法的实质。

(三) 动态思维法的要素及作用

动态思维法除具有七种特性以外，还有四个要素。其一，输入要素，亦是输入信息。它是动态思维法的新"元件"，通过新"元件"的加入，调整思维的方向和形式，得到新的思维成果。输入信息是动态思维法的启动元素，没有输入信息，动态思维法就无法进行。其二，反馈要素，亦是反馈信息。就是把调整思维后得到的并进行回输的信息，以此来调整下一步的思维活动。反馈实质就是不断地总结经验，不断校正自己的思维偏差，从而使思维不断地逼近客观的或预定的目标。没有反馈要素，就不能调控思维，思维就可能偏离思维的预定目标或客观实际。其三，控制要素。输入要素与反馈要素相结合就构成了动态思维法过程的控制要素。动态思维法反复地通过信息的输入、输出和反馈，对思维本身和创新主体的行为进行修正和调整，控制思维和行为的发展方向，使创新主体获得主动权。在整个控制过程中，对内则不断改变自己的思维程序和行为模式，对外则不断趋近设定的目标，以实现对课题的认识或改造。通过控制要素的作用，既达到了正确认识世界或改造世界的目的，又收到了提高自身思维能力的效果。其四，输出要素。即动态思维法的成果，是在思维的全部过程中，动态思维法总是处于不断的变动中，在变动中不断地调整各个方面的关系，不断输出与环境逐渐趋于一致的信息，这就是输出要素。从总体上考察，动态思维法就是由输入、反馈、控制、输出四个要素构成的，这四个要素以一定方式结合起来就构成了思维的动态过程。

动态思维法无论是在认识世界，还是改造世界中都有最广泛和最普遍的作用。创新思维的过程就是不断地调整动态思维法使其完全符合客观实际发展变化的过程，创新思维是典型的动态思维法。其实，动态思维法的实质就是辩证思维。

三 静态思维法与动态思维法的辩证关系

动态思维法和静态思维法二者是既相互区别，又相互联系、相互渗透，对立统一的思维方法。在创新实践过程中，同一思维活动既有动态思维法，又有静态思维法，世界上的事物就是"动中有静，静中有动"。动态思维法和静态思维法也不例外，二者是相互补充、相互促进、相互渗透、辩证统一的关系。

其一，静态思维法是动态思维法的基础。动态思维法不能脱离静态思维法，动态思维法离开静态思维法，就像运动离开了静止一样，是不可理解的。"从辩证的观点看来，运动表现于它的反面，即表现在静止中"；"运动应当从它的反面即从静止找到它的量度。"① 在动态思维法中，进行动态调整所依据和所使用的数据、信息，都是严格化、程序化的静态思维法提供的，没有这些数据、信息，动态思维法就无法进行。若动态思维法离开静态思维法，就会产生左右摇摆，振荡起落，失去稳定性，造成思维混乱。

其二，动态思维法是静态思维法的补充和提升。静态思维法是一种形式化、规范化、程序化的思维形式，同时也就是一种单一化、片面化、凝固化的思维形式。客观事物本来是不断发展变化的，思维要能真实地反映客观现实，显然仅靠静态思维法是不行的，必须依靠随着事物的发展变化而不断变化的动态思维法。在人类思维的发展进程中，总是先由动态思维法发挥着思维的活力和创造力，开阔思维的新道路。每当人们的动态思维法的创造性使思维进入一个新的层次，人们就会努力去探求新的可以程序化的思维过程，突破原有静态思维法的框架和模式，形成思维的新方向、新程序，使静态思维法进入一个更高层次。这样一步又一步、一层又一层，使人类思维的广度和深度不断扩大和深化，静态思维法从动态思维法中获得生命力。

其三，静态思维法和动态思维法是辩证统一的。世界上一切事物都处在运动变化之中，它既有确定性、固定性的一面，又有不确定性、流动性的一面，静态思维法以静为主，侧重于反映事物的固定性和确定性，要求思维的规范化，可以重复化，是一种

---

① 《马克思恩格斯选集》第3卷，人民出版社1972年版，第101页。

定型化、稳定性的思维。而动态思维法以"动"为主，侧重于反映事物的流动性、不确定性，要求不断地依据变动的情况进行调整，改变思维的程序和方向，在变动中前进。这是静态思维法与动态思维法相互对立的表现。

时代在发展，运动变化的速度在加快，客观地要求人们的思维在变动中协调，在调节中前进，但是也没脱离静态思维法，静态思维法是动态思维法的基础，动态思维法从静态思维法中获得稳定性，二者互相补充、互相转化，是辩证统一的。

第六节 换位与换元思维法

换位思维法和换元思维法是创新思维中常用的、重要的，既相互对立又相互联系的思维方法。

一 换位思维法的含义、特性和作用

换位思维法是在人际交往中思考问题的一种方法，是研究人—物—人（或人—事—人）之间关系时常用的一种思维方法，其中的"物"和"事"是联系两个或两个以上的人的媒介，它也是人们日常生活和工作中，尤其是在创新实践活动中广为应用的思维形式。

（一）换位思维法的含义

换位思维法，亦称换向思维法。换位思维法指两个或两个以上的创新主体在思考问题时，其中思维者故意站在对方立场进行思考的一种思维形式。在一定意义上，换位思维法就是特殊的换向思维法。

（二）换位思维法的特性

换位思维法主要表现为互动性。它要求双方（双向）互动，

即与问题有关的双方（或多方）都要站到对方（或另一方）的立场上来思考这一问题，这样才便于较好地、有效地解决问题。仅仅一方换位，有时也可能解决问题，但是这种方法不是最好的。解决某些生活中的无重大原则的问题，仅仅一方换位还可以；如果关系到重大的原则问题，必须双方互动，互相让步。即便是非原则问题，仅仅是一方让步，时间长了恐怕也不能持续。必须双方互动，以找到双方都能接受的处理问题的方案，使得双方相互理解，协调统一。

（三）换位思维法的作用

换位思维法的作用较为广泛。其一，在人际关系中的作用。人际关系尽管十分复杂，若从地位等级的关系看，不外乎有上下级或同等级两种级别关系。一方面，是在上下级关系中的作用。因为上下级关系之间存在一个服从和领导的关系，在处理上下级关系时，上级总是处于矛盾的主要和主导方面。一般说来，上级在制定一项法规、一项决定时，应站在下级的立场上来思考，要适当照顾下级的利益，体谅下级的困难，这样处理才能得到下级的支持。另一方面，下级对待上级的决定和处理问题的方法，要站在上级的位置上进行思考，尽量理解上级的用意，这样才能充分理解上级决定的意图。上下级都换位思考了，就容易达到对立统一、协调一致。在现实社会中特别要强调的是处于主导地位的上级，要从思想深处牢固树立自己是"人民公仆"的思想，要懂得"水能载舟，也能覆舟"的道理。

其二，是在同级别关系中的作用。人与人之间、组织与组织之间、单位与单位之间，只要不存在隶属的上下级关系，就是同等级关系。同等级关系之间不存在主要和主导关系，因此，双方的互换、互动是关键，双方都要自觉地站在对方的立场上来考虑问题，事情就好办多了。

其三，在谈判工作中的作用。谈判的形式多种多样，有商贸谈判、政治谈判、军事谈判、政府间谈判、公司间谈判等。无论谈判的内容是什么，一般都是为了解决问题而举行的，是为了找到一个双方都能接受的解决问题的方案。既然是为了解决问题，仅强调自己的利益而漠视对方的利益是不能奏效的。中国对外经济联络部原部长龙永图，在恢复中国在 WTO 中的席位长达 15 年的谈判里，作为中国政府的首席代表，经受了种种曲折与磨难，饱尝了谈判的艰辛与苦衷。在中国即将加入 WTO 的前夕，龙部长接受中央电视台记者采访时说过这样两句话："谈判是妥协的艺术""损害中国利益的事肯定不干"。换句话说，"谈判是在不丧失原则、不丧失根本利益的基础上的妥协的艺术"。只有用换位思维法，相互体谅对方的要求，才能找到一个双方都能接受的解决问题的方案。在军事谈判中也离不开换位思维法。如三国时期，袁尚、袁谭兄弟阋争，兵戎相见。曹操正欲出兵攻打刘表的时候，袁谭派使者辛毗向曹操求救。辛毗面对曹操说："袁氏兄弟相争，并未考虑到别人会乘机利用，只想到自己必可平定天下。如今袁谭向您求救，表示他走投无路；袁尚见袁谭陷入困境，却不能乘虚而入，表示他计穷力竭。如果您去攻打邺城（袁尚的大本营），若袁尚不回防，邺城便守不住；若袁尚返回救援，袁谭便会扯袁尚后腿，从后面攻击。以您的军威，讨伐穷困的敌人，就像摧枯拉朽。上天把袁尚送给您，如果您不去攻击袁尚，反而想攻打刘表，等袁氏兄弟醒悟，团结起来，机会便丧失了。"辛毗使用换位思维法，站在曹操的立场分析形势，让曹操心服口服，同意攻打袁尚。在对立双方具体的谈判中，经常出现两难选择的局面。处在这种局面下的谈判者，就要千方百计地制造情势，将这种两难选择的局面交给对方去选择。这是换位思维法的一种延伸。如外国有这样一家，一个年老多病的父亲和一个漂亮的女儿，平时过着艰难穷困的日子。一天，父亲旧病发作，需要送医院治疗，自己家里又没有钱，女儿只得向街坊的一个有钱男人借了 2000 元。借据上写着三个月后还债，月利 3 分。三个月过后，穷困的女儿根本没有能力还债。女儿只好去请求债主缓期还款。那个男债主答道："再延期一年，恐怕你们也还不了债，不如咱们另想办法。"女儿问："什么办法？"债主说："我看你家可怜，更不愿意让你这个漂亮的女孩受难，咱们抓阄。我家门前的水池里有黑白两色的石子，我把黑白石子各一粒放进一个小口袋内，你从中抓出一颗。如果你抓出的是白色石子，咱们之间的债务连本带利就一笔勾销，如果你抓出的是黑色石子，那咱们两个就亲热一番，我就把借据还给你。"其实，这个有钱的男人，早就对这位漂亮的妙龄少女垂涎三尺，就是想找机会接近她。这次机会总算来了。少女没有别的办法，只好硬着头皮答应。于是他们二人都坐在水池旁边。有钱的男人先是胡乱卖弄比画了一番，趁少女不注意，他将两颗黑色石子放进了口袋。男人以为少女没看清，其实聪明的少女早已将此情此景清楚地看在眼里。少女怎样才能戳穿有钱男人的伎俩呢？坐在水池旁边的少女很自然地、却是有意地在水池的上方摸石子，摸出后，装作不小心，将摸出的石子掉在了水池中，这时少女一边表示歉意，一边让那位男人只好根据袋子中石子的颜色来断定自己摸出石子的颜色。用换位思维法，该问题就如此巧妙地解决了。

其四，在企业经营管理中的作用。"人本理念"是现代企业管理的最高理念，要求企业的一切活动必须"以人为本"。人的生存和社会的持续性发展是"以人为本"的最终目的。"人本理念"体现在经营思想上就是树立"一切为顾客服务"的思想；体现在企业内部管理上就是实行相信员工的"人本管理"。无论是生产企业，还是服务企业，其产品都是为消费者服务，并最大限度地满足消费者的需求。因此，企业经营者的一切活动，必须以最大限度地满足消费者的需求为宗旨，哪个企业在这方面做得好，哪个企业就一定能健康生存并得到发展，这已经成为企业生存发展永恒不变的法则。企业的全体员工，特别是决策层，都必须经常地使用换位思维法，做任何工作，包括自己的一举一动，都要站在消费者的立场来思考和处理问题。不管企业生产什么，服务什么，都要从消费者的需求考虑，即使做广告也必须从受众的立场出发，在保证广大消费者得到真实信息的基础上，激发他们的购买欲。无论哪个企业的生存发展史都无一例外地说明，生产假冒伪劣产品是道义上的泯灭，坑蒙拐骗是自掘坟墓。企业靠这种歪门邪道绝对是不可能长期生存下去的。"人本管理"的精髓是调动企业全体员工的积极性和创造性，"人本管理"最常用的思维方法就是"角色扮演法"，要求管理层与管理层之间、员工与员工之间，处理问题都要设身处地体会对方的处境和心情，"己所不欲，勿施于人"，为对方着想，把方便让给别人，才能增强企业的向心力、凝聚力，达到上下一致、众人一心。

二　换元思维法的含义、特性和作用

换元思维法对于一般人来说比较难以掌握，因为它需要人们具有深刻的洞察力和灵活的思维素质。只有具备深刻的洞察力和灵活的思维素质才能看穿事物表面千差万别的现象，洞悉其内在的本质。换元思维法在人们思维活动中，尤其在创新思维和逻辑思维中是较常用的思维方法之一。

（一）换元思维法的含义

换元思维法是指通过等价转换系统的构成元素来寻求解决问题的思维方法。换元思维法是数学、物理学中的一种常用的解题方法，用于通过变量替换为新的变量来简化复杂问题。不仅如此，他在各种学科中都非常有用，是科学思维中的一个重要思维工具。

(二) 换元思维法的特性

换元思维法必须使新换成的思维对象 B 与原思维对象 A 之间有内在的逻辑关系，使得思维者通过解决思维对象 B 的有关问题能够迂回解决思维对象 A 的待解问题，或是找到解决思维对象 A 的有关问题的新思路。需要注意的是思维对象 A、B 之间的关系，既可以是严格的形式逻辑关系，也可以是模糊的非形式逻辑的关系。A、B 之间关系的密切程度，决定了通过解决思维对象 B 的有关问题来迂回解决思维对象 A 的待解决问题的彻底程度。唯物辩证法认为，客观世界万物之间是普遍联系的，而且事物之间联系的形式是多种多样的。就换元思维法而言，主要涉及的是不同事物之间的等价关系、类似关系和对立关系（所谓等价关系，是指不同事物在所讨论的问题中，那些相同、相等特性之间的关系。所谓类似关系，是指不同事物在所讨论的问题中，那些类同、相似的特性之间的关系。所谓对立关系，是指不同事物在所讨论的问题中，那些相反、相对特性之间的关系）。对于存在等价关系的不同事物，当人们认识 A 事物的某些特性后，也就等于认识了 B 事物的相应特性，对于存在类似关系的不同事物，当人们认识了 A 事物的某些特性后，也就认识了 B 事物的某些特性，人们常说的"隔行不隔理"，指的就是上述两种关系，对于存在有对立关系的不同事物，当人们认识了 A 事物的某些特性后，也就等于从反面认识了 B 事物的相应特性。

"曹冲称象"就是古代换元思维法的运用。曹冲是曹操的儿子，少年聪明，五六岁时便有成人之智，甚至更在成人之上。当时，孙权曾送给曹操一头大象。大象体态雄健，力大惊人，于是便引起了曹操的好奇之心，他想知道大象到底有多重，但当时没有合适的量具，曹操便问群臣是否有什么称量的办法，群臣目瞪口呆，都没有什么妙计。这时，曹冲在一旁说："把大象牵到船上，看船入水有多深，做下记号。然后把大象牵走，放一些石头到船上，使船入水到原来的记号之处，这样再一块一块地称出石头的重量就可以知道大象的重量了。"曹操听后，非常高兴，便依着曹冲之计而行，称出了大象的重量。

（三）换元思维法的作用

其一，拟人换元。是研究物物之间关系问题时，为了搞清楚物物之间的关系，思维者将自己当作某一被思考的器物，想象身临其境时的可能感受，以自己的感受来找到解决问题的办法。人们将这种换元形式称为拟人换元。拟人换元是拟人类比法的基础和前提，拟人类比的前半过程是拟人换元，是在拟人换元的基础上再进行拟人类比。如在改善起重机设计时，设计者自己扮演起重机的角色，并且依据实际情况回答所提出的一些新问题，从这些回答中发现起重机现存的缺点。然后，再根据人扮演起重机时所使用的动作和应具备的结构和能力，进行改进设计。这个改进设计的全过程就是拟人类比设计方法。其二，替代换元。是日常生活中及创造创新中广泛使用的方法。如体育比赛中的换人，产品开发中的器件替代、材料置换等，都是替代换元在实际中的应用。其三，移植换元。将A对象中的概念、原理、方法应用于B对象中的方法称之为移植换元。A、B两个对象既可以是同一领域的，也可以是不同领域的。如把物理学的方法应用于地质学、化学，把化学的方法应用于生物学，把动物的药物反应应用于人体等；再如，人与人之间、人与动物之间、动物与动物之间、植物与植物之间、动物与植物之间的基因移植、嫁接等，都是移植换元法在实际中的作用。

三　换位与换元思维法的辩证关系

换位思维法与换元思维法是既相互区别，又相互联系的思维方法。换位思维法作为换一种立场看待问题，从各个不同的角度研究问题，以开放的心态对待问题的思维，可以让人们学会变通，解决常规下难以解决的问题。它包含内容换位、角色换位、时空换位等方式，并需要辩证的、全面的眼光，既看到当前的、看得见的、摸得着的、具体的方面，又理性地看到长远的、潜在的、隐性的、全局的方面。它要求主体走出自身的角色定位圈子，摆脱"自我中心"倾向的干扰，设身处地地将自己摆放在对方的位置上，用对方的眼光看待事物。换元思维法作为通过等价交换系统的构成要素来寻求解决问题的方法的思维，是在对事物整体认识的基础上更换个别元素，获得新的或理想的创造性结果的方法。换元思维法包括换环境、换位置、换角度、换素材等方式，它可以使人们面临的难题简单化。凡具有换元思维法习惯的人，即使面对难题也会有很多的解决办法，他需要有深刻的洞察力，能看透事物的本质，并了解事物内在的、关联的结构和诸多要素。换位思维法和换元思维法两者在创新、创造过程中是密切联系、不可分割的。

第十一章　创新能力提升的实用性方法：创造技法

创造技法，亦称创新技法，它有利于提升创新能力，有助于创新、创造。运用创新技法最容易寻找创新点，也最容易帮你发现问题、提出问题，帮你寻找新问题。在创新创造活动中，借助列举法，对现有事物进行分析思考，从中发现可供创新的问题；采用奥斯本的检核表法，对某一事物的不同方面逐项进行设问（疑问），围绕现存的事物和现有的物品提出疑问，通过疑问发现问题，找到解决问题的创新点；运用缺点列举法，用挑剔的眼光逐项进行列举，就是尽可能地列出事物的缺点或缺陷，从中寻找创造发明的可能性，由此获得改造的创新点；也可以借助智力激励法进行广泛的想象与联想思维，将熟悉或不熟悉的事物进行自由式的组合，以便通过强制联想方法找到创新点。

创造技法是创造学中最具有应用性的系列方法。它是创造学家根据创造思维规律，从大量的创造发明活动、过程、成果中总结出的具有普遍规律的创造发明的技巧性方法。目前，国内外有创造技法340多种，其中最常用的有十几种。创造技法既不是某些天才人物凭空想象出来的，也不是创造学家有意杜撰出来的。它是科学发现、发明、创造发展需要的必然，是社会发展进步的客观要求，是适应社会需要而产生的。社会需要是创造技法产生发展的基础。创造技法是创新主体进行发现、发明、创造活动中适用性、可操作性的方法，是指导人们进行发明创造活动的简便方法与手段。从使用简便性上说，只要弄清了它的原理和操作方法，人人都能使用。由于在许多情况下不需要追究技法的理论根据，所以单就技法而言，一般不受文化水平、智力高低的限制，理论基础好，知识量大及知识结构合理的人，对技法理解得深、掌握得好，效果将会更加显著。创造技法具有很强的实际操作性，要熟练地掌握和应用，就会取得创新、创造性成果。如何把众多的创新技法进行系统化、条理化地分类，这是国内外创造学工作者正在研究的一个重大课题。当今对现有的340余种创新技法已分成若干大类，包括列举法、设问法、类比法、组合法、分析法、联想法、卡片法、变换法、移植法、物场分析法、心理法等。各类方法中还有更为具体的方法，如列举法可分为特性列举法、缺点列举法、希望点列举法等；组合法又分为功能组合法、技术组合法、产品组合法、信息组合法等。其中最适用的有十几种方法。本章主要阐述最容易寻找创新、创造对象的方法——列举法，最容易择优选定创新创造目标的方法——设问法，最容易获得创新创造成果的方法——组合法，最容易获得众多创新创造成果的方法——信息交换法，四种最常用的创新、创造技法。

第一节 列举法：最容易寻找创新、创造的方法

列举法是一种最基本的创新、创造的方法，它是以列举的方式将问题展开，寻找创新、创造、发明思路的方法。列举法可分为特性列举法、缺点列举法、希望点列举法等。

一 特性列举法及其应用

特性列举法,亦称属性列举法,是将事物的各种特性或属性列举出来,从中不断地分析和寻找创造、革新可能性的思维方法,它是列举法之一。

特性列举法是通过对发明、创造对象的特性进行分析,并一一列举后再探讨如何对其进行改革、创新的方法。它是由美国布拉斯加大学的克罗福特教授提出来的,主张将产品的三种特性,即"名词特性、形容词特性和动词特性"分别列举出来,通过分析研究找出如何改变这些特性,而使产品创新、改造,使其变得更好。产品的名词特性指产品的整体、部分、材料,形容词特性指产品的状态、形状,动词特性指产品的作用和功能。一一列举出来后,从中获得最佳方案。特性列举法是最容易寻找到革新点、创新点的方法。

(一) 特性列举法的应用程序

先确定革新、创新的对象。然后把确定或选定的革新、创新对象的特性、状态、功能毫无遗漏地列举出来。以"水壶"为例,将它的三点特性分别列举出来。

名词特性。即采用名词来表达的特性。物品或事物各个部件的名称:壶身、柄、盖、嘴、底、孔等;类别:茶壶、水壶、药壶、尿壶等;材料:铝、铁、泥等。

形容词特性。即采用形容词来表达的特性。物品或事物的各种状态:轻、重、大、小等;形状:圆的、扁的、长的等。

动词特性。即采用动词来表达的特性。物品或事物的功能:烧水、装水、浇水等。

(二) 特性列举法的应用方案

在原方案的基础上,实施改进方案,进行分析、筛选、合并。采用智力激励法等，确定最佳方案。还是以"水壶"为例，其特性如下。

名词的特性。可提出怎样使壶身、壶柄不烫手，怎样使焊接处更牢固，除铝的、铁的以外是否还有其他更廉价的材料等。

形容词的特性。可提出怎样使水壶更轻，大、小更合适，外观更漂亮等。

动词的特性。可提出怎样使水壶倒水更方便，水壶还有没有其他的功能等。

在应用特性列举法时，要考虑到事物的方方面面，并把各种属性尽可能多地列举出来，使信息更加全面，产生的效果和设想才能更加完善。一个企业在研制新产品方面的工作做得好坏，往往关系到企业的兴衰成败。国外许多企业都很重视这项工作。如在增加产量方面，要考虑能否生产更多的产品；在增加性能方面，要考虑能否使产品更加持久耐用；在选材方面，要考虑能否除去不必要的部分，能否换用更便宜的材料，能否使零件更加标准化，能否减少手工操作而搞自动化，能否提高生产效率；在销售方面，要考虑能否提高经销的魅力，能否将包装设计得更引人注意，能否按客户（顾客）的要求卖得更便宜。

总之，特性列举法是最容易寻找到革新点、创新点的方便、便捷而又实用的方法。

二 缺点列举法是便于更好地改革、创新的方法

缺点列举法，亦称挑剔法，就是尽可能地列出事物的缺点和缺陷，从中寻找创造、发明的可能性，以利于克服事物的缺点和缺陷的方法。它是在特性列举法的基础上发展而来的，是指在解决问题以前发现缺点、找出不足，以便更好地解决问题的一种方法。人们常常用"鸡蛋里面挑骨头"来形容缺点列举法。所以，

缺点列举法，简单地说，就是挑毛病、找问题的一种方法。"鸡蛋里面挑骨头"，对创新、创造来说，是创新能力主体应有的重要品质之一。历史上很多发明、创造都是科学家不断地在"鸡蛋里面挑骨头"的结果。

任何一种产品无论它制造得多么精致，设计得多么合理，一旦投入使用都会显露出某些方面的不足，这是一个客观存在的事实。我们随意拿任何一种产品进行分析，都能很快找出它的不足之处。例如钢笔的缺点：写错字不易涂改，字迹粗细无法调整，用时笔尖只能朝一个方向，漏水易污染衣服等。这种寻找产品缺点的方法就是缺点列举法。那么，怎样实施缺点列举法呢？

（一）缺点列举法要坚持的原则

无论针对什么事物（理论、方法等）都要尽可能多地列举其存在的不足或缺点，并对缺点加以分析，提出改进的意见和方法。例如，某医院请患者开会，对当前医院使用的体温计列举缺点：一是易碎；二是使用时不方便（有时还要解开衣服）；三是不卫生（用后得消毒）；四是不易看清标记；五是测试时间长；六是保管不方便；七是水银有毒；八是易被人弄虚作假；等等。根据与会者提出的缺点，逐条找出产生这些缺点的原因，提出相应的改进措施和设想，如设计一种高敏测温纸，贴在身上测体温。纸的颜色可随温度发生变化，包装似书本状，用一次撕一张；设计将体温计与退烧贴组合在一起；设计音乐定时，语音报温；设计不接触身体的测温系统；等等。

（二）缺点列举法运用的程序

利用发散思维法"吹毛求疵"找缺点，分析产生缺点的具体原因，根据原因选择解决得最好的方法，并优先解决最主要的缺点。

缺点列举法的应用较为广泛，在日常工作和生活中都自觉不自觉地使用，只是没有将它程序化和系统化。目前，国内外企业改革（革命）都应用这种方法。在企业管理方面应用这种方法，大大提高了企业管理水平，使管理逐步走向科学化。但是，有时缺点列举法被误认为是瞎议论，而提缺点的人被视为爱挑剔等。这样就使企业失去了许多改进工作、改进工艺和改进产品的新建议、新方案和新设想，影响了企业的发展。对企业来说，请一些人从原产品的功能、材料、结构、造型、性能、装饰等方面"吹毛求疵"找出不足和缺点，对改进产品的质量是极其有好处的。由于人们使用产品时感受不同，所观察缺点的角度也不同，提出的缺点也是五花八门。这样使企业能够更全面地看待和分析产品，有利于企业的产品更新，使企业以更优的面目赢得消费者、赢得市场。

  对传统的事物、理论、方法来说，也要经常问一个为什么，寻找其潜在的缺点，列举其存在的问题。就创新主体（一个人、一个群体）而言，同样要实施缺点列举，只有随时随地寻找自身的不足，并设法予以改正，才能不断进步、有所发现、有所发明、有所创造。在科技发展史上，人们自觉不自觉地应用了缺点列举法，使科学不断进步，实现科学技术的巨大发展。最近，美国举办了一次19世纪以来的工业品展览，展品中，有电灯、电话、汽车等工业品。人们看了100多年前的产品，好像观看了几千年前的出土文物，人们正是对这些古老、简陋的工业品不断地进行缺点列举，才逐步改进和创造出现代、精致的工业品。科学技术史上无数的实例表明，缺点列举法是科技进步不可缺少的方法，在一定意义上说，没有缺点列举法，就没有科学技术的进步，就没有发明和创造，也就没有社会的进步和发展。

  我国实施社会主义市场经济体制、政治体制等一系列的体制改革，实际上就是对一系列体制进行缺点列举。社会主义市场经济代替传统的计划经济,也是找出计划经济存在着很多的缺点和缺陷,并找出产生这些缺点的原因,然后加以改进(改革),才产生了社会主义市场经济的新模式。缺点列举法对破除迷信、解放思想,以及对科学进步和社会发展,将起到巨大的作用。

三 希望点列举法是一种积极、主动去创新、创造的方法

希望点列举法,亦称理想列举法,指从个体的意愿或群体的愿望中,寻找各种新的设想、新的目标的方法。它不受原有产品的限制,是一种积极的、主动型的发明创造的方法。

人类社会的许多物质产品都是根据人们的"希望"创造出来的,人们希望夜如白昼,而发明了电灯;人们希望冬暖夏凉,而发明了空调等。通常情况下,人们对同一种产品功能会有不同的要求和希望,如一个双人沙发,有的人希望它不仅能坐,还能当沙发床;有的人希望它柔软、舒适;病人希望它能当保健、按摩床;小孩希望它是供娱乐的蹦蹦床等。又如,对某一大教室的改造,人们提出了许多希望和设想:其一,办班学员超过100人时,当大教室;其二,装上彩灯,能当卡拉OK厅;其三,用屏风隔开,能当小型会议室;其四,开大型会议时,可作餐厅;其五,装上健身器材,可作健身房;其六,将门窗遮住,可当暗室;其七,安上冷冻机,能当冷藏室;其八,安上计算机,能当机房;其九,挂上字画,可当展览厅;等等。不同的人在不同场合对新产品提出的希望不同,围绕新产品的缺点提出的改进设想(但不离开物品的原型)也不同。希望点列举法是以一种主动的形式表现出来的创新、创造性发明方法,是从发明者的意愿提出的新设想,是不受原型物品束缚的一种积极的创新、创造性发明方法。

希望点列举法一般经历四步:"激发人们的希望—收集人们

的希望—研究人们的希望—满足人们的希望"。使用希望点列举法进行发明创造活动的具体做法是：其一，召开希望点列举会议，广纳众人之希望。会前由主持者确定目标，每次邀请5—10人参加。会上围绕既定的目标，尽可能列举各种希望。为了激发与会者产生较多的希望，提高列举效率，与会者可以讨论，也可以按顺序传阅写好的希望列举建议。会议一般进行1—2小时，列举出50—100个希望点为宜。其二，向用户（使用者）征求意见。了解希望点（意见）的应用情况，以利于再提出新的希望点（建议）。其三，对社会各阶层进行抽样调查，取得较客观的调查结果，以便召开希望点列举会时，再次讨论。其四，分类整理各种希望，逐个分析每一个希望所具有的创新性、科学性和可行性的成分，将近期可能实现的希望点选出来，将可能实现的希望点，立项研究，并拟订具体的实施方案，为创造新的成果提供切实可行的前提和条件。

第二节 设问法：最容易择优确定创新、创造对象的方法

设问法是一种最容易择优确定创新、创造对象的方法。它是优中选优所常用的方法。

一 设问法的含义

设问法是围绕现存的事物和现有的产品提出疑问，通过疑问发现问题的方法。不管发现了什么问题和做什么事情，人们都要问一个"是什么""为什么"，下一步该"怎么办"。问题的提出固然是人们认识上的一大飞跃，但解决它才是人们的目的，如果仅仅提出了问题，而没有全力以赴地去解决它，那就是半途而

废。因此，在解决问题的过程中，根据需要创造的对象或需要解决的问题，先列出有关问题，然后逐项地加以讨论、研讨，从中获得解决的方法和创造发明的设想。

二 设问法类型

设问法有多种类型，但常用的和易于推广的有以下几类方法。

（一）5W1H 法

5W1H 法是英国作家基普林提出的发现问题、分析问题的一种思维方法。它是以英文中 What、Where、When、Why、Who、How，因首字母是 5 个 W 和 1 个 H 而得名，故称 5W1H 法。汉字译为：何事、何地、何时、何故、何人、如何。在对某一问题或事物进行分析时，基本可从 6 个方面、3 个层次进行考察，如表 11-1 所示。

表 11-1　　　　　　　　　　六项目三次提问

项目	第一次提问	第二次提问	第三次提问
目的	是什么？	为什么要确定这个？	目的是否已经明确？
地点	在何处做？	为什么在这里做？	有无其他更合适的地点？
时间	在何时做？	为什么在这时做？	有无其他更合适的时间？
人员	由谁做？	为什么由此人做？	有无更合适的人选？
方法	怎样做？	为什么要做？	有无更合适的方法？
理由	是哪些？	为什么是这些？	有无更充足的理由？

在表 11-1 中，三次提问可以使问题分析更加深入，同时在大胆发问中可以萌发创新、创造。当然，3 个层次可以改变，提问的项目也可以不限于 5W1H 所限定的 6 项，可随问题的复杂

性、需求性和事物自身的性质而定。5W1H法适用于任何有问题存在的领域，是一种多路思维方法，人们也管它叫分项检查法。也有人将它称作"创造技法之母"。

一方面，人们根据检查项目，可以一个方面、一个方面地想问题，抓住事物存在的根本方面，找到发生问题的根本原因，使思路有条理性；另一方面，也可以通过一些表面现象，借助缺点列举法找到缺陷，进而挖掘问题的深层次和实质性的问题，有针对性地提出更多的可行性设想。类似这样的5W1H法还很多，如5W2H、NM法（也叫中山正和法）、KJ法（也叫卡片法）等都很受欢迎，应用范围也越来越广。

（二）奥斯本检核表法

奥斯本检核表法，是美国A.F.奥斯本首次提出来的。它就是人们通常所说的设问法的一种形式，它是以提问的方式为主，要求人们的思维灵活多变，视野开阔，看问题的角度广、深的一种新的发明方法。

奥斯本检核表法有九项提问，以某一事物为对象，其九项提问的内容是：其一，是否有其他用途，是否可以直接用于新的用途，是否改造后用于其他用途。其二，是否能够应用其他设想，是否与其他设想相类似，或暗示了其他某些设想，是否能够加以模仿，可以向谁学习。其三，是否可以修正，是否有新的想法，是否能够改变意义、颜色、运动、声音、气味、样式和类型等，是否可以有其他变化。其四，是否可以扩大一下，或增加些什么，或延长时间，提高频率或增大强度，是否可以更高些、更长些、更厚些，是否可以增加附加价值，是否可以增加材料，是否可以复制或是加倍乃至夸张等。其五，是否可以缩小，可以减少些什么，是否可以更小些，是否可以微型化，是否可以做到浓缩、更低、更短、更轻或更加省略等，是否可以做成流线型或是进行分割。其六，是否可以代用，可用什么代用，是否可以采用其他材料、其他素材、其他制造工序或其他动力，是否可以选择其他场所、其他方法或其他颜色。其七，是否可以重新排列，是否可以替换要素，是否可以采用其他图案、其他布局，是否可以置换原因和结果，是否可以改变步调或改变日程表。其八，是否可以对正负进行替换，是否可以方向朝后或是上下颠倒，分析一下相反的作用如何，是否可以朝向另一个方向等。其九，是否可以组合，是否可以采用混合品、合金，是否可以统一，是否可以使单元组合起来，是否可以分别使目的、观点、设想等组合起来。对某一事物按照这九项内容逐项核查，以寻求解决问题的新设想、新方案。如在家电产品中，微型电视机、手提式电脑或掌上电脑、VCD等都是受奥斯本检核表法启迪的结果。

奥斯本检核表法的创始人——奥斯本因此被称为创造发明之母。他将人的创新思维过程中所遇到的问题划分为九个方面（九项），以提问的方式列举出来，拓宽思路，这是一种提示性强、开拓面广、新设想诱发率高的方法。它适合于各种场合的创造性活动，是最有名、最受欢迎的一种设问法。

（三）智力激励法

智力激励法，亦称头脑风暴法、BS法，由创新动因和联想两个主要方面组成，是1938年由美国人奥斯本首创的。主要的方式是以专题讨论会的形式，集思广益，群策群力，打破常规，创造性地发挥思维能力，使个人的智慧和能力在集体互激设想中产生更大的力量。所以很快就被各国采用、推广，许多国家的创造者在此基础上，结合本国的具体情况，又创造性地开发出一系列新的、实用性很强的方法。创造者普遍称它为创造性方法的"母法"。奥斯本智力激励法是采用一种特殊的会议形式，使与会者畅所欲言，是一种走群众路线、开展发明创造活动的方法。但它不同于中国的"征求意见法"和"诸葛亮会"，它有以下具体的、严格的组织形式和原则：其一，组织形式（要求与会者有专业人员和非专业人员）。人数一般不超过 10 人，会议时间控制在 1 小时左右，会议设立主持人 1 名（该主持人只主持会议，不对与会者的设想予以任何评论），设记录员 2 名（要求记录员认真负责，且有一定的速记水平），将与会者所提出的设想完整地记录下来。其二，会议类型（分为设想开发型和设想论证型两种）。由于会议目的的不同，对参加会议人员的要求也不尽相同。设想开发型会议是为获取大量的设想，为课题寻求多种解题思路，因此，要尽量推选善于想象、语言表达能力强的人参加。设想论证型会议是将众多的设想归纳转换成实用型方案的会议，应尽量推选善于归纳、善于分析判断的人参加。其三，会前准备。一要会议主题明确。摸清会议主题、现状和发展趋势，要将会议主题提前通报给与会人员，让其做好准备。二要选好主持人。主持人要熟悉并掌握该技法的要点和操作要素，对会议主题有全面的了解。三要选好与会人员。与会人员应有专业人员和非专业人员，并要有创造学的基础知识，最好有一定创造经验。四要会前对与会者进行一定的思维柔化训练（让与会者精神放松，排除杂念，形成自由的氛围）。通过这种训练，可以减少与会人员的思维惯性，转变视角，以饱满的创造热情投入激励设想的活动中来。其四，会议纪律。为了便于打开与会者的想象大门，做到畅所欲言，互相启发和激励。要求：一是会上严禁批评或评论性发言（也不要自让、自谦）。二是提倡扩散思维（多维多层、自由思考）。三是目标要集中，追求设想数量。四是与会人员一律平等。其五，会议进程。全过程分四个阶段：一是会前准备阶段（前面介绍过）。二是设想开发阶段。主持人公布会议主题，并全面介绍与主题相关的参考情况，鼓励大家争先发言，控制好时间，力争在 1 小时内获得尽可能多的设想。三是设想整理与分类阶段。将实用型设想和幻想型设想分开。前者是指经过努力可以在近期实现的设想，后者是指将来可能实现或不能实现的设想。四是对筛选出的实用型设想进行完善。召开实用型设想论证性激励会，对其进行二次开发，扩大其实现范围。也召开幻想型设想二次开发会。通过二次开发，就有可能将创意的萌芽转化为或部分转化为成熟的实用型设想。奥斯本智力激励法对创新思维的启发具有重要意义，既可以培养对问题进行系统思考的能力，提高分析问题和解决问题的能力，又可以使与会者之间知识互补、信息刺激和情绪鼓励，达到智能的取长补短。

智力激励法在实际工作中是一种实用性很强的方法。例如，某市以改善公共交通工具为议题，召开智力激励会。会上各方有识之士提出了很多建议，有人建议增加车辆，有人建议加挂拖车，有人建议加快发车频率等。其中有一位则提出了很新颖的设想，去掉公共汽车里的座位，使每辆车多拉乘客。乘客忍耐一下就过去了，想舒服，就别坐公共交通汽车。这个建议一提出，众人哗然！这算什么好主意？没有座位还叫公共汽车吗？可是正是这样一句玩笑话设想，立即激发起技术革新专家们的兴趣，并放弃了原来的设想，这个提议基本上被采纳了，即以老弱病残孕妇为主，保留 1/3 的座位，撤去 2/3 座位，这样的公共汽车在各大城市全面开通。经过实践证明，这样做是合理的。群众的意见少多了，而公共汽车的运载能力也大大提高了。一个交通老大难问题，在互激思考中得到解决。

智力激励法，实际上是借用他人的大脑来激发我们自身灵感的方法。中国有句俗话：三个臭皮匠，顶个诸葛亮。就是说三个人的思想、观点的相互碰撞、相互激发能产生超乎诸葛孔明的智慧和灵感的设想。人类要发展，要前进，人的知识是无止境的。

在人们生活实践和科学技术创造中经常开展互激设想活动，会给人类带来很多益处。

第三节 组合法：最容易获得创新、创造成果的方法

组合法是最容易创新、创造出新事物、新产品的方法。所谓组合法，亦称综合法，就是对现有的实物或要素按照人们的需要加以组合或综合，以形成形态、功能更优的、更新的事物或物品的创新、创造发明方法。组合法的特点是多方面的，其类型也多种多样。

一　组合法的特点

人类大千世界，目前发现的就有100多种元素，20多种基本粒子，这些客观事物和元素以及反映客观规律的各种知识、概念，在人们头脑中经过不同的组合，就会产生不同的结果。组合创造是无穷无尽的，其特点也是多方面的。

其一，辐射性。辐射性的主要表现，是在人们已经认识的规律中突破框框、实现质变，即突破已有陈规，在新的自然规律和新的技术基础上做出的发明，这种新概念、新形象的产生和新技术的发明，具有飞跃、跨迁的性质。例如，边缘性学科的诞生，日益改变着世界发展的方向，使新的领域不断产生意想不到的结果。又如围巾，国外有人将音乐和围巾组合起来，组成音乐围巾，人们一边围着温暖的围巾，一边听音乐，别有情趣，而且十分畅销。传统的收录机也是如此，它是收音机和录音机的有效组合；收音机是滤波器、振荡器和放大器等的有机组合。

其二，综合性。综合性是以利用现有的、成熟的要素或成果

为前提或基础进行综合（选择最优组合）。组合的方式应从多方面、多事物中去寻找。

在产业结构上，许多高科技公司也在市场竞争的压力下合并起来，形成有力的联盟。例如，美国的化学制药公司和生物技术公司，原来，谁的发展都不理想，现在两家携手，使新产品的开发周期和费用大大降低。过去，一种新药从实验室到货架平均需要 12 年的时间，耗资 2.3 亿美元（随着生物科学的迅速发展，制药公司再也无法独立承担这巨额的费用；而生物技术公司由于缺乏制药的雄厚技术基础，它们生产出来的蛋白质临床效果并不理想），资金浪费很大。两家合作后，大大降低成本，缩短了周期。又如，诺贝尔生理学或医学奖获得者豪斯菲尔发明的 CT 扫描仪，是通过将 X 射线照相装置同电子计算机结合在一起实现的。从这两项技术看都是已有的成熟技术，没有什么突破，但组合到一起后，却发生了重大的变化。组合后产生的特殊功能却是原来两项技术单独所不具有的，因而是一项重大的发明。

二　组合法的类型

客观世界上的事物是千差万别、多种多样的，在多种多样的事物之间都存在着这样或那样的组合关系、组合方式和组合类型，但是，概括起来，组合大致有以下四种基本类型。

（一）同物组合

同物组合就是两个或两种以上相同事物和技术的组合。组合的内容不仅增加功能，同时又给人以新颖、独特的感觉。同物组合的特点：一是组合的对象是两个或两个以上的同类事物；二是组合过程中，参与组合的对象与组合前相比，其结构一般没有根本性质的变化；三是同物组合往往具有组合的对称性和一致性。

如一个作曲家将人们都已熟用的那几个音符重新加以组合，能够创作出新的乐曲；市场上有一种母子式自行车雨披，巧妙地将大人和孩子的两件雨披组合在一起了。

同物组合的目的，是在保持事物原有功能或原有意义的前提下，通过数量的增加来弥补功能不足或求得新的功能或发生新的意义。例如，通常的订书机装订书本时，需要按压两次，书钉之间的距离及订到书边的距离全靠眼睛测量，装订出来的质量得不到保证，工作效率也低。福建一青年运用同物组合法，将两个相同规格的订书机组合在一起，两者之间的距离及边距都可控制。这样，按压一次就可以订出两个书钉。这种双排订书机，既提高了工作效率，又保证了装订质量。

同物组合的条件，是根据需要来决定的。简单的、复杂的事物都可以组合（自组），关键问题是看其有没有必要组合，究竟需不需要组合，是否具备组合的条件。要考虑到单独事物组合后，其功能是否更好，是否产生新意，还要考虑到两个以上（多个）相同事物组合在一起，能否有新的功能和新的意义，能否赋予新的特征。同物组合看起来设计难度不大，设计工作量较少，似乎唾手可得，其实不然，形成一个同物组合并不是简单的捏合，有创意的同物组合设计并不那么容易，它是创新能力的结果，是一种创新活动。

（二）异物组合

异物组合是两种或两种以上不同事物和技术思想的组合。组合的对象内容是不受限制的。组合的对象可以来自不同的方面，无所谓主次关系；组合时从意义、原理、构造、成分和功能等任何方面都是相互渗透的；组合后是异中求同，有一部分或几部分是原物的公用部分。如电脑与手提电脑组合成智能化装置；牛奶与可可组成可可奶；豆粉与奶粉组成豆奶；音乐与床组合成音乐床（人一睡下，它就会播催眠曲；清晨，它又奏响起床欢乐曲）；音乐和锁组合成音乐锁（当开门锁迎客人时，它就会用歌声欢迎客人）。异物组合应用于人的生活领域，为提高人们生活质量做出了巨大的贡献。

（三）主体附加

主体附加就是在原有的技术思想和事物当中，增加和补充新的内容与附加物。基本步骤是：其一，有目的、有选择地"确定主体"；其二，运用缺点列举法，对主体进行缺点分析；其三，运用希望列举法，对主体提出种种希望；其四，考虑是否在主体不变的前提下，通过增加、减少、扩大、缩小等附属物，来克服或弥补主体的缺陷并寄托希望；其五，是否能利用或借助主体的某种功能，附加一种别的东西使其发挥作用。

但要注意的是，加了新的内容或附件后，不要喧宾夺主。原有的技术思想和功能不能削弱，只能充实、丰富和完善原有技术思想和原物的使用功能。在当今这个组合的时代，每个人为了能适应社会发展的需要，都应自觉地去分析某种组合。通过组合，使自己的知识丰富化，技术多能化，多交知识互补型的朋友。唯物辩证法告诉我们，越是竞争激烈，越要找到有效的合作伙伴，无论干什么，单枪匹马是很难成功的。

（四）焦点组合

焦点组合，也称焦点法和强制联想法，焦点组合就是将乍看起来无关的事物强制地糅合在一起，尽可能地找到转换想法的机遇。但是，它不是一般的思考，而是思考的深化，是由表及里的思考，这种思考会由一点扩展开去，使这一点活化起来，举一反三，闻一知十，触类旁通，以至产生飞跃，获得意想不到的成功。例如，著名的万有引力定律是牛顿由砸在头上的苹果得到启发而得出来的，从苹果砸在头上又落到地上这一司空见惯的现象,想到地球,想到月亮,想到世界万物之间的关系。苹果和地球、月亮之间的跨度比较大,但却得出了"万物有引力"的科学论断。

像这样毫不相干的事物间产生出来的强制联想,引出巧妙和创造性构思的例子很多。美国人斯塔克在一堆废料中赚12万美元的故事就是典型一例。美国得克萨斯州有座高大的女神像,因年久失修,当时的州政府决定将它推倒。推倒后,在广场上留下了900吨的废料:有碎渣、废钢筋、朽木块、烂水泥,既不能就地焚化,也不能挖坑填埋,只能装运到很远的垃圾场去。斯塔克知道了这个消息,敏锐的眼光已经看出这些腐朽的废渣里面藏着的钱财。他将这些废料破成小块,做成纪念品并装在十分精美而又便宜的小盒子里出售,小的1美元一个,中等的2.5美元,大的10美元左右。卖得最贵的是女神的嘴唇、桂冠、眼睛和戒指等,15美元左右一个。废渣很快被一抢而空,斯塔克巧妙地从一堆废弃泥块中净赚12万美元。

三 组合法的作用

组合法就是把研究对象的各个部分、侧面、因素联结和统一起来进行考察,在分析的基础之上进行科学的概括,把对各个部分、各种要素的认识统一为对事物整体的认识,从而达到从整体上把握事物的本质和规律。

在人类发展史上,尤其是科技史上,组合起着极其重要的作用,现代科学的发展也越来越显示出组合的趋势和优势。组合法在当代几乎渗透到科学和社会的各个领域,在科学研究和社会发展中显示出巨大的作用。

第四节　信息交换法：最容易获得众多创新、创造成果的方法

信息交换法是培养提升创新能力中的重要方法之一，是尽可能多地实现功能发散的最常用的方法。运用信息交换法，首要的就是了解其含义和应用步骤。

一　信息交换法的含义

信息交换法，亦称信息交合法，是指思考对象的所有信息要素按照不同层次分成若干类，每一类作为一条坐标轴，然后根据需要将各种坐标点有机地结合起来，并从各种信息的交合点入手进行创造的一种思维方法。人们在坐标上能找到许多坐标点，每个坐标点都是两个或两个以上要素信息的组合。对不同信息要素进行去旧取新，就是创造的过程。信息交合法便于人们打破传统思维定式，为创新能力提供丰富的信息资源，大大提高了创新能力的质量和水平。

中国科学家华夏研究院思维研究所所长许国泰教授在一次大会上，运用简单的思维方法（信息标与信息反应场），将曲别针的总体信息分解成若干信息，创造性地列出曲别针的千万种用途，如材质、重量、体积、长度、截面、韧性、颜色、弹性、硬度、直边、弧等，将这些信息点（要素点）用线连成信息标（X轴）。然后，再将与曲别针相关的人类实践也进行要素分解，如数学、文字、物理、化学、磁、电、音乐、美术等，连成信息标（Y轴）。两轴相交并垂直延伸而成"信息"，"信息反应场"，使两轴各点上的信息依次"相交"，即进行"信息交合"。这种思维奇迹竟然产生了。Y轴上的数学点与X轴上的材质点交合，曲

别针要变成 1234567890，+ − × ÷，=，( )，[ ] 等数字符号，可用来进行四则运算；Y 轴的文字点与 X 轴的材质、直接边、弧等交合，曲别针可做成英、日、俄等外交字母，世界上有多少种文字，就有多少种这方面的用途；材质与磁交合可做成指南针，美术与材质、颜色交合可做成铁画，电与长度交合可做成导线。

此时此刻，会场上的人被深深地吸引住了，一位有远见的参加人说：信息交换法太神奇了，"这简直是点金术"。

二　信息交换法的步骤

信息交换法亦称信息交合法，一般可分为以下四步进行。

第一步，定中心。也就是确定所研究的主体、信息交合的目标。如研究"笔"的创新成果，笔就是中心。

第二步，画标线。也就是根据"中心"需要画上几条标线（坐标若干条）。如研究"笔"，则在"笔"的周围画出时间、空间。

第三步，注标尺。在信息标上注明有关信息点。如在笔的结构上标明笔杆、笔帽、笔尖、笔胆、卡子等。

第四步，相交合。也就是组合。以一标线上的标尺信息为主，与另一条线索的标尺信息相交，即可产生新事物。如将 C 标线上的标尺"钢笔"与 B 标线上的标尺"书签"相交合，则产生"书签钢笔"，与"扎孔"相交合，则产生"扎孔钢笔"，如图 11 - 1 所示。

又如，若将 C 标线上的标尺"钢、铁、铜、铅、塑"与 B 标线上的标尺"书写、装饰、赠品、扎孔、书签"交合，这样交合后就产生了 25 种新的功能的笔，大大地增加了笔的多种功能和笔的新种类。看似很简单的笔，经过信息交合后就产生多种多样新款式、新功能、新结构的笔。

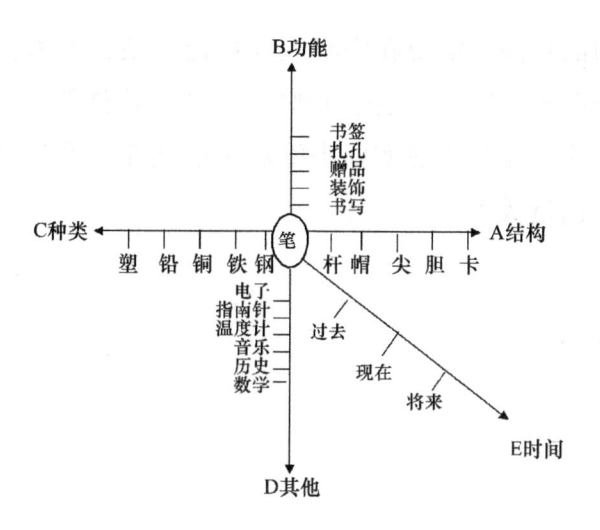

第十一章 创新能力提升的实用性方法：创造技法 ◇ 497

图 11-1 以笔为中心的坐标

目前市场上见到的上千种笔，就是运用这种信息交合法创造出来的。信息交合法是一种发散性思维，它的优点是：其一，能使人们的思维从无序状态转入有序状态，变临时性、随机性的冥思苦想为自觉的、有步骤的科学思考；其二，能使人们的思维从抽象状态转变为具体的、形象的思维状态；其三，能更自觉地训练大脑，发挥潜在的智慧资源，调整智能结构，提高智力水平。

信息交换法，在当今市场竞争、产品竞争、技术竞争的"信息爆炸"时代，应用极其广泛，在指导创新主体（创造者）从事发明、创造活动中具有十分重要的作用。它从多角度探寻答案，使各个学科、各个行业进行交叉，力求通过对方案的筛选找出更多的方案。这种方法可以较好地作为一种教学、培训方法，用以开发受训对象的发散思维法和聚合思维能力，提高创新能力，提高多功能、全方位、高效率的创新素质。

综上，创新方法，创新创造技法，这种开发、培养、提升人民创新能力的功能，需要在中华大地广泛普及，大力提升民族创新能力，"充分发挥亿万人民的创造伟力"，让创新在全面建设社会主义现代化国家的火热实践中绽放绚丽之花，产生更加灿烂辉煌的创新、创造成果。

主要参考文献

《马克思恩格斯全集》第2卷，人民出版社2005年版。
《马克思恩格斯全集》第3卷，人民出版社2002年版。
《马克思恩格斯全集》第23卷，人民出版社1972年版。
《马克思恩格斯全集》第24卷，人民出版社1972年版。
《马克思恩格斯全集》第25卷，人民出版社2001年版。
《马克思恩格斯全集》第26卷，人民出版社2014年版。
《马克思恩格斯全集》第27卷，人民出版社1972年版。
《马克思恩格斯全集》第44卷，人民出版社2001年版。
《马克思恩格斯选集》第1—4卷，人民出版社2012年版。
《邓小平文选》第3卷，人民出版社1993年版。
《毛泽东选集》第1—4卷，人民出版社1991年版。
陈来：《宋明理学》，华东师范大学出版社2004年版。
陈宇学：《创新驱动发展战略》，新华出版社2014年版。
陶行知：《创造宣言》，江苏凤凰文艺出版社2018年版。
杜岫石主编：《形式逻辑原理》，辽宁大学出版社1987年版。
冯友兰：《中国哲学史》，华东师范大学出版社2000年版。
傅世侠、罗玲玲：《科学创造方法论》，中国经济出版社2000年版。
高清海：《哲学与主体自我意识》，吉林大学出版社1988年版。

贺善侃主编：《创新思维概论》，东华大学出版社2011年版。

贺淑曼等著：《成功心理与人才发展》，世界图书出版公司北京公司1999年版。

胡万春：《思维与创造功能——企业决策与战略》，上海文艺出版社1989年版。

胡珍生等：《创造性思维方式学》，吉林人民出版社2010年版。

金马：《创新智慧论》，中国青年出版社1991年版。

寇静等：《创新思维》，中国人民大学出版社2013年版。

李全起：《创造能力与创新思维》，中国档案出版社2004年版。

李瑞环：《辩证法随谈》，中国人民大学出版社2007年版。

林崇德：《发展心理学》，浙江教育出版社2002年版。

刘爱伦主编：《思维心理学》，上海教育出版社2002年版。

刘成章等：《信息技术教育学》，高等教育出版社2002年版。

刘奎林：《灵感思维学》，吉林人民出版社2010年版。

邱仁宗：《科学方法和科学动力学》，高等教育出版社2006年版。

汤用彤：《魏晋玄学论稿》，生活·读书·新知三联书店2009年版。

陶伯华：《智慧思维学》，吉林人民出版社2010年版。

田运：《思维论》，北京理工大学出版社2000年版。

王南湜：《辩证法：从理论逻辑到实践智慧》，武汉大学出版社2011年版。

王业频：《辩证思维：拾零》，中国社会出版社2004年版。

王跃新：《创新思维学》，吉林人民出版社2010年版。

王跃新：《创新思维学教程》，红旗出版社2010年版。

萧公权：《中国政治思想史》，商务印书馆2011年版。

谢家安：《开启您的智慧——迈向成功之道》，科学出版社1996年版。

谢家安：《有效发挥大脑潜能》，陕西人民出版社1997年版。

杨春鼎：《形象思维学》，吉林人民出版社2010年版。

杨名声、刘奎林：《创新与思维》，教育科学出版社1999年版。

杨延斌：《创新思维法》，华东理工大学出版社1999年版。

于惠棠：《辩证思维逻辑学》，齐鲁书社2007年版。

俞国良：《创造力心理学》，浙江人民出版社1999年版。

曾国平：《让思维再创新》，重庆大学出版社2009年版。

曾杰：《社会思维学》，吉林人民出版社2010年版。

张浩：《思维发生学》，吉林人民出版社2010年版。

张松辉：《老子译注与解析》，岳麓书社2008年版。

赵光武：《思维科学研究》，中国人民大学出版社1999年版。

周宏等主编：《创造教育全书》，经济日报出版社1999年版。

朱长超：《思维史学》，吉林人民出版社2010年版。

［奥］维特根斯坦：《逻辑哲学论》，贺绍甲译，商务印书馆1996年版。

［奥］西格蒙德·弗洛伊德：《弗洛伊德论创造力与无意识》，孙恺祥译，中国展望出版社1987年版。

［奥］西格蒙德·弗洛伊德：《精神分析引论》，高觉敷译，商务印书馆1986年版。

［奥］西格蒙德·弗洛伊德：《梦的释义》，张燕云译，辽宁人民出版社1987年版。

［德］《爱因斯坦文集》第1卷，商务印书馆2010年版。

［德］《爱因斯坦文集》第3卷，商务印书馆2010年版。

［德］黑格尔：《法哲学原理》，《黑格尔著作集》第7卷，人民出版社2017年版。

［德］黑格尔：《历史哲学》，王造时译，上海书店出版社1999年版。

［德］黑格尔：《自然哲学》，梁志学译，商务印书馆1980年版。

［德］克劳斯：《形式逻辑导论》，上海译文出版社1981年版。

［德］韦特海默：《创造性思维》，林宗基译，教育科学出版社1987年版。

［法］笛卡尔：《谈谈方法》，王太庆译，商务印书馆2004年版。

［美］Gazzaniga M. S主编：《认知神经科学》，沈政等译，上海教育出版社1998年版。

［美］阿尔弗莱德·怀特海：《思想方式》，韩东宇、李红译，华夏出版社1999年版。

［美］阿瑞提：《创造的秘密》，钱岗南译，辽宁人民出版社1987年版。

［美］奥里森·马登：《成功的品质》，中国档案出版社2001年版。

［美］杜威：《确定性的寻求》，傅统先译，上海人民出版社2004年版。

［美］杜威：《我们怎样思维·经验与教育》，姜文闵译，人民教育出版社2004年版。

［美］吉尔福特：《创造性才能》，施良方等译，人民教育出版社1990年版。

［美］库恩：《必要的张力》，范岱年等译，北京大学出版社2004年版。

［美］斯滕博格：《智慧、智力、创造力》，王利群译，北京理工大学出版社2007年版。

［美］斯滕博格等：《创造力手册》，施建农等译，北京理工大学出版社2005年版。

［美］熊彼特：《经济发展理论》，叶华译，商务印书馆2000年版。

［瑞］皮亚杰：《发生认识论原理》，商务印书馆1996年版。

［瑞］皮亚杰：《教育科学与儿童心理学》，教育科学出版社2018年版。

［苏］A. A. 斯米尔诺夫等：《心理学的自然科学基础》，科学出版社1984年版。

［英］W. I. B. 贝弗里奇：《科学研究的艺术》，陈捷译，科学出版社1979年版。

［英］《牛顿自然哲学著作选》，上海译文出版社2003年版。

［英］波普尔：《猜想与反驳：科学知识的增长》，傅季重等译，上海译文出版社2005年版。

［英］波普尔：《科学发现的逻辑》，查汝强译，中国美术学院出版社2014年版。

［英］波普尔：《客观知识：一个进化论的研究》，舒炜光等译，上海译文出版社2005年版。

［英］德·波诺：《横向思维法》，钱军译，生活·读书·新知三联书店1991年版。

［英］拉卡托斯：《科学研究纲领方法论》，兰征译，上海译文出版社1986年版。

［英］培根：《新工具》，许宝骙译，商务印书馆1997年版。

习近平：《在中国科学院第十七次院士大会、中国工程院第十二次院士大会上的讲话》，人民出版社2014年版。

习近平：《总体布局统筹各方创新发展努力把我国建设成为网络强国》，《人民日报》2014年2月28日。

习近平：《在哲学社会科学工作座谈会上的讲话》，人民出版社2016年版。

《习近平主持召开学校思想政治理论课教师座谈会》，https://www.gov.cn/xinwen/2019-03/18/content_5374831.htm，2019-03-18。

习近平：《在全国劳动模范和先进工作者表彰大会上的讲话》，人民出版社2020年版。

中共中央办公厅印发：《关于加强新时代马克思主义学院建设的意

见》,https://www.gov.cn/zhengce/2021 - 09/21/content_5638584.htm, 2021-09-21。

Anderson T. , "Psychosexual Symbolism in the Handwriting of Male Homosexuals", *Psychological Reports*, 1986, 58 (1), pp. 75-81.

Baig M. S. , et al. , "Signature Size in the Psychiatric Diagnosis: Asignificant Clinical Sign?", *Psychopathology*, 1984, 17 (3), pp. 128-131.

Bosson J. K. , Swann W. B. , Pennebaker J. W. , "Stalking the Perfect Measure of Implicit Self-Esteem: The Blind Men and the Elephant Revisited?", *Journal of Personality and Social Psychology*, 2000, 79 (4), pp. 631-643.

Chilvers I. , Osborne H. , *The Oxford Dictionary of Art*, Oxford University Press, 1988.

Cunningham W. A. , Preacher K. J. , Banaji M. R. , "Implicit Attitude Measures: Consistency, Stability, and Convergent Validity", *Psychological Science*, 2001, 12 (2), pp. 163-170.

Cvitanovic P. , *Universality in Chaos*, Bristol: Hilger, 1984.

Dasgupta N. , McGhee D. E. , Greenwald A. G. , Banaji M. R. , "Automatic Preference for White Americans: Eliminating the familiarity explanation", *Journal of Experimental Social Psychology*, 2000 (36), pp. 316-328.

Fischer P. & Smith W. R. , eds. , *Chaos, Fractal, and Dynamics*, Marcel Dekker Inc. , New York, 1985.

Greenwald A. G. , Klinger M. R. , Liu T. J. , "Unoconcious Processing of Dichoptically Masked Words", *Memory and cognition*, 1989 (17), pp. 35-47.

Huajie L. & Jun L. , "A Method for Generating Super Large Fractal

Images Useful for Decoration Art". *Communications in Nonlinear Science & Numerical Simulation*, 1996, 1 (3), pp. 25 - 27.

Jan de Houwer, "A Structural and Process Analysis of the Implicit Association Test", *Journal of Experimental Social Psychology*, 2001 (37), pp. 443 - 451.

McConnell A. R., Leibold J. M., "Relations among the Implicit Association Test, Discriminatory Behavior and Explicit Measures of Racial Attitudes", *Journal of Experimental Social Psychology*, 2001 (37), pp. 435 - 442.

Rudman L. A., Greenwald A. G., Mellott D. S, Schwart J. L. K., "Measuring the Automatic Components of Prejudice: Flexibility and Generality of the Implicit Association Test", *Social Cognition*, 1999 (17), pp. 437 - 465.

后　　记

　　书稿搁笔之际，面对书稿感慨万千，作为吉林大学哲学系毕业的一名学子，至今已在吉林大学从教45年了！忆往昔——曾经历了风风雨雨、坎坎坷坷，尝过了酸甜苦辣、喜怒哀乐。有时候，光风霁月；有时候，阴霾蔽天；有时候，峰回路转。我曾走过独木小桥，也曾踏过金光大道；曾金榜题过名，也曾春风得过意。可谓一会儿山重水复，一会儿柳暗花明。但是，偶尔瞬间，就交了华盖运，四处碰壁，五内如焚。原因何在呢？用古人的话说就是："人生识字忧患始"，"识字"的人，当然是指知识分子了。一戴上这顶帽子，"忧患"就开始向你袭来。用杜甫的诗释："儒冠多误身"，"儒"，当然也是指知识分子了，一戴上儒冠，就"倒霉"了。"诗必穷而后工"，连作诗都必须先"穷"，"穷"并不一定指的是没有钱，主要指的是"倒霉"。

　　在计划经济年代，对突破传统思维习惯和逻辑规则的"创造哲学"的研究，只能停留在理论上，不能付诸实践，也不敢付诸实践，更不可能将其搬上大学讲台。当时，我国学术界为迎合计划经济体制曾存在着两种错误的倾向：一种是对创新能力的核心能力——创新思维能力及直觉思维能力、灵感思维能力等唯心主义的神化；另一种是形而上学的扼杀，扣上猖獗、形而上学横行的帽子，致使对创新理论与方法的研究不敢公开化。20世纪70

年代末的"文化大革命"后期，我依然热衷于创造哲学研究；创造哲学，尤其是创新能力培养方法学在我心灵深处已经生根发芽，甚至迅雷震顶，也改变不了我对创造哲学理论的研究和追求。因为，我对创新能力的核心能力——创新思维能力颇有兴趣，就默默地研究如何培养创新能力的问题，并对创新思维学、创新能力培养方法学的探赜着墨颇多。

20世纪80年代中期峰回路转，计划经济被社会主义市场经济所取代，那些局限创造哲学理论研究的条条框框被取缔，制约创造哲学发展的时代已成为历史。反思岁月流逝的45年，自己在"求真""求是"的过程中是坎坷的，但又是幸运的、幸福的。因投胎到哲学家族中，我在营养丰厚的哲学沃土上滋生、成长，又有幸从哲学、创造哲学到创新能力培养方法学，这使我地地道道地成为一位从哲学走向创新能力培养方法学研究的学子。可以说，哲学让我将目光转向创新能力培养方法学，是哲学，真正的哲学引领我走上了创新能力培养方法学的探求之路，进入到了创新能力培养方法学的殿堂。没有哲学或脱离哲学，就不会有我的创新能力培养方法学探寻之路，更不会有我想象丰富、知识丰盛、物质富裕的人生。至此，我感谢哲学！

如果说从哲学转向创新能力培养方法学是情有独钟，那么，从哲学进入创新能力培养方法学的殿堂更是出于痴迷，我迷恋创新能力培养方法学这一创造哲学的分支学科。当我把创新能力培养方法学这一美丽的花朵根植于厚重的哲学沃土后，尤其以唯物辩证法作为研究创新能力培养方法学的理论基础和原则，将给予创新能力培养方法学以丰厚的养料，它为创新能力培养方法学提供了深厚的理论基础。

作为一门分支学科——创新能力培养方法学，不应仅仅满足于"是什么"，而应进一步探索其背后的"为什么"。多年来，我国关于创新能力培养方法的研究，仍停留于个别创造经验的推广方面，缺乏强有力的理论支撑，更没有深层次地对"为什么""怎么样"进行反思或追问，甚至研究者本身也不太清楚其中的"为什么"，对这类追溯求源的问题，最终只能由哲学给予回答，别的学科是难以越俎代庖的。

回顾研究创新能力培养方法学的历程，是母校、母系（吉林大学哲学系）各位老师给予的引领和教诲，吾师（以生年为序）高清海（1930—2004）、车文博（1931—2023）、赵曜（1932—2022）、刘猷桓（1935— ）等先生都曾亲临课堂为我们讲授知识，传授方法。舒炜光（1932—1988）、杜岫石（1923—2002）先生在身负沉重包袱的状况下，仍给予我谆谆教诲，告诉我要有点"书卷气"，并解释说："书卷气采自于书卷，得益于孜孜不倦地读书。"使我终生难忘。他们"独树一帜"的治学风格，"科学严谨"的钻研态度，"宁静致远"的做人风范，对我影响颇深。尤其是杜岫石先生的形式逻辑的学术思想（她对形式逻辑学研究对象的准确把握和对形式逻辑学特点、意义的深刻阐释）及其《形式逻辑学原理》一书中的理论观点，是我研究创新思维学理论的先导。大师们清晰的理辨、系统的阐释及诚挚的哺育，为我铺垫了雄厚的哲学基础，让我受益匪浅！他们严谨求是的学风、刻苦钻研的精神和严以"治学、治教、治研"的态度将激励我终生！此谓"得遇良师益友，乃人生之幸事"。——值此书罢、搁笔之际，对恩师们的感激之情，用语言亦无法表达，千言万语凝聚为一句最诚挚的话——谢谢恩师！

此书的研究、写作和出版，得益于我的创新教育团队：北京大学刘奇教授、中山大学简占亮教授、郑州大学穆伟山教授和太原理工大学秦志敏教授等人，给予了大力支持，书中充分吸纳了我的老师杜岫石先生的形式逻辑和辩证逻辑的、科学的、规范的优秀理论成果。以此向老师表示由衷的谢意和深切的怀念！书中著者还参考借鉴了国内外有关专家的相关研究成果，在此向他们表示衷心的谢意。同时吉林大学的老师们和中国社会科学出版社的编辑们认真负责，具有高度的敬业精神，付出了大量时间和精力，向他们表示诚挚的感谢！

王跃新

2023 年 6 月于长春